Reconhecimentos

"Um recurso de leitura obrigatória para qualquer pessoa decidida a aproveitar a oportunidade do Big Data."
— *Craig Vaughan*
Vice-presidente global da SAP

"Um livro oportuno que informa, em alto e bom som, aquilo que finalmente se tornou evidente: no mundo moderno, Dados são Negócios e você não pode mais pensar em negócios sem *pensar em dados*. Leia este livro e você compreenderá a ciência por trás dos dados."
— *Ron Bekkerman*
Diretor de dados da Carmel Ventures

"Um ótimo livro para gestores de negócios que lideram ou interagem com cientistas de dados e que desejam compreender melhor os princípios e algoritmos disponíveis, sem os detalhes técnicos dos livros sobre um assunto específico."
— *Ronny Kohavi*
Arquiteto parceiro da Microsoft Online Services Division

"Provost e Fawcett reuniram toda sua maestria na arte e na ciência da análise de dados do mundo real em uma incomparável introdução ao assunto."
— *Geoff Webb*
Editor-chefe do *Data Mining and Knowledge Discovery Journal*

"Eu adoraria que todos com quem eu trabalhei tivessem lido este livro."
— *Claudia Perlich*
Cientista-chefe da Dstillery e Grande Vencedora do Prêmio Advertising Research Foundation Innovation (2013)

"Uma peça fundamental no desenvolvimento acelerado do mundo de Data Science. Uma leitura obrigatória para todos os interessados na revolução do Big Data."

Gerente de análise da unidade de negócios da

"Os autores, ambos renomados especialistas em Data Science mesmo antes do tema receber esse nome, escolheram um tópico complexo e o tornaram acessível a todos os níveis, mas, principalmente, muito útil para os novatos. Até onde eu sei, este é o primeiro livro do tipo — com foco em conceitos de Data Science aplicados a problemas práticos de negócios. Está generosamente recheado de exemplos do mundo real que definem problemas familiares e acessíveis no mundo dos negócios: rotatividade de clientes, marketing direcionado, até mesmo análise de uísque!

A obra é única, no sentido de que não é um livro de receita de algoritmos, ao contrário, ajuda o leitor a compreender os conceitos subjacentes por trás do Data Science e, mais importante, como abordar e ser bem-sucedido na resolução de problemas. Se você está procurando uma visão geral sobre Data Science ou se você é novato no assunto e precisa conhecer o básico, esta é uma leitura obrigatória."

— *Chris Volinsky*
Diretor de Pesquisas Estatísticas na AT&T Labs e
Membro da Equipe Vencedora do Desafio Netflix de US$ 1 milhão

"Este livro vai além da análise de dados para principiantes. É o guia essencial para aqueles (ou todos?) cujas empresas são construídas sobre a onipresença de oportunidades envolvendo dados e a nova ordem de tomada de decisão baseada em dados."

— *Tom Phillips*
CEO da Dstillery e ex-diretor do Google Search e Analytics

"O uso inteligente de dados se tornou uma força que impulsiona os negócios para novos níveis de competitividade. Para prosperar neste ecossistema orientado por dados, engenheiros, analistas e gerentes devem compreender suas opções, escolhas projetadas e implicações. Com exemplos motivadores, exposição clara e uma grande variedade de detalhes que abrange não só o "como", mas os "porquês", Data Science para Negócios é fundamental para aqueles que desejam se engajar no desenvolvimento e na aplicação de sistemas orientados por dados."

— *Josh Attenberg*
Chefe em Data Science do Etsy

"Os dados são o alicerce de novas ondas de crescimento de produtividade, inovação e uma maior percepção do cliente. Apenas recentemente o tópico passou a ser visto como uma fonte de vantagem competitiva. Lidar bem com os dados está rapidamente se tornando um requisito mínimo para entrar no jogo. A profunda experiência aplicada dos autores faz com que esta seja uma leitura obrigatória — uma janela para a estratégia de seu concorrente."
— *Alan Murray*
Empreendedor Serial; Parceiro da Coriolis Ventures

"Um dos melhores livros sobre mineração de dados e que me ajudou a ter várias ideias sobre análise de liquidez no negócio FX. Os exemplos são excelentes e ajudam a dar um mergulho profundo no assunto! Este livro ficará na minha estante para sempre!"
— *Nidhi Kathuria*
Vice-presidente de FX do Royal Bank of Scotland

"Um livro excelente e acessível para ajudar as pessoas de negócio a apreciarem melhor os conceitos, ferramentas e técnicas utilizadas pelos cientistas de dados. E para quem trabalha com Data Science apreciar melhor o contexto empresarial em que suas soluções são implantadas."
— *Joe McCarthy*
Diretor de análise e Data Science da Atigeo

"Na minha opinião, é o melhor livro sobre Data Science e Big Data para uma compreensão profissional de analistas de negócios e gerentes que devem aplicar essas técnicas no mundo real."
— *Ira Laefsky*
MS em Engenharia (Ciência da Computação) /MBA em Tecnologia da Informação e Pesquisador da Interação Humana e Computador anteriormente na Equipe de Consultoria Sênior de Arthur D. Little, Inc. and Digital Equipment Corporation

"Com exemplos motivadores, exposição clara e uma grande variedade de detalhes que abrangem não só o "como", mas os "porquês", Data Science para Negócios é fundamental para aqueles que desejam se envolver no desenvolvimento e na aplicação de sistemas orientados por dados."
— *Ted O'Brien*
Cofundador/ Diretor de Aquisição de Talentos da Starbridge Partners e Editor da *Data Science Report*

Data Science para Negócios

Foster Provost e Tom Fawcett

ALTA BOOKS
GRUPO EDITORIAL
Rio de Janeiro, 2016

Data Science para Negócios — O que Você Precisa Saber Sobre Mineração de Dados e Pensamento Analítico de Dados
Copyright © 2016 da Starlin Alta Editora e Consultoria Eireli. ISBN: 978-85-7608-972-8

Translated from original Data Science for Business by Foster Provost and Tom Fawcett. Copyright © 2013 Foster Provost and Tom Fawcett. All rights reserved. ISBN 978-1-449-36132-7. This translation is published and sold by permission of O'Reilly Media, Inc., the owner of all rights to publish and sell the same. PORTUGUESE language edition published by Starlin Alta Editora e Consultoria Eireli, Copyright © 2016 by Starlin Alta Editora e Consultoria Eireli.

Todos os direitos estão reservados e protegidos por Lei. Nenhuma parte deste livro, sem autorização prévia por escrito da editora, poderá ser reproduzida ou transmitida. A violação dos Direitos Autorais é crime estabelecido na Lei nº 9.610/98 e com punição de acordo com o artigo 184 do Código Penal.

A editora não se responsabiliza pelo conteúdo da obra, formulada exclusivamente pelo(s) autor(es).

Marcas Registradas: Todos os termos mencionados e reconhecidos como Marca Registrada e/ou Comercial são de responsabilidade de seus proprietários. A editora informa não estar associada a nenhum produto e/ou fornecedor apresentado no livro.

Impresso no Brasil — 1ª Edição, 2016.

Edição revisada conforme o Acordo Ortográfico da Língua Portuguesa de 2009.

Produção Editorial Editora Alta Books	Supervisão Editorial (Controle de Qualidade)	Design Editorial Aurélio Corrêa	Gerência de Captação e Contratação de Obras J. A. Rugeri	Vendas Atacado e Varejo Daniele Fonseca Viviane Paiva
Gerência Editorial Anderson Vieira	Sergio de Souza	Marketing Editorial marketing@altabooks.com.br	Marco Pace autoria@altabooks.com.br	comercial@altabooks.com.br Ouvidoria
Assistente Editorial Carolina Giannini	Produtor Editorial Claudia Braga Thiê Alves			ouvidoria@altabooks.com.br
Equipe Editorial	Bianca Teodoro Christian Danniel	Izabelli Carvalho Jessica Carvalho	Juliana Oliveira Renan Castro	Silas Amaro
Tradução Marina Boscato	Copidesque Wendy Campo	Revisão Gramatical Ana Paula da Fonseca Vivian Sbravatti	Revisão Técnica Ronaldo d'Avila Roenick *Engenheiro de Eletrônica pelo Instituto Militar de Engenharia*	Diagramação Cláudio Frota

Erratas e arquivos de apoio: No site da editora relatamos, com a devida correção, qualquer erro encontrado em nossos livros, bem como disponibilizamos arquivos de apoio se aplicáveis à obra em questão.

Acesse o site www.altabooks.com.br e procure pelo título do livro desejado para ter acesso às erratas, aos arquivos de apoio e/ou a outros conteúdos aplicáveis à obra.

Suporte Técnico: A obra é comercializada na forma em que está, sem direito a suporte técnico ou orientação pessoal/exclusiva ao leitor.

Dados Internacionais de Catalogação na Publicação (CIP)

P969d   Provost, Foster.
         Data Science para negócios / Foster Provost, Tom Fawcett. – Rio de Janeiro, RJ : Alta Books, 2016.
         408 p. : il. ; 24 cm.

         Inclui bibliografia, apêndice e glossário.
         Tradução de: Data Science for business.
         ISBN 978-85-7608-972-8

         1. Data Science. 2. Big Data. 3. Mineração de dados (Computação) - Negócios. 4. Modelagem de sistemas (Computação). 5. Dados - Análise. 6. Negócios - Estratégia. I. Fawcett, Tom. II. Título.
                                             CDU 658:004.6
                                              CDD 658.4032

Índice para catálogo sistemático:
1. Data Science   658:004.6

(Bibliotecária responsável: Sabrina Leal Araujo – CRB 10/1507)

Rua Viúva Cláudio, 291 — Bairro Industrial do Jacaré
CEP: 20.970-031 — Rio de Janeiro (RJ)
Tels.: (21) 3278-8069 / 3278-8419
www.altabooks.com.br — altabooks@altabooks.com.br
www.facebook.com/altabooks — www.instagram.com/altabooks

Para nossos pais.

Sumário

Prefácio ....**xiii**
    Nossa Abordagem Conceitual ao Data Science   xiv
    Para o instrutor   xv
    Outras Habilidades e Conceitos   xvi
    Seções e Notação   xvi
    Usando Exemplos   xix
    Agradecimentos   xix

Capítulo 1: Introdução: Pensamento Analítico de Dados **1**
    A Onipresença das Oportunidades de Dados   1
    Exemplo: O Furacão Frances   3
    Exemplo: Prevendo a Rotatividade de Cliente   4
    Data Science, Engenharia e Tomada de Decisão Orientada em Dados   5
    Processamento de Dados e "Big Data"   8
    De Big Data 1.0 para Big Data 2.0   9
    Capacidade de Dados e Data Science como um Ativo Estratégico   10
    Pensamento Analítico de Dados   13
    Este Livro   15
    Mineração de Dados e Data Science, Revistos   15
    Química Não se Trata de Tubos de Ensaio: Data Science Versus
    o Trabalho do Cientista de Dados   17
    Resumo   17

Capítulo 2: Problemas de Negócios e Soluções de Data Science **19**
    De Problemas de Negócios a Tarefas de Mineração de Dados   19
    Métodos Supervisionados Versus Não Supervisionados   24
    Mineração de Dados e Seus Resultados   26
    O Processo de Mineração de Dados   27
        Compreensão do Negócio   28

Compreensão dos Dados	29
Preparação dos Dados	30
Modelagem	32
Avaliação	32
Implantação	33
Implicações na Gestão da Equipe de Data Science	35
Outras Técnicas e Tecnologias Analíticas	36
Estatística	37
Consulta a Base de Dados	39
Armazenamento de Dados (Data Warehousing)	40
Análise de Regressão	40
Aprendizado de Máquina e Mineração de Dados	41
Respondendo a Questões de Negócios com Estas Técnicas	42
Resumo	43

Capítulo 3: Introdução à Modelagem Preditiva: Da Correlação à Segmentação Supervisionada 45

Modelos, Indução e Previsão	46
Segmentação Supervisionada	50
Seleção de Atributos Informativos	51
Exemplo: Seleção de Atributo com Ganho de Informação	58
Segmentação Supervisionada com Modelos com Estrutura de Árvore de Decisão	64
Visualizando as Segmentações	69
Árvores de Decisão como Conjuntos de Regras	72
Estimativa de Probabilidade	73
Exemplo: Abordando o Problema da Rotatividade com a Indução de Árvore de Decisão	76
Resumo	79

Capítulo 4: Ajustando um Modelo aos Dados 81

Classificação por Funções Matemáticas	83
Funções Discriminantes Lineares	85
Otimizando uma Função Objetiva	88
Um Exemplo de Mineração de um Discriminante Linear a Partir dos Dados	89
Funções Discriminantes Lineares para Casos de Pontuação e Classificação	90
Máquinas de Vetores de Suporte, Resumidamente	91
Regressão por Funções Matemáticas	94
Estimativa de Probabilidade de Classe e "Regressão" Logística	97

*Regressão Logística: Alguns Detalhes Técnicos	100
Exemplo: Regressão Logística Versus Indução de Árvore de Decisão	103
Funções Não Lineares, Máquinas de Vetores de Suporte e Redes Neurais	107
Resumo	109

Capítulo 5: O Sobreajuste e Como Evitá-lo 111

Generalização	111
Sobreajuste	113
Sobreajuste Analisado	113
Dados de Retenção e Gráficos de Ajuste	113
Sobreajuste na Indução de Árvore de Decisão	116
Sobreajuste em Funções Matemáticas	118
Exemplo: Sobreajuste em Funções Lineares	119
*Exemplo: Por Que o Sobreajuste É Ruim?	124
Da Avaliação por Retenção até a Validação Cruzada	126
O Conjunto de Dados de Rotatividade Revisitado	129
Curvas de Aprendizagem	130
Como Evitar Sobreajuste e Controle de Complexidade	132
Como Evitar Sobreajuste com Indução de Árvore de Decisão	133
Um Método Geral para Evitar Sobreajuste	134
*Como Evitar Sobreajuste para Otimização de Parâmetros	136
Resumo	140

Capítulo 6: Similaridade, Vizinhos e Agrupamentos 141

Similaridade e Distância	142
Raciocínio do Vizinho Mais Próximo	145
Exemplo: Análise de Uísque	145
Vizinhos Mais Próximos para Modelagem Preditiva	147
Quantos Vizinhos e Quanta Influência?	150
Interpretação Geométrica, Sobreajuste e Controle de Complexidade	152
Problemas com Métodos de Vizinho mais Próximo	155
Alguns Detalhes Técnicos Importantes Relativos às Similaridades e aos Vizinhos	158
*Outras Funções de Distância	159
*Funções Combinadas: Cálculo da Pontuação dos Vizinhos	162
Agrupamento	164
Exemplo: Análise de Uísque Revisitada	164
Agrupamento Hierárquico	165
Vizinhos Mais Próximos Revisado: Agrupamento em Torno de Centroides	170
Exemplo: Agrupamento de Notícias de Negócios	175

Compreendendo os Resultados do Agrupamento	179
*Utilizando o Aprendizado Supervisionado para Gerar Descrições de Agrupamentos	181
Recuando: Resolvendo Problema de Negócios Versus Exploração de Dados	184
Resumo	186

Capítulo 7: Decisão do Pensamento Analítico I: O que É um Bom Modelo?..............187

Avaliando Classificadores	188
Precisão Simples e seus Problemas	188
Matriz de Confusão	189
Problemas com Classes Desequilibradas	190
Problemas com Custos e Benefícios Desiguais	193
Generalizando Além da Classificação	193
Uma Estrutura Analítica Chave: Valor Esperado	194
Usando Valor Esperado para Estruturar o Uso de Classificador	195
Usando Valor Esperado para Estruturar a Avaliação do Classificador	197
Avaliação, Desempenho Base e Implicações para Investimentos em Dados	205
Resumo	207

Capítulo 8: Visualização do Modelo de Desempenho..209

Avaliar em Vez de Classificar	209
Curvas de Lucro	212
Gráficos e Curvas ROC	214
A Área Sob a Curva ROC (AUC)	219
Resposta Cumulativa e Curvas de Lift	219
Exemplo: Análise de Desempenho para Modelo de Rotatividade	223
Resumo	231

Capítulo 9: Evidência e Probabilidades 233

Exemplo: Visando Consumidores Online com Anúncios	233
Combinando Evidências de Forma Probabilística	235
Probabilidade e Independência Conjuntas	236
Teorema de Bayes	238
Aplicando o Teorema de Bayes ao Data Science	239
Independência Condicional e Naive Bayes	241
Vantagens e Desvantagens do Classificador Naive Bayes	243
Um Modelo de "Lift" de Evidências	245
Exemplo: *Lifts* de Evidência de "Curtidas" no Facebook	246
Evidência em Ação: Direcionamento de Consumidores com Anúncios	248
Resumo	248

Capítulo 10: Representação e Mineração de Texto **251**
    Por Que o Texto É Importante   252
    Por Que o Texto É Difícil   253
    Representação   253
        Bag of Words   254
        Frequência de Termo   255
        Medindo a Dispersão: Frequência Inversa de Documento   257
        Combinando-os: TFIDF   258
        Exemplo: Músicos de Jazz   259
    *A Relação de IDF com a Entropia   263
    Além do Bag of Words   265
        Sequências N-gramas   265
        Extração de Entidade Nomeada   266
        Modelos de Tópicos   266
    Exemplo: Mineração de Notícias para Prever o Movimento do Preço das Ações   268
        A Tarefa   268
        Os Dados   270
        Pré-processamento de Dados   273
        Resultados   274
    Resumo   277

Capítulo 11: Decisão do Pensamento Analítico II: Rumo à Engenharia Analítica **279**
    Direcionamento das Melhores Perspectivas para Mala Direta de Caridade   280
        A Estrutura do Valor Esperado: Decompondo o Problema de Negócios e Recompondo as Partes da Solução   280
        Uma Breve Digressão Sobre Problemas de Seleção   283
    Nosso Exemplo de Rotatividade Revisitado com Ainda Mais Sofisticação   283
        A Estrutura de Valor Esperado: Estruturação de um Problema de Negócios Mais Complicado   284
        Avaliando a Influência do Incentivo   285
        De uma Decomposição de Valor Esperada a uma Solução de Data Science   287
    Resumo   290

Capítulo 12: Outras Tarefas e Técnicas de Data Science **291**
    Coocorrências e Associações: Encontrando Itens que Combinam   292
        Medindo a Surpresa: Lift e Alavancagem   293
        Exemplo: Cerveja e Bilhetes de Loteria   294
        Associações Entre Curtidas no Facebook   295

Perfis: Encontrando Um Comportamento Típico	298
Previsão de Ligação e Recomendação Social	303
Redução de Dados, Informações Latentes e Recomendação de Filmes	304
Problemas, Variância e Métodos de Conjunto (Ensemble)	308
Explicação Causal Orientada por Dados e um Exemplo de Marketing Viral	311
Resumo	313

Capítulo 13: Data Science e Estratégia de Negócios 315

Pensando em Dados de Forma Analítica, Redução	315
Conseguir Vantagem Competitiva com Data Science	317
Mantendo uma Vantagem Competitiva com Data Science	318
Formidável Vantagem Histórica	319
Propriedade Intelectual Exclusiva	320
Ativos Colaterais Intangíveis Únicos	320
Cientistas de Dados Superiores	320
Gerenciamento Superior de Data Science	322
Atraindo e Estimulando Cientistas de Dados e suas Equipes	324
Examinar Estudos de Caso de Data Science	326
Esteja Pronto para Aceitar Ideias Criativas de Qualquer Fonte	327
Estar Pronto para Avaliar Propostas para Projetos de Data Science	327
Exemplo de Proposta de Mineração de Dados	328
Falhas na Proposta da Big Red	329
A Maturidade de Data Science de uma Empresa	330

Capítulo 14: Conclusão 333

Os Conceitos Fundamentais de Data Science	333
Aplicando Nossos Conceitos Fundamentais para um Novo Problema: Mineração de Dados de Dispositivos Móveis	336
Mudando a Maneira como Pensamos Sobre Soluções para os Problemas de Negócios	339
O que os Dados Não Podem Fazer: Seres Humanos no Circuito, Revisado	340
Privacidade, Ética e Mineração de Dados Sobre Indivíduos	344
O Que Mais Existe em Data Science?	345
Exemplo Final: de Crowd-Sourcing para Cloud-Sourcing	346
Últimas Palavras	347

Apêndice A: Proposta de Guia de Análise 349

Negócios e Compreensão dos Dados	349
Preparação dos Dados	350
Modelagem	351
Avaliação e Implantação	351

Apêndice B: Outra Amostra de Proposta 353
    Cenário e Proposta   353
        Falhas na Proposta GGC   354

Glossário 357

Bibliografia 361

Índice 369

Prefácio

Data Science para Negócios destina-se a diversos tipos de leitores:

- Pessoas de negócios que trabalham com cientistas de dados, gerenciando projetos orientados para Data Science ou investindo em empreendimentos de Data Science,
- Desenvolvedores que implementam soluções de Data Science, e
- Aspirantes a cientistas de dados.

Este não é um livro sobre algoritmos, nem é um substituto para o mesmo. Evitamos, deliberadamente, uma abordagem centrada em algoritmos. Acreditamos que existe um conjunto relativamente pequeno de conceitos ou princípios fundamentais que norteiam as técnicas para extrair conhecimento útil a partir dos dados. Esses conceitos servem como *base* para muitos algoritmos bem conhecidos de mineração de dados. Além disso, esses conceitos são a base da análise de problemas de negócios centrados em dados, da criação e da avaliação de soluções de Data Science, e da avaliação de estratégias e propostas gerais de Data Science. Por conseguinte, organizamos a exposição em torno desses princípios gerais e não de algoritmos específicos. Onde foi necessário descrever detalhes processuais, usamos uma combinação de texto e diagramas que consideramos mais acessíveis do que uma listagem de etapas algorítmicas detalhadas.

O livro não presume um conhecimento matemático sofisticado. No entanto, por sua própria natureza, o material é um pouco técnico — o objetivo é transmitir uma compreensão significativa de Data Science, não apenas uma visão geral de alto nível. De modo geral, tentamos minimizar a matemática e tornar a exposição o mais "conceitual" possível.

Colegas da indústria comentam que o livro é inestimável para alinhar a compreensão das equipes de negócios, técnica/de desenvolvimento e de Data Science. Essa observação se baseia em uma pequena amostra, por isso, estamos curiosos para ver o quão geral ela realmente é (veja o Capítulo 5!). Idealmente, vislumbramos um livro que qualquer cientista de dados daria aos seus colaboradores das equipes de desenvolvimento ou de negócios dizendo: se você realmente deseja projetar/implementar soluções de primeira linha em Data Science para problemas de negócios, precisamos ter um conhecimento comum sobre este material.

Os colegas também nos dizem que o livro foi muito útil de uma maneira inusitada: na preparação para entrevistar candidatos a uma vaga em Data Science. A demanda das empresas pela contratação de cientistas de dados é forte e crescente. Em resposta, mais e mais candidatos se apresentam como cientistas de dados. Cada candidato à vaga em Data Science deve compreender os fundamentos apresentados neste livro. Nossos colegas do setor dizem que ficam surpresos com o fato de que muitos não compreendem. Discutimos, com alguma seriedade, um panfleto de acompanhamento "Cliff's Notes to Interviewing for Data Science Jobs" (conteúdo em inglês).

Nossa Abordagem Conceitual ao Data Science

Neste livro, apresentamos uma coleção dos conceitos mais importantes e fundamentais em Data Science. Alguns desses conceitos são "destaques" nos capítulos e outros são introduzidos mais naturalmente através de debates (e, portanto, não são necessariamente identificados como conceitos fundamentais). Os conceitos abrangem desde o processo de vislumbrar o problema, aplicar as técnicas de Data Science, até implantar os resultados para melhorar a tomada de decisão. Eles também embasam uma grande variedade de métodos e técnicas de análise de negócios.

Os conceitos se encaixam em três categorias gerais:

1. Conceitos sobre como a ciência de dados (Data Science) se encaixa na organização e no cenário competitivo, incluindo formas de atrair, estruturar e nutrir equipes de Data Science; maneiras de pensar sobre como Data Science leva a uma vantagem competitiva; e conceitos táticos para se sair bem com projetos de Data Science.

2. Formas gerais de pensar em dados de maneira analítica. Isso ajuda a identificar os dados apropriados e a considerar métodos adequados. Os conceitos incluem o *processo de mineração de dados*, bem como o acúmulo de diferentes *tarefas de alto nível de mineração de dados*.

3. Conceitos gerais para realmente extrair conhecimento a partir de dados, que sustentam a vasta gama de atividades de Data Science e seus algoritmos.

Por exemplo, um conceito fundamental é o de determinar a similaridade de duas entidades descritas pelos dados. Essa capacidade forma a base de várias tarefas específicas. Ela pode ser usada diretamente para *encontrar* clientes semelhantes em uma base de dados. Ela forma o núcleo de vários algoritmos de *previsão* que estimam um valor alvo, como o uso esperado de recursos de um cliente ou a probabilidade de ele responder a uma oferta. É também a base para técnicas de *agrupamento*, que reúne entidades por suas características compartilhadas, sem um objetivo focado. A similaridade forma a base da *recuperação de informação*, na qual documentos ou páginas da web, pertinentes a uma consulta de pesquisa, são recuperados. Por fim, sustenta vários algoritmos comuns para *recomendação*. Um livro tradicional orientado para algoritmos pode apresentar cada uma dessas tarefas em um capítulo diferente, sob nomes diferentes, com aspectos comuns encobertos por detalhes de algoritmos ou proposições matemáticas. Neste livro, em vez disso, focamos em conceitos unificadores, apresentando tarefas e algoritmos específicos como manifestações naturais deles.

Como outro exemplo, ao avaliar a utilidade de um padrão, vemos uma noção de *elevação* — quão mais prevalente é um padrão do que o esperado de modo aleatório — amplamente recorrente em Data Science. É muito utilizado para avaliar diferentes tipos de padrões em diferentes contextos. Algoritmos de anúncios direcionados são avaliados pelo cálculo da elevação que se obtém com a população alvo. A elevação é utilizada para julgar o peso da evidência a favor ou contra uma conclusão. A elevação ajuda a determinar se uma coocorrência (uma associação) nos dados é interessante, em vez de simplesmente ser uma consequência natural da popularidade.

Acreditamos que explicar Data Science em torno de conceitos tão fundamentais não só ajuda o leitor, mas também facilita a comunicação entre os executivos e os cientistas de dados. Fornece um vocabulário comum e permite que ambas as partes compreendam melhor uma à outra. Os conceitos compartilhados levam a discussões mais profundas que podem revelar problemas críticos que passariam despercebidos.

Para o instrutor

Este livro tem sido utilizado com sucesso como livro-texto para uma grande variedade de cursos de Data Science. Historicamente, o livro surgiu a partir do desenvolvimento das aulas multidisciplinares de Data Science de Foster na Escola Stern, da NYU, no outono de 2005.[1] A aula original foi destinada para alunos de MBA e alunos MSIS, mas atraiu alunos de toda a universidade. O aspecto mais interessante da aula não foi a inesperada atratividade para alunos fora do MBA e do MSIS, para quem se destinava. O mais interessante foi que também se mostrou muito valiosa para estudantes com sólido conhecimento em aprendizado de máquina e outras disciplinas técnicas. Parte da explicação parecia ser a falta de um enfoque em princípios fundamentais e outras questões, além de algoritmos, em seus currículos.

Agora, na NYU, usamos o livro como complemento para uma variedade de programas relacionados ao Data Science: os programas originais de MBA e MSIS, graduação em análise de negócios, novo MS da NYU/Sterns no programa de Análise de Negócios e como Introdução ao Data Science para novos MS da NYU em Data Science. Além dis-

[1] É claro que cada autor tem a nítida impressão de que fez a maior parte do trabalho do livro.

so, (antes da publicação) o livro foi adotado por mais de vinte outras universidades para programas em nove países (e aumentando), em escolas de negócios, em programas de ciência da computação e para introduções mais gerais ao Data Science.

Fique atento para os sites dos livros (veja abaixo) para obter informações sobre como conseguir material instrucional útil, incluindo slides de aulas, amostras de questões e problemas, exemplo de instruções de projetos com base na estrutura do livro, perguntas de provas e muito mais.

Mantemos uma lista atualizada de adoções conhecidas no site do livro (*http://www.data-science-for-biz.com/* — conteúdo em inglês). Clique em *Who's Using It* no topo.

Outras Habilidades e Conceitos

Há muitos outros conceitos e habilidades que um cientista de dados precisa saber além dos princípios fundamentais de Data Science. Essas habilidades e conceitos serão discutidos nos Capítulos 1 e 2. Incentivamos o leitor interessado para a visitar o site dos livros para indicação de material para aprender essas habilidades e conceitos adicionais (por exemplo, criação de scripts em Python, processamento de linha de comando Unix, arquivos de dados, formatos comuns de dados, bases de dados e consultas, arquiteturas de Big Data e sistemas como MapReduce e Hadoop, visualização de dados e outros tópicos relacionados).

Seções e Notação

Além de notas de rodapé ocasionais, o livro contém "quadros". Eles são, essencialmente, notas de rodapé estendidas. Nós os reservamos para materiais que consideramos interessantes e válidos, porém longo demais para uma nota de rodapé e uma digressão ao texto principal.

Detalhes Técnicos à Frente — Uma Nota Sobre as Seções Marcadas indicadas por ícones

Os detalhes matemáticos ocasionais são relegados para seções opcionais indicadas por um ícone. Esses títulos de seção trazem um ícone e contém um parágrafo como este. Tais seções "indicadas por ícones" contêm uma matemática mais detalhada e/ou detalhes mais técnicos do que os outros locais, e o parágrafo introdutório explica seu propósito. O livro é escrito de modo que essas seções possam ser puladas sem perda de continuidade, embora, em alguns lugares, lembramos os leitores de que os detalhes aparecem lá.

Construções no texto como (Smith e Jones, 2003) indicam uma referência a uma entrada na bibliografia (neste caso, o artigo ou livro de 2003 de Smith e Jones); "Smith e Jones (2003)" é uma referência semelhante. Uma única bibliografia para o livro inteiro aparece no final.

Neste livro, tentamos manter a matemática ao mínimo, e quando ela aparece está simplificada ao máximo possível sem causar confusão. Para os nossos leitores com formação técnica, alguns comentários podem ser feitos a respeito de nossas escolhas simplificadas.

1. Evitamos a notação Sigma (Σ) e Pi (Π), comumente usadas em livros didáticos para indicar somas e produtos, respectivamente. Em vez disso, simplesmente usamos equações com elipses como esta:

    $$f(x) = w_1 x_1 + w_2 x_2 + \ldots + w_n x_n$$

    Nas seções técnicas "indicadas por ícones", algumas vezes adotamos a notação Sigma e Pi quando essa abordagem de elipse é muito complicada. Supomos que as pessoas que leem essas seções estão um pouco mais acostumadas com a notação matemática e não ficarão confusas.

2. Livros de estatística costumam ser cuidadosos em distinguir entre um valor e sua estimativa, colocando um "chapéu" em variáveis que são estimativas, por isso, em tais livros, você verá uma probabilidade verdadeira denotada p e sua estimativa denotada $\hat{p}$. Neste livro, quase sempre falamos de estimativas de dados, e colocar o circunflexo em tudo torna as equações prolixas e feias. Tudo deve ser considerado como uma estimativa de dados, a menos que se diga o contrário.

3. Simplificamos a notação e removemos variáveis externas onde acreditamos que estejam claras a partir do contexto. Por exemplo, quando discutimos classificadores matematicamente, estamos, tecnicamente, lidando com decisões predicadas sobre vetores de característica. Expressar isso formalmente levaria a equações como:

    $$\hat{f}_R(\mathbf{x}) = x_{Age} \times -1 + 0.7 \times x_{Balance} + 60$$

    Em vez disso, optamos por algo mais legível, como:

    $$f(\mathbf{x}) = Age \times -1 + 0.7 \times Balance + 60$$

    com o entendimento de que x é um vetor e *Idade* e *Equilíbrio* são componentes dele.

Tentamos ser coerentes com a tipografia, reservando fontes tipográficas de largura fixa como Sepal Width para indicar atributos ou palavras-chave em dados. Por exemplo, no capítulo sobre exploração de texto, uma palavra como "*discutir*" designa uma palavra em um documento, enquanto discutir poderia ser um índice resultante dos dados.

As seguintes convenções tipográficas são usadas neste livro:

Itálico

> Indica novos termos, URLs, endereços de e-mail, nomes de arquivos e extensões de arquivos.

`Monoespaçada`

> Usada para listagem de programas, bem como dentro de parágrafos para se referir a elementos como variáveis ou nomes de funções, bancos de dados, tipos de dados, variáveis de ambiente, declarações e palavras-chave.

`Monoespaçada com itálico`

> Mostra texto que deve ser substituído por valores fornecidos pelo usuário ou por valores determinados pelo contexto.

Ao longo do livro, colocamos dicas e avisos especiais pertinentes ao material. Eles serão processados de forma diferente, dependendo se você está lendo em papel, PDF ou e-book, da seguinte forma:

> Uma frase ou parágrafo composto como este significa uma dica ou sugestão.

> Este texto e elemento significa uma nota geral.

> Texto reproduzido desta forma significa uma advertência ou precaução. Estes são mais importantes do que as dicas e são usados com moderação.

Usando Exemplos

Além de ser uma introdução ao Data Science, este livro pretende ser útil em discussões e trabalhos do dia a dia na área. Não é preciso permissão para responder a uma pergunta citando este livro e seus exemplos. Agradecemos, mas não exigimos atribuição. A atribuição formal geralmente inclui título, autor, editora e ISBN. Por exemplo: "*Data Science para Negócios* de Foster Provost e Tom Fawcett (Altabooks). Copyright 2013 Foster Provost e Tom Fawcett, 978-1-449-36132-7.

Agradecimentos

Agradecemos aos muitos colaboradores, colegas de área ou não, que prestaram inestimável *feedback*, críticas, sugestões e incentivo com base em muitos manuscritos anteriores. Correndo o risco de deixar de citar alguém, deixe-nos agradecer em particular: Panos Adamopoulos, Manuel Arriaga, Josh Attenberg, Solon Barocas, Ron Bekkerman, Josh Blumenstock, Ohad Brazilay, Aaron Brick, Jessica Clark, Nitesh Chawla, Peter Devito, Vasant Dhar, Jan Ehmke, Theos Evgeniou, Justin Gapper, Tomer Geva, Daniel Gillick, Shawndra Hill, Nidhi Kathuria, Ronny Kohavi, Marios Kokkodis, Tom Lee, Philipp Marek, David Martens, Sophie Mohin, Lauren Moores, Alan Murray, Nick Nishimura, Balaji Padmanabhan, Jason Pan, Claudia Perlich, Gregory Piatetsky--Shapiro, Tom Phillips, Kevin Reilly, Maytal Saar-Tsechansky, Evan Sadler, Galit Shmueli, Roger Stein, Nick Street, Kiril Tsemekhman, Craig Vaughan, Chris Volinsky, Wally Wang, Geoff Webb, Debbie Yuster e Rong Zheng. Também gostaríamos de agradecer, de forma mais geral, aos alunos das aulas de Foster, Mineração de Dados para Análises de Negócios, Data Science na Prática, Introdução ao Data Science e o Seminário de Pesquisa em Data Science. As questões e os problemas que surgiram durante os primeiros rascunhos deste livro forneceram *feedback* substancial para seu aprimoramento.

Agradecemos a todos os colegas que nos ensinaram sobre Data Science e sobre como ensiná-lo ao longo dos anos. Agradecemos especialmente a Maytal Saar-Tsechansky e Claudia Perlich. Maytal graciosamente compartilhou com Foster suas anotações sobre sua aula de mineração de dados muitos anos atrás. O exemplo de classificação com árvore de decisão no Capítulo 3 (agradecimento especial à visualização de "corpos") baseia-se, principalmente, na ideia e no exemplo dela; suas ideias e exemplo foram a origem da visualização comparando a divisão do espaço instância com árvores de decisão e as funções discriminantes lineares no Capítulo 4, o exemplo "David responderá?", no Capítulo 6, baseia-se no exemplo dela, e, provavelmente, outras coisas esquecidas. Claudia lecionou sessões conjuntas de Mineração de Dados para Análise de Negócios/Introdução ao Data Science com Foster durante os últimos anos e lhe ensinou muito sobre Data Science no processo (e além).

Agradecemos a David Stillwell, Thore Graepel e Michal Kosinski por fornecer os dados de curtidas do Facebook para alguns dos exemplos. Agradecemos a Nick Street por fornecer os dados de núcleos celulares e por permitir que usássemos a imagem de tais dados no Capítulo 4. Agradecemos a David Martens por sua ajuda com a visualização dos locais de terminais móveis. Agradecemos a Chris Volinsky por fornecer os dados de seu trabalho no Desafio Netflix. Agradecemos a Sonny Tambe pelo acesso antecipado aos seus resultados sobre tecnologias e produtividade em Big Data. Agradecemos a Patrick

Perry por nos indicar o exemplo do *call center* do banco utilizado no Capítulo 12. Agradecemos a Geoff Webb pelo uso do sistema de mineração da associação Magnum Opus.

Acima de tudo, agradecemos às nossas famílias por seu amor, paciência e incentivo.

Uma grande quantidade de software de código-fonte aberto foi utilizado na preparação deste livro e de seus exemplos. Os autores gostariam de agradecer aos desenvolvedores e contribuidores de:

- Python e Perl
- Scipy, Numpy, Matplotlib e Scikit-Learn
- Weka
- O Repositório de Aprendizado de Máquina da Universidade da Califórnia, em Irvine (Bache & Lichman, 2013).

Por fim, gostaríamos de incentivar os leitores a visitar nosso site (*http://www.data-science-for-biz.com* — conteúdo em inglês) para atualizações deste material, novos capítulos, erratas, adendos e conjuntos de slides complementares.

— Foster Provost e Tom Fawcett

CAPÍTULO 1

Introdução:
Pensamento Analítico de Dados

*Não sonhe pequeno, pois esses sonhos não têm poder
para mover os corações dos homens.*

— Johann Wolfgang von Goethe

Os últimos quinze anos testemunharam grandes investimentos em infraestrutura de negócios que têm melhorado a capacidade de coletar dados em toda a empresa. Agora, praticamente todos os aspectos dos negócios estão abertos para a coleta de dados e, muitas vezes, até instrumentados para isso: operações, manufatura, gestão da cadeia de fornecimento, comportamento do cliente, desempenho de campanha de marketing, procedimentos de fluxo de trabalho e assim por diante. Ao mesmo tempo, atualmente, a informação está amplamente disponível em eventos externos, como tendências de mercado, notícias industriais e os movimentos dos concorrentes. Essa ampla disponibilidade de dados levou ao aumento do interesse em métodos para extrair informações úteis e conhecimento a partir de dados — o domínio de data science.

A Onipresença das Oportunidades de Dados

Agora, com grandes quantidades de dados disponíveis, as empresas em quase todos os setores estão focadas em explorá-los para obter vantagem competitiva. No passado, as empresas podiam contratar equipes de estatísticos, modeladores e analistas para explorar manualmente os conjuntos de dados, mas seu volume e variedade superaram muito a capacidade da análise manual. Ao mesmo tempo, os computadores se tornaram muito mais poderosos, a comunicação em rede é onipresente, e foram desenvolvidos algoritmos que podem conectar conjuntos de dados para permitir análises muito mais amplas e profundas do que antes. A convergência desses fenômenos deu origem à aplicação, cada vez mais difundida, de princípios de data science e de técnicas de mineração de dados nos negócios.

Provavelmente, a maior aplicação de técnicas de mineração de dados está no marketing, para tarefas como marketing direcionado, publicidade online e recomendações para venda cruzada. A mineração de dados é usada para gestão de relacionamento com o cliente para analisar seu comportamento a fim de gerenciar o desgaste e maximizar o valor esperado do cliente. A indústria financeira utiliza a mineração de dados para classificação e negociação de crédito e em operações via detecção de fraude e gerenciamento de força de trabalho. Os principais varejistas, do Walmart à Amazon, aplicam a mineração de dados em seus negócios, do marketing ao gerenciamento da cadeia de fornecimento. Muitas empresas têm se diferenciado estrategicamente com data science, às vezes, ao ponto de evoluírem para empresas de mineração de dados.

Os principais objetivos deste livro são ajudá-lo a visualizar problemas de negócios a partir da perspectiva de dados, e a entender os princípios da extração de conhecimento útil a partir deles. Existe uma estrutura fundamental para o pensamento analítico de dados e princípios básicos que devem ser compreendidos. Há também áreas específicas onde intuição, criatividade, bom senso e conhecimento de domínio devem ser exercidos. Uma perspectiva de dados fornecerá estrutura e princípios, e isso lhe dará uma base para analisar sistematicamente tais problemas. Conforme você se aprimora no pensamento analítico de dados, você desenvolve intuição sobre como e onde aplicar a criatividade e o conhecimento de domínio.

Ao longo dos dois primeiros capítulos deste livro, discutimos em detalhes vários temas e técnicas relacionados ao data science e à mineração de dados. Os termos "Data Science" e "Data Mining" são, muitas vezes, utilizados de forma intercambiável, e este último tem desenvolvido vida própria, uma vez que vários indivíduos e organizações tentam tirar proveito do atual alarde que o cerca. Em um nível mais elevado, *data science* é um conjunto de princípios fundamentais que norteiam a extração de conhecimento a partir de dados. *Data mining* é a extração de conhecimento a partir deles, por meio de tecnologias que incorporam esses princípios. Como termo, "data science" muitas vezes é aplicado mais amplamente do que o uso tradicional de "data mining", mas as técnicas de mineração de dados fornecem alguns dos mais claros exemplos de princípios de data science.

É importante compreender data science, mesmo que você nunca vá aplicá-lo. O pensamento analítico de dados permite avaliar propostas para projetos de mineração de dados. Por exemplo, se um funcionário, um consultor ou um potencial alvo de investimento propõe melhorar determinada aplicação de negócios apartir da obtenção de conhecimento de dados, você deve ser capaz de avaliar a proposta de maneira sistemática e decidir se ela é boa ou ruim. Isso não significa que será capaz de dizer se será bem-sucedido — pois projetos de mineração de dados, muitas vezes, exigem experimentação —, mas você deve conseguir identificar falhas óbvias, hipóteses fantasiosas e partes faltando.

Neste livro, descrevemos uma série de princípios fundamentais de data science e ilustramos cada um com, pelo menos, uma técnica de mineração de dados que os incorpore. Para cada princípio, normalmente, há muitas técnicas específicas que o envolvem, assim, neste livro, escolhemos enfatizar os princípios básicos em vez das técnicas específicas. Dito isso, não daremos muita importância à diferença entre data science e mineração de dados, exceto nos casos em que isso terá um efeito substancial na compreensão dos conceitos efetivos.

Vamos analisar dois breves estudos de caso de análise de dados para extrair padrões preditivos.

Exemplo: O Furacão Frances

Considere um exemplo de uma história do New York Times de 2004:

> O furacão Frances estava a caminho, avançando pelo Caribe, ameaçando atingir a costa atlântica da Flórida. Os residentes se mudaram para terrenos mais elevados, porém distantes, em Bentonville, Arkansas. Executivos das lojas Walmart decidiram que a situação oferecia uma grande oportunidade para uma de suas mais recentes armas orientadas em dados: a tecnologia preditiva.
>
> Uma semana antes de a tempestade atingir a costa, Linda M. Dillman, diretora executiva de informação, pressionou sua equipe para trabalhar em previsões baseadas no que havia acontecido quando o furacão Charley apareceu, várias semanas antes. Com o apoio dos trilhões de bytes de histórico de compras contidos no banco de dados do Walmart, ela sentiu que a empresa poderia "começar a prever o que aconteceria, em vez de esperar que acontecesse". (Hays, 2004)

Pense *porque* previsões orientadas em dados podem ser úteis neste cenário. Elas podem ser úteis para prever que as pessoas na trilha do furacão comprariam mais garrafas de água. Talvez, mas isso parece um pouco óbvio, e por que precisaríamos de data science para descobrir isso? Pode ser útil para projetar o *aumento* nas vendas devido ao furacão, assegurando que os Walmarts locais estejam bem abastecidos. Talvez a mineração de dados possa revelar que determinado DVD esgotou na trilha do furacão — mas, talvez, isso tenha acontecido naquela semana em Walmarts de todo o país, e não apenas onde o furacão era iminente. A previsão pode, de certa forma, ser útil, mas provavelmente é mais genérica do que a Sra. Dillman pretendia.

Seria mais valioso descobrir padrões não tão óbvios causados pelo furacão. Para fazer isso, os analistas podem examinar o grande volume de dados do Walmart a partir de situações prévias semelhantes (como o furacão Charley) para identificar demanda local *incomum* de produtos. A partir desses padrões, a empresa pode ser capaz de antecipar a demanda incomum de produtos e correr para abastecer as lojas antes da chegada do furacão.

De fato, foi o que aconteceu. O *New York Times* (Hays, 2004) relatou que: "... especialistas exploraram os dados e descobriram que as lojas realmente precisariam de certos produtos — e não apenas das habituais lanternas. 'Não sabíamos, no passado, que havia tido um aumento nas vendas de Pop-Tarts de morango, sete vezes acima do normal, antes de um furacão', disse a Sra. Dillman em uma entrevista recente. 'E o principal produto pré-furacão mais vendido era a cerveja.'[1]

Exemplo: Prevendo a Rotatividade de Cliente

Como são realizadas essas análises de dados? Considere um segundo e mais típico cenário de negócios e como ele pode ser tratado a partir de uma perspectiva de dados. Este problema servirá como um exemplo recorrente que iluminará muitas das questões levantadas neste livro e fornecerá um quadro de referência comum.

Vamos supor que você acabou de ingressar em um ótimo trabalho analítico na MegaTelCo, uma das maiores empresas de telecomunicação nos Estados Unidos. Eles estão tendo um grande problema com a retenção de clientes no negócio de produtos e serviços sem fio. Na região do Médio Atlântico, 20% dos clientes de telefonia celular abandonam o serviço quando seus contratos vencem, e está ficando cada vez mais difícil adquirir novos clientes. Como agora o mercado dos telefones celulares está saturado, o enorme crescimento do mercado sem fio diminuiu. Agora, as empresas de comunicação estão engajadas em batalhas para atrair os clientes da concorrência, ao mesmo tempo que mantêm seus próprios. A transferência de clientes de uma empresa para outra é chamada de *rotatividade*, e é algo dispendioso em todos os sentidos: uma empresa precisa gastar em incentivos para atrair um cliente, enquanto outra empresa perde rendimento quando o cliente vai embora.

Você foi chamado para ajudar a entender o problema e encontrar uma solução. Atrair novos clientes é muito mais caro do que manter os que já existem, por isso, uma boa verba de marketing é alocada para evitar a rotatividade. O marketing já projetou uma oferta especial de retenção. Sua tarefa é elaborar um plano preciso, passo a passo, para saber como a equipe de data science deve usar os vastos recursos de dados da MegaTelCo para decidir quais clientes devem receber uma oferta especial de retenção antes do término de seus contratos.

Pense cuidadosamente sobre quais dados você pode usar e como serão usados. Pense, especificamente, como a MegaTelCo deve escolher um conjunto de clientes para receber sua oferta a fim de melhor reduzir a rotatividade para uma verba de incentivo em particular? Responder a essa pergunta é muito mais complicado do que pode parecer inicialmente. Voltaremos a este problema várias vezes, acrescentando sofisticação a nossa solução conforme desenvolvemos uma compreensão dos conceitos fundamentais de data science.

---

1 É claro! O que combina melhor com Pop-Tarts de morango do que uma boa cerveja gelada?

Na verdade, a retenção de clientes tem sido uma das grandes utilizações para tecnologias de mineração de dados — especialmente nos setores de telecomunicação e finanças. Esses, de forma mais geral, foram alguns dos primeiros e mais amplos adotantes das tecnologias de mineração de dados, por motivos que serão discutidos mais adiante.

Data Science, Engenharia e Tomada de Decisão Orientada em Dados

Data science envolve princípios, processos e técnicas para compreender fenômenos por meio da análise (automatizada) de dados. Neste livro, analisaremos o objetivo primordial de data science, que é o aprimoramento da tomada de decisão, uma vez que isso geralmente é de interesse direto para os negócios.

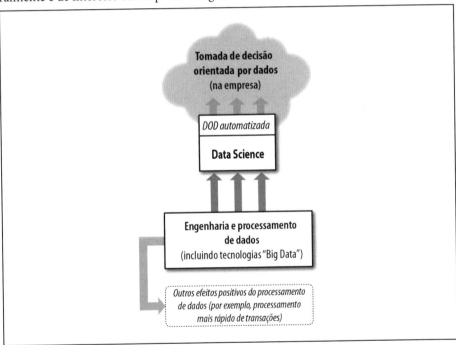

Figura 1-1. Data science no contexto dos diversos processos relacionados a dados na organização.

A Figura 1-1 coloca data science no contexto de diversos outros processos intimamente associados e relacionados com dados na organização. Ela distingue data science de outros aspectos do processamento de dados que estão ganhando cada vez mais atenção nos negócios. Vamos começar pelo topo.

Tomada de decisão orientada por dados (DOD) refere-se à prática de basear as decisões na análise dos dados, em vez de apenas na intuição. Por exemplo, um negociante poderá selecionar anúncios baseados puramente em sua longa experiência na área e em sua intuição de que funcionará. Ou, pode basear sua escolha na análise dos dados sobre a forma como os consumidores reagem a diferentes anúncios. Ele também poderia utilizar uma combinação dessas abordagens. A DOD não é uma prática do tipo "tudo ou nada", e diversas empresas a adotam em maior ou menor grau.

Os benefícios da tomada de decisão orientada por dados têm sido demonstrados conclusivamente. O economista Erik Brynjolfsson e seus colegas do MIT e da Penn's Wharton School realizaram um estudo de como DOD afeta o desempenho das empresas (Brynjolfsson, Hitt & Kim, 2011). Eles desenvolveram uma medida de DOD que classifica as empresas quanto ao uso de dados para tomar decisões. Eles mostram que, estatisticamente, quanto mais orientada por dados, mais produtiva uma empresa é — mesmo controlando uma vasta gama de possíveis fatores de confusão. E as diferenças não são pequenas. Um desvio padrão a mais na escala de DOD está associado com um aumento de 4%–6% na produtividade. A DOD também está correlacionada com maior retorno sobre ativos, retorno sobre o patrimônio líquido, utilização de ativos e valor de mercado e a relação parece ser causal.

O tipo de decisões que interessam neste livro se enquadram, principalmente, em dois tipos: (1) decisões para as quais "descobertas" precisam ser feitas nos dados e (2) decisões que se repetem, principalmente em grande escala, e, assim, a tomada de decisão pode se beneficiar até mesmo de pequenos aumentos na precisão deste processo com base em análise de dados. O exemplo do Walmart, acima, ilustra um problema tipo 1: Linda Dillman gostaria de descobrir "fatos" que ajudariam o Walmart a se preparar para a chegada iminente do furacão Frances.

Em 2012, o competidor do Walmart, Target, virou notícia por um caso próprio de tomada de decisão orientada por dados, também um problema tipo 1 (Duhigg, 2012). Como a maioria dos varejistas, a Target se preocupa com os hábitos de compra dos consumidores, o que os motiva e o que pode influenciá-los. Os consumidores tendem a permanecer inertes em seus hábitos e fazê-los mudar é difícil. Quem tomava as decisões na Target sabia, no entanto, que a chegada de um novo bebê na família é um momento em que as pessoas mudam significativamente seus hábitos de compras. Nas palavras do analista da Target, "assim que percebemos que estão comprando nossas fraldas, eles comprarão todo o resto também." A maioria dos varejistas sabe disso e, portanto, competem entre si tentando vender produtos de bebês para novos pais. Como a maior parte dos registros de nascimento é pública, os varejistas obtêm informações sobre nascimentos e enviam ofertas especiais para os novos pais.

No entanto, a Target desejava sair na frente da concorrência. Eles estavam interessados em saber se conseguiriam *prever* se as pessoas *estavam esperando* um bebê. Se pudessem, ganhariam uma vantagem ao fazer ofertas antes de seus concorrentes. Usando técnicas de data science, a Target analisou dados históricos sobre os clientes que souberam *posteriormente* que estavam grávidas, e foi capaz de obter informações que poderiam predizer quais consumidores estavam esperando um bebê. Por exemplo, mulheres grávidas costumam mudar a dieta, o guarda-roupa, as vitaminas e assim por diante. Esses indicadores podem ser extraídos dos dados históricos, montados em modelos preditivos e, em seguida, implantados em campanhas de marketing. Discutiremos modelos preditivos de forma mais detalhada conforme avançarmos no livro. No momento, é suficiente entender que um modelo preditivo abstrai a maior parte da complexidade do mundo, concentrando-se em um conjunto específico de indicadores que se correlacionam, de algum modo, com uma quantidade de interesses (quem apresentará rotatividade ou quem comprará, quem está grávida, etc). O mais importante, nos exemplos Walmart e Target, é que a análise dos dados não estava testando uma simples hipótese. Ao invés disso, os dados foram explorados com a esperança de que algo útil pudesse ser descoberto.[2]

Nosso exemplo de rotatividade ilustra um problema de DOD tipo 2. A MegaTelCo tem centenas de milhões de clientes, e cada um é candidato à desistência. Dezenas de milhões deles têm contratos que expiram a cada mês, de modo que cada um tem uma probabilidade crescente de desistência no futuro próximo. Se pudermos melhorar nossa capacidade de estimar, para um determinado cliente, quão lucrativo seria nos concentrarmos nele, podemos, potencialmente, colher grandes benefícios com a aplicação desta capacidade para os milhões de clientes na população. Essa mesma lógica se aplica a muitas das áreas onde temos visto a aplicação mais intensa de data science e mineração de dados: marketing direto, publicidade online, avaliação de crédito, transações financeiras, gestão de central de atendimento, detecção de fraude, classificação de pesquisa, recomendação de produto e assim por diante.

O diagrama na Figura 1-1 mostra data science sustentando a tomada de decisão orientada em dados, mas também se sobrepondo a ela. Isso destaca o fato, muitas vezes negligenciado, de que, cada vez mais, as decisões de negócios são feitas *automaticamente* por sistemas de computador. Diferentes indústrias adotaram tomada de decisão automática em diferentes proporções. As indústrias de finanças e telecomunicações foram as primeiras, em grande parte por causa de seu desenvolvimento precoce de redes de dados e implementação de informática em grandes proporções, o que permitiu a agregação e a modelagem de dados em grande escala, bem como a aplicação dos modelos resultantes para a tomada de decisão.

Durante a década de 1990, a tomada de decisão automatizada alterou drasticamente os setores bancário e de crédito ao consumidor. Nesse período, os bancos e as empresas de telecomunicação também implementaram sistemas em larga escala para o gerencia-

---

2 A Target foi tão bem-sucedida que este caso levantou questões éticas sobre a implantação de tais técnicas. Preocupações relacionadas à ética e à privacidade são interessantes e muito importantes, mas deixaremos essa discussão para outro momento.

mento de decisões de controle de fraudes orientadas em dados. Conforme os sistemas de varejo tornaram-se cada vez mais informatizados, as decisões de comercialização foram automatizadas. Exemplos famosos incluem os programas de recompensa dos cassinos Harrah e as recomendações automatizadas da Amazon e Netflix. Atualmente, presenciamos uma revolução na publicidade, devido, em grande parte, a um aumento na quantidade de tempo que os consumidores passam online e na capacidade de tomar decisões publicitárias online em uma fração de segundo (literalmente).

Processamento de Dados e "Big Data"

É importante abrir aqui um pequeno parênteses para abordar outra questão. Há muitos aspectos do processamento de dados que não estão relacionados ao data science — apesar da impressão que se pode ter da mídia. Engenharia e processamento de dados são essenciais para sustentar data science, mas são mais gerais. Por exemplo, atualmente, muitas habilidades, sistemas e tecnologias de processamento de dados são, muitas vezes, erroneamente lançados como data science. Para compreender data science e os negócios orientados em dados é importante compreender as diferenças. Data science precisa ter acesso aos dados e, muitas vezes, beneficia-se da sofisticada engenharia de dados que as tecnologias de processamento podem facilitar, mas essas não são tecnologias de data science propriamente ditas. Elas dão suporte ao data science, como mostra a Figura 1-1, mas são úteis para muito mais. Tecnologias de processamento de dados são importantes para muitas tarefas de negócios orientadas a dados que não envolvem extrair conhecimento a partir de dados ou tomar decisões orientadas a eles, como processamento eficiente de transações, processamento moderno de sistemas web e gerenciamento de campanhas publicitárias online.

Recentemente, tecnologias "big data" (como Hadoop, HBase e MongoDB) têm recebido considerável atenção da mídia. Essencialmente, o termo *big data* significa conjuntos de dados que são grandes demais para os sistemas tradicionais de processamento e, portanto, exigem novas tecnologias para processá-los. Como acontece com as tecnologias tradicionais, as de big data são utilizadas para diversas tarefas, incluindo engenharia de dados. Ocasionalmente, tecnologias de big data são, na verdade, utilizadas para *implementar* as técnicas de mineração de dados. No entanto, com muito mais frequência, as conhecidas tecnologias de big data são utilizadas para processamento de dados *em apoio* às técnicas de mineração de dados e outras atividades de data science, conforme representado na Figura 1-1.

Anteriormente, discutimos o estudo de Brynjolfsson demonstrando os benefícios da tomada de decisão orientada em dados. Um estudo separado, conduzido pelo economista Prasanna Tambe da Stern School da NYU, analisou a extensão em que as tecnologias de *big data* parecem ajudar as empresas (Tambe, 2012). Ele descobriu que, após o controle de diversos possíveis fatores de confusão, a utilização de tecnologias de big data está associada a um crescimento significativo de produtividade adicional. Especificamente, no contexto de utilização de tecnologias big data, um desvio padrão a mais está associado a uma produtividade de 1% a 3% a mais que a média da empresa; já um desvio padrão a menos está associado a uma produtividade de 1% a 3% menor. Isso resulta em diferenças potencialmente muito grandes de produtividade entre as empresas nos extremos.

De Big Data 1.0 para Big Data 2.0

Uma maneira de pensar sobre o estado das tecnologias de big data é fazer uma analogia com a adoção de tecnologias de internet nos negócios. Na Web 1.0, as empresas ocupavam-se com a obtenção de tecnologias básicas de internet, para que pudessem estabelecer uma presença na web, desenvolver capacidade de comércio eletrônico e melhorar a eficiência de suas operações. Podemos pensar em nós mesmos como estando na era do Big Data 1.0. As empresas estão se ocupando com a criação de capacidades para processar grandes dados, em grande parte como apoio às suas atuais operações — por exemplo, para melhorar a eficiência.

Depois que as empresas incorporaram completamente as tecnologias Web 1.0 (e, no processo, diminuíram os preços da tecnologia subjacente) elas começaram a olhar mais longe. Começaram a perguntar o que a Web poderia fazer por elas, e como poderia melhorar as coisas que sempre fizeram — e entramos na era da Web 2.0, onde novos sistemas e empresas começaram a aproveitar a natureza interativa da Web. As mudanças trazidas por essa troca de pensamento são universais; as mais óbvias são a incorporação de componentes de redes sociais e a ascensão da "voz" do consumidor individual (e do cidadão).

Devemos esperar que uma fase Big Data 2.0 siga o Big Data 1.0. Depois que as empresas forem capazes de processar dados em massa de forma flexível, elas devem começar a perguntar: *"O que posso fazer agora que não podia fazer antes, ou fazer melhor do que antes?"* Esta, provavelmente, será a era de ouro do data science. Os princípios e técnicas que introduzimos neste livro serão aplicados muito mais ampla e profundamente do que são hoje.

É importante notar que, na era Web 1.0, algumas empresas precoces começaram a aplicar ideias da Web 2.0 muito à frente da tendência atual. A Amazon é um excelente exemplo, incorporando a "voz" dos consumidores desde o início, na classificação de produtos, na avaliação de produtos (e mais profundamente, na classificação das avaliações de produtos). Da mesma forma, vemos algumas empresas que já aplicam Big Data 2.0. Novamente, a Amazon é uma empresa à frente de seu tempo, oferecendo recomendações orientadas em dados a partir de dados em massa. Também existem outros exemplos. Os anunciantes online devem processar volumes de dados extremamente grandes (bilhões de impressões de anúncios por dia não é incomum) e manter um rendimento bastante alto (sistemas de leilão em tempo real tomam decisões em dezenas de milissegundos). Devemos olhar para essas e outras indústrias semelhantes em busca de sugestões em avanços de big data e data science que, posteriormente, serão adotados por outras indústrias.

Capacidade de Dados e Data Science como um Ativo Estratégico

As seções anteriores sugerem um dos princípios fundamentais de data science: *os dados, e a capacidade de extrair conhecimento útil a partir deles, devem ser considerados importantes ativos estratégicos*. Muitas empresas consideram a análise de dados como pertencentes, principalmente, à obtenção de valores a partir de alguns dados existentes e, muitas vezes, sem preocupações com relação a se o negócio possui o talento analítico apropriado. Visualizar isso como ativos nos permite pensar explicitamente sobre a extensão em que se deve investir neles. Muitas vezes, não temos os dados corretos para melhor tomar decisões e/ou o talento certo para melhor apoiar a tomada de decisão a partir dos dados. Além disso, pensar neles como ativos deveria nos levar à conclusão de que eles são *complementares*. A melhor equipe de data science pode gerar pouco valor sem os dados adequados; muitas vezes, os dados corretos não podem melhorar substancialmente as decisões sem um talento adequado em data science. Como acontece com todos os ativos, com frequência, é necessário fazer investimentos. Construir uma equipe de alto nível em data science é uma tarefa não trivial, mas pode fazer uma enorme diferença para a tomada de decisão. No Capítulo 13, discutiremos em detalhes as considerações estratégicas que envolvem data science. Nosso próximo estudo de caso introduz a ideia de que pensar explicitamente sobre como investir em ativos de dados, muitas vezes, compensa generosamente.

A clássica história do pequeno banco Signet, da década de 1990, fornece um bom exemplo disso. Anteriormente, na década de 1980, data science havia transformado o setor de crédito ao consumidor. Modelar a probabilidade de *inadimplência* mudou a indústria, desde a avaliação pessoal da probabilidade de *inadimplência* até estratégias de grande escala e participação de mercado, o que trouxe consigo economias concomitantes. Pode parecer estranho agora, mas na época cartões de crédito tinham preços uniformes, por duas razões: (1) as empresas não possuíam sistemas adequados de informação para lidar com preços diferenciados em grande escala e (2) a administração do banco acreditava que os clientes não apoiariam a discriminação de preços. Por volta de 1990, dois visionários estratégicos (Richard Fairbanks e Nigel Morris) perceberam que a tecnologia da informação era poderosa o suficiente para que eles pudessem fazer um modelo preditivo mais sofisticado — usando os tipos de técnicas que discutimos ao longo deste livro — e oferecer diferentes condições (hoje em dia: preço, limites de crédito, transferências de saldo de baixa taxa inicial, reembolso, pontos de fidelidade e assim por diante). Esses dois homens não conseguiram convencer os grandes bancos a tê-los como consultores e deixá-los tentar. Por fim, após esgotarem suas possibilidades junto aos grandes bancos, conseguiram fisgar o interesse de um pequeno banco regional na Virgínia: o banco Signet. O gerente do banco Signet estava convencido de que modelar a rentabilidade, não apenas probabilidade de inadimplência, era a estratégia certa. Eles sabiam que uma pequena porção de clientes representava *mais de* 100% do lucro de um banco, a partir de operações de cartão de crédito (porque o resto são ponto de equilíbrio ou perda de dinheiro). Se eles pudessem modelar a lucratividade, poderiam fazer melhores ofertas para os melhores clientes e selecionar a clientela dos grandes bancos.

Mas o banco Signet tinha um grande problema na implementação dessa estratégia. Eles não tinham dados adequados para modelar a lucratividade com o objetivo de oferecer diferentes condições para diferentes clientes. Ninguém tinha. Como os bancos estavam oferecendo crédito com um conjunto específico de condições e um modelo padrão, eles tinham dados para modelar a lucratividade (1) para as condições que ofereceram no passado e (2) para o tipo de cliente para quem foi oferecido crédito (ou seja, aqueles que eram considerados dignos de crédito segundo o modelo existente).

O que o banco Signet poderia fazer? Eles trouxeram uma estratégia fundamental de data science: obter os dados necessários a um custo. Depois que visualizarmos dados como um ativo de negócios, devemos pensar se e quanto estamos dispostos a investir. No caso Signet, os dados poderiam ser gerados na lucratividade dos clientes que receberam diferentes condições de crédito por meio da realização de experimentos. Diferentes termos foram oferecidos aleatoriamente para diferentes clientes. Isso pode parecer tolo fora do contexto do pensamento analítico de dados: é provável que você perca dinheiro! É verdade. Neste caso, as perdas são o custo da aquisição de dados. O pensador analítico de dados precisa considerar se espera que os dados tenham valor suficiente para justificar o investimento.

Então, o que aconteceu com o banco Signet? Como você poderia esperar, quando Signet começou a oferecer, aleatoriamente, condições aos clientes para a aquisição de dados, o número de contas ruins aumentou. Signet passou de uma taxa de "dívidas em atraso" líder da indústria (2,9% dos saldos não foram pagos) para quase 6% de dívidas em atraso. As perdas continuaram por alguns anos, enquanto os cientistas de dados trabalhavam para construir modelos preditivos e, a partir dos dados, avaliá-los e implantá-los para melhorar o lucro. Como a empresa viu essas perdas como investimentos em dados, eles persistiram, apesar das reclamações dos investidores. Por fim, a operação de cartão de crédito Signet deu a volta por cima e tornou-se tão rentável que foi desmembrada em outras operações do banco que, agora, estavam ofuscando o sucesso de crédito ao consumidor.

Fairbanks e Morris tornaram-se presidente e CEO e presidente e COO, e passaram a aplicar princípios de data science em todo o negócio — não apenas na aquisição de clientes, mas em sua retenção também. Quando um cliente liga à procura de uma oferta melhor, modelos orientados por dados calculam a potencial rentabilidade de várias ações possíveis (diferentes ofertas, incluindo manter o *status quo*) e o computador do representante do serviço ao cliente apresenta as melhores ofertas para se fazer.

Você pode não ter ouvido falar do pequeno banco Signet, mas, se você está lendo este livro, provavelmente já ouviu falar de sua derivação: Capital One. A nova empresa de Fairbanks e Morris cresceu para se tornar um dos maiores emissores de cartões de crédito do setor, com uma das menores taxas de dívidas em atraso. Em 2000, foi relatado que o banco realizou 45 mil desses "testes científicos", como eram chamados na época.[3]

Estudos trazendo demonstrações quantitativas claras do valor de um ativo de dados são difíceis de encontrar, principalmente porque as empresas hesitam em divulgar resultados de valor estratégico. Uma exceção é um estudo realizado por Martens e Provost (2011) avaliando se os dados de transações específicas dos consumidores de um banco podem melhorar os modelos para decidir quais produtos oferecer. O banco construiu modelos de dados para decidir em quem focar com ofertas para diferentes produtos. A investigação analisou um número de tipos variados de dados e os seus efeitos sobre o desempenho preditivo. Os dados sociodemográficos fornecem uma capacidade substancial para modelar os tipos de consumidores mais propensos a comprar um produto ou outro. No entanto, dados sociodemográficos têm seu limite; depois de certo volume, nenhuma vantagem adicional é conferida. Em contrapartida, dados detalhados sobre transações individuais dos clientes (anônimos) melhoram substancialmente o desempenho, apenas com uso dos dados sociodemográficos. A relação é clara e marcante e — de forma significativa para o foco aqui — o desempenho preditivo continua a melhorar conforme mais dados são utilizados, aumentando em toda a gama investigada por Martens e Provost sem nenhum sinal de diminuição. Isso tem uma implicação importante: os bancos com maiores ativos de dados podem ter uma importante vantagem estratégica sobre seus concorrentes menores. Se essas tendências generalizam-se, e os bancos são capazes de aplicar análises sofisticadas, bancos com maiores ativos de dados devem ser mais capazes de identificar os melhores clientes para produtos individuais. O resultado líquido será maior adoção de produtos do banco, diminuição do custo de aquisição de clientes ou ambos.

Certamente, a ideia de dados como um ativo estratégico não se limita ao Capital One, nem mesmo ao setor bancário. A Amazon conseguiu logo cedo coletar dados de clientes online, o que criou custos de mudança significativos: os consumidores valorizam as classificações e as recomendações que a Amazon oferece. A Amazon, portanto, pode manter os clientes com mais facilidade, e pode até mesmo cobrar um preço maior (Brynjolfsson & Smith, 2000). Casinos Harrah investiu na coleta e na mineração de dados sobre os jogadores, e passou de um jogador pequeno no setor de casinos, em meados da década de 1990, para o comprador de Caesar Entertainment em 2005, até se tornar a maior empresa de jogos de azar do mundo. A enorme valorização do Facebook tem sido creditada a seus ativos de dados vastos e singulares (Sengupta, 2012), incluindo informações sobre pessoas e seus gostos, bem como informações sobre a estrutura da rede social. Informa-

---

[3] Você pode ler mais sobre a história do Capital One (Clemons & Thatcher, 1998; McNamee 2001).

ções sobre a estrutura de rede têm demonstrado ser importante para fazer previsões e têm demonstrado ser notavelmente úteis na construção de modelos de quem vai comprar certos produtos (Hill, Provost, & Volinsky, 2006). É claro que o Facebook tem um ativo de dados notável; se eles têm as estratégias certas de data science para tirar o máximo proveito, é uma questão sem resposta.

Neste livro, discutiremos mais detalhadamente muitos dos conceitos fundamentais por trás dessas histórias de sucesso, de investigar princípios de mineração de dados e pensamento analítico de dados.

Pensamento Analítico de Dados

A análise de estudos de caso, como o problema de rotatividade, melhora nossa capacidade de abordar problemas "analisando os dados". Promover tal perspectiva é um dos objetivos principais deste livro. Quando confrontado com um problema de negócios, você deve ser capaz de avaliar se e como os dados podem melhorar o desempenho. Discutiremos um conjunto de conceitos e princípios fundamentais que facilitam o pensamento cuidadoso. Elaboraremos quadros para estruturar a análise, para que possa ser feita de forma sistemática.

Conforme mencionado acima, é importante compreender data science, mesmo que não pretenda fazê-lo sozinho, porque a análise dos dados é, agora, crucial para a estratégia de negócios. As empresas estão cada vez mais impulsionadas pela análise de dados, portanto, há grande vantagem profissional em ser capaz de interagir com competência dentro e fora dessas empresas. Compreender os conceitos fundamentais, e ter estruturas para organizar o pensamento analítico de dados não só permitirá uma interação competente, mas ajudará a vislumbrar oportunidades para melhorar a tomada de decisões orientada por dados ou ver ameaças competitivas orientadas por dados.

As empresas em muitos setores tradicionais estão explorando recursos de dados novos e existentes para obter vantagem competitiva. Elas empregam equipes de data science para trazer tecnologias avançadas para suportar o aumento do rendimento e diminuir os custos. Além disso, muitas empresas novas estão sendo desenvolvidas usando mineração de dados como um componente estratégico chave. O Facebook e o Twitter, juntamente com muitas outras empresas "Digital 100" (*Business Insider*, 2012), têm altas avaliações devido, principalmente, aos ativos de dados empenhados em capturar ou criar.[4] Cada vez mais, os gestores precisam supervisionar equipes analíticas e projetos de análise, os comerciantes têm que organizar e compreender campanhas orientadas por dados, os capitalistas de empreendimentos devem ser capazes de investir sabiamente em empresas com ativos de dados substanciais e os estrategistas de negócios devem ser capazes de elaborar planos que explorem dados.

---

4 Obviamente, este não é um fenômeno novo. Amazon e Google são empresas bem estabelecidas que obtêm enorme valor a partir de seus ativos de dados.

Alguns exemplos: se um consultor apresenta uma proposta para explorar um ativo de dados para melhorar seu negócio, você deve ser capaz de avaliar se a proposta faz sentido. Se um concorrente anuncia uma nova parceria de dados, você deve reconhecer quando isso pode colocá-lo em desvantagem estratégica. Ou, digamos que você assuma um cargo em uma empresa de empreendimentos e seu primeiro projeto é avaliar o potencial para investir em uma empresa de publicidade. Os fundadores apresentam um argumento convincente de que eles obterão um valor significativo a partir de um único corpo de dados que serão coletados, e com base nisso defendem uma avaliação substancialmente maior. Isso é razoável? Com uma compreensão dos fundamentos de data science você deve ser capaz de elaborar algumas perguntas investigativas para determinar se os argumentos de avaliação são plausíveis.

Em uma escala menos grandiosa, mas provavelmente mais comum, projetos de análise de dados alcançam todas as unidades de negócios. Os funcionários em todas essas unidades devem interagir com a equipe de data science. Se esses funcionários não têm uma base fundamental nos princípios de pensamento analítico de dados, eles não vão realmente entender o que está acontecendo na empresa. Esta falta de compreensão é muito mais prejudicial em projetos de data science do que em outros projetos técnicos, pois data science dá suporte a uma tomada de decisão melhorada. Como descreveremos no próximo capítulo, isso requer uma interação próxima entre os cientistas de dados e os executivos responsáveis pela tomada de decisão. Empresas onde os empresários não compreendem o que os cientistas de dados estão fazendo acabam em substancial desvantagem, porque perdem tempo e esforço, ou pior, porque, em última análise, tomam as decisões erradas.

A Necessidade de Gestores com Habilidades de Análise de Dados

A empresa de consultoria McKinsey and Company estima que "haverá uma escassez do talento necessário para as empresas obterem vantagem em big data. Em 2018, os Estados Unidos sozinho poderá enfrentar uma escassez de 140.000 a 190.000 pessoas com habilidades analíticas profundas, bem como 1,5 milhão de gestores e analistas com conhecimento para usar a análise de big data para tomar decisões eficazes." (Manyika, 2011). Por que o número de gerentes e analistas necessários será 10 vezes maior que aqueles com habilidades analíticas profundas? Certamente, os cientistas de dados não são tão difíceis de administrar ao ponto de precisarem de 10 gerentes! O motivo é que uma empresa pode obter aproveitamento a partir de uma equipe de data science para tomar melhores decisões em diversas áreas do negócio. No entanto, conforme McKinsey aponta, os gestores dessas áreas precisam entender os princípios de data science para obter esse aproveitamento de forma eficaz.

Este Livro

Este livro se concentra nos fundamentos de data science e mineração de dados. Trata-se de um conjunto de princípios, conceitos e técnicas que estruturam o pensamento e a análise. Eles permitem que compreendamos os processos e métodos de data science de forma surpreendentemente profunda, sem a necessidade de se concentrar profundamente no grande número de algoritmos específicos de mineração de dados.

Existem muitos livros bons que abordam algoritmos e técnicas de mineração de dados, de guias práticos até tratamentos matemáticos e estatísticos. Em vez disso, este livro se concentra nos conceitos fundamentais e em como eles nos ajudam a pensar sobre problemas onde a mineração de dados pode ser executada. Isso não significa que ignoraremos as técnicas de mineração de dados; muitos algoritmos são a incorporação exata de conceitos básicos. Mas, apenas com algumas exceções, não nos concentraremos nos detalhes técnicos profundos de como as técnicas realmente funcionam; tentamos fornecer detalhes suficientes para que você compreenda o que as técnicas fazem, e como se baseiam nos princípios fundamentais.

Mineração de Dados e Data Science, Revistos

Este livro dedica boa dose de atenção para a extração de padrões (não triviais, possivelmente acionáveis) ou modelos úteis de grandes massas de dados (Fayyad, Piatetsky-Shapiro, & Smyth, 1996) e para os princípios fundamentais de data science, subjacentes à mineração de dados. Em nosso exemplo de predição de rotatividade, gostaríamos de *pegar os dados* da rotatividade prévia e *extrair padrões*, por exemplo, padrões de comportamento, *que são úteis* — que podem nos ajudar a prever os clientes mais propensos a abandonar o serviço no futuro, ou que podem nos ajudar a projetar melhores serviços.

Os conceitos fundamentais de data science são extraídos de muitos campos que estudam a análise de dados. Introduzimos esses conceitos ao longo do livro, mas, agora, discutimos alguns deles de forma breve para que você conheça o básico. Discutiremos mais detalhadamente todos eles e muito mais nos próximos capítulos.

Conceito fundamental: *extrair conhecimento útil a partir de dados para resolver problemas de negócios pode ser tratado de forma sistemática, seguindo um processo com etapas razoavelmente bem definidas*. O Processo Padrão de Indústria Cruzada para Mineração de Dados, abreviado PPIC-ED (projeto PPIC-ED, 2000), é uma codificação desse processo. Tê-lo em mente fornece uma estrutura para nosso pensamento sobre problemas da análise de dados. Por exemplo, na prática vê-se repetidamente "soluções" analíticas que não são baseadas em uma análise cuidadosa do problema ou não são avaliadas com atenção. O pensamento estruturado sobre a análise enfatiza esses aspectos, muitas vezes subvalorizados, de apoiar a tomada de decisão com dados. Tal pensamento estruturado também contrasta pontos críticos onde a criatividade humana é necessária versus pontos onde ferramentas analíticas de alta potência podem ser executadas.

Conceito fundamental: *a partir de uma grande massa de dados, a tecnologia da informação pode ser usada para encontrar atributos descritivos informativos de entidades de interesse.* No nosso exemplo de rotatividade, um cliente seria uma entidade de interesse, e cada cliente pode ser descrito por um grande número de atributos, como uso, histórico de serviço ao cliente e muitos outros fatores. Qual desses realmente nos dá informações sobre a probabilidade do cliente deixar a empresa quando seu contrato vencer? Quanta informação? Às vezes, esse processo é chamado grosseiramente de encontrar variáveis que se "relacionam" com a rotatividade (discutiremos mais precisamente essa noção). Um analista de negócios pode ser capaz de criar algumas hipóteses e testá-las, e existem ferramentas para ajudar a facilitar essa experimentação (consulte "Outras técnicas e tecnologias analíticas" na página 35). Alternativamente, o analista poderia aplicar a tecnologia da informação para descobrir automaticamente atributos informativos — essencialmente fazendo experimentação automatizada em grande escala. Além disso, como veremos, esse conceito pode ser aplicado de forma recorrente para construir modelos que prevejam a rotatividade com base em vários atributos.

Conceito fundamental: *se olhar muito para um conjunto de dados, encontrará alguma coisa —, mas isto pode não ser generalizável além dos dados para os quais está olhando.* Isto é chamado de *sobreajustar* um conjunto de dados. Técnicas de mineração de dados podem ser muito poderosas, e a necessidade de detectar e evitar sobreajuste é um dos conceitos mais importantes para se compreender quando se aplica mineração de dados para problemas reais. O conceito de sobreajuste e sua prevenção permeia os processos de data science, de algoritmos e de métodos de avaliação.

Conceito fundamental: *formular soluções de mineração de dados e avaliar os resultados envolve pensar cuidadosamente sobre o contexto em que serão utilizados.* Se nosso objetivo é a extração de conhecimento potencialmente *útil*, como podemos formular o que é útil? Isso depende criticamente da aplicação em questão. Para nosso exemplo de gerenciamento de rotatividade, como é que vamos usar os padrões extraídos de dados históricos exatamente? Além do risco de abandonar o serviço, o valor do cliente também deve ser levado em conta? De modo mais geral, o padrão conduz a melhores decisões do que alguma alternativa razoável? Quão bem uma pessoa se sairia de modo aleatório? Quão bem uma pessoa se sairia com uma alternativa "padrão" inteligente?

Esses são apenas quatro dos conceitos fundamentais de data science que exploramos. Até o final do livro, teremos discutido uma dúzia deles em detalhes, e ilustrado como eles nos ajudam a estruturar o pensamento analítico de dados e a compreender as técnicas de mineração de dados e os algoritmos, bem como aplicações de data science, de forma bastante geral.

Química Não se Trata de Tubos de Ensaio: Data Science Versus o Trabalho do Cientista de Dados

Antes de prosseguir, devemos rever brevemente o lado da engenharia de data science. No momento dessa escrita, discussões sobre data science comumente mencionam não apenas habilidades e técnicas analíticas para compreensão dos dados, mas também as ferramentas mais usadas. Definições dos cientistas de dados (e anúncios para os cargos) especificam não apenas áreas de conhecimento, mas também linguagens de programação e ferramentas específicas. É comum ver anúncios de emprego que mencionam técnicas de mineração de dados (por exemplo, florestas aleatórias, máquinas de vetor de suporte), áreas de aplicação específica (sistemas de recomendação, otimização de posicionamento de anúncios), juntamente com ferramentas de software populares para o processamento de big data (Hadoop, MongoDB). Muitas vezes, há pouca distinção entre a ciência e a tecnologia para lidar com grandes conjuntos de dados.

Devemos ressaltar que data science, como ciência da computação, é um campo novo. As preocupações específicas de data science são bastante novas e os princípios gerais estão começando a emergir. O estado do data science pode ser comparado ao da química em meados do século XIX, quando teorias e princípios gerais estavam sendo formulados e o campo era, basicamente, experimental. Todo bom químico tinha que ser um técnico de laboratório competente. Da mesma forma, é difícil imaginar um cientista de dados que não está acostumado com certos tipos de ferramentas de software.

Dito isso, este livro está centrado na ciência e não na tecnologia. Aqui, você não encontrará instruções sobre a melhor forma de executar tarefas massivas de mineração de dados em agrupamentos do Hadoop, ou mesmo o que é o Hadoop ou por que você pode querer aprender sobre isso.[5] Aqui, nós nos concentramos nos princípios gerais de data science que vêm surgindo. Em 10 anos, as tecnologias predominantes provavelmente terão mudado ou avançado o suficiente para que uma discussão aqui se torne obsoleta, enquanto que os princípios gerais são os mesmos de 20 anos atrás e, provavelmente, mudarão pouco nas próximas décadas.

Resumo

Este livro é sobre a extração de informações e conhecimentos úteis a partir de grandes volumes de dados, a fim de melhorar a tomada de decisão nos negócios. Como a coleta de dados em massa se espalhou através de praticamente todos os setores da indústria e unidades de negócios, o mesmo aconteceu com as oportunidades de mineração de

---

5 OK: Hadoop é uma arquitetura de código fonte aberto, amplamente utilizada para fazer cálculos altamente paralelizáveis. É uma das atuais tecnologias de "Big Data" para o processamento de enormes conjuntos de dados que excedem a capacidade dos sistemas de base de dados relacionais. Hadoop é baseado na estrutura de processamento paralelo MapReduce, introduzida pelo Google.

dados. Formando a base do extenso corpo de técnicas de mineração de dados está um conjunto muito menor de conceitos fundamentais que abrangem *data science*. Esses conceitos são gerais e englobam muito da essência de mineração de dados e análise de negócios.

O sucesso no ambiente empresarial de hoje, orientado em dados, exige a capacidade de pensar sobre como esses conceitos fundamentais se aplicam a determinados problemas de negócios — pensar analiticamente em dados. Por exemplo, neste capítulo, discutimos o princípio de que os dados devem ser pensados como um ativo de negócios e, quando pensamos nessa direção, começamos a perguntar se (e quanto) devemos investir em dados. Assim, uma compreensão desses conceitos fundamentais é importante não só para os próprios cientistas de dados, mas para qualquer um que trabalhe com cientistas de dados, empregando estes profissionais, investindo em empreendimentos fortemente baseados em dados ou direcionando a aplicação de análise de dados em uma organização.

O pensamento analítico em dados é auxiliado por marcos conceituais discutidos ao longo do livro. Por exemplo, uma extração automática de padrões de dados é um processo com etapas bem definidas, que são o assunto do próximo capítulo. Compreender o processo e as etapas ajuda a estruturar nosso pensamento de análise de dados e o torna mais sistemático e, portanto, menos propenso a erros e omissões.

Existem evidências convincentes de que a tomada de decisões orientada em dados e tecnologias de big data melhoram substancialmente o desempenho nos negócios. Data science suporta a tomada de decisões orientada por dados — e, às vezes, conduz automaticamente tais tomadas de decisão — e depende de tecnologias para armazenamento e engenharia de "Big Data", mas seus princípios são separados. Os princípios de data science, que discutimos neste livro, também diferem e são complementares a outras tecnologias importantes, como testes de hipóteses estatísticas e consultas de base de dados (que têm seus próprios livros e aulas). O próximo capítulo descreve algumas dessas diferenças em mais detalhes.

CAPÍTULO 2

Problemas de Negócios e Soluções de Data Science

Conceitos fundamentais: *Um conjunto regular de tarefas de mineração de dados; O processo de mineração de dados supervisionada versus não supervisionada.*

Um princípio importante de data science é que a mineração de dados é um *processo* com estágios muito bem definidos. Alguns envolvem a aplicação de tecnologia da informação, como a descoberta automatizada e a avaliação de padrões a partir de dados, enquanto outros, na maioria das vezes, exigem criatividade, conhecimento de negócios e bom senso por parte do analista. Compreender todo o processo ajuda a estruturar projetos de mineração de dados de modo que estejam mais próximos da análise sistemática e não impliquem em esforços heroicos conduzidos ao acaso e usando de perspicácia individual.

Como o processo de mineração de dados decompõe a tarefa global de encontrar padrões a partir de dados em um conjunto bem definido de subtarefas, também é útil estruturar discussões sobre data science. Neste livro, usaremos o processo como um quadro global para nossa discussão. Este capítulo introduz o processo de mineração de dados, mas, primeiro, fornecemos contexto adicional, discutindo tipos comuns de tarefas de mineração de dados. Essa introdução permite que sejamos mais concretos na apresentação do processo geral, bem como na introdução de outros conceitos em capítulos posteriores.

Fechamos o capítulo discutindo um conjunto de assuntos importantes sobre análise de negócios que não são o foco deste livro (mas para os quais existem muitos outros livros úteis), como base de dados, armazenamento de dados e estatística básica.

De Problemas de Negócios a Tarefas de Mineração de Dados

Nos negócios, cada problema de tomada de decisão orientada em dados é exclusivo, composto por sua própria combinação de metas, desejos, limitações e até mesmo personalidades. Contudo, como acontece com boa parte da engenharia, há conjuntos de tarefas comuns que permeiam os problemas de negócios. Em colaboração com os investidores da empresa, os cientistas de dados decompõem um problema de negócios em subtarefas. As soluções para as subtarefas podem, então, ser compostas para resolver o problema geral. Algumas dessas subtarefas são exclusivas do problema de negócios em particular, mas outras são tarefas comuns de mineração de dados. Por exemplo, nosso problema de rotatividade em telecomunicações é exclusivo da MegaTelCo: há aspectos específicos do problema que são diferentes dos problemas de rotatividade de qualquer outra empresa de telecomunicações. Contudo, uma subtarefa que provavelmente será parte da solução para qualquer problema de rotatividade é estimar, a partir de dados históricos, a probabilidade de um cliente encerrar seu contrato logo após ele expirar. Uma vez que os dados idiossincráticos da MegaTelCo foram reunidos em um formato específico (descrito no próximo capítulo), essa estimativa de probabilidade se encaixa no molde de uma tarefa muito comum de mineração de dados. Sabemos muito sobre como resolver as tarefas comuns de mineração de dados, tanto cientificamente quanto na prática. Em capítulos posteriores, também fornecemos estruturas básicas de data science para ajudar com a decomposição dos problemas de negócios e com a recomposição das soluções para as subtarefas.

Uma habilidade crucial em data science é a capacidade de decompor um problema analítico de dados, de forma que cada parte corresponda a uma tarefa conhecida para a qual ferramentas estão disponíveis. Reconhecer problemas familiares e suas soluções evita desperdício de tempo e de recursos reinventando a roda. Também permite que as pessoas concentrem sua atenção em partes mais interessantes do processo que requerem envolvimento humano — partes que não foram automatizadas, de modo que a criatividade e a inteligência humana devem entrar no jogo.

Apesar do grande número de algoritmos específicos de mineração de dados desenvolvidos ao longo dos anos, há apenas um punhado de tipos de tarefas fundamentalmente diferentes tratadas por esses algoritmos. Vale definir essas tarefas claramente. Os próximos capítulos utilizam as duas primeiras (classificação e regressão) para ilustrar vários conceitos fundamentais. No exemplo a seguir, o termo "indivíduo" refere-se a uma entidade sobre a qual temos dados, como um cliente ou um consumidor ou a uma entidade inanimada, como uma empresa. Voltamos a esse conceito de modo mais preciso no Capítulo 3. Em muitos projetos de análises de negócios, queremos encontrar "correlações" entre uma variável específica descrevendo um indivíduo e outras variáveis. Por exemplo, em histórico de dados podemos saber quais clientes deixaram a empresa após o vencimento de seus contratos. Podemos querer descobrir que outras variáveis se correlacionam com um cliente deixar a empresa no futuro próximo. Encontrar tais correlações são os exemplos mais básicos de tarefas de classificação e regressão.

1. *Classificação* e *estimativa de probabilidade* de classe tentam prever, para cada indivíduo de uma população, a que (pequeno) conjunto de classes este indivíduo pertence. Geralmente, as classes são mutuamente exclusivas. Um exemplo de pergun-

ta de classificação seria: "Entre todos os clientes da MegaTelCo, quais são suscetíveis de responder a determinada oferta?" Neste exemplo, as duas classes poderiam ser chamadas *vai responder* e *não vai responder*. Para uma tarefa de classificação, o processo de mineração de dados produz um modelo que, dado um novo indivíduo, determina a que classe o indivíduo pertence. Uma tarefa intimamente relacionada é *pontuação* ou *estimativa de probabilidade* de classe. O modelo de pontuação aplicado a um indivíduo produz, em vez de uma previsão de classe, uma pontuação que representa a probabilidade (ou outra quantificação de probabilidade) de que o indivíduo pertença a cada classe. Em nosso cenário de resposta ao cliente, um modelo de pontuação seria capaz de avaliar cada cliente e produzir uma pontuação da probabilidade de cada um responder à oferta. Classificação e pontuação estão intimamente relacionadas; como veremos, um modelo que pode fazer um, normalmente pode ser modificado para fazer o outro.

2. *Regressão* ("estimativa de valor") tenta estimar ou prever, para cada indivíduo, o valor numérico de alguma variável. Um exemplo de pergunta de regressão seria: "Quanto determinado cliente usará do serviço?" A propriedade (variável) a ser prevista aqui é o *uso do serviço*, e um modelo poderia ser gerado analisando outros indivíduos semelhantes na população e seus históricos de uso. Um procedimento de regressão produz um modelo que, dado um indivíduo, calcula o valor da variável específica para aquele indivíduo.

   A regressão está relacionada com a classificação, porém, as duas são diferentes. Informalmente, a classificação prevê *se* alguma coisa vai acontecer, enquanto que a regressão prevê *quanto* de alguma coisa vai acontecer. A diferença ficará cada vez mais evidente conforme o livro avança.

3. *Combinação por similaridade* tenta *identificar* indivíduos semelhantes com base nos dados conhecidos sobre eles. A combinação de similaridade pode ser usada diretamente para encontrar entidades semelhantes. Por exemplo, a IBM está interessada em encontrar empresas semelhantes aos seus melhores clientes comerciais, a fim de concentrar sua força de vendas nas melhores oportunidades. Eles usam a combinação por similaridade com base dos dados "firmográficos", que descrevem as características das empresas. A combinação por similaridade é a base de um dos métodos mais populares para se fazer recomendações de produtos (encontrar pessoas semelhantes a você, em termos de produtos que tenham gostado ou comprado). Medidas de similaridade são a base de determinadas soluções ou outras tarefas de mineração de dados, como classificação, regressão e agrupamento. Discutiremos similaridade e suas utilizações minuciosamente no Capítulo 6.

4. *Agrupamento* tenta *reunir* indivíduos de uma população por meio de sua similaridade, mas não é motivado por nenhum propósito específico. Um exemplo de pergunta de agrupamento seria: "Nossos clientes formam grupos naturais ou segmen-

tos?" O agrupamento é útil na exploração preliminar de domínio para ver quais grupos naturais existem, pois esses grupos, por sua vez, podem sugerir outras tarefas ou abordagens de mineração de dados. O agrupamento também é utilizado como entrada para processos de tomada de decisão com foco em questões como: *quais produtos devemos oferecer ou desenvolver? Como nossas equipes de atendimento ao cliente (ou equipes de vendas) devem ser estruturadas?* Discutiremos agrupamento mais detalhadamente no Capítulo 6.

5. *Agrupamento de coocorrência* (também conhecido como mineração de conjunto de itens frequentes, descoberta da regra de associação e análise de portfólio de ações) tenta encontrar *associações* entre entidades com base em transações que as envolvem. Um exemplo de pergunta de coocorrência seria: Q*uais itens são comumente comprados juntos?* Enquanto o agrupamento analisa as semelhanças entre os objetos com base em seus atributos, o agrupamento de coocorrência considera a similaridade dos objetos com base em suas aparições conjuntas nas transações. Por exemplo, analisar os registros de compras de um supermercado pode revelar que carne moída é comprada junto com molho de pimenta com muito mais frequência do que se poderia esperar. Decidir como agir de acordo com essa descoberta pode exigir um pouco de criatividade, mas pode sugerir uma promoção especial, a exibição do produto ou uma oferta combinada. Coocorrência de produtos em compras é um tipo comum de agrupamento conhecido como análise de portfólio de ações. Alguns sistemas de *recomendação* também realizam um tipo de agrupamento por afinidade encontrando, por exemplo, pares de livros que são frequentemente comprados pelas mesmas pessoas ("pessoas que compraram X também compraram Y").

O resultado do agrupamento por coocorrência é uma descrição dos itens que ocorrem juntos. Essas descrições geralmente incluem estatísticas sobre a frequência da coocorrência e uma estimativa do quanto ela é surpreendente.

6. *Perfilamento* (também conhecido como descrição de comportamento) tenta caracterizar o comportamento típico de um indivíduo, grupo ou população. Um exemplo de pergunta de perfilamento seria: "Qual é o uso típico de celular nesse segmento de cliente?" O comportamento pode não ter uma descrição simples; traçar o perfil do uso do celular pode exigir uma descrição complexa das médias durante a noite e finais de semana, uso internacional, tarifas de roaming, conteúdos de texto e assim por diante. O comportamento pode ser descrito de forma geral, para uma população inteira, ou ao nível de pequenos grupos ou mesmo indivíduos.

O perfilamento muitas vezes é usado para estabelecer normas de comportamento para aplicações de detecção de anomalias como detecção de fraudes e monitoramento de invasões a sistemas de computador (como alguém invadindo sua conta no iTunes). Por exemplo, se sabemos que tipo de compras uma pessoa normalmente faz no cartão de crédito, podemos determinar se uma nova cobrança no cartão se encaixa no perfil ou não. Podemos usar o grau de disparidade como uma pontuação suspeita e emitir um alarme, se for muito elevada.

7. *Previsão de vínculo* tenta prever ligações entre itens de dados, geralmente sugerindo que um vínculo deveria existir e, possivelmente, também estimando a força do vínculo. A previsão de vínculo é comum em sistemas de redes sociais: "Como você e Karen compartilham 10 amigos, talvez você gostaria de ser amigo de Karen?" A previsão de vínculo também pode estimar a força de um vínculo. Por exemplo, para recomendar filmes para clientes pode-se imaginar um gráfico entre os clientes e os filmes que eles já assistiram ou classificaram. No gráfico, buscamos vínculos que *não* existem entre os clientes e os filmes, mas que prevemos que deveriam existir e deveriam ser fortes. Esses vínculos formam a base das recomendações.

8. *Redução de dados* tenta pegar um grande conjunto de dados e substituí-lo por um conjunto menor que contém grande parte das informações importantes do conjunto maior. Pode ser mais fácil de lidar com ou processar um conjunto menor de dados. Além do mais, ele pode revelar melhor as informações. Por exemplo, um enorme conjunto de dados sobre preferências de filmes dos consumidores pode ser reduzido a um conjunto de dados muito menor revelando os gostos do consumidor mais evidentes na visualização de dados (por exemplo, preferências de gênero dos espectadores). A redução de dados geralmente envolve perda de informação. O importante é o equilíbrio para uma melhor compreensão.

9. *Modelagem causal* tenta nos ajudar a compreender que acontecimentos ou ações realmente influenciam outras pessoas. Por exemplo, considere que usamos modelagem preditiva para direcionar anúncios para consumidores e observamos que, na verdade, os consumidores alvo compram em uma taxa mais elevada após terem sido alvo. Isso aconteceu porque os anúncios influenciaram os consumidores a comprar? Ou os modelos preditivos simplesmente fizeram um bom trabalho ao identificar os consumidores que teriam comprado de qualquer forma? Técnicas de modelagem causal incluem aquelas que envolvem um investimento substancial em dados, como experimentos randomizados controlados (por exemplo, os chamados "testes A/B"), bem como métodos sofisticados para obter conclusões causais a partir de dados observacionais. Ambos os métodos experimentais e observacionais para modelagem causal geralmente podem ser visualizados como análises "contrafactuais": eles tentam compreender qual seria a diferença entre as situações — exclusivas entre si — onde o evento "tratamento" (por exemplo, mostrar um anúncio para um indivíduo em particular) aconteceria e não aconteceria.

Em todos os casos, um cuidadoso cientista de dados sempre deve incluir, com uma conclusão causal, os pressupostos exatos que devem ser feitos para que a conclusão causal se mantenha (essas suposições *sempre* existem — sempre pergunte). Ao aplicar a modelagem causal, uma empresa precisa ponderar o dilema de aumentar os investimentos para reduzir as suposições formuladas versus decidir que as conclusões são suficientemente boas, dadas as suposições. Mesmo no experimento mais cuidadoso, randomizado e controlado, são feitas suposições que poderiam invalidar as conclusões causais. A descoberta do "efeito placebo" na medicina ilustra uma situação notória em que uma suposição foi ignorada em uma experimentação randomizada cuidadosamente projetada.

A discussão de todas essas tarefas em detalhes preencheria vários livros. Aqui, apresentamos uma coleção dos princípios mais fundamentais de data science — princípios que, juntos, formam a base de todos esses tipos de tarefas. Vamos ilustrá-los usando, principalmente, classificação, regressão, combinação por similaridade e agrupamento e discutiremos outros quando eles oferecem importantes ilustrações dos princípios fundamentais (ao final do livro).

Considere quais tipos de tarefas podem se encaixar em nosso problema de predição de rotatividade. Muitas vezes, os profissionais formulam a predição de rotatividade como um problema de encontrar *segmentos* de clientes que são mais ou menos prováveis de abandonar o serviço. Esse problema de segmentação soa como um problema de classificação ou possivelmente agrupamento, ou mesmo regressão. Para decidir a melhor formulação, precisamos, primeiro, introduzir algumas distinções importantes.

Métodos Supervisionados Versus Não Supervisionados

Considere duas perguntas semelhantes que podemos fazer sobre uma população de clientes. A primeira é: "Nossos clientes naturalmente se encaixam em grupos diferentes?" Aqui, nenhuma proposta, ou *alvo*, em particular foi especificada para o agrupamento. Quando não existe tal alvo, o problema de mineração de dados é chamado de *não supervisionado*. Compare isso com uma pergunta ligeiramente diferente: "Podemos encontrar grupos de clientes que tenham probabilidades particularmente elevadas de cancelar seus serviços logo após o vencimento de seus contratos?" Aqui há um alvo específico definido: será que um cliente abandonará o serviço quando seu contrato vencer? Neste caso, a segmentação está sendo feita por um motivo específico: tomar medidas com base na probabilidade de rotatividade. Isso é chamado de problema *supervisionado* de mineração de dados.

Uma Observação Sobre os Termos: Aprendizagem Supervisionada e Não Supervisionada

Os termos *supervisionado* e *não supervisionado* foram herdados do campo de aprendizado de máquina. Metaforicamente, um professor "supervisiona" o aluno fornecendo, cuidadosamente, informações alvo, junto com um conjunto de exemplos. Uma tarefa de aprendizado não supervisionada pode implicar no mesmo conjunto de exemplos, mas não incluiria as informações alvo. O aluno não receberia informação sobre o objetivo do aprendizado, mas ficaria livre para tirar as próprias conclusões sobre o que os exemplos têm em comum.

A diferença entre essas perguntas é sutil, porém importante. Se um alvo específico pode ser fornecido, o problema pode ser formulado como um problema supervisionado. Tarefas supervisionadas exigem técnicas diferentes das não supervisionadas, e os resultados costumam ser mais úteis. Uma técnica supervisionada recebe um objetivo específico para o agrupamento — prever o alvo. O agrupamento, uma tarefa não supervisionada, produz grupos baseados em similaridades, mas não há garantia de que essas semelhanças sejam significativas ou úteis para qualquer propósito em particular.

Tecnicamente, outra condição deve ser atendida para a mineração supervisionada de dados: deve haver *dados* sobre o alvo. Não é suficiente que as informações alvo existam no princípio; elas também devem existir nos dados. Por exemplo, pode ser útil saber se determinado cliente permanecerá por, pelo menos, seis meses, porém, se no histórico de dados essa retenção de informações estiver ausente ou incompleta (se, por exemplo, os dados são retidos apenas por dois meses) os valores alvo não podem ser fornecidos. A aquisição de dados sobre o alvo costuma ser o segredo do investimento em data science. O valor da variável alvo para um indivíduo é, muitas vezes, chamado *rótulo* individual, enfatizando que, muitas vezes (não sempre), deve-se incorrer uma despesa para rotular ativamente os dados.

Classificação, regressão e modelagem causal geralmente estão resolvidas com métodos supervisionados. Combinação por similaridade, previsão de vínculo e redução de dados podem ser ambos. Agrupamento, agrupamento por coocorrência e perfilamento geralmente são não supervisionados. Os princípios fundamentais de mineração de dados que apresentaremos são a base de todos esses tipos de técnicas.

Duas subclasses principais de mineração *supervisionada* de dados, classificação e regressão, distinguem-se pelo tipo de alvo. A regressão envolve um alvo numérico, enquanto a classificação envolve um alvo categórico (geralmente binário). Considere essas perguntas semelhantes que podemos abordar com exploração supervisionada de dados:

"Será que este cliente vai adquirir o serviço S1 se receber o incentivo I?"

> Este é um problema de classificação, porque possui um alvo binário (o cliente adquire ou não).

"Qual pacote de serviços (S1, S2 ou nenhum) um cliente provavelmente vai adquirir se receber o incentivo I?"

> Este também é um problema da classificação, com um alvo de três valores.

"Quanto este cliente usará do serviço?"

Este é um problema de regressão porque tem um alvo numérico. A variável alvo é a quantidade de uso (real ou presumido) por cliente.

Há sutilezas entre essas perguntas que devem ser mencionadas. Para aplicações em negócios, muitas vezes queremos uma *previsão* numérica de um alvo categórico. No exemplo de rotatividade, uma previsão básica de sim/não da probabilidade de um cliente continuar assinando o serviço pode não ser suficiente; queremos modelar a *probabilidade* de que o cliente vai continuar. Isso ainda é considerado modelagem de classificação em vez de regressão, porque o alvo subjacente é categórico. A presença da necessidade de clareza é chamada de "estimativa de probabilidade de classe".

Uma parte vital nas fases iniciais do processo de mineração de dados é (i) decidir se a linha de ataque será supervisionada ou não supervisionada e (ii) caso supervisionada, produzir uma definição precisa de uma variável alvo. Essa variável deve ser uma quantidade específica que será o foco de mineração de dados (e para a qual podemos obter valores para alguns exemplos de dados). Retornaremos a isso no Capítulo 3.

Mineração de Dados e Seus Resultados

Há outra distinção importante referente à mineração de dados: a diferença entre (1) mineração de dados para encontrar padrões e construir modelos e (2) *utilizar* os resultados de mineração de dados. Os alunos costumam confundir esses dois processos quando estudam data science e, às vezes, os gerentes os confundem quando discutem análise de negócios. A utilização dos resultados de mineração de dados deve influenciar e informar o processo de em si, mas os dois devem ser mantidos distintos.

Em nosso exemplo de rotatividade, considere o cenário de implantação em que os resultados serão utilizados. Queremos usar o modelo para prever quais dos nossos clientes vão abandonar o serviço. Especificamente, presuma que a mineração de dados criou um modelo M de estimativa de probabilidade de classe. Dado cada cliente existente, descrito usando um conjunto de características, M toma essas características como entrada de dados e produz uma estimativa de pontuação ou probabilidade de atrito. Este é o *uso* dos resultados de mineração de dados. Ela produz o modelo M a partir de algum outro dado, muitas vezes o histórico.

A Figura 2-1 ilustra essas duas fases. A mineração de dados produz o modelo de estimativa de probabilidade, conforme mostrado na metade superior da figura. Na fase de utilização (metade inferior), o modelo é aplicado a um caso novo e não visto e gera uma estimativa de probabilidade para ele.

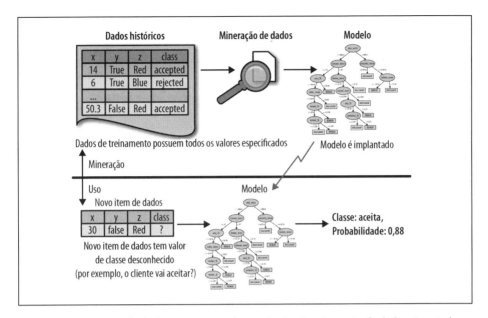

Figura 2-1. Mineração de dados versus o uso dos resultados de mineração de dados. A metade superior da figura ilustra a exploração do histórico de dados para produzir um modelo. É importante ressaltar que o histórico de dados tem um valor alvo ("classe") especificado. A metade inferior mostra o resultado da mineração de dados em uso, onde o modelo é aplicado a novos dados para os quais não sabemos o valor de classe. O modelo prevê o valor de classe e a probabilidade de que a variável de classe vá assumir esse valor.

O Processo de Mineração de Dados

A mineração de dados é uma arte. Ela envolve a aplicação de uma quantidade substancial de ciência e tecnologia, mas a aplicação adequada ainda envolve arte também. Mas, como acontece com muitas artes maduras, existe um processo bem compreendido que coloca uma estrutura no problema, permitindo consistência, repetitividade e objetividade razoáveis. Uma codificação útil do processo de mineração de dados é dada pelo Processo Padrão de Indústria Cruzada para Exploração de Dados (CRISP-DM; Shearer, 2000), ilustrado na Figura 2-2.[1]

Este diagrama de processo torna explícito o fato de que a repetição é a regra e não a exceção. Passar pelo processo uma vez sem ter resolvido o problema não é, de modo geral, um fracasso. Muitas vezes, todo o processo é uma mineração dos dados, e depois da primeira repetição a equipe de data science sabe muito mais. A próxima repetição pode ser muito mais bem informada. Agora, vamos discutir as etapas em detalhes.

---

[1] Veja também a página da Wikipédia sobre o modelo de processo PPIC-ED (http://wikipedia.org/wiki/Cross_Industry_Standard_Process_for_Data_mining —conteúdo em inglês).

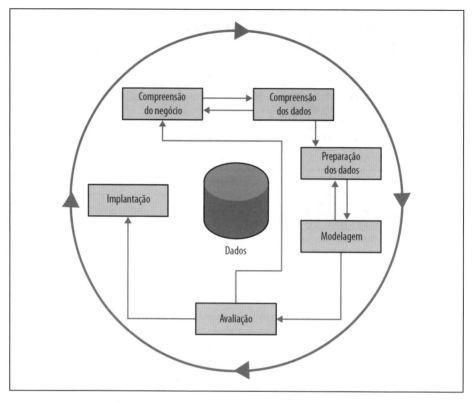

Figura 2-2. O processo de Mineração de Dados CRISP-DM.

Compreensão do Negócio

Inicialmente, é vital compreender o problema a ser resolvido. Isso pode parecer óbvio, mas projetos de negócios raramente vêm pré-moldados como problemas claros e inequívocos de mineração de dados. Muitas vezes, reformular o problema e projetar uma solução é um processo repetitivo de descoberta. O diagrama mostrado na Figura 2-2 representa isso como ciclos dentro de um ciclo, em vez de um simples processo linear. A formulação inicial pode não ser completa ou ideal, de modo que diversas repetições podem ser necessárias para que uma formulação de solução aceitável apareça.

A fase de compreensão do negócio representa uma parte da arte onde a análise da criatividade desempenha um grande papel. Data science tem algumas coisas a dizer, como descreveremos, mas, muitas vezes, o segredo do grande sucesso é a formulação de um problema criativo por algum analista sobre como lançar o problema de negócios como um ou mais problemas de data science. Conhecimento de alto nível sobre o básico ajuda os analistas de negócios criativos a verem novas formulações.

Temos um conjunto de ferramentas poderosas para resolver problemas específicos de mineração de dados: as tarefas básicas de mineração de dados discutidas em "De problemas de negócio a tarefas de mineração de dados" na página 19. Tipicamente, os estágios iniciais do empreendimento envolvem projetar uma solução que tira proveito dessas ferramentas. Isso pode significar estruturar (engenharia) o problema de forma que um ou mais subproblemas envolvam a construção de modelos de classificação, regressão, estimativa de probabilidade e assim por diante.

Nesta primeira etapa, *a equipe de projeto deve pensar cuidadosamente sobre o cenário de uso e o problema a ser resolvido*. Isso, por si só, é um dos conceitos mais importantes de data science, aos quais dedicamos dois capítulos inteiros (Capítulos 7 e 11). O que exatamente queremos fazer? Como faríamos, exatamente? Quais partes deste cenário de uso constituem possíveis modelos de mineração de dados? Ao discutir isso com mais detalhes, vamos começar com uma visão simplificada do cenário de uso, mas à medida que avançamos, voltaremos e perceberemos que, muitas vezes, o cenário de uso deve ser ajustado para refletir melhor a necessidade real de negócios. Vamos apresentar ferramentas conceituais para ajudar nosso pensamento aqui, por exemplo: enquadrar um problema de negócios em termos de valor esperado pode nos permitir decompô-lo sistematicamente em tarefas de mineração de dados.

Compreensão dos Dados

Se a solução do problema de negócios é o objetivo, os dados compreendem a matéria-prima disponível a partir da qual a solução será construída. É importante entender os pontos fortes e as limitações dos dados porque raramente há uma correspondência exata com o problema. Os dados históricos, muitas vezes, são recolhidos para fins não relacionados com o problema de negócio atual ou para nenhum propósito explícito. Uma base de dados de clientes, uma base de dados de transações e uma base de dados de resposta de marketing contêm informações diferentes, podem abranger diferentes populações que se cruzam e podem ter vários graus de confiabilidade.

Também é comum os *custos* de dados variarem. Alguns dados estarão disponíveis praticamente de graça, enquanto outros exigirão um esforço para serem obtidos. Alguns dados podem ser comprados. Ainda outros simplesmente não existem e exigirão projetos auxiliares para organizar sua coleção. Uma parte crítica da fase de compreensão dos dados é estimar os custos e benefícios de cada fonte e decidir se ainda mais investimentos são necessários. Mesmo depois de todos os conjuntos de dados serem adquiridos, conferi-los pode exigir esforço adicional. Por exemplo, os registros de clientes e identificadores de produto são notoriamente variáveis e turbulentos. Limpar e combinar registros de clientes para garantir apenas um registro por cliente é, em si, um problema analítico complicado (Hernández & Stolfo, 1995; Elmagarmid, Ipeirotis, & Verykios, 2007).

Conforme o entendimento dos dados avança, caminhos de solução podem mudar de direção em resposta e os esforços da equipe podem até se dividir. A detecção de fraudes oferece uma ilustração disso. A mineração de dados tem sido amplamente utilizada para detecção de fraudes e muitos problemas desse tipo envolvem tarefas supervisionadas de mineração de dados clássica. Considere a tarefa de captar fraude no cartão de crédito. As cobranças aparecem na conta de cada cliente, de modo que cobranças fraudulentas normalmente são detectadas — inicialmente pela empresa, ou então, mais tarde pelo cliente quando a atividade da conta é revisada. Podemos supor que quase todas as fraudes são identificadas e rotuladas de forma confiável, uma vez que o cliente legítimo e a pessoa perpetrando a fraude são pessoas diferentes e têm objetivos opostos. Assim, as transações com cartão de crédito têm rótulos confiáveis (*fraude* e *legítimo*) que podem servir como alvos para uma técnica supervisionada.

Agora, considere o problema relacionado da captação de fraude do Medicare (sistema de seguro de saúde dos Estados Unidos). Esse é um grande problema nos Estados Unidos, custando bilhões de dólares anualmente. Embora isso possa parecer um problema de detecção de fraudes convencional, conforme consideramos a relação do problema de negócios com os dados, percebemos que o problema é significativamente diferente. Os autores da fraude — prestadores de serviços médicos que apresentam falsas alegações e, às vezes, seus pacientes — também são prestadores de serviços legítimos e usuários do sistema de faturamento. Aqueles que cometem fraudes são um subconjunto de usuários legítimos; não há nenhuma parte desinteressada separada que declarará exatamente quais seriam os encargos "corretos". Por conseguinte, os dados de faturamento do Medicare não têm nenhuma variável alvo confiável indicando fraude, e uma abordagem de aprendizagem supervisionada, que poderia funcionar para fraude de cartão de crédito, não é aplicável. Esse problema geralmente requer abordagens sem supervisão, como perfil, agrupamento, detecção de anomalia e agrupamento por coocorrência.

O fato de que ambos são problemas de detecção de fraude é uma semelhança superficial que é, na verdade, enganosa. No entendimento de dados, precisamos escavar a superfície e revelar a estrutura do problema de negócios e os dados que estão disponíveis e, em seguida, combiná-los a uma ou mais tarefas de mineração de dados para que possamos ter ciência e tecnologia substanciais para aplicar. Não é incomum que um problema de negócios contenha várias tarefas de mineração de dados, muitas vezes, de diferentes tipos, e será necessário combinar suas soluções (ver Capítulo 11).

Preparação dos Dados

As tecnologias analíticas que podemos utilizar são poderosas, mas impõem determinados requisitos sobre os dados que usam. Com frequência, elas exigem que os dados estejam em uma forma diferente de como são fornecidos naturalmente, e alguma conversão será necessária. Portanto, muitas vezes, uma fase de preparação de dados procede, juntamente com a compreensão dos mesmos, em que os dados são manipulados e convertidos em formas para que rendam melhores resultados.

Exemplos típicos de preparação de dados são sua conversão para o formato tabular, removendo ou inferindo valores ausentes, e convertendo dados para diferentes tipos. Algumas técnicas de mineração de dados são projetadas para dados simbólicos e categóricos, enquanto outras lidam apenas com valores numéricos. Além disso, valores numéricos devem, muitas vezes, ser normalizados ou dimensionados de modo que sejam comparáveis. Técnicas padrão e regras gerais estão disponíveis para se fazer tais conversões. O Capítulo 3 discutirá o formato mais comum para mineração de dados em detalhes.

Em geral, porém, este livro não vai se concentrar em técnicas de preparação de dados, o que, por si só, poderiam ser o tema de um livro (Pyle, 1999). Definimos formatos básicos de dados nos capítulos seguintes, e só vamos nos preocupar com detalhes de preparação de dados quando esclarecerem algum princípio fundamental de data science ou forem necessários para apresentar um exemplo concreto.

De forma mais geral, os cientistas de dados podem passar um tempo considerável, no início do processo, definindo variáveis a serem utilizadas mais adiante. Esse é um dos principais pontos em que a criatividade humana, o bom senso e o conhecimento de negócios entram em jogo. Muitas vezes, a qualidade da solução de mineração de dados baseia-se em quão bem os analistas estruturam os problemas e criam as variáveis (e, às vezes, pode ser surpreendentemente difícil para eles admitirem).

Uma preocupação muito geral e importante durante a preparação dos dados é ter cuidado com "vazamentos" (Kaufman et al. 2012). Um vazamento é uma situação onde uma variável coletada em dados históricos dá informações sobre a variável alvo — informações nas quais aparecem dados históricos, mas não estão disponíveis quando a decisão tem que ser tomada. Como exemplo, ao prever se, em determinado ponto no tempo, um visitante de website acabaria sua sessão ou continuaria navegando para outra página, a variável "número total de páginas visitadas na sessão" é preditiva. No entanto, o número total de páginas visitadas na sessão não seria conhecido antes do término da sessão (Kohavi et al., 2000) — quando se poderia saber o valor da variável alvo! Como outro exemplo ilustrativo, considere prever se um cliente será "um grande gastador"; conhecer as categorias de itens comprados (ou pior, a quantidade de imposto pago) é muito preditivo, mas não é conhecido no momento da tomada de decisão (Kohavi & Parekh, 2003). O vazamento deve ser cuidadosamente considerado durante a preparação dos dados, porque esta, normalmente, é realizada após o fato — a partir de dados históricos. No Capítulo 14, apresentaremos um exemplo mais detalhado de um vazamento real que foi difícil de encontrar.

Modelagem

Modelagem é o tema dos próximos capítulos e não vamos nos estender aqui, exceto para dizer que o resultado da modelagem é algum tipo de modelo ou padrão que captura regularidades nos dados.

A etapa de modelagem é o principal local onde as técnicas de mineração de dados são aplicadas aos dados. É importante ter alguma compreensão das ideias fundamentais de mineração de dados, incluindo os tipos de técnicas e algoritmos existentes, porque esta é a parte da arte em que a maioria da ciência e da tecnologia podem ser exercidas.

Avaliação

O objetivo da fase de avaliação é estimar os resultados de mineração de dados de forma rigorosa e obter a confiança de que são válidos e confiáveis antes de avançar. Se prestarmos bastante atenção em qualquer conjunto de dados encontraremos padrões, mas eles podem não sobreviver a um exame minucioso. Gostaríamos de ter a confiança de que os modelos e padrões extraídos dos dados são regularidades verdadeiras e não apenas idiossincrasias ou anomalias de amostra. É possível implantar os resultados imediatamente após a mineração de dados, mas isso é desaconselhável; geralmente, é muito mais fácil, mais barato, mais rápido e mais seguro testar um modelo primeiro em um ambiente controlado de laboratório.

Igualmente importante, a fase de avaliação também serve para ajudar a garantir que o modelo satisfaça os objetivos de negócios originais. Lembre-se de que o objetivo principal do data science para negócios é apoiar a tomada de decisão e que iniciamos o processo com foco no problema de negócio que gostaríamos de resolver. Normalmente, uma solução de mineração de dados é apenas uma parte da solução maior, e isso precisa ser avaliado como tal. Além disso, mesmo que um modelo passe em testes rigorosos de avaliação "no laboratório", pode haver considerações externas que o tornem impraticável. Por exemplo, uma falha comum nas soluções de detecção (como detecção de fraude, detecção de spam e monitoramento de intrusão) é que elas produzem muitos alarmes falsos. Um modelo pode ser extremamente preciso (>99%) segundo os padrões laboratoriais, mas a avaliação no contexto de negócios pode revelar que ele ainda produz muitos alarmes falsos para ser economicamente viável. (Quanto custaria capacitar a equipe para lidar com todos esses alarmes falsos? Qual seria o custo em insatisfação do cliente?)

Avaliar os resultados de mineração de dados inclui avaliações quantitativas e qualitativas. Vários investidores se preocupam com o processo de tomada de decisão nos negócios que será realizada ou apoiada pelos modelos resultantes. Em muitos casos, esses investidores precisam "aprovar" a implantação dos modelos e, para isso, precisam estar satisfeitos com a qualidade das decisões de tais modelos. O que isso significa varia de uma aplicação para outra, mas, muitas vezes, os investidores estão buscando saber se o modelo fará mais bem do que mal e especialmente se é improvável que o modelo cometa erros catastróficos.[2] Para facilitar essa avaliação qualitativa, o cientista de dados deve pensar sobre a *compreensibilidade* do modelo para os investidores (não apenas para os cientistas de dados). E se o modelo em si não é compreensível (por exemplo, talvez o modelo seja uma fórmula matemática muito complexa), como os cientistas de dados podem trabalhar para tornar compreensível o comportamento do modelo?

Por fim, uma estrutura de avaliação abrangente é importante porque a obtenção de informações detalhadas sobre o desempenho de um modelo implantado pode ser difícil ou impossível. Muitas vezes, há apenas acesso limitado ao ambiente de implantação, assim, é difícil fazer uma avaliação abrangente "na produção". Sistemas implantados geralmente contêm muitas "partes móveis", e avaliar a contribuição de uma única parte é difícil. Empresas com equipes sofisticadas de data science sabiamente constroem ambientes de teste que refletem os dados de produção, o mais próximo possível, a fim de obter a avaliação mais realista antes de correr o risco de implantação.

No entanto, em alguns casos, podemos querer estender a avaliação para o ambiente de desenvolvimento, por exemplo, por meio da instrumentação de um sistema ativo para ser capaz de conduzir experimentos aleatórios. No nosso exemplo de rotatividade, se decidimos, por meio de testes de laboratório, que um modelo de mineração de dados nos dará melhor redução da rotatividade, podemos querer passar para uma avaliação "in vivo", em que um sistema ativo aplica o modelo de forma aleatória para alguns clientes, mantendo outros como um grupo de controle (lembre-se da discussão de modelagem causal no Capítulo 1). Tais experimentos devem ser projetados cuidadosamente, e os detalhes técnicos estão fora do escopo deste livro. O leitor interessado pode começar com os artigos de lições aprendidas de Ron Kohavi e seus coautores (Kohavi et al., 2007, 2009, 2012). Podemos, ainda, querer instrumentar sistemas implantados para avaliações para ter certeza de que o mundo não está mudando em detrimento da tomada de decisão dos modelos. Por exemplo, o comportamento pode mudar — em alguns casos, como fraude ou spam, em resposta direta à implantação de modelos. Além disso, o rendimento do modelo é criticamente dependente dos dados inseridos; esses podem mudar em formato e substância, muitas vezes sem qualquer alerta da equipe de data science. Raeder et al. (2012) apresentam uma discussão detalhada de projeto de sistema para ajudar a lidar com essas e outras questões relacionadas à avaliação na implantação.

Implantação

Na implantação, os resultados da mineração de dados — e cada vez mais nas próprias técnicas de mineração de dados — são colocados em uso real, a fim de se constatar algum retorno sobre o investimento. Os casos mais claros de implantação envolvem a im-

---

2 Por exemplo, em um projeto de mineração de dados, foi criado um modelo para diagnosticar problemas nas redes de telefonia local e enviar técnicos ao provável local do problema. Antes da implantação, uma equipe de investidores da empresa de telefonia solicitou que o modelo fosse refinado de modo que fossem feitas exceções para os hospitais.

plementação de um modelo preditivo em algum sistema de informação ou processo de negócios. Em nosso exemplo de rotatividade, um modelo para prever a probabilidade de rotatividade poderia ser integrado ao processo de negócios para seu gerenciamento — por exemplo, por meio do envio de ofertas especiais para os clientes que se prevê que estarão em risco. (Discutiremos isso em mais detalhes conforme o livro prosseguir.) Um novo modelo de detecção de fraude pode ser construído em um sistema de informação de gestão de força de trabalho, para monitorar contas e criar "casos" para os analistas de fraude examinarem.

Cada vez mais, as próprias técnicas de mineração de dados são implantadas. Por exemplo, para direcionamento de anúncios online, os sistemas são implantados de forma a construir (e testar) automaticamente modelos em produção quando uma nova campanha publicitária é apresentada. Duas razões principais para a implantação de mineração de dados em si em vez dos modelos produzidos por um sistema de mineração de dados são (i) o mundo pode mudar mais rapidamente do que a equipe de data science pode se adaptar, assim como acontece com detecção de fraude e de invasão e (ii) um negócio tem muitas tarefas de modelagem para que sua equipe de data science depure manualmente cada modelo. Nesses casos, pode ser melhor implantar a fase de mineração de dados na produção. Ao fazê-lo, é fundamental que o processo de instrumentação alerte a equipe de data science sobre qualquer anomalia aparente e forneça uma operação segura (Raeder et al., 2012).

A implantação também pode ser muito menos "técnica". Em um caso renomado, o processo de mineração de dados descobriu um conjunto de regras que pode ajudar a diagnosticar e corrigir rapidamente um erro comum na impressão industrial. A implantação teve êxito com a simples colocação de uma folha de papel, contendo regras, ao lado das impressoras (Evans & Fisher, 2002). A implantação também pode ser muito mais sutil, como uma alteração nos procedimentos de aquisição de dados, ou uma alteração na estratégia, no marketing ou operações resultantes da descoberta obtida a partir de mineração de dados.

A implantação de um modelo no sistema de produção normalmente requer que o modelo seja recodificado para o ambiente de produção, geralmente para maior velocidade ou compatibilidade com um sistema existente. Isso pode resultar em despesas e investimentos substanciais. Em muitos casos, a equipe de data science é responsável pela produção de um protótipo de trabalho, junto com sua avaliação, que é passado para uma equipe de desenvolvimento.

Em termos práticos, há riscos com transferências "em cima do muro" de data science para o desenvolvimento. Pode ser útil lembrar a máxima: "Seu modelo não é o que os cientistas de dados projetam, é o que os engenheiros construíram." Do ponto de vista de gestão, é aconselhável ter membros da equipe de desenvolvimento envolvidos no início do projeto de data science. Eles podem começar como consultores, oferecendo uma visão crítica para a equipe de data science. Cada vez mais, na prática, esses desenvolvedores em particular são "engenheiros de data science" — engenheiros de software que têm conhecimentos específicos, tanto nos sistemas de produção quanto em data science. Esses desenvolvedores assumem gradualmente mais responsabilidade conforme o projeto amadurece. Em algum momento, os desenvolvedores assumirão a liderança e a propriedade do produto. Geralmente, os cientistas de dados ainda devem permanecer envolvidos no projeto durante a implantação final, como consultores ou desenvolvedores, dependendo de suas habilidades.

Independentemente da implantação ser bem-sucedida, o processo muitas vezes retorna para a fase de compreensão do negócio. O processo de mineração de dados produz uma grande quantidade de conhecimento sobre o problema de negócios e as dificuldades de sua solução. Uma segunda iteração pode produzir uma solução melhorada. Apenas a experiência de pensar sobre o negócio, os dados e as metas de desempenho, muitas vezes, leva a novas ideias para melhorar o desempenho e até mesmo criar linhas novas de negócios ou novos empreendimentos.

Observe que não é necessário falhar na implantação para iniciar o ciclo novamente. A fase de avaliação pode revelar que os resultados não são bons o suficiente para implantação, e precisamos ajustar a definição do problema ou obter dados diferentes. Isso é representado pela ligação "atalho" a partir da Avaliação, retomando à Compreensão do Negócio, no diagrama de processo. Na prática, deve haver atalhos para voltar de cada fase para a anterior, porque o processo sempre mantém alguns aspectos exploratórios, e um projeto deve ser flexível o suficiente para rever as etapas anteriores com base nas descobertas feitas.[3]

Implicações na Gestão da Equipe de Data Science

É tentador — mas, normalmente, um erro — visualizar o processo de mineração de dados como um ciclo de desenvolvimento de software. De fato, os projetos de mineração de dados costumam ser tratados e gerenciados como projetos de engenharia, o que é compreensível quando são iniciados por departamentos de software, com dados gerados por um grande sistema de software e resultados analíticos alimentados de volta para eles. Geralmente, os gerentes estão familiarizados com tecnologias de software e sentem-se confortáveis em gerenciar projetos de software. Etapas podem ser estabelecidas e o sucesso geralmente é inequívoco. Gerentes de software podem olhar para o ciclo de mineração de dados CRISP (Figura 2-2) e pensar que ele está confortavelmente semelhante a um ciclo de desenvolvimento de software, assim, eles devem se sentir em casa gerenciando um projeto analítico da mesma maneira.

---

[3] Profissionais de software podem reconhecer a semelhança com a filosofia de "falhar mais rápido para ter sucesso mais cedo" (Muoio, 1997).

Isso pode ser um erro, porque o processo de mineração de dados é investigativo, aproximando-se mais de pesquisar e desenvolver do que de construir. O ciclo CRISP baseia-se na exploração; ele itera *abordagens* e *estratégias*, em vez de projetos de software. Os efeitos são muito menos certos, e os resultados de uma determinada etapa podem alterar a compreensão fundamental do problema. Construir uma solução de mineração de dados, diretamente para implantação, pode ser um compromisso prematuro caro. Em vez disso, projetos de análise devem se preparar para investir em informações que visam reduzir a incerteza de várias maneiras. Pequenos investimentos podem ser feitos por meio de estudos-piloto e protótipos descartáveis. Cientistas de dados devem revisar a literatura para ver o que mais tem sido feito e como tem funcionado. Em uma escala maior, uma equipe pode investir substancialmente na construção de ambientes de teste para permitir uma experimentação ágil e extensa. Se você é um gerente de software, isso vai parecer mais com pesquisa e exploração do que você está acostumado e, talvez, mais do que você está confortável.

Habilidades de Software Versus Habilidades Analíticas

Embora a mineração de dados envolva software, ela também requer habilidades que podem não ser comuns entre os programadores. Em engenharia de software, a capacidade de escrever códigos eficientes e de alta qualidade a partir dos requisitos pode ser primordial. Os membros da equipe podem ser avaliados por meio de métricas de software, como a quantidade de código escrito ou o número de entradas de erros resolvidos. Em análise, é mais importante para os indivíduos serem capazes de formular bem os problemas, fazer rapidamente protótipos de soluções, fazer suposições razoáveis diante de problemas mal estruturados, projetar experimentos que representem bons investimentos e analisar os resultados. Na construção da equipe de data science, essas qualidades, e não a experiência tradicional em engenharia de software, são habilidades que devem ser buscadas.

Outras Técnicas e Tecnologias Analíticas

A análise de negócios envolve a aplicação de diversas tecnologias para a análise dos dados. Muitas delas vão além do foco deste livro em pensamento analítico de dados e os princípios da extração de padrões úteis a partir dos dados. No entanto, é importante estar familiarizado com essas técnicas relacionadas para entender quais são seus objetivos, que papel desempenham e quando pode ser benéfico consultar especialistas.

Para este fim, apresentamos seis grupos de técnicas analíticas relacionadas. Quando for o caso, estabelecemos comparações e contrastes com a mineração de dados. A principal diferença é que o processo de mineração de dados foca na busca *automatizada* por conheci-

mento, *padrões* ou *regularidades* dos dados.[4] Uma habilidade importante para um analista de negócios é ser capaz de reconhecer que tipo de técnica analítica é apropriada para abordar um problema particular.

Estatística

O termo "estatística" tem dois usos diferentes em análise de negócios. Em primeiro lugar, é usado como um termo genérico para o cálculo de valores numéricos particulares de interesse a partir de dados (por exemplo, "Precisamos reunir algumas estatísticas sobre o uso de nossos clientes para determinar o que está errado aqui"). Esses valores frequentemente incluem somas, médias, taxas e assim por diante. Vamos chamá-los de "estatísticas consolidadas". Muitas vezes queremos cavar mais fundo, e calcular estatísticas consolidadas *condicionalmente* em um ou mais subgrupos da população (por exemplo: "Será que a taxa de rotatividade difere entre clientes do sexo feminino e masculino?" e "E os clientes de alta renda no nordeste (denota uma região do EUA)?") Estatísticas consolidadas são a estrutura básica da maior parte da teoria e prática de data science.

Estatísticas consolidadas devem ser escolhidas com muita atenção para o problema de negócios a ser resolvido (um dos princípios fundamentais que apresentaremos mais tarde), e também com atenção para a *distribuição* dos dados que estão consolidando. Por exemplo, a renda (média) nos Estados Unidos, de acordo com a Pesquisa Econômica do Censo 2004, foi de mais de $60.000 dólares. Se fôssemos usar isso como medida da renda média, a fim de tomar decisões políticas, estaríamos nos enganando. A distribuição de renda nos EUA é altamente assimétrica, com muitas pessoas ganhando relativamente pouco e outras pessoas ganhando muito. Em tais casos, a média aritmética nos diz relativamente pouco sobre o quanto as pessoas realmente ganham. Em vez disso, devemos utilizar uma medida diferente de renda "média", como a mediana. O rendimento mediano — aquela quantia que metade da população ganha mais e metade ganha menos — nos EUA, no estudo do Censo de 2004, foi de apenas $44.389 dólares — consideravelmente menor que a média. Esse exemplo pode parecer óbvio, porque estamos acostumados a ouvir falar sobre a "renda mediana", mas o mesmo raciocínio se aplica a qualquer cálculo de estatísticas resumidas: você pensou sobre o problema que gostaria de resolver ou a pergunta que gostaria de responder? Já considerou a distribuição dos dados e se a estatística escolhida é apropriada?

O outro uso do termo "estatística" é para designar o campo de estudo que atende por esse nome, o qual podemos diferenciar usando o nome próprio, Estatística. O campo da Estatística nos fornece uma enorme quantidade de conhecimento que forma uma base analítica e pode ser considerado um componente do maior campo de data science. Por exemplo, a Estatística nos ajuda a compreender diferentes distribuições de dados e quais

---

4 É importante ter em mente que é raro a descoberta ser completamente automatizada. O fator importante é que a mineração de dados automatiza, pelo menos parcialmente, o processo de pesquisa e descoberta, em vez de fornecer suporte técnico para busca manual e descoberta.

estatísticas são apropriadas para consolidar cada uma. A Estatística nos ajuda a compreender como usar dados para testar hipóteses e para estimar a incerteza de conclusões. Em relação à mineração de dados, testes de hipóteses podem ajudar a determinar se um padrão observado provavelmente é uma regularidade geral e válida, em oposição a uma ocorrência ao acaso em algum conjunto de dados particular. Mais relevantes para este livro, muitas das técnicas de extração de modelos ou padrões de dados têm suas raízes na Estatística.

Por exemplo, um estudo preliminar pode sugerir que os clientes do nordeste têm uma taxa de rotatividade de 22,5%, enquanto a taxa de rotatividade média nacional é de apenas 15%. Isso pode ser apenas uma flutuação ao acaso já que a taxa de rotatividade não é constante; ela varia de acordo com as regiões e ao longo do tempo e, portanto, as diferenças são esperadas. Mas a taxa no nordeste é uma e é metade da média dos EUA, o que parece excepcionalmente alto. Qual é a chance de que isso ocorra devido a uma variação aleatória? Um teste de hipótese estatística é usado para responder a essas perguntas.

Intimamente relacionada está a quantificação da incerteza em intervalos de confiança. A taxa global de rotatividade é de 15%, mas há algumas variações; a análise estatística tradicional pode revelar que 95% das vezes espera-se que a taxa de rotatividade caia entre 13% e 17%.

Isso contrasta com o processo (complementar) de mineração de dados, que pode ser visto como *geração* de hipótese. Em primeiro lugar, podemos encontrar padrões nos dados? A geração de hipótese deve, então, ser seguida por um cuidadoso teste de hipótese (em geral, em dados diferentes; consulte o Capítulo 5). Além disso, os procedimentos de mineração de dados podem produzir estimativas numéricas e, muitas vezes, também queremos proporcionar intervalos de confiança nessas estimativas. Voltamos a este assunto ao discutir a avaliação dos resultados da aplicação de mineração de dados.

Neste livro, não vamos passar mais tempo discutindo esses conceitos estatísticos básicos. Há muitos livros introdutórios sobre Estatística e estatísticas para os negócios, e qualquer forma de abordagem deste tema aqui seria muito estreita ou superficial.

Dito isso, um termo estatístico que é frequentemente ouvido no contexto da análise de negócios é "correlação". Por exemplo, "há algum indicador que se correlacione com a desistência dos clientes?" Assim como ocorre com o termo estatística, "correlação" tem um significado objetivo geral (as variações em uma quantidade nos dizem algo sobre as variações em outra) e um significado técnico específico (por exemplo, correlação linear com base em determinada fórmula matemática). A noção de correlação será o ponto de partida para o resto da nossa discussão sobre data science para negócios, começando no próximo capítulo.

Consulta a Base de Dados

Uma *consulta* é uma solicitação específica para um subconjunto de dados ou estatísticas sobre dados, formulada em uma linguagem técnica e colocada em um sistema de banco de dados. Existem diversas ferramentas para uma resposta única ou consultas repetidas sobre os dados levantados por um analista. Essas ferramentas geralmente são *frontends* para sistemas de banco de dados, com base em Linguagem Estruturada de Consultas (SQL) ou uma ferramenta com uma interface gráfica de usuário (GUI) para ajudar na formulação de consultas (por exemplo, consulta por exemplo ou QBE). Por exemplo, se o analista pode definir "rentável" em termos operacionais calculáveis a partir de itens na base de dados, então, uma ferramenta de consulta poderia responder: "Quem são os clientes mais rentáveis para o nordeste?" O analista pode, então, executar a consulta para obter uma lista dos clientes mais rentáveis, possivelmente classificados pela rentabilidade. Essa atividade difere fundamentalmente da mineração de dados, por não haver descoberta de padrões ou modelos.

As consultas a bases de dados são apropriadas quando um analista já tem uma ideia do que poderia ser uma subpopulação interessante dos dados e pretende investigar essa população ou confirmar uma hipótese sobre ela. Por exemplo, se um analista suspeita de que homens de meia-idade vivendo no nordeste têm um comportamento de rotatividade particularmente interessante, ele poderia compor uma consulta SQL.

```
SELECT * FROM CLIENTES WHERE IDADE > 45 AND GENERO= 'M' AND DOMICILIO = 'NE'
```

Se essas são as pessoas-alvo de uma oferta, uma ferramenta de consulta pode ser usada para recuperar todas as informações sobre elas ("*") na tabela CLIENTES na base de dados.

Em contraste, o processo de mineração de dados pode ser usado para, primeiro, chegar a essa consulta — como um padrão ou regularidade dos dados. Um procedimento de mineração de dados poderá analisar clientes anteriores que desistiram ou não, e determinar que esse segmento (caracterizado como "IDADE é superior a 45 e GÊNERO é masculino e o DOMICÍLIO é nordeste dos EUA") é preditivo em relação à taxa de rotatividade. Depois de traduzir isso em uma consulta SQL, uma ferramenta de consulta pode, então, ser usada para encontrar registros correspondentes no banco de dados.

Em geral, as ferramentas de consulta têm capacidade de executar uma lógica sofisticada, incluindo cálculo de estatísticas resumidas sobre subpopulações, classificando, juntando várias tabelas com dados relacionados e muito mais. Os cientistas de dados muitas vezes tornam-se bastante hábeis em escrever consultas para extrair os dados que precisam.

O Processamento Analítico Online (OLAP) fornece uma GUI fácil de usar para consultar grandes coleções de dados, com a finalidade de facilitar sua exploração. A ideia de processamento "online" é que ele é feito em tempo real, por isso, os analistas e decisores podem encontrar respostas para suas consultas com rapidez e eficiência. Ao contrário da consulta *"ad-hoc"* ativada por ferramentas como SQL, para OLAP as dimensões de análise devem ser pré-programadas no sistema OLAP. Se tivéssemos previsto que gostaríamos de explorar o volume de vendas por região e época, poderíamos ter essas três dimensões programadas no sistema e detalhar as populações, muitas vezes, simplesmente clicando, arrastando e manipulando gráficos dinâmicos.

Sistemas OLAP são projetados para facilitar a exploração visual ou manual dos dados pelos analistas. OLAP não executa modelagem ou busca de padrão automático. Como um contraste adicional, ao contrário do OLAP, as ferramentas de mineração de dados, em geral, podem facilmente incorporar novas dimensões de análise como parte da exploração. Ferramentas de OLAP podem ser um complemento útil para as ferramentas de mineração de dados auxiliando a descoberta a partir de dados de negócios.

Armazenamento de Dados (Data Warehousing)

O armazenamento de dados coleta e reúne dados de toda a empresa, muitas vezes, a partir de múltiplos sistemas de processamento de transação, cada um com sua própria base de dados. Sistemas de análise podem acessar armazenamento de dados. Este último pode ser visto como uma tecnologia facilitadora de mineração de dados. Nem sempre é necessário, uma vez que a maior parte da mineração não acessa o armazém de dados, mas as empresas que decidem investir nesses armazéns podem aplicar a mineração de dados de forma mais ampla e mais profunda na organização. Por exemplo, se um armazém de dados integra registros de vendas e faturamento, bem como de recursos humanos, ele pode ser usado para encontrar padrões característicos de vendedores eficazes.

Análise de Regressão

Alguns dos mesmos métodos que discutimos neste livro são o centro de um conjunto diferente de métodos analíticos, que, muitas vezes, são coletados sob o título *análise de regressão*, e são amplamente aplicados no campo da estatística e também em outros campos fundados na análise econométrica. Este livro focaliza questões diferentes das que normalmente são encontradas em um livro ou aula sobre análise de regressão. Aqui estamos menos interessados em explicar determinado conjunto de dados do que em extrair padrões que generalizarão para outros dados, e com o objetivo de melhorar alguns processos de negócios. Em geral, isso envolverá estimar ou prever os valores para os casos que não estão no conjunto de dados analisados. Assim, como exemplo, neste livro estamos menos interessados em aprofundar os motivos da rotatividade (por mais importante que sejam) em determinado conjunto de dados históricos, e mais interessados em predizer quais clientes que ainda não abandonaram o serviço seriam os melhores alvos de uma redução de rotatividade futura. Portanto, vamos passar algum tempo conversando sobre padrões de testes em novos dados, a fim de avaliar sua generalidade, e sobre técnicas para reduzir a tendência de encontrar padrões específicos para determinado conjunto de dados, mas que não são generalizáveis para a população a partir da qual tais dados provêm.

O tema de modelagem explicativa versus modelagem preditiva pode promover debates[5] profundos, que vão muito além do nosso foco. O importante é perceber que há uma considerável sobreposição nas *técnicas* utilizadas, mas que nem todas as lições aprendidas a partir de modelagem explanatória se aplicam à modelagem preditiva. Assim, um leitor com alguma experiência em análise de regressão pode encontrar ensinamentos novos e até mesmo aparentemente contraditórios.[6]

Aprendizado de Máquina e Mineração de Dados

A coleta de métodos para a extração (previsão) de modelos a partir de dados, agora conhecida como métodos de aprendizado de máquina, foram desenvolvidos em vários campos contemporaneamente, mais notadamente em Aprendizado de Máquina, Estatística Aplicada e Reconhecimento de Padrões. O aprendizado de máquina como um campo de estudo surgiu como subcampo da Inteligência Artificial, que estava preocupada com os métodos para melhorar o conhecimento ou o desempenho de um agente inteligente ao longo do tempo, em resposta à experiência do agente no mundo. Tal melhora costuma envolver análise de dados proveniente do ambiente e fazer previsões sobre quantidades desconhecidas e, ao longo dos anos, esse aspecto da análise de dados do aprendizado de máquina tem desempenhado um grande papel no campo. Conforme os métodos de aprendizado de máquina foram implantados, as disciplinas científicas de Aprendizado de Máquina, Estatística Aplicada e Reconhecimento de Padrões desenvolveram fortes laços, e a separação entre os campos se tornou difusa.

O campo da Mineração de Dados (KDD: Descoberta de Conhecimento e Mineração de Dados) começou como uma ramificação do Aprendizado de Máquina, e permanecem intimamente ligados. Ambos os campos preocupam-se com a análise de dados e encontram padrões úteis ou informativos. Técnicas e algoritmos são partilhados entre os dois. Na verdade, as áreas estão tão ligadas que os pesquisadores comumente participam perfeitamente de ambas as comunidades e na transição entre elas. No entanto, vale a pena ressaltar algumas das diferenças para uma melhor perspectiva.

Falando em termos gerais, como o Aprendizado de Máquina está preocupado com muitos tipos de melhoria de desempenho, ele inclui subcampos, como robótica e visão computacional que não são parte do KDD. Ele também se preocupa com os problemas de *atuação e cognição* — como um agente inteligente usará o conhecimento aprendido para raciocinar e agir em seu ambiente — que não são preocupações da mineração de dados.

---

5 O leitor interessado é convidado a ler a discussão por Shmueli (2010).
6 Aqueles que buscam o estudo aprofundado terão as aparentes contradições resolvidas. Tais estudos profundos não são necessários para compreender os princípios fundamentais.

Historicamente, KDD é um derivado do Aprendizado de Máquina, como um campo de pesquisa centrado em preocupações levantadas pela análise de aplicações no mundo real e, uma década e meia mais tarde, a comunidade KDD continua mais preocupada com as aplicações do que com o Aprendizado de Máquina. Como tal, a pesquisa enfoca as aplicações comerciais, e as questões de negócios de análise de dados tendem a gravitar para a comunidade KDD em vez de Aprendizado de Máquina. A KDD também tende a ser mais preocupada com todo o processo de análise de dados: preparação de dados, modelo da aprendizagem, avaliação e assim por diante.

Respondendo a Questões de Negócios com Estas Técnicas

Para ilustrar como essas técnicas se aplicam à análise de negócios, considere um conjunto de perguntas que possam surgir e as tecnologias que seriam adequadas para atendê--las. Todas essas perguntas estão relacionadas, mas cada uma é sutilmente diferente. É importante compreender essas diferenças, a fim de compreender quais são as tecnologias que precisam ser implantadas e quais pessoas precisam ser consultadas.

1. *Quem são os clientes mais lucrativos?*

    Se "lucrativo" pode ser claramente definido com base nos dados existentes, esta é uma simples consulta de base de dados. Uma ferramenta padrão de consulta poderá ser usada para obter um conjunto de registros de clientes a partir de uma base de dados. Os resultados podem ser classificados pela soma cumulativa da transação ou algum outro indicador operacional de rentabilidade.

2. *Existe mesmo uma diferença entre os clientes lucrativos e o cliente mediano?*

    Esta é uma pergunta sobre uma conjectura ou hipótese (neste caso, "há uma diferença de valor, para a empresa, entre os clientes lucrativos e o cliente mediano"), e testes de hipóteses estatísticas seriam usados para confirmar ou invalidar. Uma análise estatística também poderia obter uma probabilidade ou confiança segura de que a diferença era real. Normalmente, o resultado seria: "O valor desses clientes lucrativos é significativamente diferente do valor do cliente mediano, com probabilidade de < 5% que isso seja ao acaso."

3. *Mas afinal, quem são esses clientes? Posso caracterizá-los?*

    Muitas vezes gostaríamos de fazer mais do que apenas listar os clientes lucrativos. Gostaríamos de descrever características comuns deles. As características de cada um dos clientes podem ser extraídas a partir de uma base de dados usando técnicas como consulta de base de dados, que também pode ser usada para gerar estatísticas resumidas. Uma análise mais profunda deve determinar quais características *diferenciam* os clientes lucrativos dos não lucrativos. Este é o domínio de data science, utilizando técnicas de mineração de dados para descobertas de padrões automatizados — que discutiremos em mais detalhes nos capítulos subsequentes.

4. *Será que algum novo cliente em particular será lucrativo? Quanto rendimento eu devo esperar que esse cliente gere?*

Essas perguntas poderiam ser abordadas pelas técnicas de mineração de dados que examinam registros históricos de clientes e produzem modelos preditivos de rentabilidade. Tais técnicas geram modelos de dados a partir de dados históricos que, então, poderiam ser aplicados para novos clientes para gerar previsões. Mais uma vez, este é o assunto dos capítulos seguintes.

Observe que as duas últimas perguntas são sutilmente diferentes sobre mineração de dados. A primeira, de classificação, pode ser expressa como uma previsão se um novo cliente será lucrativo (sim/não ou sua probabilidade). A segunda pode ser expressa como uma previsão do valor (numérico) que o cliente trará para a empresa. Falaremos mais sobre isso à medida que avançarmos.

Resumo

A mineração de dados é uma arte. Como acontece com muitas artes, existe um processo bem definido que pode ajudar a aumentar a probabilidade de um resultado bem-sucedido. Esse processo é uma ferramenta conceitual fundamental para pensar sobre projetos de data science. Voltamos para o processo de mineração de dados repetidas vezes ao longo deste livro, mostrando como cada conceito fundamental se encaixa. Por sua vez, compreender os princípios básicos de data science melhora substancialmente as chances de sucesso quando uma empresa recorre ao processo de mineração de dados.

Os vários campos de estudo relacionados ao data science desenvolveram um conjunto de tipos de tarefas regulares, como classificação, regressão e agrupamento. Cada tipo de tarefa serve um propósito diferente e tem um conjunto associado de técnicas de solução. Normalmente, um cientista de dados ataca um novo projeto decompondo-o de forma que uma ou mais dessas tarefas gerais seja revelada, escolhendo uma técnica de solução para cada uma e, em seguida, compondo as soluções. Fazer isso com habilidade pode exigir considerável experiência e destreza. Um projeto bem-sucedido de mineração de dados envolve um compromisso inteligente entre aquilo que os dados podem fazer (ou seja, o que eles podem prever e com que qualidade) e as metas do projeto. Por esse motivo é importante ter em mente como os resultados da mineração de dados serão usados, e utilizar isso para informar o processo de mineração de dados em si.

A mineração de dados difere de, e é complementar a, outras tecnologias importantes de suporte, como testes de hipóteses estatísticas e consultas a bases de dados (que possuem seus próprios livros e aulas). Embora os limites entre a mineração de dados e as técnicas relacionadas não sejam sempre nítidos, é importante saber sobre outras capacidades e forças das técnicas, para saber quando elas devem ser usadas.

Para um gerente comercial, o processo de mineração de dados é útil como base para analisar um projeto ou proposta de mineração de dados. O processo oferece uma organização sistemática, incluindo um conjunto de perguntas que podem ser feitas sobre um projeto ou uma proposta de projeto, para ajudar a compreender se ele é bem concebido ou se é fundamentalmente falho. Retornamos a este assunto depois de discutir em detalhes mais alguns dos princípios fundamentais de mineração de dados.

CAPÍTULO 3

Introdução à Modelagem Preditiva: Da Correlação à Segmentação Supervisionada

Conceitos fundamentais: *Identificar atributos informativos; Segmentar dados por seleção progressiva de atributo.*

Técnicas exemplares: *Encontrando correlações; Atributo/seleção variável; Indução de árvore de decisão.*

Os capítulos anteriores discutem modelos e modelagem em alto nível. Este capítulo mergulha em um dos principais temas de mineração de dados: modelagem preditiva. Seguindo nosso exemplo de mineração de dados para previsão de rotatividade na primeira seção, vamos começar pensando em modelagem preditiva como uma segmentação *supervisionada* — como podemos segmentar a população em grupos que diferem uns dos outros no que diz respeito a alguma quantidade de interesse. Em especial, como podemos segmentar a população no que diz respeito a algo que gostaríamos de prever ou estimar. O alvo de tal previsão pode ser algo que gostaríamos de evitar, como quais clientes são mais suscetíveis de abandonar a empresa quando seus contratos vencerem, quais contas foram defraudadas, quais potenciais clientes são mais propensos a não liquidar seus saldos de conta *(cancelamento/ contabilização de perda, ou dar baixa em crédito que não se espera receber,* como na inadimplência em uma conta telefônica ou saldo do cartão de crédito) ou quais páginas da web possuem conteúdo censurável. Em vez disso, o alvo pode ser lançado de uma forma positiva, como quais consumidores são mais propensos a responder a um anúncio ou oferta especial, ou quais páginas da web são mais adequadas para uma consulta de pesquisa.

No processo de discussão de segmentação supervisionada, introduzimos uma das ideias fundamentais da mineração de dados: encontrar ou selecionar variáveis ou "atributos" importantes e informativos das entidades descritas pelos dados. O que significa exatamente ser "informativo" varia entre as aplicações, mas, em geral, *a informação é uma quantidade que reduz a incerteza sobre alguma coisa.* Assim, se um velho pirata oferece mais informações sobre onde seu tesouro está escondido isso não significa que saberei ao certo onde ele está, significa apenas que minha incerteza sobre onde o tesouro está escondido é reduzida. Quanto melhor a informação, maior a redução da incerteza.

Agora, recorde a noção de mineração "supervisionada" de dados do capítulo anterior. Um segredo para a mineração supervisionada de dados é que temos uma quantidade alvo que gostaríamos de prever ou de compreender melhor. Muitas vezes, essa quantidade é desconhecida ou irreconhecível no momento que gostaríamos de tomar uma decisão de negócios, como se um cliente terá rotatividade logo após o vencimento de seu contrato ou quais contas foram defraudadas. Ter uma variável alvo sintetiza nossa noção de encontrar atributos informativos: existe uma ou mais variáveis que reduzem nossa incerteza sobre o valor do alvo? Isso também dá uma aplicação analítica comum da noção geral da correlação discutida acima: gostaríamos de encontrar atributos conhecidos que se correlacionam com o alvo de interesse — que reduzem sua incerteza. A mera revelação dessas variáveis correlacionadas pode fornecer ideias importantes sobre o problema de negócios.

Encontrar atributos informativos também nos ajuda a lidar com bases e fluxos de dados cada vez maiores. Conjuntos muito grandes de dados representam problemas computacionais para técnicas analíticas, especialmente quando o analista não tem acesso a computadores de alto desempenho. Um método testado e comprovado para analisar conjuntos de dados muito grandes é, primeiro, selecionar um subconjunto de dados para análise. A seleção de atributos informativos fornece um método "inteligente" para a seleção de um subconjunto informativo de dados. Além disso, a seleção de atributo antes da modelagem orientada por dados pode aumentar a precisão da modelagem, por razões que discutiremos no Capítulo 5.

Encontrar atributos informativos também é a base para uma técnica de modelagem preditiva amplamente utilizada, denominada *indução de árvore de decisão*, que apresentaremos no final deste capítulo, como uma aplicação desse conceito fundamental. A indução de árvore de decisão incorpora a ideia de segmentação supervisionada de uma forma elegante, selecionando repetidamente atributos informativos. Ao final deste capítulo, teremos alcançado um entendimento de: conceitos básicos de modelagem preditiva; noção fundamental da descoberta de atributos informativos, junto com uma técnica ilustrativa em particular para fazê-lo; o conceito de modelos estruturados em árvore de decisão; e uma compreensão básica do processo de extração de modelos estruturados em árvore de decisão a partir de um conjunto de dados — executando segmentação supervisionada.

Modelos, Indução e Previsão

Em geral, um modelo é uma representação simplificada da realidade criada para servir um propósito. Ele é simplificado com base em alguns pressupostos sobre o que é e o que não é importante para a finalidade específica ou, às vezes, com base nas limitações de informações ou tratabilidade. Por exemplo, um mapa é um modelo do mundo físico. Ele abstrai uma enorme quantidade de informações que o cartógrafo considera irrelevantes para sua finalidade. Ele preserva e, às vezes, simplifica ainda mais, as informações relevantes. Por exemplo, o mapa de uma estrada mantém e destaca as estradas, sua topologia básica, suas relações com os lugares para onde uma pessoa deseja viajar e outras informações relevantes. Várias profissões têm tipos de modelos bem conhecidos: uma planta arquitetônica, um protótipo de engenharia, o modelo de Black-Scholes de opções de preços e assim por diante. Cada um abstrai detalhes que não são relevantes para sua finalidade principal e mantém aqueles que são.

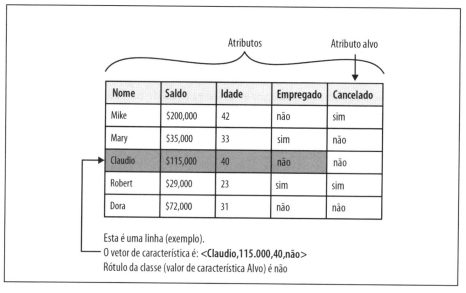

Figura 3-1. Terminologia de mineração de dados para um problema de classificação supervisionada. O problema é supervisionado porque tem um atributo alvo e alguns dados de "treinamento" onde sabemos o valor para o atributo alvo. É um problema de classificação (em vez de regressão), porque o alvo é uma categoria (sim ou não) em vez de um número.

Em data science, um modelo preditivo é uma fórmula para estimar o valor desconhecido de interesse: o alvo. A fórmula pode ser matemática ou pode ser uma declaração lógica, como uma regra. Muitas vezes, é um híbrido dos dois. Dada nossa divisão de mineração supervisionada de dados em classificação e regressão, vamos considerar modelos de classificação (e modelos de estimativa de probabilidade de classe) e modelos de regressão.

Terminologia: previsão

No uso comum, previsão significa antecipar um evento futuro. Em data science, de forma mais geral, previsão significa estimar um valor desconhecido. Esse valor poderia ser algo no futuro (no uso comum, previsão verdadeira), mas também pode ser algo no presente ou no passado. De fato, como a mineração de dados geralmente lida com dados históricos, os modelos costumam ser construídos e testados por meio do uso de eventos do passado. Modelos preditivos para pontuação de crédito estimam a probabilidade de um potencial cliente ser inadimplente (tornar-se uma baixa). Modelos preditivos para filtragem de spam estimam se determinado e-mail é spam. Modelos preditivos para a detecção de fraude julgam se uma conta foi defraudada. O segredo é que o modelo seja destinado para estimar um valor desconhecido.

Isso está em contraste com a modelagem *descritiva*, na qual o principal objetivo do modelo não é estimar um valor, mas obter informações sobre o fenômeno ou processo subjacente.[1] Um modelo descritivo de comportamento de rotatividade nos diria como são os clientes que normalmente sofrem rotatividade. Um modelo descritivo deve ser julgado, em parte, por sua inteligibilidade, e um modelo menos preciso pode ser preferível se for mais fácil de entender. Um modelo preditivo pode ser julgado apenas por seu desempenho preditivo, embora a inteligibilidade não deixe de ser importante, por motivos que discutiremos mais adiante. A diferença entre esses tipos de modelo não é tão rigorosa quanto pode parecer; algumas das mesmas técnicas podem ser utilizadas para ambos e, geralmente, um modelo pode servir a ambos os propósitos (embora de forma insuficiente). Às vezes, grande parte do valor de um modelo preditivo está na compreensão adquirida ao se analisar o próprio modelo e não as previsões que ele faz.

Antes de discutirmos mais sobre modelagem preditiva, devemos introduzir alguma terminologia. Aprendizagem supervisionada é a criação de um modelo que descreve uma relação entre um conjunto de variáveis selecionadas (*atributos* ou *características*) e uma variável predefinida chamada variável *alvo*. O modelo estima o valor da variável alvo como uma função (possivelmente uma função probabilística) dos atributos. Assim, para nosso problema de previsão de rotatividade, gostaríamos de construir um modelo de propensão para rotatividade como uma função de atributos de conta do cliente, como idade, renda, permanência com a empresa, número de ligações para o atendimento ao cliente, cobrança adicional, grupo populacional de clientes, uso de dados, entre outros.

A Figura 3-1 ilustra parte da terminologia apresentada aqui, em um problema exemplo mais simplificado de previsão de baixa de crédito. Uma *instância* ou *exemplo* representa um fato ou um ponto de dados — neste caso, o histórico de um cliente que recebeu crédito. Isso também é chamado de *linha* na base de dados ou planilha de terminologia. Um exemplo é descrito por um conjunto de *atributos* (campos, colunas, variáveis ou características). Às vezes, um exemplo também é chamado de *vetor de característica*, porque pode ser representado como uma coleção (vetor) ordenada de comprimento fixo de valores característicos. A menos que indicado de outra forma, vamos supor que os valores de todos os atributos (mas não o alvo) estão presentes nos dados.

---

[1] Muitas vezes, a modelagem descritiva é usada para avançar a uma compreensão causal do processo gerador dos dados (por que as pessoas sofrem rotatividade?).

Muitos Nomes para as Mesmas Coisas

Historicamente, os princípios e técnicas de data science têm sido estudados em vários campos, incluindo o aprendizado por máquina, reconhecimento de padrões, estatística, base de dados, entre outros. Como resultado, muitas vezes há diferentes nomes para as mesmas coisas. Normalmente, vamos nos referir a um *conjunto de dados*, cuja forma geralmente é a mesma de uma *tabela* de uma base de dados ou uma *planilha* de uma tabela. Um conjunto de dados contém um conjunto de *exemplos* ou *casos*. Um exemplo também é apresentado como uma *linha* de uma tabela de base de dados ou, por vezes, um *caso* na estatística.

As características (colunas da tabela) também têm muitos nomes diferentes. Os estatísticos falam de *variáveis independentes* ou *prognosticadores* como os atributos fornecidos como entrada. Nas operações de pesquisa você também pode ouvir *variável explicativa*. A variável alvo, cujos valores serão previstos, é comumente chamada de *variável dependente* em Estatística. Esta terminologia pode ser um pouco confusa; as variáveis independentes podem não ser independentes umas das outras (ou de qualquer outra coisa), e a variável dependente nem sempre depende de todas as variáveis independentes. Por essa razão, evitamos a terminologia dependente/independente neste livro. Alguns especialistas consideram que a variável alvo está inclusa no conjunto de atributos, outros não. O importante é bastante óbvio: a variável alvo sozinha não é usada para prever. No entanto, pode ser que os valores anteriores para a variável alvo sejam bastante úteis para prever valores futuros — de modo que esses valores anteriores podem ser incluídos como atributos.

A criação de modelos a partir de dados é conhecida como modelo de indução. A indução é um termo da filosofia que se refere a generalização a partir de casos específicos até regras gerais (ou leis ou verdades). Nossos modelos são regras gerais no sentido estatístico (eles normalmente não se mantêm 100% das vezes; com frequência, nem chegam perto), e o procedimento que cria o modelo a partir de dados é chamado algoritmo de indução ou aprendiz. A maioria dos procedimentos indutivos tem variações que guiam modelos para classificação e para regressão. Vamos discutir, principalmente, modelos de classificação, porque eles tendem a receber menos atenção em outros tratamentos de estatística e porque são relevantes para muitos problemas de negócio (e, portanto, muito trabalho em data science se concentra na classificação).

> **Terminologia: Indução e Dedução**
>
> A indução pode ser contrastada com a *dedução*. Esta começa com regras gerais e fatos específicos, e cria outros fatos específicos a partir deles. A *utilização* dos nossos modelos pode ser considerada um procedimento de dedução (probabilística). Vamos chegar a isso em breve.

Os dados de entrada para o algoritmo de indução, usados para a indução do modelo, são chamados dados de *treinamento*. Conforme mencionado no Capítulo 2, eles são chamados de dados *rotulados* porque o valor para a variável alvo (o rótulo) é conhecido.

Vamos retornar ao nosso exemplo do problema de rotatividade. Baseado no que aprendemos nos Capítulos 1 e 2 podemos decidir que na etapa de modelagem devemos construir um modelo de "segmentação supervisionada", que divide a amostra em segmentos que têm (em média) maior ou menor tendência para abandonar a empresa após o vencimento do contrato. Para pensar sobre como isso pode ser feito, agora, vamos nos voltar para um dos nossos conceitos fundamentais: como podemos selecionar um ou mais atributos/características/variáveis que melhor dividirão a amostra *em relação a nossa variável alvo de interesse*?

Segmentação Supervisionada

Lembre-se de que um modelo preditivo se concentra na estimativa do valor de uma variável alvo de interesse. Uma forma intuitiva de pensar sobre a extração de padrões de dados de forma supervisionada é tentar segmentar a população em subgrupos que possuem diferentes valores para a variável alvo (e dentro do subgrupo os exemplos possuem valores semelhantes para a variável alvo). Se a segmentação é feita usando valores das variáveis que serão conhecidas quando o alvo não for, então, esses segmentos podem ser utilizados para prever o valor da variável alvo. Além disso, a segmentação pode, ao mesmo tempo, proporcionar um conjunto compreensível por humanos de padrões de segmentação. Um segmento, expresso em palavras, pode ser: "profissionais de meia-idade que residem na cidade de Nova York, em média, têm uma taxa de rotatividade de 5%." Especificamente, o termo "profissionais de meia-idade que residem na cidade de Nova York" é a definição do segmento (que faz referência a alguns atributos particulares) e "uma taxa de rotatividade de 5%", descreve o valor previsto da variável alvo para o segmento.[2]

Muitas vezes, estamos interessados em aplicar a mineração de dados quando temos muitos atributos e não temos certeza do que os segmentos devem ser. Em nosso problema de previsão de rotatividade, quem é capaz de dizer quais são os melhores segmentos para se prever a propensão à rotatividade? Se existem segmentos de dados com valores (médios) significativamente diferentes para a variável alvo, gostaríamos de ser capazes de extraí-los automaticamente.

Isso nos leva ao nosso conceito fundamental: como podemos julgar se uma variável contém informações importantes sobre a variável alvo? Quanto? Gostaríamos de obter automaticamente uma seleção das variáveis mais informativas no que diz respeito a determinada tarefa pretendida (ou seja, prever o valor da variável alvo). Melhor ainda,

---

[2] O valor previsto pode ser estimado a partir dos dados, de diferentes maneiras, que veremos mais adiante. Neste momento, podemos pensar sobre isso mais superficialmente como uma espécie de média a partir dos dados de treinamento que se enquadram ao segmento.

talvez gostaríamos de classificar as variáveis de acordo com seu grau de eficácia em prever o valor do alvo.

Figura 3-2. Um conjunto de pessoas a serem classificadas. O rótulo sobre cada cabeça representa o valor da variável alvo (cancelada ou não). Cores e formas representam diferentes atributos de previsão.

Considere apenas a seleção do único atributo mais informativo. A resolução deste problema introduzirá nossa primeira técnica concreta de mineração de dados — simples, porém muito útil. No nosso exemplo, que variável nos dá mais informações sobre a futura taxa de rotatividade da população? Ser um profissional? Idade? Local de residência? Renda? Quantidade de reclamações no atendimento ao cliente? Quantidade de cobranças adicionais?

Agora, vamos olhar cuidadosamente para uma maneira útil de selecionar as variáveis informativas e, posteriormente, mostraremos como essa técnica pode ser usada repetidamente para construir uma segmentação supervisionada. Embora muito útil e ilustrativa, por favor, lembre-se de que segmentação direta, multivariada e supervisionada é apenas uma aplicação dessa ideia fundamental de seleção de variáveis informativas. Essa noção deve se tornar uma de suas ferramentas conceituais ao pensar sobre problemas de data science de forma mais geral. Por exemplo, à medida que avançamos, veremos outras abordagens de modelagem, que não incorporam diretamente a seleção de variável. Quando o mundo lhe oferece um conjunto muito grande de atributos, pode ser (muito) útil prestar atenção a esta ideia inicial e selecionar um subconjunto de atributos informativos. Fazer isso pode reduzir substancialmente o tamanho de um conjunto de dados de difícil controle e, como veremos, muitas vezes melhorará a precisão do modelo resultante.

Seleção de Atributos Informativos

Dado um grande conjunto de exemplos, como selecionamos um atributo para dividi-los de maneira informativa? Vamos considerar um problema de classificação binária (duas classes), e pensar sobre o que gostaríamos de obter dele. Para exemplificar, a Figura 3-2 mostra um simples problema de segmentação: doze pessoas representadas como figuras de palito. Existem dois tipos de cabeça: quadrada e circular; e dois tipos de corpos: retangular e oval; e duas das pessoas têm corpos cinzas, enquanto o resto são brancos.

Esses são os atributos que usaremos para descrever as pessoas. Acima de cada pessoa está um rótulo de alvo binário, *Sim* ou *Não*, indicando (por exemplo) se a pessoa cancela empréstimos. Poderíamos descrever os dados sobre essas pessoas como:

- Atributos:
    - formato da cabeça: quadrada, circular
    - formato do corpo: retangular, oval
    - cor do corpo: cinza, branco
- Variável alvo:
    - cancelamento de crédito: Sim, Não

Então, vamos nos perguntar: qual dos atributos seria melhor para segmentar essas pessoas em grupos, de forma a diferenciar quais serão cancelamentos de créditos e quais não? Tecnicamente, gostaríamos que os grupos resultantes fossem os mais *puros* possíveis. Por puro queremos dizer *homogêneos em relação à variável alvo*. Se cada membro de um grupo tem o mesmo valor para o alvo, então, o grupo é puro. Se houver pelo menos um membro do grupo com um valor diferente para a variável alvo, em relação ao restante do grupo, então o grupo é impuro.

Infelizmente, em dados reais raramente esperamos encontrar uma variável que fará com que os segmentos sejam puros. No entanto, se pudermos reduzir substancialmente a impureza, então, podemos aprender algo sobre os dados (e a população correspondente) e, mais importante para este capítulo, podemos usar o atributo em um modelo preditivo — em nosso exemplo, prever que membros de um segmento terão as taxas de cancelamento de crédito mais elevadas ou mais reduzidas do que aqueles em outro segmento. Se pudermos fazer isso, então, podemos, por exemplo, oferecer crédito para aqueles com reduzidas taxas previstas de cancelamento de crédito, ou podemos oferecer diferentes condições de crédito com base nas diferentes taxas de cancelamento de crédito previstas.

Tecnicamente, existem várias complicações:

1. Atributos raramente dividem um grupo perfeitamente. Mesmo que um subgrupo seja puro, o outro pode não ser. Por exemplo, na Figura 3-2, considere como se a segunda pessoa não estivesse lá. Então, *cor do corpo = cinza* criaria um segmento puro (*cancelamento de crédito = não*). No entanto, o outro segmento associado, *cor do corpo = branco*, ainda não é puro.

2. No exemplo anterior, a condição *cor do corpo = cinza* só divide um único ponto de dados para o subconjunto puro. -Será isso melhor do que outra divisão que não produz nenhum subconjunto puro, mas reduz a impureza de forma mais ampla?

3. Nem todos os atributos são binários; muitos têm três ou mais valores distintos. Devemos levar em conta que um atributo pode se dividir em dois grupos, enquanto outro pode se dividir em três ou sete. Como podemos compará-los?
4. Alguns atributos assumem valores numéricos (contínuos ou inteiros). Faz sentido fazer um segmento para cada valor numérico? (Não.) Como devemos pensar em criar segmentações supervisionadas utilizando atributos numéricos?

Felizmente, para problemas de classificação, podemos abordar todas as questões por meio da criação de uma fórmula que avalia quão bem cada atributo divide um conjunto de exemplos em segmentos, com relação a uma variável alvo escolhida. Tal fórmula é baseada em uma *medida de pureza*.

O critério de divisão mais comum é chamado de *ganho de informação*, e se baseia em uma medida de pureza chamada *entropia*. Ambos os conceitos foram inventados por um dos pioneiros na teoria da informação, Claude Shannon, em sua obra original no campo (Shannon, 1948).

A entropia é uma medida de desordem que pode ser aplicada a um conjunto, como um dos nossos segmentos individuais. Considere que temos um conjunto de *propriedades* de membros do conjunto, e cada membro tem uma e apenas uma das propriedades. Na segmentação supervisionada, as propriedades dos membros corresponderão aos valores da variável alvo. Desordem corresponde a quão misto (impuro) o segmento é com relação a essas propriedades de interesse. Assim, por exemplo, um segmento misto com muitos cancelamentos de crédito e muitos não cancelamentos de crédito teriam entropia alta.

Mais tecnicamente, a entropia é definida como:

Equação 3-1. Entropia

$$entropia = - p_1 \log(p_1) - p_2 \log(p_2) - \cdots$$

Cada p_i é a probabilidade (porcentagem relativa) da propriedade i dentro do conjunto, que varia de $p_i = 1$, quando todos os membros do conjunto têm a propriedade i, e $p_i = 0$ quando nenhum membro do conjunto tem propriedade i. As (...) simplesmente indicam que pode haver mais do que apenas duas propriedades (e para a mente técnica, o logaritmo geralmente é tomado como base 2).

Como a equação da entropia pode não se prestar à compreensão intuitiva, a Figura 3-3 mostra um gráfico da entropia de um conjunto contendo 10 exemplos de duas classes, + e -. Podemos ver, então, que a entropia mede a desordem geral do conjunto, que varia de zero, para desordem mínima (o conjunto tem membros, todos com a mesma propriedade única), até um, para desordem máxima (as propriedades são igualmente mistas). Como existem apenas duas classes, $p_+ = 1 - p_-$. Começando com todas as instâncias negativas no canto inferior esquerdo, $p_+ = 0$, o conjunto tem desordem mínima (é puro) e a entropia é zero. Se começarmos a mudar os rótulos de classe dos elementos do conjunto de - para +, a entropia aumenta. A entropia é maximizada em 1 quando as classes de exemplos são equilibradas (cinco de cada), e $p_+ = p_- = 0{,}5$. Conforme mais rótulos de classe são trocados, a classe + começa a predominar e a entropia diminui novamente. Quando todas as instâncias são positivas, $p_+ = 1$ e a entropia é mínima novamente em zero.

Como exemplo concreto, considere um conjunto S de 10 pessoas, com sete sendo da classe *sem cancelamento de crédito* e três da classe *com cancelamento de crédito*. Assim:

p(sem cancelamento) = 7/10 = 0,7

p(com cancelamento) = 3/10 = 0,3

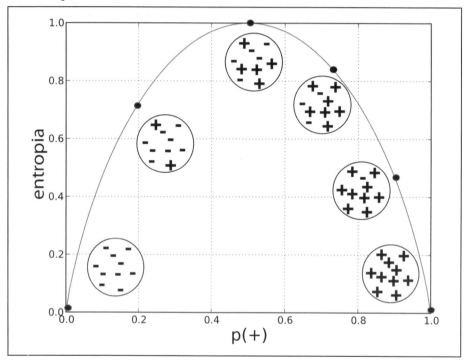

Figura 3-3. Entropia de conjunto de duas classes como função de p(+).

$$\begin{aligned} \text{entropia } (S) &= -[0.7 \times \log_2 (0.7) + 0.3 \times \log_2 (0.3)] \\ &\approx -[0.7 \times -0.51 + 0.3 \times -1.74] \\ &\approx 0.88 \end{aligned}$$

A entropia é apenas parte da história. Gostaríamos de medir quão *informativo* é um atributo com relação ao nosso alvo: quanto ganho de informação isso nos dá sobre o valor da variável alvo. Um atributo segmenta um conjunto de exemplos em vários subconjuntos. A entropia apenas nos diz o quanto um subconjunto individual é impuro. Felizmente, com a entropia para medir o quão desordenado qualquer conjunto é, podemos definir o *ganho de informação* (GI) para medir quanto um atributo melhora (diminui) a entropia ao longo de toda a segmentação que ele cria. Estritamente falando, o ganho de informação mede a *variação* na entropia devido a qualquer quantidade de novas informações sendo adicionadas; aqui, no contexto da segmentação supervisionada, consideramos o ganho de informação por meio da divisão do conjunto de todos os valores de um único atributo. Digamos que o atributo que dividimos em *k* tem valores diferentes. Vamos chamar o conjunto original de exemplos de conjunto *pai*, e o resultado da divisão dos valores do atributo de *k conjuntos filhos*. Assim, o ganho de informação é uma função de ambos os conjuntos pais e filhos resultantes de alguma divisão do conjunto pais — quanta informação esse atributo forneceu? Isso depende do quão puros são os filhos em relação aos pais. Demonstrado no contexto da modelagem preditiva, se soubéssemos o valor deste atributo, quanto isso aumentaria nosso conhecimento sobre o valor da variável alvo?

Especificamente, a definição de ganho de informação (GI) é:

Equação 3-2. Ganho de informação

$$GI(pai, filhos) = entropia(pai) - [p(c_1) \times entropy(c_1) + p(c_2) \times entropy(c_2) + \cdots]$$

Notavelmente, a entropia de cada filho (c_i) é ponderada pela proporção dos exemplos pertencentes a esse filho, $p(c_i)$. Isso aborda diretamente nossa preocupação anterior de que dividir um único exemplo, e perceber que esse conjunto é puro, pode não ser tão bom quanto dividir o conjunto pai em dois subconjuntos grandes e relativamente puros, mesmo que nenhum seja puro.

Como um exemplo, considere a divisão na Figura 3-4. Este é um problema de duas classes (• e ★). Analisando a figura, o conjunto de filhos, sem dúvida, parece "mais puro" do que o do pai. O conjunto pai tem 30 exemplos consistindo de 16 pontos e 14 estrelas, assim:

$$\begin{aligned} entropia(pai) &= -[p(\bullet) \times \log_2 p(\bullet) + p(\star) \times \log_2 p(\star)] \\ &\approx -[0.53 \times -0.9 + 0.47 \times -1.1] \\ &\approx 0.99 \quad \text{(muito impura)} \end{aligned}$$

A entropia dos filhos à *esquerda* é:

$$\begin{aligned} entropia(Saldo < 50mil) &= -[p(\bullet) \times \log_2 p(\bullet) + p(\star) \times \log_2 p(\star)] \\ &\approx -[0.92 \times (-0.12) + 0.08 \times (-3.7)] \\ &\approx 0.39 \end{aligned}$$

A entropia dos filhos à *direita* é:

$$\begin{aligned} entropia(Saldo \geq 50K) &= -[p(\bullet) \times \log_2 p(\bullet) + p(\star) \times \log_2 p(\star)] \\ &\approx -[0.24 \times (-2.1) + 0.76 \times (-0.39)] \\ &\approx 0.79 \end{aligned}$$

Utilizando a Equação 3-2, o ganho de informação dessa divisão é:

$$
\begin{aligned}
GI &= entropia\ (pai) - [\,p(\text{Saldo} < 50\text{mil}) \times entropia\ (\text{Saldo} < 50\text{mil}) \\
&\quad + p(\text{Saldo} \geq 50\text{mil}) \times entropia\ (\text{Saldo} \geq 50\text{mil})] \\
&\approx 0.99 - [0.43 \times 0.39 + 0.57 \times 0.79] \\
&\approx 0.37
\end{aligned}
$$

Assim, esta divisão reduz substancialmente a entropia. Em termos de modelagem preditiva, o atributo fornece uma série de informações sobre o valor alvo.

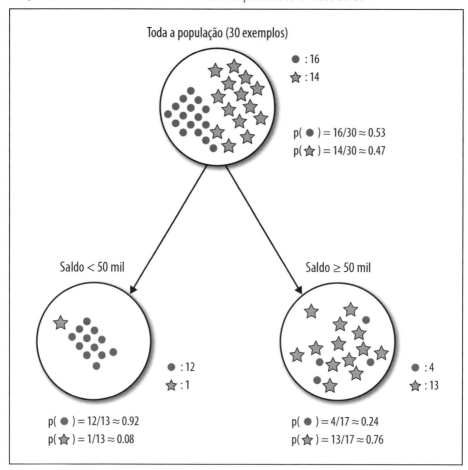

Figura 3-4. Divisão da amostra "cancelamento de crédito" em dois segmentos, com base na divisão do atributo Saldo (saldo da conta) em 50 mil.

Como um segundo exemplo, considere outra divisão de candidato mostrada na Figura 3-5. Este é o mesmo conjunto pai definido na Figura 3-4, mas, em vez disso, consideramos dividir o atributo *Residência* em três valores: PRÓPRIA, ALUGUEL e OUTROS. Sem mostrar os cálculos detalhados:

$$entropia\ (pai) \approx 0{,}99$$
$$entropia\ (\text{Residência=PRÓPRIA}) \approx 0{,}54$$
$$entropia\ (\text{Residência=ALUGUEL}) \approx 0{,}97$$
$$entropia\ (\text{Residência=OUTROS}) \approx 0{,}98$$
$$GI \approx 0{,}13$$

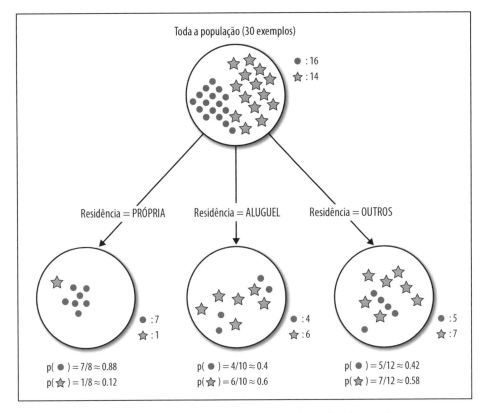

Figura 3-5. Uma árvore de classificação dividida em três atributos de valor Residência.

A variável Residência tem um ganho de informação positivo, mas é menor do que o do Saldo. Intuitivamente, isso ocorre porque, enquanto um filho Residência = PRÓPRIA tem a entropia consideravelmente reduzida, os outros valores ALUGUEL e OUTROS produzem filhos que não são mais puros do que os pais. Assim, com base nesses dados, a variável Residência é menos informativa do que Saldo.

Olhando para nossas preocupações anteriores sobre criar uma segmentação supervisionada para problemas de classificação, o ganho de informação aborda tudo. Não requer pureza absoluta, pode ser aplicado a qualquer número de subconjuntos de filhos, leva em conta as dimensões relativas dos filhos, dando mais peso aos subconjuntos maiores.[3]

---
[3] Tecnicamente, há ainda uma preocupação com os atributos com muitos valores, já que dividi-los pode resultar em grande ganho de informação, mas não pode ser previsível. Esse problema ("sobreajuste") é o tema do Capítulo 5.

Variáveis Numéricas

Não discutimos o que fazer exatamente se o atributo é numérico. As variáveis numéricas podem ser "descritas" escolhendo um ponto de divisão (ou muitos pontos de divisão) e, em seguida, tratando o resultado como um atributo categórico. Por exemplo, Renda pode ser dividida em dois ou mais conjuntos. O ganho de informação pode ser aplicado para avaliar a segmentação criada por essa discrição do atributo numérico. Ainda nos resta a questão de como escolher o(s) ponto(s) de divisão para o atributo numérico. Conceitualmente, podemos tentar todos os pontos de divisões razoáveis, e escolher o que dá maior ganho de informação.

Por fim, que tal tentar segmentações supervisionadas para problemas de regressão — problemas com uma variável alvo numérica? Ter em vista a redução da impureza dos subconjuntos de filhos ainda faz sentido, intuitivamente, mas ganho de informação não é a medida certa, pois ganho de informação baseado em entropia baseia-se na distribuição das *propriedades* na segmentação. Em vez disso, queremos uma medida da pureza dos valores numéricos (alvo) nos subconjuntos.

Não vamos explicar uma derivação aqui, mas a ideia fundamental é importante: uma medida natural de impureza para valores numéricos é *variância*. Se o conjunto possui todos os mesmos valores para a variável alvo numérica, então, o conjunto é puro e a variância é zero. Se os valores numéricos alvo no conjunto são muito diferentes, então, o conjunto terá grande variância. Podemos criar uma noção semelhante de ganho de informações olhando para reduções de variância entre o pai e os filhos. O processo transcorre em analogia direta à derivação para o ganho de informação acima. Para criar a melhor segmentação, dado um alvo numérico, podemos escolher uma que produza a melhor redução de média ponderada de variância. Em essência, encontraríamos novamente as variáveis que possuem a melhor correlação com o alvo ou, alternativamente, são mais preditivas dele.

Exemplo: Seleção de Atributo com Ganho de Informação

Agora, estamos prontos para aplicar nossa primeira técnica concreta de mineração de dados. Para um conjunto de dados com os exemplos descritos por atributos e uma variável alvo, podemos determinar qual atributo é o mais informativo no que diz respeito à estimativa do valor da variável alvo. (A seguir, aprofundamos mais esse assunto). Também podemos classificar um conjunto de atributos por sua informatização, em especial por seu ganho de informação. Isso pode ser usado simplesmente para compreender melhor os dados, para ajudar a prever o alvo ou para reduzir o tamanho dos dados a serem analisados, com a seleção de um subconjunto de atributos nos casos em que não podemos ou não queremos processar o conjunto inteiro de dados.

Para ilustrar o uso do ganho de informação, apresentamos um conjunto simples, porém realista, obtido a partir do conjunto de dados do repositório do aprendizado de máquina, na Universidade da Califórnia, em Irvine.[4] Trata-se de um conjunto de dados que descreve cogumelos venenosos e comestíveis a partir do Guia de Campo da Audubon Society para Cogumelos Norte-Americanos. Da descrição:

> Este conjunto inclui descrições de amostras hipotéticas que correspondem a 23 espécies de cogumelos lamelados das famílias Agaricus e Lepiota (pp. 500-525). Cada espécie é identificada como definitivamente comestível, definitivamente venenosa ou de comestibilidade desconhecida e não recomendada. Esta última categoria foi combinada com a venenosa. O Guia afirma claramente que não existe uma regra simples para se determinar a comestibilidade de um cogumelo; nenhuma regra, como "se tiver três folhas, é melhor deixar pra lá" usada para Carvalho e Hera venenosos.

Cada exemplo de dados (caso) é uma amostra de cogumelo, descrita em termos de seus atributos (características) observáveis. Os vinte e tantos atributos e os valores de cada um estão listados na Tabela 3-1. Para um dado exemplo, cada atributo tem um valor distinto único (*por exemplo, cor da lamela=preta*). Usamos 5.644 exemplos do conjunto de dados, compreendendo 2.156 cogumelos venenosos e 3.488 comestíveis.

Este é um problema de classificação porque temos uma variável alvo, chamada *comestível?*, com dois valores *sim* (comestível) e *não* (venenoso), especificando nossas duas classes. Cada uma das linhas no conjunto de treinamento tem um valor para essa variável alvo. Usaremos o ganho de informação para responder a pergunta: "Qual atributo individual é o mais útil para se fazer a distinção entre cogumelos comestíveis (comestível?=Sim) e venenos (comestível?=Não)?" Esse é um problema básico de seleção de atributo. Em problemas muito maiores, poderíamos imaginar os dez ou cinquenta melhores atributos dentre várias centenas ou milhares e, muitas vezes, é preciso fazer isso, caso suspeite que existem muitos atributos para seu problema de exploração ou que muitos não sejam úteis. Aqui, para simplificar, vamos encontrar o melhor atributo individual, em vez dos dez melhores.

Tabela 3-1. Os atributos do conjunto de dados Cogumelos

Nome do atributo	Possíveis valores
FORMATO–CHAPÉU	sino, cônico, convexo, plano, corcovado, afundado
SUPERFÍCIE–CHAPÉU	fibrosa, ranhuras, escamosa, lisa
COR–CHAPÉU	marrom, amarelado, canela, cinza, verde, rosa, roxo, vermelho, branco, amarelo
ESCORIAÇÕES?	sim, não

---

4 Consulte a página do Repositório de Aprendizado Computacional UC Irvine (http://archive.ics.uci.edu/ml/datasets/Mushroom — conteúdo em inglês).

Nome do atributo	Possíveis valores
ODOR	amêndoa, anis, creosoto, peixe, fétido, mofado, nenhum, acre, picante
FIXAÇÃO–LAMELA	fixada, descendente, livre, chanfrada
ESPAÇAMENTO–LAMELA	próximo, cheio, distante
TAMANHO–LAMELA	amplo, estreito
COR–LAMELA	preto, marrom, amarelado, chocolate, cinza, verde, laranja, rosa, roxo, vermelho, branco, amarelo
FORMATO–HASTE	dilatado, afilado
RAIZ–HASTE	bulbosa, vara, copo, uniforme, rizomorfa, enraizada, faltando
SUPERFÍCIE–HASTE–ACIMA–ANEL	fibrosa, escama, sedosa, suave
SUPERFÍCIE–HASTE–ABAIXO–ANEL	fibrosa, escama, sedosa, suave
COR–HASTE–ACIMA–ANEL	marrom, amarelado, canela, cinza, laranja, rosa, vermelho, branco, amarelo
COR–HASTE–ABAIXO–ANEL	marrom, amarelado, canela, cinza, laranja, rosa, vermelho, branco, amarelo
VÉU–TIPO	parcial, universal
VÉU–COR	marrom, laranja, branco, amarelo
NÚMERO–ANEL	nenhum, um, dois
TIPO–ANEL	delicado, evanescente, cintilante, grande, nenhum, pendente, revestimento, zona
COR–APARÊNCIA–ESPOROS	preto, marrom, amarelado, chocolate, verde, laranja, roxo, branco, amarelo
POPULAÇÃO	abundante, agrupada, numerosa, espalhada, diversas, individual
HABITAT	grama, folhas, pastos, trilhas, urbano, lixo, florestas
COMESTÍVEL? (Variável alvo)	sim, não

Uma vez que já temos uma forma de medir o ganho de informação, isso é simples: queremos o único atributo que dá o maior ganho de informação.

Para fazer isso, calculamos o ganho de informação obtido pela divisão de cada atributo. O ganho de informação da Equação 3-2 é definido em um pai e um conjunto de filhos. O pai, em cada caso, é todo o conjunto de dados. Primeiro, precisamos de *entropia (pai)*, a entropia de todo o conjunto de dados. Se as duas classes estão perfeitamente equilibradas no conjunto de dados, elas teriam uma entropia de 1. Esse conjunto de dados está um pouco desequilibrado (mais cogumelos comestíveis que venenosos são representados) e sua entropia é 0,96.

Para ilustrar graficamente a redução de entropia, mostraremos uma série de *gráficos de entropia* para o domínio cogumelo (Figura 3-6 até 3-8). Cada gráfico é uma descrição em duas dimensões de toda a entropia do conjunto de dados, uma vez que é dividido de várias maneiras por diferentes atributos. No eixo *x* está a proporção do conjunto de dados (0 a 1), e no eixo *y* está a entropia (também 0 a 1) de determinada parte dos dados. A quantidade de área sombreada em cada gráfico representa a quantidade de entropia no conjunto de dados quando ela é dividida por alguns atributos escolhidos (ou não divididos, no caso da Figura 3-6). Nossa meta de ter a menor entropia corresponde a ter o *mínimo* de área sombreada possível.

O primeiro gráfico, Figura 3-6, mostra a entropia de todo o conjunto de dados. Em tal gráfico, a entropia mais alta possível corresponde a toda a área a ser sombreada; a entropia mais baixa possível corresponde a toda a área em branco. Tal gráfico é útil para a visualização do ganho de informação a partir de diferentes divisões de um conjunto de dados, porque qualquer divisão pode ser mostrada apenas como fatias do gráfico (com larguras correspondentes à proporção do conjunto de dados), cada uma com sua própria entropia. A soma ponderada das entropias no cálculo de ganho de informação será representada apenas pela quantidade total de área sombreada.

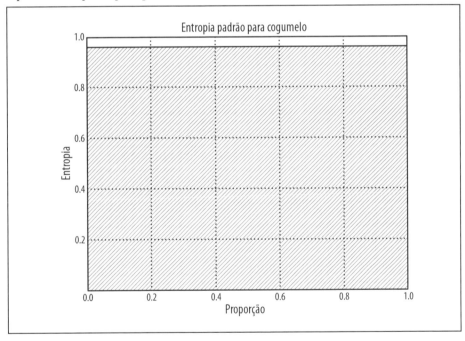

Figura 3-6. Gráfico de entropia para todo o conjunto de dados Cogumelo. A entropia para todo o conjunto de dados é 0,96, assim, 96% da área está sombreada.

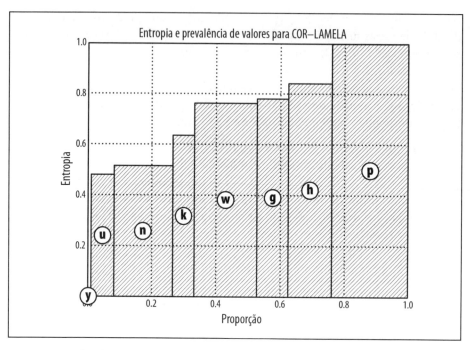

Figura 3-7. Gráfico de entropia para o conjunto de dados Cogumelo, dividido por COR–LAMELA. A quantidade de sombreado corresponde à entropia total (soma ponderada), com cada barra correspondendo à entropia de um dos valores do atributo e a largura da barra correspondendo à prevalência daquele valor nos dados.

Para nosso conjunto de dados inteiro, a entropia global é 0,96, por isso a Figura 3-6 mostra uma grande área sombreada abaixo da linha $y = 0,96$. Podemos pensar nisso como nossa entropia inicial — qualquer atributo informativo deve produzir um novo gráfico com menos área sombreada. Agora, vamos mostrar os gráficos de entropia de três amostras de atributos. Cada valor de um atributo ocorre no conjunto de dados com uma frequência diferente, de modo que cada atributo divide o conjunto de uma forma diferente.

A Figura 3-7 mostra o conjunto de dados dividido pelo atributo COR–LAMELA, cujos valores são codificados como y (amarelo), u (roxo), n (marrom) e assim por diante. A largura de cada atributo representa qual proporção do conjunto de dados possui aquele valor, e a altura é sua entropia. Podemos ver que COR–LAMELA reduz um pouco a entropia; a área sombreada na Figura 3-7 é consideravelmente menor que a área da Figura 3-6.

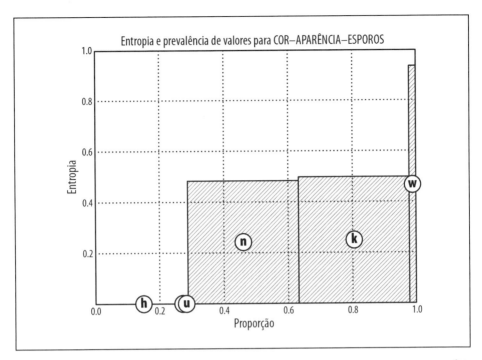

Figura 3-8. Gráfico de entropia para o conjunto de dados Cogumelo dividido por COR–APARÊN-CIA–ESPOROS. A quantidade de sombreado corresponde à entropia total (soma ponderada), com cada barra correspondendo à entropia de um dos valores do atributo e a largura da barra correspondendo à prevalência daquele valor nos dados.

Da mesma forma, a Figura 3-8 mostra como COR–APARÊNCIA–ESPOROS diminui a incerteza (entropia). Alguns dos valores, como h (chocolate), especificam perfeitamente o valor alvo e, por isso, produzem barras de entropia zero. Mas observe que eles não são responsáveis por grande parte da população, apenas cerca de 30%.

A Figura 3-9 mostra o gráfico produzido pelo ODOR. Muitos dos valores, como a (amêndoa), c (creosoto) e m (mofado) produzem divisões entropia zero; somente n (sem odor) tem uma entropia considerável (cerca de 20%). De fato, ODOR tem o maior ganho de informação que qualquer atributo do conjunto de dados Cogumelos.[5] Ele pode reduzir a entropia total do conjunto de dados para cerca de 0,1, o que lhe dá um ganho de informação de 0,96 − 0,1 = 0,86. O que isso nos diz? Muitos odores são totalmente característicos de cogumelos venenosos ou comestíveis, portanto, odor é um atributo muito informativo para se verificar ao considerar a comestibilidade de um cogumelo. Se você vai construir um modelo para determinar a comestibilidade do cogumelo utilizando apenas uma *única* característica, você deve escolher o odor. Se você vai construir um

---

5 Isso pressupõe que o odor pode ser medido com precisão, é claro. Se o seu olfato é ruim, você pode não querer apostar sua vida nele. Francamente, você provavelmente não quer apostar sua vida nos resultados da mineração de dados a partir de um guia de campo. No entanto, é um bom exemplo.

modelo mais complexo, pode começar com o atributo ODOR antes de considerar acrescentar outros. Na verdade, este é exatamente o tema da próxima seção.

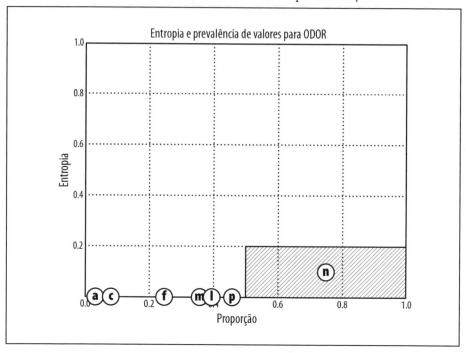

Figura 3-9. Gráfico de entropia para o conjunto de dados Cogumelo, dividido por ODOR. A quantidade de sombreado corresponde à entropia total (soma ponderada), com cada barra correspondendo à entropia de um dos valores do atributo e a largura da barra correspondendo à prevalência daquele valor nos dados.

Segmentação Supervisionada com Modelos com Estrutura de Árvore de Decisão

Agora, introduzimos uma das ideias fundamentais de mineração de dados: encontrar atributos informativos a partir dos dados. Continuaremos com o assunto da criação de uma segmentação supervisionada porque, por mais importante que seja, a seleção de atributo, por si só, parece não ser suficiente. Se selecionarmos a única variável que dá o maior ganho de informação, criamos uma segmentação muito simples. Se selecionarmos vários atributos, cada um dando algum ganho de informação, não está claro como colocá-los juntos. Lembre-se de que, mais cedo, gostaríamos de criar segmentos que utilizam vários atributos, como "profissionais de meia-idade que residem na cidade de Nova York em média apresentam uma taxa de rotatividade de 5%". Agora, vamos introduzir uma aplicação elegante das ideias que desenvolvemos para selecionar atributos importantes, para produzir uma segmentação supervisionada multivariada (vários atributos).

Considere uma segmentação dos dados tomando a forma de uma "árvore", como aquela mostrada na Figura 3-10. Na figura, a árvore está de cabeça para baixo com a raiz no topo. A árvore é composta por *nós*, internos e terminais, e ramos provenientes dos nós internos. Cada nó interno na árvore de decisão contém um teste de um atributo, com cada ramo do nó representando um valor diferente do atributo. Acompanhando os ramos do nó raiz para baixo (no sentido das setas), cada caminho, consequentemente, termina em um nó terminal, ou *folha*. A árvore de decisão cria uma segmentação de dados: cada ponto de dados corresponderá a um e apenas um caminho na árvore e, por conseguinte, uma única folha. Em outras palavras, cada folha corresponde a um segmento, e os atributos e valores ao longo do caminho dão as características dele. Por isso, o caminho mais à direita na árvore de decisão na Figura 3-10 corresponde ao segmento "pessoas mais velhas, desempregadas com saldos elevados". A árvore é uma segmentação *supervisionada*, porque cada folha contém um valor para a variável alvo. Como estamos falando sobre classificação, aqui, cada folha contém uma classificação para seu segmento. Tal árvore é chamada de *árvore de classificação* ou, mais livremente, *árvore de decisão*.

As árvores de classificação costumam ser utilizadas como modelos preditivos — "modelos estruturados em árvore de decisão". Na prática, quando apresentada com um exemplo para o qual não conhecemos sua classificação, podemos prevê-la encontrando o segmento correspondente e usando o valor de classe na folha. Mecanicamente, uma pessoa começaria no nó raiz e desceria pelos nós internos, escolhendo ramificações com base nos valores de atributos específicos no exemplo. Os nós sem folhas costumam ser chamados de "nós de decisão", porque, ao descer pela árvore, cada nó se utiliza os valores do atributo para tomar uma decisão sobre qual ramo seguir. Acompanhar esses ramos acaba conduzindo a uma decisão final sobre que classe prever: por fim, um nó terminal é alcançado, o que dá uma previsão de classe. Em uma árvore de decisão, não há dois pais que compartilhem descendentes e não existem ciclos; os ramos sempre "apontam para baixo", para que todos os exemplos sempre acabem em um nó de folha com algumas determinações específicas de classe.

Pense em como usaríamos a árvore de classificação na Figura 3-10 para classificar um exemplo da pessoa chamada Cláudio da Figura 3-1. Os valores dos atributos de Cláudio são *Saldo = 115 mil, Empregado = Não e Idade = 40*. Começamos no nó raiz que testa *Empregado*. Como o valor é *Não* vamos para o ramo direito. O próximo teste é *Saldo*. O valor de *Saldo* é 115 mil, que é bem maior que 50 mil, assim, vamos para o ramo direito, novamente para um nó que testa *Idade*. O valor é 40, assim, pegamos o ramo esquerdo. Isso nos leva a uma *classe* de especificação de nó folha = *Sem baixa de crédito*, representando uma previsão de que Cláudio não se tornará inadimplente. Outra maneira de dizer isso é classificando Cláudio em um segmento definido por (*Empregado = Não, Saldo = 115 mil, Idade < 45*), cuja classificação é *Sem cancelamento de crédito*.

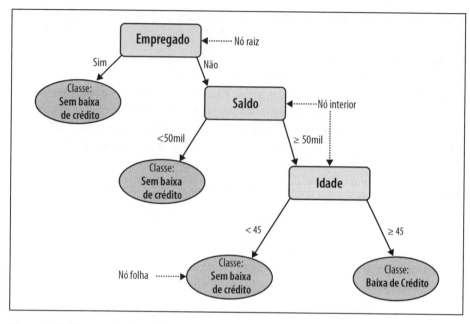

Figura 3-10. Uma simples árvore de classificação.

Árvores de classificação são um tipo de modelo estruturado em árvore de decisão. Como veremos mais adiante, em aplicações de negócios, muitas vezes queremos prever a probabilidade de pertencerem à classe (por exemplo, a probabilidade de rotatividade ou a probabilidade de cancelamento de crédito), em vez da classe em si. Neste caso, as folhas da *árvore de estimativa de probabilidade* poderiam conter essas probabilidades em vez de um simples valor. Se a variável alvo é numérica, as folhas da *árvore de regressão* contêm valores numéricos. No entanto, a ideia básica é a mesma para todos.

As árvores de decisão fornecem um modelo que pode representar exatamente o tipo de segmentação supervisionada que queremos, e sabemos como usar esse modelo para prever valores para novos casos ("em uso"). No entanto, ainda não abordamos como criar tal modelo a partir dos dados. Agora, vamos nos voltar a isso.

Há muitas técnicas para induzir uma segmentação supervisionada a partir de um conjunto de dados. Uma das mais populares é criar um modelo estruturado de árvore de decisão (*indução de árvore de decisão*). Essas técnicas são populares porque modelos de árvores de decisão são fáceis de entender e porque os procedimentos de indução são elegantes (simples de descrever) e fáceis de usar. Elas são robustas para muitos problemas comuns de dados e são relativamente eficientes. A maioria dos pacotes de mineração de dados inclui algum tipo de técnica de indução de árvore de decisão.

Como criamos uma árvore de classificação a partir dos dados? Combinando as ideias introduzidas acima. O objetivo da árvore de decisão é proporcionar uma segmentação supervisionada — mais especificamente, para a divisão dos exemplos, com base em seus atributos, em subgrupos que possuem valores semelhantes para suas variáveis alvo. Gostaríamos que cada segmento de "folha" tivesse casos que tendam a pertencer à mesma classe.

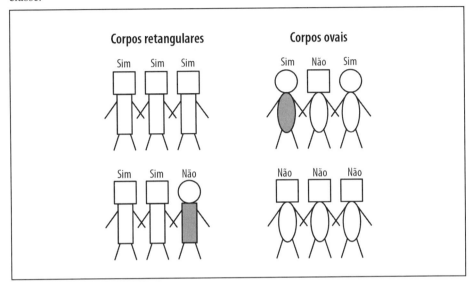

Figura 3-11. Primeira divisão: divisão do formato do corpo (retangular versus oval).

Para ilustrar o processo de classificação de indução de árvore de decisão, considere o exemplo muito simples de conjunto mostrado anteriormente na Figura 3-2.

A indução de árvore de decisão tem uma abordagem de dividir e conquistar, começando com o conjunto de dados inteiro e aplicando a seleção variável para tentar criar os subgrupos "mais puros" possíveis, utilizando os atributos. No exemplo, uma maneira é separar as pessoas com base no seu tipo de corpo: retangular contra oval. Isso cria os dois grupos mostrados na Figura 3-11. Essa é uma boa divisão? As pessoas de corpo retangular, à esquerda, são, em sua maioria, *Sim*, com uma única pessoa *Não*, por isso, é predominantemente pura. O grupo corpo oval à direita tem mais pessoas *Não*, mas duas pessoas *Sim*. Esta etapa é simplesmente uma aplicação direta das ideias de seleção de atributo apresentadas acima. Vamos considerar essa "divisão" como sendo aquela que produz o maior ganho de informação.

Observando a Figura 3-11, agora, podemos ver a elegância da indução de árvore de decisão e por que ela conquista tantos adeptos. Os subgrupos da esquerda e da direita são simplesmente versões menores do problema com o qual, inicialmente, fomos confrontados! Nós podemos simplesmente pegar cada subconjunto de dados e aplicar, de forma *recursiva*, a seleção de atributos para encontrar o melhor para dividi-lo. Assim, em nosso exemplo, consideramos recursivamente o grupo corpo oval (Figura 3-12). Agora, para dividir esse grupo novamente, consideramos outro atributo: o formato da cabeça. Isso divide o grupo em dois, no lado direito da figura. Essa é uma boa divisão? Cada novo grupo tem um único rótulo alvo: quatro (cabeças quadradas) de *Não* e dois (cabeças redondas) de *Sim*. Esses grupos são "puros ao máximo" com relação aos rótulos de classe e não há necessidade de separá-los ainda mais.

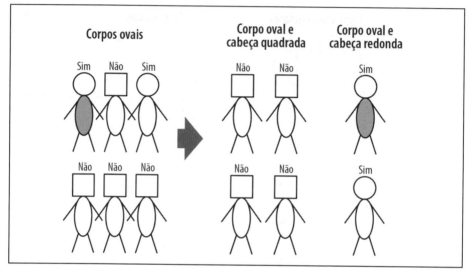

Figura 3-12. Segunda divisão: as pessoas de corpo oval subgrupadas por tipo de cabeça.

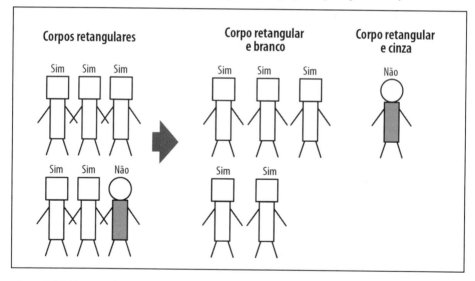

Figura 3-13. Terceira divisão: as pessoas de corpo retangular subgrupadas pela cor do corpo.

Nós ainda não fizemos nada com o grupo de corpo retangular, no lado esquerdo da Figura 3-11, portanto, vamos considerar como dividi-lo. Há cinco pessoas *Sim* e uma pessoa *Não*. Existem dois atributos para divisão: formato da cabeça (quadrado ou redondo) e cor do corpo (branca ou cinza). Qualquer um desses funcionaria, portanto, escolhemos arbitrariamente cor do corpo. Isso produz os agrupamentos da Figura 3-13. Esses são os grupos puros (todos de um tipo), portanto, acabamos. A árvore de classificação correspondente a esses grupos é mostrada na Figura 3-14.

Em resumo, o procedimento de indução de árvore de classificação é um processo recursivo de dividir e conquistar, onde a meta em cada etapa é selecionar um atributo para dividir o grupo atual em subgrupos que sejam os mais puros possíveis, no que diz respeito à variável alvo. Realizamos essa divisão de forma recursiva, dividindo repetidas vezes até o fim. Escolhemos os atributos para divisão testando todos e selecionando aqueles que produzem os subgrupos mais puros. Quando terminamos? (Em outras palavras: quando paramos de dividir?) Deve ficar claro que o procedimento estará finalizado quando os nós forem puros ou quando não tivermos mais variáveis para dividir. Mas é melhor parar antes; retomaremos essa questão no Capítulo 5.

Visualizando as Segmentações

Continuando com a metáfora da construção do modelo preditivo como segmentação supervisionada, é instrutivo visualizar exatamente como uma árvore de classificação divide o espaço do exemplo. Este é simplesmente o espaço descrito pelas características de dados. Uma forma comum de visualização do espaço do exemplo é um conjunto disperso em alguns pares de características, utilizadas para comparar uma variável com outra para detectar correlações e relações.

Apesar de os dados poderem conter dezenas ou centenas de variáveis, só é realmente possível visualizar segmentações em duas ou três dimensões por vez. Ainda assim, a visualização de modelos no espaço em poucas dimensões é útil para entender os diferentes tipos porque fornece novas perspectivas que se aplicam também a espaços dimensionais maiores. Pode ser difícil comparar famílias muito diferentes de modelos apenas examinando sua forma (por exemplo, uma fórmula matemática versus um conjunto de regras) ou os algoritmos que as geram. Muitas vezes, é mais fácil compará-las com base em como repartem o espaço do exemplo.

Por exemplo, a Figura 3-15 mostra uma árvore de classificação simples ao lado de um gráfico bidimensional do espaço: Saldo no eixo *x* e Idade no eixo y. O nó raiz da árvore de classificação testa Saldo contra um limite de 50 mil. No gráfico, isso corresponde a uma linha vertical em 50 mil, sobre o eixo *x* dividindo o plano em Saldo < 50 mil e Saldo ≥ 50 mil. À esquerda desta linha estão os exemplos cujos valores de Saldo são inferiores a 50 mil; existem 13 exemplos de classe Cancelamento de Crédito (ponto preto) e 2 exemplos de classe Sem Cancelamento de Crédito (sinal de mais) nesta região.

No ramo direito para fora do nó raiz estão as instâncias com Saldo ≥ 50 mil. O próximo nó na árvore de classificação testa o atributo Idade contra o limiar 45. No gráfico isso corresponde à linha tracejada horizontal em Idade = 45 e só aparece no lado direito porque esta divisão só se aplica aos exemplos com Saldo ≥ 50. O nó de decisão Idade atribui ao seu ramo esquerdo, exemplos com Idade < 45, correspondendo ao segmento inferior direito do gráfico, representando: (Saldo ≥ 50 mil E Idade < 45).

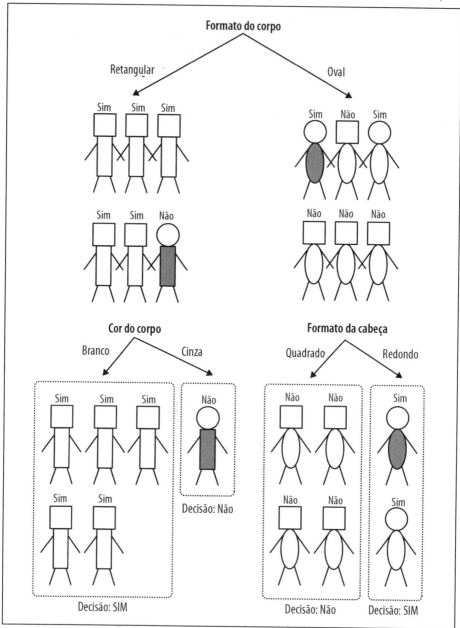

Figura 3-14. A árvore de classificação resultante das divisões feitas na Figura 3-11 até 3-13.

Observe que cada nó interno (decisão) corresponde a uma divisão do espaço. Cada nó folha corresponde a uma região não dividida do espaço (um segmento da população). Sempre que seguirmos um caminho na árvore de decisão a partir de um nó de decisão, estamos restringindo a atenção para uma das duas (ou mais) sub-regiões definidas pela divisão. Conforme descemos pela árvore de classificação, consideramos progressivamente sub-regiões mais focadas no espaço do exemplo.

Linhas de Decisão e Hiperplanos

As linhas que separam as regiões são conhecidas como *linhas de decisão* (em duas dimensões) ou, mais genericamente, *superfícies de decisão* ou *limites de decisão*. Cada nó de uma árvore de classificação testa uma única variável contra um valor fixo de modo que o limite correspondente a ele será sempre perpendicular ao eixo que representa essa variável. Em duas dimensões, a linha será horizontal ou vertical. Se os dados tinham três variáveis, o espaço do exemplo seria tridimensional e cada superfície limite seria imposta por uma árvore de classificação seria um plano bidimensional. Em dimensões superiores, uma vez que cada nó de uma árvore de classificação testa uma variável, podemos considerá-lo uma "fixação" de uma dimensão do limite de decisão; portanto, para um problema de n variáveis, cada nó de uma árvore de classificação impõe um limite de decisão de "hiperplano" $(n-1)$-dimensional sobre o espaço do exemplo.

Muitas vezes, você verá o termo *hiperplano* usado na literatura de mineração de dados para se referir à superfície de separação geral, seja ela qual for. Não se deixe intimidar por essa terminologia. Você sempre pode pensar nela como sendo apenas a generalização de uma linha ou um plano.

Outras superfícies de decisão são possíveis, como veremos mais adiante.

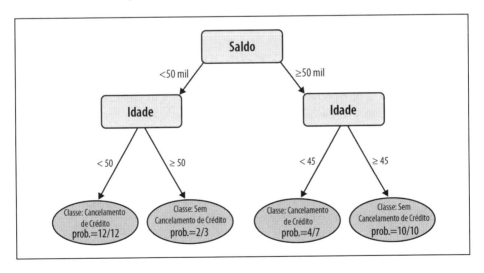

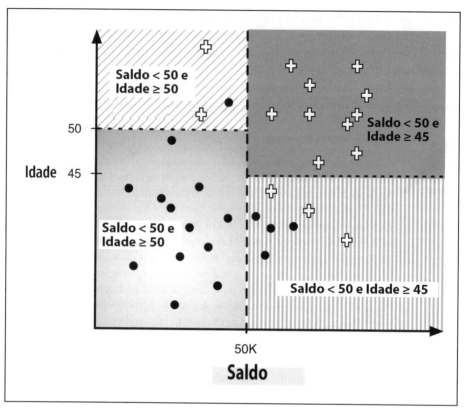

Figura 3-15. Uma árvore de classificação e as divisões que ela impõe no espaço do exemplo. Os pontos pretos correspondem aos exemplos da classe Cancelamento de Crédito, os sinais de mais correspondem aos exemplos da classe Sem Cancelamento de Crédito. O sombreado mostra como as folhas da árvore correspondem a segmentos da população no espaço do exemplo.

Árvores de Decisão como Conjuntos de Regras

Antes de concluir a interpretação das árvores de classificação, devemos mencionar sua interpretação como declarações lógicas. Considere novamente a árvore mostrada na parte superior da Figura 3-15. Você classifica um novo exemplo não visto, iniciando no nó raiz e seguindo os testes de atributos até chegar a um nó folha, que especifica a classe prevista do exemplo. Se traçarmos um caminho único do nó raiz até a folha, coletando as condições conforme avançamos, geramos uma regra. Cada regra consiste nos testes de atributos ao longo do caminho conectado com E. Começando no nó raiz e escolhendo os ramos esquerdos da árvore, obtemos a regra:

SE (Saldo < 50 mil) E (Idade < 50) ENTÃO Classe = Cancelamento de Crédito

Podemos fazer isso para todos os caminhos possíveis para um nó folha. A partir desta árvore, obtemos mais três regras:

```
SE (Saldo < 50 mil) E (Idade ≥ 50) ENTÃO Classe = Sem Cancelamento de
Crédito
SE (Saldo ≥ 50 mil) E (Idade < 45) ENTÃO Classe = Cancelamento de Crédito
SE (Saldo ≥ 50 mil) E (Idade ≥ 45) ENTÃO Classe = Sem Cancelamento de
Crédito
```

A árvore de classificação é equivalente a este conjunto de regras. Se essas regras lhe parecem repetitivas, é porque são mesmo: a árvore reúne prefixos de regras comuns em direção ao topo da árvore. Desta forma, cada árvore de classificação pode ser expressa como um conjunto de regras. Se é a árvore ou o conjunto de regras a forma mais inteligível, é uma questão de opinião; neste exemplo simples, ambos são bastante fáceis de entender. Conforme o modelo torna-se maior, algumas pessoas preferem a árvore ou o conjunto de regras.

Estimativa de Probabilidade

Em muitos problemas de tomada de decisão gostaríamos de uma previsão mais informativa do que apenas uma classificação. Por exemplo, em nosso problema de previsão de rotatividade, em vez de simplesmente prever se uma pessoa vai deixar a empresa dentro de 90 dias do vencimento do contrato, seria muito melhor termos uma estimativa da probabilidade de ela deixar a empresa durante esse período. Essas estimativas podem ser utilizadas para diversos fins. Discutiremos alguns em detalhes nos próximos capítulos, mas resumindo: você pode, então, classificar as perspectivas por probabilidade de sair e, depois, atribuir um orçamento de incentivo limitado às instâncias de maior probabilidade. Alternativamente, você pode querer alocar seu orçamento de incentivo para os exemplos com maior perda esperada, para os quais você precisará de uma estimativa da probabilidade de rotatividade. Depois que tiver essa estimativa de probabilidade, poderá usá-la em um processo de tomada de decisão mais sofisticado do que estes simples exemplos, como descrevemos nos próximos capítulos.

Há outro problema, ainda mais traiçoeiro, com modelos que fornecem classificações simples, em vez de estimativas da probabilidade de pertencer à classe. Considere o problema de estimar a inadimplência de crédito. Em circunstâncias normais, para praticamente qualquer segmento da população, a quem estaríamos considerando dar crédito, a probabilidade de cancelamento de crédito será muito pequena — muito menor que 0,5. Neste caso, quando construímos um modelo para estimar a classificação (cancelamento de crédito ou não), teríamos de dizer que, para cada segmento, os membros não são suscetíveis à inadimplência — e todos receberão a mesma classificação (sem cancelamento de crédito). Por exemplo, em um modelo de árvore de decisão ingenuamente construído, cada folha será rotulada "sem cancelamento de crédito". Isso acaba sendo uma experiência frustrante para novos mineradores de dados: depois de todo o trabalho, o modelo apenas diz que ninguém é suscetível a inadimplência? Isso *não* significa que o modelo é inútil. Pode ser que os diferentes segmentos, de fato, possuam probabilidades muito distintas de baixa de crédito, elas apenas são inferiores a 0,5. Se, em vez disso, usarmos essas probabilidades para atribuir crédito, podemos ser capazes de reduzir nosso risco substancialmente.

Assim, no contexto da segmentação supervisionada, gostaríamos que a cada segmento (folha de um modelo de árvore de decisão) fosse atribuída uma estimativa da probabilidade de pertencer às diferentes classes. A Figura 3-15 mostra, de forma mais geral, um modelo de "árvores de estimativa de probabilidade" para nosso exemplo simples de previsão de baixa de crédito, dando não apenas uma previsão da classe, mas também a estimativa da probabilidade de um membro pertencer a ela.[6]

Felizmente, as ideias de indução de árvore de decisão que discutimos até agora podem produzir facilmente árvores de estimativa de probabilidade, em vez de simples árvores de classificação.[7] Lembre-se de que o procedimento de indução de árvore de decisão subdivide o espaço exemplo em regiões de classe de pureza (baixa entropia). Se estamos satisfeitos em atribuir a mesma probabilidade de classe a todos os membros do segmento correspondente a uma folha da árvore, podemos usar contagens de instância em cada folha para calcular uma estimativa da probabilidade de classe. Por exemplo, se uma folha contém n exemplos positivos e m exemplos negativos, a probabilidade de qualquer nova instância ser positiva pode ser estimada como $n/(n+m)$. Isso é chamado de estimativa *baseada em frequência* de probabilidade de pertencer à classe.

Neste ponto, você pode detectar um problema com a estimativa da probabilidade de pertencer à classe desta maneira: podemos ser excessivamente otimistas sobre a probabilidade de pertencer à classe para segmentos com um número pequeno de exemplos. No extremo, se a folha tiver apenas um único exemplo, devemos estar dispostos a dizer que há uma probabilidade de 100% de que os membros desse segmento terão a classe eu esse exemplo tem?

Este fenômeno é um exemplo de um problema fundamental em data science ("sobreajuste"), ao qual dedicamos um capítulo do livro. Para completar, discutimos rapidamente uma maneira fácil de abordar este problema de pequenas amostras para a estimativa de probabilidade de classe baseada em árvore de decisão. Em vez de simplesmente calcular a frequência, frequentemente utilizamos uma versão "suavizada" da estimativa baseada em frequência, conhecida como a correção de Laplace, cuja finalidade consiste em moderar a influência das folhas com apenas alguns exemplos. A equação para a estimativa binária de probabilidade de classe se torna:

$$p(c) = \frac{n+1}{n+m+2}$$

---

[6] Muitas vezes lidamos com problemas binários de classificação, como cancelamento de crédito ou não, ou rotatividade ou não. Nesses casos, é típico apenas relatar a probabilidade de pertencer a uma classe escolhida $p(c)$, porque a outra é apenas $1 - p(c)$.

[7] Muitas vezes, estes ainda são chamados de árvores de classificação, mesmo que o tomador de decisão pretenda usar a estimativa de probabilidades, em vez das classificações simples.

na qual *n* é o número de exemplos na folha que pertencem à classe *c*, e *m* é o número de exemplos que não pertencem à classe *c*.

Vamos examinar um exemplo com e sem a correção de Laplace. Um nó folha com dois exemplos positivos e nenhum exemplo negativo produziria a mesma estimativa baseada em frequência ($p = 1$) que um nó folha com 20 exemplos positivos e nenhum negativo. No entanto, o primeiro nó folha tem muito menos evidências e pode ser extremo apenas devido ao escasso número de exemplos. Sua estimativa deve ser mitigada por esta consideração. A equação de Laplace modera a estimativa para $p = 0{,}75$ para refletir essa incerteza; a correção de Laplace tem muito menos efeito sobre a folha com 20 exemplos ($p \approx 0{,}95$). Conforme o número de exemplos aumenta, a equação de Laplace converge para a estimativa baseada em frequência. A Figura 3-16 mostra o efeito da correção de Laplace em várias proporções de classe conforme o número de exemplos aumenta (2/3, 4/5 e 1/1). Para cada proporção a linha horizontal sólida mostra a estimativa não corrigida (constante), enquanto a linha tracejada correspondente mostra a estimativa com a correção de Laplace aplicada. A linha não corrigida é a assíntota da correção de Laplace conforme o número de casos vai para infinito.

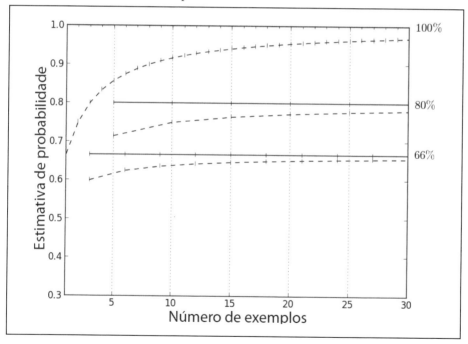

Figura 3-16. O efeito da suavização de Laplace na estimativa de probabilidade para proporções de vários exemplos.

Exemplo: Abordando o Problema da Rotatividade com a Indução de Árvore de Decisão

Agora que temos uma técnica básica de mineração de dados para modelagem preditiva, vamos considerar novamente o problema da rotatividade. Como poderíamos usar a indução de árvore de decisão para ajudar a resolvê-lo?

Para este exemplo temos um conjunto de dados históricos de 20 mil clientes. No ponto de coleta dos dados, cada cliente permaneceu com a empresa ou a abandonou (rotatividade). Cada cliente é descrito pelas variáveis listadas na Tabela 3-2.

Tabela 3-2. Atributos para o problema de previsão de rotatividade em telefonia celular

Variável	Explicação
FACULDADE	O cliente possui ensino superior?
RENDA	Rendimento anual
EXCESSO	Média de cobranças em excesso por mês
RESTANTE	Média de minutos sobrando por mês
CASA	Valor estimado da habitação (do censo)
PREÇO_APARELHO	Custo do telefone
LIGAÇÕES_LONGAS_POR_MÊS	Quantidade média de ligações longas (15 minutos ou mais) por mês
DURAÇÃO_MÉDIA_LIGAÇÃO	A duração média de uma ligação
SATISFAÇÃO_INFORMADA	Nível de satisfação informado
NÍVEL_USO_INFORMADO	Nível de utilização autorrelatado
ABANDONAR O SERVIÇO (*Variável alvo*)	O cliente permaneceu ou abandonou o serviço (rotatividade)?

Essas variáveis incluem informações demográficas básicas e de utilização disponíveis na inscrição e na conta do cliente. Queremos usar esses dados com nossa técnica de indução de árvore de decisão para prever quais novos clientes estão indo para a rotatividade.

Antes de começar a construir uma árvore de classificação com essas variáveis, vale a pena perguntar: "*Quão boas são cada uma dessas variáveis individualmente?*" Para isso, medimos o ganho de informação de cada atributo, conforme discutimos anteriormente. Especificamente, aplicamos a Equação 3-2 para cada variável, de forma independente, ao longo de todo o conjunto de exemplos, para ver o que cada uma nos proporciona.

Os resultados estão na Figura 3-17, com uma tabela listando os valores exatos. Como você pode ver, as três primeiras variáveis — o valor da casa, o número de minutos restantes e o número de ligações longas por mês — têm um ganho de informação maior do que o resto.[8] Talvez, surpreendentemente, nem a quantidade que o telefone é utilizado, nem o grau de satisfação relatado parece, por si só, ser muito preditivo de rotatividade.

---

[8] Observe que os ganhos de informação para os atributos neste conjunto de dados de rotatividade são muito menores do que os apresentados anteriormente para o conjunto de dados dos cogumelos.

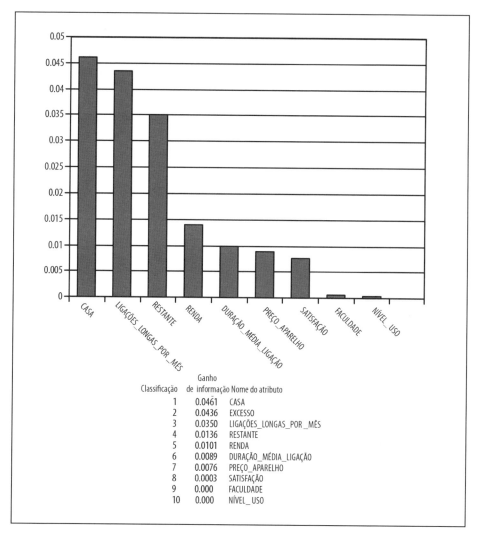

Figura 3-17. Atributos de rotatividade da Tabela 3-2, classificados por ganho de informação.

Ao aplicar um algoritmo de árvore de classificação aos dados, obtemos a árvore mostrada na Figura 3-18. A característica de maior ganho de informação (CASA), de acordo com a Figura 3-17, está na raiz da árvore de decisão. Isso é de se esperar, uma vez que sempre será escolhido primeiro. A segunda melhor característica, EXCESSO, também aparece no topo da árvore de decisão. No entanto, a ordem em que as características são escolhidas para a árvore não correspondem exatamente à sua classificação na Figura 3-17. Por quê?

A resposta é que a tabela classifica cada característica de acordo com quão boa ela é *de forma independente*, avaliada separadamente em toda a população de exemplos. Nós em uma árvore de classificação dependem dos exemplos acima deles. Portanto, exceto para o nó raiz, as características em uma árvore de classificação não são avaliadas em todo o conjunto de exemplos. O ganho de informação de uma característica depende do conjunto de exemplos contra o qual é avaliado, de modo que a classificação das características para algum nó interno não pode ser a mesma que a classificação global.

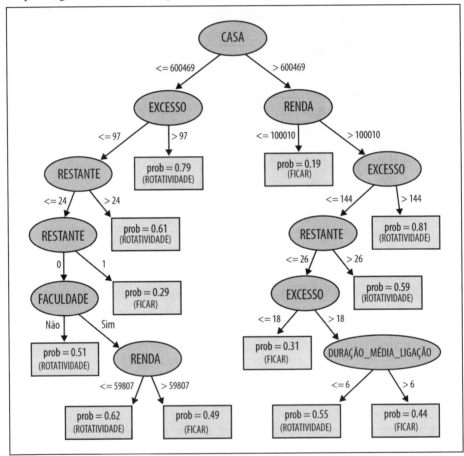

Figura 3-18. Árvore de classificação obtida a partir dos dados de rotatividade de telefonia celular. Folhas retangulares correspondem a segmentos da população, definidos pelo caminho a partir da raiz no topo. As probabilidades nas folhas são as probabilidades estimadas de rotatividade para o segmento correspondente; entre parênteses estão as classificações resultantes da aplicação de um limiar de decisão de 0,5 para as probabilidades (ou seja, os indivíduos no segmento são mais propensos a sofrer ROTATIVIDADE ou FICAR?).

Ainda não discutimos como decidimos parar de construir a árvore de decisão. O conjunto de dados tem 20 mil exemplos, ainda assim, a árvore claramente não tem 20 mil nós folha. Será que não podemos apenas continuar selecionando mais atributos para divisões, construindo a árvore para baixo até esgotarmos os dados? A resposta é sim, podemos, mas devemos parar muito antes de o modelo se tornar tão complexo. Essa questão tem uma relação estreita com o modelo de generalidade e sobreajuste, cuja discussão adiaremos até o Capítulo 5.

Considere uma questão final com este conjunto de dados. Depois de construir um modelo de árvore a partir dos dados, medimos sua precisão com relação aos dados para ver quão bom é o modelo. Especificamente, utilizamos um conjunto de treinamento composto metade por pessoas que apresentaram rotatividade e metade que não apresentaram; depois de aprender uma árvore de classificação a partir disso, aplicamos a árvore ao conjunto de dados para ver quantos exemplos ela poderia classificar corretamente. A árvore alcançou precisão de 73% em suas decisões. Isso levanta duas questões:

1. Primeiro, você confia nesse número? Se aplicássemos a árvore a outra amostra de 20 mil pessoas do mesmo conjunto de dados, você acha que ainda obteríamos cerca de 73% de precisão?

2. Se você *confia* no número, significa que este modelo é bom? Em outras palavras, vale a pena usar um modelo com precisão de 73%?

Vamos rever essas questões nos Capítulos 7 e 8, que aprofundam questões de avaliação de modelo.

Resumo

Neste capítulo introduzimos conceitos básicos de modelagem preditiva, uma das principais tarefas em data science, em que um modelo é construído e pode estimar o valor de uma variável alvo para um novo exemplo não visto. No processo, introduzimos um dos conceitos fundamentais de data science: encontrar e selecionar atributos informativos. A seleção de atributos informativos pode ser um procedimento útil de mineração de dados por si só. Dada a grande coleta de dados, agora, podemos encontrar essas variáveis que se correlacionam ou nos dão informações sobre a outra variável de interesse. Por exemplo, se reunirmos dados históricos sobre quais clientes abandonaram ou não a empresa (rotatividade) pouco depois do vencimento de seus contratos, a seleção de atributo pode encontrar variáveis demográficas ou orientadas para cálculo que fornecem informações sobre a probabilidade de rotatividade de clientes. Uma medida básica de informação de atributo é chamada de *ganho de informação* e se baseia na medida de pureza chamada *entropia*; a outra é redução de variância.

A seleção de atributos informativos constitui a base de uma técnica de modelagem comum chamada de indução de árvore de decisão. Essa técnica busca, de forma recursiva, atributos para subconjuntos de dados. Fazer isso segmenta o espaço das instâncias em regiões semelhantes. A divisão é "supervisionada" conforme tenta encontrar segmentos que fornecem informações cada vez mais precisas sobre a quantidade a ser prevista, o alvo. O modelo estruturado em árvore de decisão resultante divide o espaço de todos os exemplos possíveis em um conjunto de segmentos com diferentes valores previstos para o alvo. Por exemplo, quando o alvo é uma variável binária de "classe", como rotatividade versus não rotatividade ou cancelamento de crédito versus não cancelamento de crédito, cada folha da árvore corresponde a um segmento da população com uma probabilidade estimada diferente de pertencer à classe.

Como um exercício, pense sobre o que seria diferente na construção de um modelo estruturado em árvore de decisão para regressão, em vez de classificação. O que precisaria ser mudado a partir do que você aprendeu sobre a classificação de indução de árvore de decisão?

Historicamente, a indução de árvore de decisão tem sido um processo muito popular de mineração de dados porque é fácil de compreender e de implementar, além de ser computacionalmente barato. A pesquisa sobre a indução de árvore de decisão data, pelo menos, das décadas de 1950 e 1960. Alguns dos primeiros sistemas populares de indução de árvore de decisão incluem CHAID (Detecção de Interação Automática de Chi-quadrado) (Kass, 1980) e CART (Árvores de Classificação e Regressão) (Breiman, Friedman, Olshen & Stone, 1984), que ainda são amplamente utilizadas. C4.5 e C5.0 também são algoritmos de indução de árvore de decisão muito populares, que têm uma linhagem notável (Quinlan, 1986, 1993). A J48 é uma reimplementação de C4.5 no pacote Weka (Witten & Frank, 2000; Hall et al., 2001).

Na prática, modelos estruturados em árvore de decisão trabalham muito bem, apesar de não serem os modelos mais precisos que possam ser produzidos a partir de um conjunto de dados em particular. Em muitos casos, especialmente no início da aplicação de mineração de dados, é importante que os modelos sejam facilmente compreendidos e explicados. Isso pode ser útil não apenas para a equipe de data science, mas para comunicar os resultados aos investidores que não conhecem mineração de dados.

CAPÍTULO 4
Ajustando um Modelo aos Dados

Conceitos fundamentais: *Encontrando parâmetros "ideais" de modelos com base nos dados; Escolhendo a meta para mineração de dados; Funções objetivas; Funções de perda.*

Técnicas exemplares: *Regressão linear; Regressão logística; Máquinas de vetores de suporte.*

Como vimos, modelagem preditiva envolve encontrar um modelo da variável alvo em termos de outros atributos descritivos. No Capítulo 3, construímos um modelo de segmentação supervisionada, buscando de forma recursiva atributos informativos em subconjuntos cada vez mais precisos dentro de conjuntos de todos os exemplos, ou a partir da perspectiva geométrica, sub-regiões cada vez mais precisas do espaço do caso. A partir dos dados, produzimos a estrutura do modelo (o modelo de árvore em particular, que resultou da indução de árvore de decisão) e os "parâmetros" numéricos do modelo (as estimativas de probabilidade nos nós folhas).

Um método alternativo para se aprender um modelo preditivo a partir de um conjunto de dados é começar especificando a estrutura do modelo, deixando certos parâmetros numéricos sem especificação. Em seguida, o processo de mineração de dados calcula os melhores valores de parâmetros, dado determinado conjunto de dados de treinamento. Um caso muito comum é onde a estrutura do modelo é uma função matemática ou equação parametrizada de um conjunto de atributos numéricos. Os atributos utilizados no modelo poderiam ser escolhidos com base no conhecimento de domínio sobre quais atributos devem ser informativos em predizer a variável alvo, ou poderiam ser escolhidos com base em outras técnicas de mineração de dados, como os procedimentos de seleção de atributo introduzidos no Capítulo 3. O minerador de dados especifica a forma e os atributos do modelo; o objetivo da mineração de dados é ajustar os parâmetros de modo que o modelo se ajuste aos dados da melhor forma possível. Esta abordagem geral é chamada de *aprendizagem de parâmetro* ou *modelagem paramétrica*.

Em algumas áreas da estatística e econometria, um modelo vazio com parâmetros não especificados é chamado de "o modelo". Vamos esclarecer que esta é a estrutura do modelo, que ainda precisa ter seus parâmetros especificados para ser útil.

Muitos procedimentos de mineração de dados se encaixam neste quadro geral. Ilustraremos com alguns dos mais comuns, nos quais todos são baseados em modelos *lineares*. Se você fez um curso de estatística, provavelmente já está familiarizado com uma técnica de modelagem linear: regressão linear. Veremos as mesmas diferenças nos modelos que já vimos, como as diferenças de tarefas entre classificação, estimativa de probabilidade de classe e regressão. Como exemplo, vamos apresentar algumas técnicas comuns usadas para prever (estimar) valores numéricos desconhecidos, valores binários desconhecidos (como se um documento ou página da web é relevante para uma consulta), assim como probabilidades de eventos, como inadimplência de crédito, resposta a uma oferta, fraude em uma conta e assim por diante.

Quadro: Simplificação de Pressupostos Neste Capítulo

O objetivo deste capítulo é apresentar e explicar modelagem paramétrica. Para manter a discussão focada e evitar notas de rodapé excessivas, fizemos algumas hipóteses simplificadas:

- Primeiro, para classificação e estimativa de probabilidade de classe, vamos considerar apenas as classes binárias: os modelos preveem eventos que se realizam ou não, como responder a uma oferta, abandonar a empresa, ser fraudado, etc. Todos os métodos aqui podem ser generalizados para funcionar com múltiplas classes (não binárias), mas a generalização complica a descrição de modo desnecessário.

- Em segundo lugar, como estamos lidando com equações, este capítulo assume que todos os atributos são numéricos. Existem técnicas para converter atributos categóricos (simbólicos) em valores numéricos para utilização nessas equações.

- Por fim, ignoramos a necessidade de normalizar as medições numéricas para uma escala comum. Atributos como Idade e Renda possuem variações muito diferentes e geralmente são normalizados para uma escala comum para ajudar na interpretação do modelo, bem como outras coisas (que serão discutidas mais tarde).

Ignoramos essas complicações neste capítulo. No entanto, lidar com elas é, em última análise, importante e, muitas vezes, necessário, independentemente da técnica de mineração de dados aplicada.

Também discutiremos explicitamente algo que mencionamos no Capítulo 3: o que exatamente queremos dizer quando afirmamos que um modelo se ajusta bem aos dados? Este é o cerne do conceito fundamental deste capítulo — ajustar um modelo aos dados, encontrando parâmetros de modelo "ideais" — e é uma noção que ressurge nos próximos capítulos. Por causa de seus conceitos fundamentais, este capítulo é mais focado matematicamente do que os demais. Manteremos a matemática no mínimo, e incentivaremos o leitor menos matemático a prosseguir com coragem.

Classificação por Funções Matemáticas

Recorde-se da visualização espaço exemplo dos modelos de árvore de decisão do Capítulo 3. Tal diagrama é replicado na Figura 4-1. Ele mostra o espaço dividido em regiões por *limites de decisão* horizontais e verticais que dividem o espaço do exemplo em regiões semelhantes. Exemplos de cada região devem ter valores semelhantes para a variável alvo. No capítulo anterior, vimos como a medida da entropia nos dá uma forma de medir a homogeneidade para que possamos escolher tais limites.

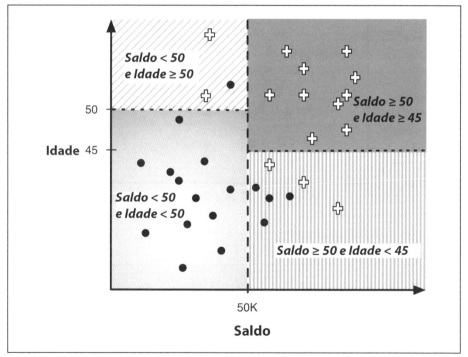

Figura 4-1. Um conjunto de dados dividido por uma árvore de classificação com quatro nós folha.

A principal finalidade de criar regiões homogêneas é para que possamos prever a variável alvo de um novo exemplo não visto, determinando em qual segmento ela se encaixa. Por exemplo, na Figura 4-1, se um novo cliente se enquadra no segmento inferior esquerdo, podemos concluir que o valor alvo provavelmente será "•". Da mesma forma, se ele se encaixar no segmento superior direito, podemos prever seu valor como "+".

A visualização do espaço do exemplo é útil porque se retirarmos os limites do eixo paralelo (ver Figura 4-2), podemos ver que há claramente outras maneiras, possivelmente melhores, de dividir o espaço. Por exemplo, podemos separar as instâncias quase perfeitamente (por classe), se pudermos introduzir um limite que ainda é uma linha reta, mas não é perpendicular aos eixos (Figura 4-3).

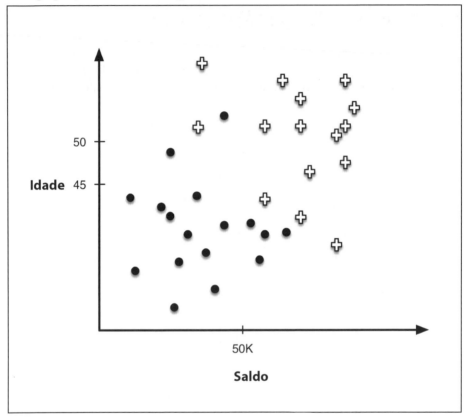

Figura 4-2. Pontos de dados brutos da Figura 4-1, sem linhas de decisão.

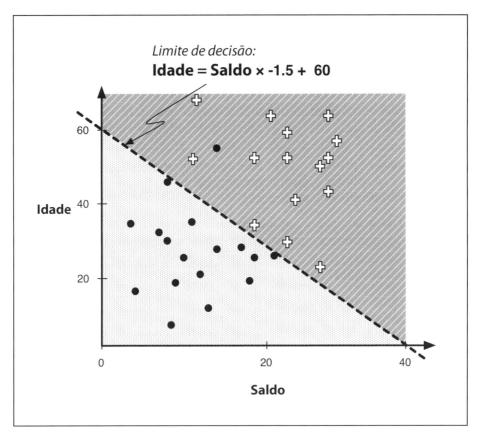

Figura 4-3. O conjunto de dados da Figura 4-2 com uma única divisão linear.

Isso é chamado de classificador *linear* e é, essencialmente, uma soma ponderada dos valores para vários atributos, como descrevemos a seguir.

Funções Discriminantes Lineares

Nosso objetivo será ajustar nosso modelo aos dados e, para isso, é bastante útil representar o modelo matematicamente. Você deve lembrar que a equação de uma linha em duas dimensões é $y = mx + b$, onde m é a inclinação da linha e b é a intercepção y (o valor de y quando $x = 0$). A linha na Figura 4-3 pode ser expressa desta forma (com Saldo em milhares) como:

$Idade = (-1,5) \times Saldo + 60$

Podemos classificar uma instância **x** como + se estiver acima da linha, e como • se estiver abaixo dela. Reorganizar isso matematicamente leva à função que é a base de todas as técnicas discutidas neste capítulo. Para este exemplo de limite de decisão, a solução de classificação é apresentada na Equação 4-1.

Equação 4-1. Função de classificação

$$classe(\mathbf{x}) = \begin{cases} + \text{ if } -1.0 \times Idade - 1.5 \times Saldo + 60 > 0 \\ \bullet \text{ if } -1.0 \times Idade - 1.5 \times Saldo + 60 \leq 0 \end{cases}$$

Isso é chamado de *discriminante linear*, pois discrimina entre as classes, e a função do limite de decisão é uma combinação linear — uma soma ponderada — dos atributos. Nas duas dimensões do nosso exemplo, a combinação linear corresponde a uma linha. Em três dimensões, o limite de decisão é um plano e em dimensões superiores é um *hiperplano* (ver Linhas de decisão e hiperplanos em "Visualizando as segmentações", página 67). Para nossos propósitos, o importante é que podemos expressar o modelo como uma soma ponderada dos valores do atributo.

Assim, este modelo linear é um tipo diferente de segmentação multivariada supervisionada. Nosso objetivo com a segmentação supervisionada ainda é separar os dados em regiões com diferentes valores da variável alvo. A diferença é que o método para levar em conta vários atributos é a criação de uma função matemática deles.

Em "Árvores de Decisão como Conjunto de Regras", na página 71, mostramos como uma árvore de classificação corresponde a um conjunto de regras — um modelo de classificação lógica de dados. Uma função discriminante linear é um modelo de classificação numérica. Por exemplo, considere nosso vetor de característica $\mathbf{x}$, com as características componentes individuais sendo x_i. Um modelo linear pode, então, ser escrito como na Equação 4-2.

Equação 4-2. Um modelo linear geral

$$f(\mathbf{x}) = w_0 + w_1 x_1 + w_2 x_2 + \cdots$$

O exemplo concreto da Equação 4-1 pode ser escrito da seguinte forma:

$$f(\mathbf{x}) = 60 - 1.0 \times Idade - 1.5 \times Saldo$$

Para usar este modelo como um discriminante linear, para determinada instância representada por um vetor $\mathbf{x}$, verificaremos se $f(\mathbf{x})$ é positivo ou negativo. Conforme discutido acima, no caso bidimensional, isso corresponde a verificar se o exemplo $\mathbf{x}$ está acima ou abaixo da linha.

Funções lineares são o carro-chefe da data science; agora, finalmente, chegamos a mineração de dados. Temos um modelo *parametrizado:* as ponderações da função linear (w_i) são os parâmetros.[1] A mineração de dados vai "ajustar" este modelo parametrizado para um conjunto de dados em particular — o que significa, especificamente, encontrar um bom conjunto de ponderações das características.

---

[1] Para que a linha não precise atravessar a origem, é usual incluir a ponderação w_0, que é a interseção.

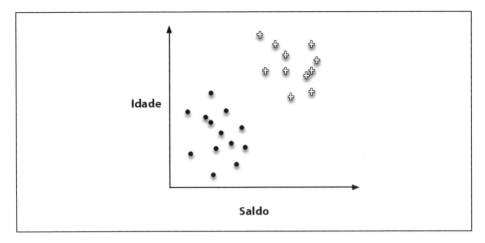

Figura 4-4. Um espaço de exemplo básico em duas dimensões contendo pontos de duas classes.

Depois de conhecidas, essas ponderações costumam ser vagamente interpretadas como indicadores de importância de características. De maneira simplificada, quanto maior a magnitude de uma ponderação de uma característica, mais importante ela é para a classificação do alvo — supondo que todos os valores característicos foram normalizados na mesma amplitude, conforme mencionado em "Quadro: Simplificação de Pressupostos Neste Capítulo" na página 82. Da mesma forma, se a ponderação de uma característica é próxima de zero, a característica correspondente geralmente pode ser ignorada ou descartada. Agora estamos interessados em um conjunto de ponderações que discrimina bem os dados de treinamento e prevê, com a maior precisão possível, o valor da variável alvo para casos em que não sabemos disso.

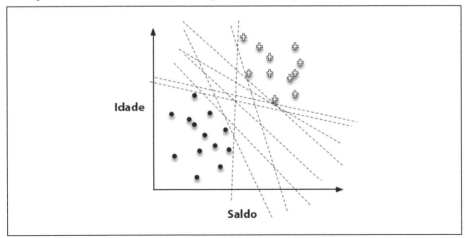

Figura 4-5. Diferentes limites lineares possíveis podem separar os dois grupos de pontos da Figura 4-4.

Infelizmente, não é trivial escolher a "melhor" linha para separar as classes. Vamos considerar um caso simples, ilustrado na Figura 4-4. Aqui, os dados de treinamento podem ser separados por classe usando um discriminante linear. No entanto, como mostra a Figura 4-5, existem muitos discriminantes lineares diferentes, que podem separar as classes perfeitamente. Eles possuem inclinações e interseções muito diferentes, e cada um representa um modelo diferente de dados. Na verdade, há uma infinidade de linhas (modelos) que classificam perfeitamente esse conjunto de treinamento. Qual devemos escolher?

Otimizando uma Função Objetiva

Isso nos leva a uma das ideias fundamentais mais importantes de mineração de dados — uma que, surpreendentemente, costuma ser negligenciada até mesmo pelos próprios cientistas de dados: precisamos perguntar qual deve ser a nossa meta ou *objetivo* na escolha dos parâmetros. Em nosso caso, isso nos permitiria responder a pergunta: quais ponderações devemos escolher? Nosso procedimento geral será definir uma *função objetiva* que representa nossa meta, e pode ser calculada para um conjunto particular de ponderações e um conjunto particular de dados. Vamos, então, encontrar o valor ideal para as ponderações ao maximizar ou minimizar a função objetiva. O que pode ser facilmente esquecido é que essas ponderações são "melhores" apenas se acreditarmos que a função objetiva verdadeiramente representa o que queremos alcançar ou, em termos práticos, é o melhor indicador que podemos obter. Voltaremos a esse tema mais adiante no livro.

Infelizmente, a criação de uma função objetiva que corresponde à verdadeira meta da mineração de dados normalmente é impossível, por isso, os cientistas de dados, costumam escolher com base na fé[2] e na experiência. Várias opções têm demonstrado serem extraordinariamente eficazes. Uma delas cria a chamada "máquina de vetor de suporte", sobre a qual falamos, depois de apresentar um exemplo concreto com uma função objetiva mais simples. Depois disso, discutimos brevemente modelos lineares para regressão, em vez de classificação, e concluímos com uma das técnicas de mineração de dados mais úteis de todas: *regressão logística*. Seu nome é um tanto equivocado — na verdade, regressão logística não faz o que chamamos de regressão, que é a estimativa de um valor alvo numérico. A regressão logística aplica modelos lineares para estimar a probabilidade da classe, que é particularmente útil para muitas aplicações.

A regressão linear, a regressão logística e máquinas de vetores de suporte são instâncias muito semelhantes de nossa técnica básica fundamental: ajustar um modelo (linear) aos dados. A principal diferença é que cada uma usa uma função objetiva diferente.

---

2 E, às vezes, pode ser surpreendentemente difícil para eles admitirem isso.

Um Exemplo de Mineração de um Discriminante Linear a Partir dos Dados

Para ilustrar funções discriminantes lineares, usamos uma adaptação do conjunto de dados Íris (*http://archive.ics.uci.edu/ml/datasets/Iris* — conteúdo em inglês) retirada da UCI Dataset Repository (*http://archive.ics.uci.edu/ml* — conteúdo em inglês) (Bache & Lichman, 2013). Esse é um conjunto de dados antigo e bastante simples que representa vários tipos de íris, um gênero de planta com flor. O conjunto de dados original inclui três espécies de íris representadas com quatro atributos, e o problema da mineração de dados é classificar cada exemplo como pertencendo a uma das três espécies com base nos atributos.

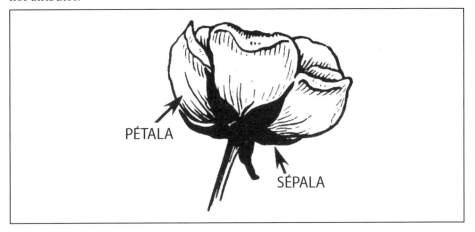

Figura 4-6. Duas partes de uma flor. Suas medidas de largura são usadas no conjunto de dados Íris.

Para esta ilustração, usamos apenas duas espécies de íris, *Iris Setosa* e *Iris Versicolor*. O conjunto de dados descreve uma coleção de flores dessas duas espécies, cada uma descrita com duas medidas: a largura da Pétala e a largura da Sépala (Figura 4-6). O conjunto de dados de flores é representado na Figura 4-7, com esses dois atributos nos eixos x e y, respectivamente. Cada exemplo é uma flor e corresponde a um ponto no gráfico. Os pontos preenchidos são espécies de *Iris Setosa* e os círculos são exemplos da espécie *Iris Versicolor*.

Duas linhas de separação diferentes são mostradas na figura, uma gerada pela regressão logística e a segunda por outro método linear, uma máquina de vetor de suporte (descrita brevemente). Observe que os dados compreendem dois aglomerados bastante distintos, com alguns valores atípicos. A regressão logística separa completamente as duas classes: todos os exemplos de Iris Versicolor estão à esquerda da linha e todos os de Iris Setosa, à direita. A linha de máquina de vetor de suporte está a quase meio caminho entre os aglomerados, embora classifique erroneamente o ponto com a estrela (3, 1).3 Qual separador você acha melhor? No Capítulo 5, entraremos em detalhes sobre por que esses separadores são diferentes e por que um pode ser preferível ao outro. Por enquanto, é suficiente apenas perceber que os métodos produzem diferentes limites, porque são diferentes funções otimizadas.

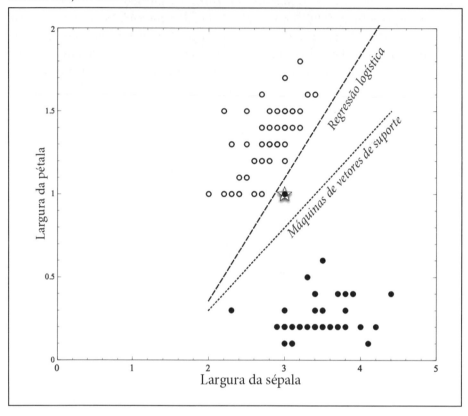

Figura 4-7. Um conjunto de dados e dois classificadores lineares conhecidos.

Funções Discriminantes Lineares para Casos de Pontuação e Classificação

Em muitas aplicações, não queremos simplesmente uma previsão de *sim* ou *não* sobre uma instância pertencer a uma classe, mas queremos alguma noção de quais casos são mais ou menos prováveis de pertencer à classe. Por exemplo, quais consumidores estão mais propensos a responder a esta oferta? Quais clientes são mais propensos a abandonar o serviço quando seus contratos vencerem? Uma opção é construir um

---

3 Acrescentamos um ponto com estrela ao conjunto de dados original para enfatizar a diferença nas linhas de diferenciação produzidas pelos dois procedimentos.

modelo que produz uma estimativa da probabilidade de pertencer à classe, como fizemos com a indução de árvore de decisão para a estimativa de probabilidade de classe no Capítulo 3. Também podemos fazer isso com modelos lineares, e tratamos disso em detalhes abaixo, quando introduzimos regressão logística.

Em outras aplicações, não necessitamos de uma estimativa de probabilidade precisa, nós simplesmente precisamos de uma pontuação que classifique os casos pela probabilidade de pertencer a uma classe ou outra. Por exemplo, para o marketing direcionado, podemos ter um orçamento limitado visando clientes em potencial. Gostaríamos de ter uma lista de consumidores classificados por sua probabilidade prevista de responder positivamente à nossa oferta. Não precisamos, necessariamente, ser capazes de estimar a exata probabilidade de resposta com precisão, desde que a lista seja razoavelmente bem classificada e os consumidores no topo da lista sejam os com maior probabilidade de responder.

Funções lineares discriminantes podem nos dar essa classificação de graça. Olhe para a Figura 4-4 e considere os exemplos + como quem respondeu e os casos • como quem não respondeu. Suponha que somos apresentados a um novo caso x, cuja classe ainda não conhecemos (ou seja, ainda não fizemos uma oferta para x). Em que parte do espaço do exemplo gostaríamos que x se encaixasse, a fim de esperar a maior probabilidade de resposta? Onde teríamos mais certeza de que x *não* responderia? Onde estaríamos mais *in*certos?

Muitas pessoas suspeitam que bem próximo do limite da decisão estaríamos mais incertos sobre uma classe (e veja a discussão abaixo sobre "margem"). Bem longe do limite de decisão, no lado +, seria onde esperaríamos a maior probabilidade de resposta. Na equação do limite de separação, dada a Equação 4-2 acima, $f(x)$ será zero quando x estiver sobre o limite de decisão (tecnicamente, x, neste caso, é um dos pontos da linha ou hiperplano). $f(x)$ será relativamente pequeno quando x estiver perto do limite. E $f(x)$ será grande (e positivo) quando x estiver distante do limite na direção de +. Assim, $f(x)$ por si só — a saída da função discriminante linear — nos dá uma classificação intuitivamente satisfatória dos exemplos por sua probabilidade (estimada) de pertencer à classe de interesse.

Máquinas de Vetores de Suporte, Resumidamente

Mesmo que você esteja na periferia do mundo de data science nos dias de hoje, acabará encontrando uma *máquina de vetor de suporte* ou "MVS". Esta é uma noção que pode impor medo nos corações até mesmo das pessoas mais experientes em data science. Não só o nome em si é obscuro, mas o método costuma ser imbuído do tipo de magia que deriva da eficácia percebida sem entendimento.

Felizmente, agora, temos os conceitos necessários para entender as máquinas de vetores de suporte. Em resumo, elas são discriminantes lineares. Para muitos usuários de negócios que interagem com cientistas de dados, isso é suficiente. No entanto, vamos olhar para as MVSs com mais atenção; se pudermos transpor alguns pequenos detalhes, o procedimento para ajustar um discriminante linear é intuitivamente satisfatório.

Como geralmente acontece com discriminantes lineares, MVSs classificam exemplos com base em uma função linear das características, descritas na Equação 4-2.

Você também pode ouvir falar de máquinas de vetores de suporte não lineares. Simplificando um pouco, uma MVS não linear utiliza diferentes características (que são funções das características originais), de modo que o discriminante linear, com as novas características, seja um discriminante não linear com as características originais.

Assim, como já discutimos, a questão crucial passa a ser: qual é a função objetiva usada para ajustar uma MVS aos dados? Por ora, vamos ignorar os detalhes matemáticos a fim de obter uma compreensão intuitiva. Existem duas ideias principais.

Lembre-se da Figura 4-5 mostrando a infinidade de diferentes discriminantes lineares possíveis que separam as classes, e lembre-se de que escolher uma função objetiva para ajustar os dados equivale a escolher quais dessas linhas são as melhores. MVSs escolhem com base em uma ideia simples e elegante: em vez de pensar em separar com uma linha, primeiro, ajuste a maior barra entre as classes. Isso é representado pelas linhas tracejadas paralelas na Figura 4-8.

A função objetiva da MVS incorpora a ideia de que uma barra maior é melhor. Então, uma vez que ela é encontrada, o discriminante linear será a linha central através da barra (a linha média sólida na Figura 4-8). A distância entre as linhas paralelas tracejadas é chamada de *margem* em torno do discriminante linear e, assim, o objetivo é maximizar a margem.

A ideia de maximizar a margem é intuitivamente satisfatória pelo seguinte motivo. O conjunto de dados de treinamento é apenas uma amostra de alguma população. Na modelagem preditiva, estamos interessados em prever o alvo para as instâncias que ainda não vimos. Essas instâncias estarão espalhadas. Esperamos que estejam distribuídas de forma semelhante aos dados de treinamento, mas estarão, na verdade, em pontos diferentes. Em particular, alguns dos casos positivos provavelmente ficarão mais próximos do limite discriminante do que qualquer caso positivo que já vimos. Todo o resto é igual, o mesmo se aplica aos casos negativos. Em outras palavras, eles podem ficar sobre a margem. O limite maximizado pela margem dá a derivação máxima para classificar tais pontos. Especificamente, ao escolher o limite de decisão MVS, para que uma nova instância seja erroneamente classificada, seria preciso colocá-la mais para a margem do que qualquer outro discriminante linear (ou, é claro, completamente no lado errado da barra de margem).

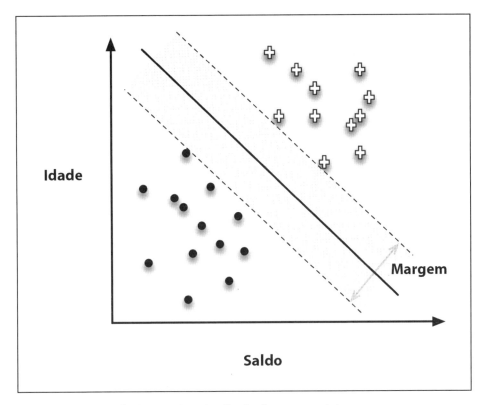

Figura 4-8. Os pontos da Figura 4-2 e o classificador de margem máxima.

A segunda ideia importante das MVSs está na forma como elas lidam com pontos que ficam do lado errado do limite de discriminação. O exemplo original da Figura 4-2 mostra uma situação em que uma única linha não pode separar perfeitamente os dados em classes. Isso é verdadeiro para a maioria dos dados a partir de aplicações complexas do mundo real — alguns pontos de dados serão, inevitavelmente, classificados incorretamente pelo modelo. Isso não representa um problema para a noção geral de discriminantes lineares, já que sua classificação não precisa ser necessariamente correta para todos os pontos. No entanto, ao ajustar a função linear aos dados não podemos simplesmente perguntar qual das linhas, que separam os dados perfeitamente, devemos escolher. Pode não haver tal linha de separação perfeita!

Mais uma vez, a solução da máquina de vetor de suporte é intuitivamente satisfatória. Ignorando a matemática, a ideia é a seguinte: na função objetiva que mede quão bem determinado modelo se ajusta aos pontos de treinamento, vamos simplesmente penalizar um ponto de treinamento por estar do lado errado do limite de decisão. No caso em que os dados são, de fato, linearmente separáveis, não haverá nenhuma penalidade e simplesmente maximizamos a margem. Se os dados *não* são linearmente separáveis, o melhor ajuste é um equilíbrio entre uma margem larga e uma penalidade baixa de erro total. A penalidade para um ponto erroneamente classificado é proporcional à distância a partir do limite da margem, por isso, se possível, a MVS cometerá apenas erros "pequenos". Tecnicamente, essa função de erro é conhecida como *hinge loss* ou perda de dobradiça (ver "Quadro: Funções de Perda" na página 95 e Figura 4-9).

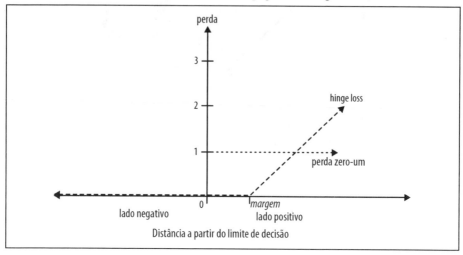

Figura 4-9. Duas funções "perda" ilustradas. O eixo x mostra a distância a partir do limite de decisão. O eixo y mostra a perda sofrida por um caso negativo, como uma função da sua distância a partir do limite de decisão. (A causa de um caso positivo é simétrico). Se o caso negativo está no lado negativo do limite, não há perda. Se está no lado positivo (errado) do limite, as diversas funções "perda" o penalizam de formas diferentes. (Ver "Quadro: Funções de Perda, página 95).

Regressão por Funções Matemáticas

O capítulo anterior introduziu a noção fundamental de seleção de variáveis informativas. Mostramos que essa noção se aplica à classificação, regressão e estimativa de probabilidade de classe. Aqui também. A noção básica deste capítulo de ajustar funções lineares aos dados aplica-se à classificação, regressão e estimativa de probabilidade de classe. Vejamos brevemente a regressão.[4]

Já discutimos a maior parte do que precisamos para regressão linear. A estrutura do modelo de regressão linear é exatamente a mesma que para a função discriminante linear da Equação 4-2:

$$f(\mathbf{x}) = w_0 + w_1 x_1 + w_2 x_2 + \cdots$$

---

[4] Há uma vasta literatura sobre regressão linear para análise descritiva dos dados, e incentivamos o leitor a buscá-la. Neste livro, tratamos a regressão linear simplesmente como uma das muitas técnicas de modelagem. Nosso tratamento difere daquele que você provavelmente aprendeu sobre análise de regressão, porque nos concentramos em regressão linear para fazer previsões. Outros autores têm discutido em detalhes as diferenças entre modelagem descritiva e modelagem preditiva (Shmueli, 2010).

Quadro: Funções de Perda

O termo "perda" é usado em data science como um termo geral para penalização do erro. A função perda determina quanta penalidade deve ser atribuída a um exemplo com base no erro no valor preditivo do modelo — em nosso contexto atual, com base em sua distância do limite de separação. Diversas funções perda são comumente utilizadas (duas são mostradas na Figura 4-9). Na figura, o eixo horizontal é a distância a partir do limite de separação. Erros têm distâncias positivas a partir do separador na Figura 4-9, enquanto classificações corretas têm distâncias negativas (a escolha é arbitrária neste diagrama).

Máquinas de vetores de suporte usam o critério de *hinge loss* (perda de dobradiça), assim chamado porque o gráfico de perda se parece com uma dobradiça. A *hinge loss* não causa penalidade para um exemplo que não está do lado errado da margem. A hinge loss só se torna positiva quando um exemplo está no lado errado do limite e além da margem. Então, a perda aumenta linearmente com a distância do exemplo a partir da margem, penalizando, assim, pontos muito mais distantes do limite de separação.

Perda *zero-um*, como o próprio nome indica, atribui uma perda de zero para uma decisão correta e um para uma incorreta.

Por outro lado, considere uma espécie diferente de função perda. *Erro quadrático* especifica uma perda proporcional ao quadrado da distância a partir do limite. A perda de erro quadrático geralmente é utilizada para previsão do valor numérico (regressão), em vez de classificação. O quadrado do erro tem efeito de penalizar muito as previsões totalmente erradas. Para classificação, isso aplicaria grandes penalidades a pontos muito no "lado errado" do limite de separação. Infelizmente, o uso do erro quadrático para classificação também penaliza pontos distantes no lado *correto* do limite de decisão. Para a maioria dos problemas de negócios, a escolha de perda do erro quadrático para classificação ou estimativa de probabilidade de classe violaria nosso princípio de pensar cuidadosamente sobre a função de perda estar alinhada com a meta de negócios (versões tipo *hinge* de erro quadrático foram criadas por causa desse desalinhamento [Rosset & Zhu, de 2007].)

Assim, seguindo nossa estrutura geral de pensamento sobre modelagem paramétrica, precisamos decidir sobre qual função objetiva deve ser utilizada para otimizar o ajuste dos modelos aos dados. Existem muitas possibilidades. Cada procedimento de modelagem de regressão linear usa uma escolha particular (e o cientista de dados deve pensar cuidadosamente se ela é apropriada para o problema).

O procedimento de regressão linear mais comum ("padrão") faz uma escolha poderosa e conveniente. Lembre-se de que, para os problemas de regressão, a variável alvo é numérica. A função linear estima esse valor alvo numérico usando a Equação 4-2 e, claro, os dados de *treinamento* possuem o valor alvo real. Portanto, uma noção intuitiva do ajuste do modelo é: quão longe estão os valores estimados dos verdadeiros valores sobre os dados de treinamento? Em outras palavras, quão grande é o erro a ser ajustado ao modelo? Presumivelmente, gostaríamos de minimizar este erro. Para um conjunto de dados de treinamento em particular, poderíamos calcular esse erro para cada ponto de dados individual e somar os resultados. Então, o modelo que se ajusta melhor aos dados seria o modelo com o montante mínimo de erros nos dados de treinamento. E isso é exatamente o que fazem os procedimentos de regressão.

Você pode ter notado que não especificamos realmente a função objetiva, porque existem muitas maneiras de calcular o erro entre um valor estimado e um valor real. O método que é mais natural é simplesmente subtrair um do outro (e tirar o valor absoluto). Então, se a previsão for 10 e o valor real é 12 ou 8, cometo um erro de 2. Isso é chamado de *erro absoluto*, e podemos, então, minimizar a soma dos *erros absolutos* ou, equivalentemente, a média dos erros absolutos em todos os dados de treinamento. Isso faz muito sentido, mas não é o que fazem os procedimentos padrão de regressão linear.

Em vez disso, procedimentos padrão de regressão linear minimizam a soma ou a média dos *quadrados* desses erros — o que dá ao procedimento seu nome comum de regressão dos "quadrados mínimos". Então, por que tantas pessoas usam a regressão dos quadrados mínimos sem pensar muito nas alternativas? A resposta curta é conveniência. É a técnica que aprendemos nas aulas de estatística básica (e além). Está disponível para usarmos em vários pacotes de software. Originalmente, a função de erro do quadrado mínimo foi introduzida pelo famoso matemático do século XVIII, Carl Friedrich Gauss, e há certos argumentos teóricos para sua utilização (relativos à distribuição normal ou "Gaussiana"). Muitas vezes, mais importante ainda, verifica-se que o erro quadrático é particularmente conveniente em termos matemáticos.[5] Isso foi útil nos dias anteriores aos computadores. Do ponto de vista de data science, a conveniência se estende para análises teóricas, incluindo a decomposição limpa do erro de modelo em diferentes fontes. Mais pragmaticamente, os analistas, em geral, afirmam preferir erro quadrático porque penaliza fortemente erros muito grandes. Se a penalidade quadrática é realmente apropriada, isso é específico para cada aplicação. (Por que não usar a quarta potência dos erros e penalizar os grandes erros com ainda mais força?)

É importante ressaltar que qualquer escolha para a função objetiva tem vantagens e desvantagens. Para regressão de quadrados mínimos, uma desvantagem séria é que é muito sensível aos dados: pontos de dados errados ou fora do limite podem distorcer gravemente a função linear resultante. Para algumas aplicações de negócios, podemos não ter recursos para gastar tanto tempo na manipulação manual dos dados, como faríamos em outras aplicações. No extremo, para sistemas que constroem e aplicam modelos de forma totalmente automática, a modelagem precisa ser muito mais robusta do que quando se faz uma análise de regressão detalhada "à mão". Portanto, para a aplica-

---

5 Gauss concordou com objeções à arbitrariedade dessa escolha.

ção anterior podemos querer usar um procedimento de modelagem mais robusta (por exemplo, utilizar como função objetiva o erro absoluto em vez do erro quadrado). Uma coisa importante a se lembrar é que após vermos a regressão linear simples como uma instância de ajuste de um modelo (linear) aos dados, vemos que temos que escolher a função objetiva para otimizar — e devemos fazê-lo com a aplicação de negócios mais relevante em mente.

Estimativa de Probabilidade de Classe e "Regressão" Logística

Conforme mencionado anteriormente, para muitas aplicações, gostaríamos de estimar a probabilidade de que uma nova instância pertença à classe de interesse. Em muitos casos, gostaríamos de usar a probabilidade estimada em um contexto de tomada de decisão, que inclui outros fatores, como custos e benefícios. Por exemplo, a modelagem preditiva de grandes volumes de dados de consumidores é amplamente utilizada na detecção de fraudes em vários setores, especialmente no bancário, em telecomunicações e no comércio online. Um discriminante linear poderia ser usado para identificar as contas ou operações como suscetíveis de serem defraudadas. O diretor da operação de controle de fraudes pode querer que os analistas se concentrem não apenas nos casos com maior probabilidade de serem defraudados, mas nos casos em que a maior quantidade de dinheiro está em jogo — ou seja, contas em que se espera que a perda monetária da empresa seja mais elevada. Para isso, precisamos estimar a probabilidade real de fraude. (O Capítulo 7 discute em detalhes o uso do valor esperado para enquadrar problemas de negócio.)

Felizmente, dentro desse mesmo quadro de ajuste de modelos lineares aos dados, escolhendo uma função objetiva diferente, podemos produzir um modelo projetado para dar estimativas precisas de probabilidade de classe. O procedimento mais comum para fazermos isso é chamado regressão logística.

O que exatamente é uma estimativa precisa da probabilidade de pertencer à classe é um assunto para debate que está além do escopo deste livro. A grosso modo, gostaríamos que (i) as estimativas de probabilidade fossem bem calibradas, o que significa que se você tiver 100 casos cuja probabilidade de membro de classe é estimada em 0,2, então, cerca de 20 deles realmente pertencerão à classe. Também gostaríamos que (ii) as estimativas de probabilidade fossem discriminativas e, se possível, fornecessem estimativas de probabilidade significativamente diferentes para diferentes exemplos. Essa última condição nos impede de simplesmente dar a "taxa base" (a prevalência geral na população), como a previsão para cada exemplo. Digamos que 0,5% de contas são fraudulentas. Sem condição (ii) poderíamos simplesmente prever a mesma probabilidade de 0,5% para cada conta; essas estimativas seriam bem calibradas —, mas não discriminatórias.

Para entender regressão logística, é instrutivo considerar primeiro exatamente qual é o problema de simplesmente usar nosso modelo linear básico (Equação 4-2) para estimar a probabilidade de classe. Como discutimos, uma instância estando mais distante do limite de separação, intuitivamente, deve conduzir a uma maior probabilidade de estar em uma classe ou outra, e a saída da função linear, $f(x)$, dá a distância a partir do limite de separação. No entanto, isso também mostra o problema: $f(x)$ varia de $-\infty$ a ∞, e uma probabilidade deve variar de zero a um.

Então, vamos dar um breve passeio pelo jardim e perguntar de que outra forma poderíamos lançar nossa distância a partir do separador, $f(x)$, em termos de probabilidade de associação de classe. Existe outra representação da probabilidade de um evento que usamos no dia a dia? Se pudéssemos inventar uma que varie de $-\infty$ a ∞, então, poderíamos modelar essa outra noção de probabilidade com nossa equação linear.

Uma noção muito útil sobre a probabilidade de um evento são as chances. As chances de um evento são a razão da probabilidade de ocorrência do evento para a probabilidade de não ocorrência do evento. Assim, por exemplo, se o evento tem uma probabilidade de 80% de ocorrência, as chances são 80:20 ou 4:1. E se a função linear nos fornecer as chances, um pouco de álgebra nos daria a probabilidade de ocorrência. Analisemos um exemplo mais detalhado. A Tabela 4-1 mostra as chances correspondentes a várias probabilidades.

Tabela 4-1. Probabilidades e as chances correspondentes.

Probabilidade	Chances correspondentes
0,5	50:50 or 1
0,9	90:10 or 9
0,999	999:1 or 999
0,01	1:99 or 0,0101
0,001	1:999 or 0,001001

Olhando para o alcance das probabilidades na Tabela 4-1, podemos ver que elas ainda não estão certas como uma interpretação da distância a partir do limite de separação. Mais uma vez, a distância a partir do limite fica entre $-\infty$ e ∞, mas, como podemos ver no exemplo, as chances variam de 0 a ∞. No entanto, podemos resolver nosso problema do passeio no jardim simplesmente adotando o logaritmo das chances (chamado de "log-chances"), uma vez que, para qualquer número no intervalo de 0 a ∞, seu log será entre $-\infty$ e ∞. Isso é mostrado na Tabela 4-2.

Tabela 4-2. Probabilidades, chances e log-chances correspondentes.

Probabilidade	Chances	Log-chances
0,5	50:50	ou 10
0,9	90:10	ou 92,19
0,999	999:1	ou 9996,9

Probabilidade	Chances	Log-chances
0,01	1:99	ou 0,0101 −4,6
0,001	1:999	ou 0,001001 −6,9

Então, se só nos preocuparmos com a modelagem de *alguma* noção de probabilidade, em vez da probabilidade de pertencer à classe especificamente, podemos modelar os *log-chances* com $f(x)$.

Surpreendentemente, nosso passeio pelo jardim nos levou diretamente de volta ao tema principal. Esse é exatamente um modelo de regressão logística: a mesma função linear $f(x)$ que examinamos ao longo do capítulo é usada como medida do log-chances do "evento" de interesse. Mais especificamente, $f(x)$ é a estimativa do modelo do log-chances de x pertencer à classe positiva. Por exemplo, o modelo pode estimar o log-chances de um cliente descrito pelo vetor de característica x deixar a empresa quando seu contrato vencer. Além disso, com um pouco de álgebra podemos traduzir esse log-chances para a probabilidade de associação de classe. Isso é um pouco mais técnico do que a maior parte deste livro, então será encaminhado para a subseção especial "detalhes técnicos" (em seguida), que também discute qual é exatamente a função objetiva, otimizada para se ajustar uma regressão logística aos dados. Você pode ler essa seção em detalhes ou apenas passar os olhos. Os pontos mais importantes são:

- Para a estimativa de probabilidade, a regressão logística usa o mesmo modelo linear que nossos discriminantes lineares para classificação, e a regressão linear para estimar valores numéricos alvo.

- A saída do modelo de regressão logística é interpretada como log-chances de pertencer à classe.

- Esse log-chances pode ser traduzido diretamente na probabilidade de pertencer à classe. Portanto, muitas vezes, acredita-se que a regressão logística seja simples como um modelo para probabilidade de associação de classe. Você, sem dúvida, lidou com modelos de regressão logística muitas vezes sem saber. Eles são amplamente utilizados para estimar quantidades como a probabilidade de padrão em crédito, a probabilidade de resposta a uma oferta, a probabilidade de fraude em uma conta, a probabilidade de que um documento pode ser relevante a um tópico e assim por diante.

Após a seção de detalhes técnicos, comparamos os modelos lineares que desenvolvemos neste capítulo com os modelos estruturados em árvore de decisão elaborada no Capítulo 3.

Observação: Regressão Logística É um Equívoco

Acima mencionamos que o nome *regressão* logística é um equívoco no uso moderno da terminologia de data science. Lembre-se de que a distinção entre classificação e regressão é saber se o valor da variável alvo é categórico ou numérico. Para regressão logística, o modelo produz uma estimativa numérica (a estimativa do log-chances). No entanto, os valores da variável alvo nos dados são categóricos. Debater este ponto é bastante acadêmico. É importante entender o que a regressão logística está fazendo: está estimando o log-chances ou, mais vagamente, a probabilidade de pertencer à classe (uma quantidade numérica) com relação a uma classe categórica. Por isso, a consideramos um modelo de estimativa de probabilidade de classe e *não* um modelo de regressão, apesar do nome.

*Regressão Logística: Alguns Detalhes Técnicos

Detalhes técnicos à frente

Como a regressão logística é usada tão amplamente e não é tão intuitiva quanto a regressão linear, vamos examinar alguns dos detalhes técnicos. Você pode pular esta subseção sem que isso afete sua compreensão do restante do livro.

Então, tecnicamente, quais são os resultados para o modelo de regressão logística? Vamos usar $(p_+(x))$ para representar a estimativa do modelo de probabilidade de pertencer à classe x de um item de dados representado por um vetor de característica **x**.[6] Lembre-se de que a classe + é o que quer que seja o evento (binário) que estamos modelando: responder a uma oferta, abandonar a empresa após vencimento do contrato, ser defraudado, etc. A probabilidade estimada de o evento não ocorrer é, portanto, $(1 - p_+(\mathbf{x}))$.

Equação 4-3. Função linear de log-chances

$$\log\left(\frac{p_+(\mathbf{x})}{1 - p_+(\mathbf{x})}\right) = f(\mathbf{x}) = w_0 + w_1 x_1 + w_2 x_2 + \cdots$$

Assim, a Equação 4-3 especifica que para um item de dados, em particular, descrito pelo vetor-característica **x**, o log-chances da classe é igual à nossa função linear, $f(\mathbf{x})$. Como muitas vezes queremos a probabilidade estimada de pertencer à classe, não o log-chances, podemos resolver $(p+(\mathbf{x}))$ na Equação 4-3. Isso produz a quantidade "não tão bela" da Equação 4-4.

Equação 4-4. A função logística

$$p_+(\mathbf{x}) = \frac{1}{1 + e^{-f(\mathbf{x})}}$$

Embora a quantidade na Equação 4-4 não seja muito bonita, representando-a de uma maneira específica, podemos ver que ela corresponde exatamente à nossa noção intuiti-

---

[6] Frequentemente, tratamentos técnicos usam a notação do "chapéu", ^p, para diferenciar a estimativa do modelo de probabilidade de pertencer à classe da real probabilidade de pertencer à classe. Não usaremos o chapéu, mas o leitor com conhecimento técnico deve lembrar disso.

va de que gostaríamos que houvesse uma certeza relativa nas estimativas de pertencer à classe longe dos limites de decisão, e incerteza perto do limite de decisão.

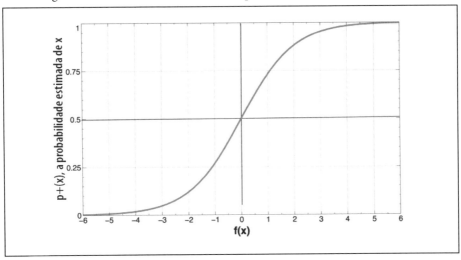

Figura 4-10. Estimativa de probabilidade de classe de regressão logística como uma função de f(x), (ou seja, a distância a partir do limite de separação). Esta curva é chamada de curva "sigmoide" por causa de seu formato em "S", que comprime as probabilidades para sua extensão correta (entre zero e um).

A Figura 4-10 representa graficamente a estimativa de probabilidade ($p_+(x)$) (eixo vertical) como função de distância a partir do limite de decisão (eixo horizontal). A figura mostra que, no limite de decisão (na distância $x=0$), a probabilidade é 0,5 (cara ou coroa). A probabilidade varia aproximadamente de forma linear perto do limite de decisão, mas, então, se aproxima de certeza mais distante. Parte do "ajuste" do modelo aos dados inclui determinar a inclinação de uma parte quase linear e, assim, com que rapidez passamos a ter certeza da classe conforme nos afastamos do limite.

O outro ponto técnico principal que omitimos em nossa discussão principal acima é: qual é, então, a função objetiva usada para ajustar o modelo de regressão logística aos dados? Lembre-se de que os dados de treinamento têm valores binários da variável alvo. O modelo pode ser aplicado aos dados de treinamento para produzir estimativas de que cada um dos pontos de dados de treinamento pertence à classe alvo. O que queremos? De forma ideal, qualquer exemplo positivo x_+ teria ($p_+(x_+) = 1$) e qualquer exemplo negativo x. teria ($p_+(x.) = 0$). Infelizmente, com dados do mundo real, é improvável que sejamos capazes de estimar perfeitamente essas probabilidades (considere a tarefa de estimar se um consumidor descrito pelas variáveis demográficas responderia a uma oferta especial). No entanto, ainda gostaríamos que ($p_+(x_+)$) estivesse o mais próximo possível de um e que ($p+(x.)$) estivesse o mais próximo possível de zero.

Isso nos leva à função objetiva padrão para o ajuste de um modelo de regressão logística para dados. Considere a seguinte função de cálculo da "probabilidade" de que um exemplo rotulado em particular pertença à classe correta, dado um conjunto de parâmetros **w** que produz estimativas de probabilidade de classe ($p_+(x)$):

$$g(\mathbf{x},\mathbf{w}) = \begin{cases} p_+(\mathbf{x}) & \text{if } \mathbf{x} \text{ is a } + \\ 1 - p_+(\mathbf{x}) & \text{if } \mathbf{x} \text{ is a } \bullet \end{cases}$$

A função g dá a probabilidade estimada do modelo de visualizar a classe real de **x**, dadas as características de **x**. Agora, considere a soma dos valores de g em todos os exemplos de um conjunto de dados rotulados. Faça isso para diferentes modelos parametrizados — em nosso caso, diferentes conjuntos de ponderações (**w**) para a regressão logística. O modelo (conjunto de ponderações) que dá a maior soma é o modelo que dá a maior "probabilidade" aos dados — o modelo de "probabilidade máxima". O modelo de probabilidade máxima "na média" dá as maiores probabilidades para os exemplos positivos e as menores probabilidades para os exemplos negativos.

Etiquetas de Classe e Probabilidades

Uma pessoa pode ser tentada a pensar que a variável alvo *é* uma representação da probabilidade de pertencer à classe, e os valores observados da variável alvo nos dados de treinamento simplesmente relatam probabilidades de $p(x) = 1$ para os casos que são observados na classe, e $p(x) = 0$ para exemplos que não são observados na classe. No entanto, isso não costuma ser consistente com a forma como são usados os modelos logísticos de regressão. Pegue um aplicativo para marketing direcionado, por exemplo. Para um consumidor *c*, nosso modelo pode estimar a probabilidade de responder à oferta ser $p(c$ responde$) = 0,02$. Nos dados, vemos que a pessoa, de fato, responde. Isso não significa que a probabilidade desse consumidor responder foi, na verdade, 1,0, nem que o modelo incorreu um grande erro neste exemplo. A probabilidade dos consumidores pode, de fato, ter sido em torno de $p(c$ responde$) = 0,02$, o que, na verdade, é uma alta probabilidade de resposta para muitas campanhas, e aconteceu de o consumidor responder desta vez.

Uma maneira mais satisfatória de pensar sobre isso é que os dados de treinamento compreendem um conjunto de "eventos" estatísticos a partir das probabilidades subjacentes, em vez de representar as próprias probabilidades subjacentes. O procedimento de regressão logística, então, tenta estimar as probabilidades (a distribuição de probabilidade sobre o espaço do exemplo) com um modelo linear de log-chances com base nos dados observados no resultado dos eventos a partir da distribuição.

Exemplo: Regressão Logística Versus Indução de Árvore de Decisão

Embora as árvores de classificação e os classificadores lineares usem limites de decisão linear, existem duas diferenças importantes entre eles:

1. Uma árvore de classificação utiliza limites *perpendiculares* aos eixos exemplo espaço (ver Figura 4-1), enquanto que o classificador linear pode usar limites de decisão de qualquer direção ou orientação (ver Figura 4-3). Esta é uma consequência direta do fato de que árvores de classificação selecionam um único atributo por vez enquanto que os classificadores lineares usam uma combinação ponderada de todos os atributos.

2. Uma árvore de classificação é um classificador "por partes" que segmenta o espaço do exemplo de forma recursiva quando é preciso, utilizando uma abordagem de dividir e conquistar. Em princípio, uma árvore de classificação pode cortar arbitrariamente o espaço do exemplo em regiões muito pequenas (mas veremos as razões para evitar isso no Capítulo 5). Um classificador linear coloca uma *única* superfície decisão em todo o espaço. Ele tem grande liberdade na orientação da superfície, mas está limitado a uma única divisão em dois segmentos. Essa é uma consequência direta de haver uma única equação (linear) que utiliza todas as variáveis e deve se ajustar a todo o espaço de dados.

Normalmente, não é fácil determinar com antecedência quais dessas características são mais adequadas para determinado conjunto de dados. Você provavelmente não saberá como será o melhor limite de decisão. Então, em termos práticos, quais são as consequências dessas diferenças?

Quando aplicadas a um problema de negócios, há uma diferença na compreensão dos modelos para os investidores com diferentes formações. Por exemplo, o que exatamente um modelo de regressão logística faz pode ser bastante compreensível para pessoas com uma sólida formação em estatística e muito difícil de compreender para aqueles que não a têm. Uma árvore de decisão, se não for muito grande, pode ser consideravelmente mais compreensível para alguém sem uma sólida formação em estatística ou matemática.

Por que isso é importante? Para muitos problemas de negócios a equipe de data science não tem a última palavra sobre quais modelos são utilizados ou implementados. Muitas vezes, há, pelo menos, um gerente que deve "aprovar" o uso de um modelo na prática e, em muitos casos, um conjunto de investidores precisa estar satisfeito com o modelo. Por exemplo, para colocar em prática um novo modelo para enviar técnicos para reparar problemas depois que o cliente liga para a empresa de telefonia, os gerentes de suporte a operações, atendimento ao cliente e desenvolvimento técnico precisam estar convencidos de que o novo modelo fará mais bem do que mal — uma vez que, para este problema, nenhum modelo é perfeito.

Vamos tentar regressão logística em um conjunto de dados simples, porém realista, o Conjunto de Dados de Câncer de Mama de Winsconsin (*http://archive.ics.uci.edu/ml/datasets/Breast+Cancer+Winsconsin+(Diagnostic)* — conteúdo em inglês). Como acontece com o conjunto de dados Íris, de algumas seções atrás, e o conjunto de dados Cogumelo, do capítulo anterior, este é outro conjunto de dados popular do repositório de aprendizado computacional na Universidade da Califórnia, em Irvine.

Cada exemplo descreve as características de uma imagem de núcleo celular, que foi rotulada como *benigna* ou *maligna* (cancerosa), com base em um diagnóstico de especialista nas células. Uma imagem de amostra de célula é exibida na Figura 4-11.

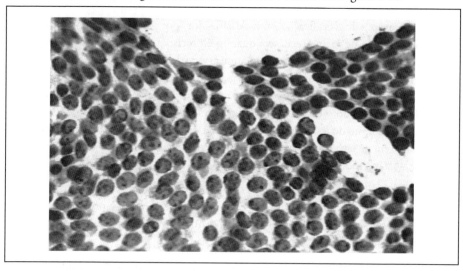

Figura 4-11. Uma das imagens celulares a partir da qual o conjunto de dados de Câncer de Mama de Wisconsin foi derivado. (Imagem cortesia de Nick Street e Bill Wolberg.)

A partir de cada imagem, 10 características fundamentais foram extraídas, listadas na Tabela 4-3.

Tabela 4-3. Os atributos do conjunto de dados de Câncer de Mama de Wisconsin.

Nome do atributo	Descrição
RAIO	A média das distâncias do centro até pontos sobre o perímetro
TEXTURA	Desvio padrão dos valores em escala de cinza
PERÍMETRO	Perímetro da massa
ÁREA	Área da massa
SUAVIDADE	Variação local nas extensões de raio
DENSIDADE	Computada como: perímetro^2/área − 1,0

Nome do atributo	Descrição
CONCAVIDADE	Gravidade de porções côncavas do contorno
PONTOS CÔNCAVOS	Número de porções côncavas do contorno
SIMETRIA	Uma medida da simetria dos núcleos
DIMENSÃO FRACIONADA	'Aproximação do contorno' - 1,0
DIAGNÓSTICO (Alvo)	Diagnóstico da amostra celular: maligna ou benigna

Esses foram "calculados a partir de uma imagem digitalizada de uma aspiração por agulha fina (AAF) de uma massa da mama. Eles descrevem as características dos núcleos celulares presentes na imagem". A partir de cada uma dessas características básicas, foram calculados três valores: a média (`_média`), erro padrão (`_EP`) e "pior" ou maior (média dos três valores maiores `_pior`). Isso resultou em 30 atributos medidos no conjunto de dados. Existem 357 imagens benignas e 212 imagens malignas.

Tabela 4-4. Equação linear aprendida por regressão logística do conjunto de dados de Câncer de Mama de Wisconsin (ver texto e Tabela 4-3 para obter uma descrição dos atributos).

Atributo	Ponderação (parâmetro aprendido)
SUAVIDADE_pior	22.3
CÔNCAVO_média	19.47
CÔNCAVO_pior	11.68
SIMETRIA_pior	4.99
CONCAVIDADE_pior	2.86
CONCAVIDADE_média	2.34
RAIO_pior	0.25
TEXTURA_pior	0.13
ÁREA_EP	0.06
TEXTURA_média	0.03
TEXTURA_EP	−0.29
DENSIDADE_média	−7.1
DENSIDADE_EP	−27.87
w_0 (interceptação)	−17.7

A Tabela 4-4 mostra o modelo linear aprendido por regressão logística para prever benigno versus maligno para esse conjunto de dados. Especificamente, mostra as ponderações diferentes de zero, ordenadas da maior para a menor.

O desempenho deste modelo é muito bom — comete apenas seis erros no conjunto inteiro de dados, produzindo uma precisão de cerca de 98,9% (a porcentagem de exemplos que o modelo classifica corretamente). Para comparação, uma árvore de classificação foi aprendida a partir do mesmo conjunto de dados (usando a implementação J48 de Weka). A árvore resultante é mostrada na Figura 4-12. Ela tem 25 nós no total, com 13 nós folha. Lembre-se de que isso significa que o modelo de árvore de decisão divide as instâncias em 13 segmentos. A precisão da árvore de classificação é 99,1%, ligeiramente superior à da regressão logística.

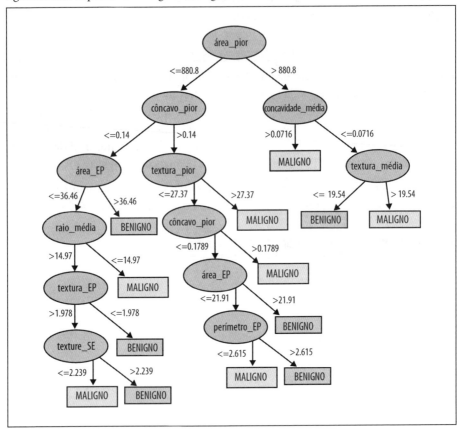

Figura 4-12. Árvore de decisão aprendida a partir do conjunto de dados de Câncer de Mama de Wisconsin.

A intenção desse experimento é apenas ilustrar os resultados de dois métodos diferentes em um conjunto de dados, mas vale a pena divagar brevemente para pensar sobre esses resultados de desempenho. Primeiro, um valor de precisão de 98,9% soa como um resultado muito bom. Será mesmo? Vemos tais números de precisão distribuídos na literatura de mineração de dados, mas avaliar classificadores em problemas do mundo real, como diagnóstico de câncer, costuma ser difícil e complexo. Discutiremos avaliação em detalhes nos Capítulos 7 e 8.

Em segundo lugar, considere os dois resultados de desempenho aqui: 98,9% versus 99,1%. Uma vez que a árvore de classificação fornece uma precisão um pouco maior, podemos ser tentados a concluir que é o melhor modelo. Devemos acreditar nisso? Esta diferença é causada apenas por um *único* erro adicional de 569 exemplos. Além disso, os números de precisão foram obtidos por meio da avaliação de cada modelo no mesmo conjunto de exemplos a partir dos quais foi construído. Quão confiantes devemos estar nessa avaliação? Os Capítulos 5, 7 e 8 discutem as diretrizes e as armadilhas da avaliação do modelo.

Funções Não Lineares, Máquinas de Vetores de Suporte e Redes Neurais

Até agora, este capítulo tem se concentrado nas funções numéricas mais comumente utilizadas em data science: modelos lineares. Esse conjunto de modelos inclui uma ampla variedade de técnicas diferentes. Além disso, na Figura 4-13 mostramos que tais funções lineares podem, na verdade, representar modelos não lineares, *se incluirmos características mais complexas nas funções*. Neste exemplo, foi utilizado o conjunto de dados Íris de "Um Exemplo de Mineração de um Discriminante Linear a Partir dos Dados" na página 89, e foi acrescentado um termo ao quadrado para os dados de entrada: **Largura da sépala**^{2}. O modelo resultante é uma linha curva (uma parábola) no espaço característico original. Nós também acrescentamos um único ponto de dados para o conjunto de dados original, um exemplo Iris Versicolor adicionado em (4; 0,7), indicado com uma estrela.

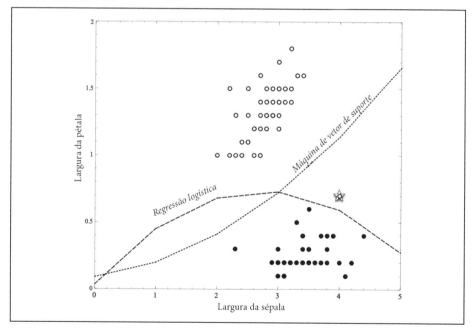

Figura 4-13. O conjunto de dados Íris com uma característica não linear. Nesta figura, regressão logística e máquina de vetor de suporte — ambos modelos lineares — recebem um recurso adicional, **Largura da sépala**^{2}*, que permite liberdade de criar modelos não lineares mais complexos (limites), como mostrado.*

Nosso conceito fundamental é muito mais geral do que apenas a aplicação de funções lineares de ajuste. É claro que poderíamos especificar funções numéricas arbitrariamente complexas e ajustar seus parâmetros aos dados. As duas famílias mais comuns de técnicas que se baseiam no ajuste dos parâmetros de funções complexas e não lineares são *máquinas de vetores de suporte não lineares* e *redes neurais*.

Pode-se pensar em máquinas de vetores de suporte não lineares como, essencialmente, uma forma sistemática de implementar o "truque" que acabamos de discutir, o de adicionar termos mais complexos e ajustar uma função linear a eles. Máquinas de vetores de suporte têm a chamada "função de Kernel (núcleo)" que mapeia as características originais para algum outro espaço característico. Em seguida, um modelo linear é ajustado a este novo espaço característico, assim como no nosso exemplo simples na Figura 4-13. Generalizando, pode-se implementar uma máquina de vetor de suporte não linear com um "Kernel polinomial" que, essencialmente, significa que consideraria combinações de "ordem superior" das características originais (por exemplo, características quadradas, produtos de características). Um cientista de dados está familiarizado com as diferentes alternativas para as funções de Kernel (linear, polinomial e outras).

As redes neurais também implementam funções numéricas não lineares complexas com base nos conceitos fundamentais deste capítulo. As redes neurais oferecem uma reviravolta intrigante. Pode-se pensar em uma rede neural como uma "pilha" de modelos. Na parte inferior da pilha estão as características originais. A partir delas é aprendida uma variedade de modelos relativamente simples. Vamos dizer que essas sejam regressões logísticas. Então, cada camada subsequente na pilha aplica um modelo simples (digamos, outra regressão logística) para os resultados da camada seguinte abaixo. Assim, em uma pilha de duas camadas, apreenderíamos um conjunto de regressões logísticas a partir das características originais e, então, apreenderíamos uma regressão logística, utilizando como características os resultados do primeiro conjunto de regressões logísticas. Podemos pensar nisso de forma mais geral como primeiro criar um conjunto de "especialistas" em diferentes facetas do problema (os modelos de primeira camada) e, em seguida, apreender a ponderar as opiniões desses especialistas (o modelo de segunda camada).[7]

A ideia de redes neurais fica ainda mais intrigante. Podemos perguntar: se estamos apreendendo aquelas camadas inferiores de regressões logísticas — os diferentes especialistas — qual seria a variável *alvo* para cada um? Enquanto alguns profissionais constroem modelos empilhados onde os especialistas de camadas inferiores são construídos para representar coisas específicas utilizando variáveis alvo específicas (por exemplo, Perlich et al., 2013), de forma mais geral, rótulos alvo de redes neurais para treinamento são fornecidos apenas para a camada final (a variável alvo real). Então, como são treinadas as regressões logísticas das camadas inferiores? Podemos entender retornando ao conceito fundamental deste capítulo. A pilha de modelos pode ser representada por uma grande função numérica parametrizada. Agora, os parâmetros são os coeficientes de to-

---

7 Compare isso com a noção de *métodos de conjunto* descritos no Capítulo 12.

dos os modelos, juntos. Portanto, uma vez que se decidiu sobre uma função objetiva que representa o que queremos otimizar (por exemplo, o ajuste aos dados de treinamento, baseado em alguma função de ajuste), podemos, então, aplicar um procedimento de otimização para encontrar os melhores parâmetros para esta função numérica muito complexa. Ao concluirmos, teremos os parâmetros para todos os modelos e, assim, teremos aprendido o "melhor" conjunto de especialistas de nível inferior e também a melhor maneira de combiná-los, tudo ao mesmo tempo.

Observação: Redes neurais são úteis para muitas tarefas

Esta seção descreve as redes neurais para classificação e regressão. O campo das redes neurais é largo e profundo, com um longo histórico. Elas encontraram ampla aplicação em toda a mineração de dados. São comumente usadas para muitas outras tarefas mencionadas no Capítulo 2, como agrupamento, análise de séries temporais, perfilamento e assim por diante.

Assim, como parece ser muito legal, por que não queremos fazer isso o tempo todo? A desvantagem é que conforme aumentamos a quantidade de flexibilidade que temos para ajustar os dados, aumentamos a chance de ajustarmos os dados bem *demais*. O modelo pode se ajustar aos detalhes de seu conjunto de treinamento particular em vez de encontrar padrões ou modelos que se apliquem de forma mais geral. Especificamente, nós realmente queremos modelos que se apliquem aos outros dados extraídos da mesma população ou aplicação. Essa preocupação não é específica das redes neurais, mas é muito geral. Ele é um dos conceitos mais importantes em data science — e é o assunto do próximo capítulo.

Resumo

Este capítulo introduziu um segundo tipo de técnica de modelagem preditiva chamada função de ajuste ou modelagem paramétrica. Neste caso, o modelo é uma equação parcialmente especificada: uma função numérica dos atributos de dados, com alguns parâmetros numéricos não especificados. A tarefa do processo de mineração de dados é "ajustar" o modelo aos dados encontrando o melhor conjunto de parâmetros, em algum sentido "melhor".

Existem muitas variedades de técnicas de ajuste de função, mas a maioria usa o mesmo modelo de estrutura linear: uma simples soma ponderada dos valores de atributo. Os parâmetros a serem ajustados pela mineração de dados são as ponderações dos atributos. Técnicas de modelagem linear incluem regressão linear tradicional, regressão logística e discriminantes lineares, como máquinas de vetores de suporte. Conceitualmente, a principal diferença entre estas técnicas é sua resposta a uma questão chave: *O que exatamente queremos dizer com melhor ajuste dos dados?* A qualidade do ajuste é descrita por uma "função objetiva", e cada técnica utiliza uma função distinta. As técnicas resultantes podem ser bastante diversas.

Vimos dois tipos muito diferentes de modelagem de dados, indução de árvore de decisão e função de ajuste, e os comparamos (em "Exemplo: Regressão Logística Versus Indução de Árvore de Decisão", página 103). Também introduzimos dois critérios pelos quais os modelos podem ser avaliados: o desempenho preditivo de um modelo e sua inteligibilidade. Muitas vezes, é vantajoso construir diferentes tipos de modelos a partir de um conjunto de dados para obter uma nova perspectiva.

Este capítulo se concentra no conceito fundamental de otimização do ajuste de um modelo aos dados. No entanto, isso leva ao *problema* fundamental mais importante com da mineração de dados — se você olhar com atenção suficiente, encontrará uma estrutura em um conjunto de dados, mesmo que ela esteja lá apenas ao acaso. Essa tendência é conhecida como *sobreajuste*. Reconhecê-lo e evitá-lo é um tema geral importante em data science; e dedicaremos o próximo capítulo inteiro a ele.

CAPÍTULO 5

O Sobreajuste e Como Evitá-lo

Conceitos Fundamentais: *Generalização; Ajuste e sobreajuste; Controle de complexidade.*

Técnicas Exemplares: *Validação cruzada; Seleção de atributo; Poda; Regularização.*

Uma das noções fundamentais mais importantes de data science é a de sobreajuste e generalização. Se nos permitirmos flexibilidade suficiente na busca por padrões em um conjunto particular de dados, certamente vamos encontrá-los. Infelizmente, esses "padrões" podem ser apenas ocorrências ao acaso. Como discutimos anteriormente, estamos interessados em padrões que generalizem — que possam prever bem exemplos que ainda não foram observados. O *sobreajuste* de dados é a existência de ocorrências aleatórias nos dados que pareçam padrões interessantes, mas que não generalizam.

Generalização

Considere o seguinte exemplo (extremo). Você é um gerente da MegaTelCo, responsável por reduzir a rotatividade de clientes. Eu conduzo um grupo de consultoria de mineração de dados. Você dá à minha equipe de data science um conjunto de dados históricos sobre os clientes que permaneceram na empresa e os que abandonaram o serviço no prazo de seis meses do vencimento do contrato. Meu trabalho é construir um modelo para distinguir os clientes propensos a sofrer rotatividade com base em algumas características, como discutimos anteriormente. Minero os dados e construo um modelo. Eu lhe devolvo o código para o modelo, para ser implementado no sistema de redução de rotatividade de sua empresa.

É claro que você está interessado em saber se meu modelo é bom, assim, pede a sua equipe técnica que verifique o desempenho dele nos dados históricos. Você entende que o desempenho histórico não é garantia de sucesso futuro, mas sua experiência lhe diz que os padrões de rotatividade permanecem relativamente estáveis, com exceção de grandes mudanças no setor (como a introdução do iPhone), e você não sabe de nenhuma grande mudança desde que esses dados foram coletados. Assim, a equipe de tecnologia executa o conjunto de dados históricos com o modelo. Seu líder técnico reporta que esta equipe de data science é incrível. O modelo é 100% preciso. Ele não comete um único erro, identificando corretamente todas ocorrências, ou não ocorrências, de rotatividade.

Você é experiente o suficiente para não ficar confortável com essa resposta. Peritos observaram o comportamento de rotatividade durante um longo tempo, e se houvesse indicadores 100% precisos, você estaria se saindo melhor do que está no momento. Será que foi apenas sorte?

Não foi sorte. Nossa equipe de data science pode fazer isso o tempo todo. Eis como construímos o modelo. Armazenamos o vetor de característica para cada cliente que apresenta rotatividade em uma tabela de base de dados. Vamos chamá-la de T_c. Então, na prática, quando o modelo é apresentado com um cliente para determinar a probabilidade de rotatividade, ele pega o vetor de característica do cliente, procura por ele na T_c e relata "100% de chance de rotatividade", se estiver na T_c, e "0% de chance de rotatividade", se não estiver na T_c. Assim, quando a equipe de tecnologia aplica nosso modelo ao conjunto de dados históricos, o modelo prevê com perfeição.[1]

Esta abordagem simples é chamada de *modelo de tabela*. Ela memoriza dados de treinamento e não executa generalização. Qual é o problema nisso? Pense em como vamos usar o modelo na prática. Quando o contrato de um cliente *não visto previamente* está prestes a vencer, vamos querer aplicar o modelo. Obviamente, este cliente não fazia parte do conjunto de dados históricos, portanto, uma vez que não há correspondência exata, a pesquisa falha e o modelo prevê "0% de chance de rotatividade" para este cliente. Na verdade, o modelo prevê isso para cada cliente (não nos dados de treinamento). Um modelo que parecia perfeito é completamente inútil na prática!

Pode parecer um cenário absurdo. Na realidade, ninguém jogaria dados brutos dos clientes na tabela e afirmaria se tratar de um "modelo preditivo" de qualquer coisa. Mas é importante pensar sobre o motivo disso ser uma má ideia, porque falha pela mesma razão que outros esforços de mineração de dados mais realistas podem falhar. É um exemplo extremo de dois conceitos fundamentais relacionados de data science: *generalização* e *sobreajuste*. Generalização é a propriedade de um modelo ou processo de modelagem, em que o modelo se aplica aos dados que não foram utilizados para construí-lo. Neste exemplo, o modelo não se generaliza além dos dados que foram utilizados para construí-lo. Ele é adaptado, ou "ajustado", perfeitamente aos dados de treinamento. Na verdade, é "sobreajustado".

Este é o ponto importante. Cada conjunto de dados é uma amostra finita de uma população — neste caso, a população de clientes de telefonia. Queremos que os modelos se apliquem não apenas ao conjunto de treinamento exato, mas à população em geral, de onde

---

1 Tecnicamente, isso não é necessariamente verdadeiro: podem haver dois clientes com a mesma descrição de vetor de característica, um que sofre rotatividade e outro não. Podemos ignorar essa possibilidade para o bem deste exemplo. Podemos supor, por exemplo, que o ID exclusivo do cliente seja uma das características.

vieram os dados de treinamento. Podemos temer que os dados de treinamento não eram representativos da população verdadeira, mas esse não é o problema aqui. Os dados eram representativos, mas a mineração de dados não criou um modelo que generalizasse além dos dados de treinamento.

Sobreajuste

Sobreajuste é a tendência de procedimentos de mineração de dados para adaptar modelos aos dados de treinamento, à custa de generalização para pontos de dados anteriormente não vistos. O exemplo da seção anterior foi inventado; a mineração de dados constrói um modelo usando pura memorização, o procedimento de sobreajuste mais extremo possível. No entanto, todos os procedimentos de mineração de dados têm tendência para sobreajuste até certo ponto — alguns mais que outros. A ideia é que se olharmos com atenção suficiente, sempre vamos encontrar padrões em um conjunto de dados. Como o prêmio Nobel Ronald Coase disse: "Se você torturar os dados por tempo suficiente, eles vão confessar."

Infelizmente, o problema é traiçoeiro. A resposta não é usar um processo de mineração de dados que não sofra sobreajuste, porque todos eles fazem. A resposta também não é simplesmente usar modelos que produzem menos sobreajuste, porque existe um dilema fundamental entre a complexidade do modelo e a possibilidade de sobreajuste. Às vezes, podemos simplesmente querer modelos mais complexos, porque eles captarão melhor as complexidades reais da aplicação e, assim, serão mais precisos. Não existe uma única escolha ou procedimento que eliminará o sobreajuste. A melhor estratégia é reconhecê-lo e gerenciar a complexidade com base nos princípios.

O restante deste capítulo discute sobreajuste e métodos para avaliar o grau de sobreajuste no tempo de modelagem em mais detalhes, bem como os métodos para evitá-lo o máximo possível.

Sobreajuste Analisado

Antes de discutir o que fazer com o sobreajuste, precisamos saber como reconhecê-lo.

Dados de Retenção e Gráficos de Ajuste

Agora, vamos introduzir uma ferramenta analítica simples: o *gráfico de ajuste*. Um gráfico de ajuste mostra a precisão de um modelo como uma função da complexidade. Para examinar *sobre*ajuste, precisamos introduzir um conceito que é fundamental para a avaliação em data science: dados *de retenção (holdout data)*.

O problema na seção anterior era a avaliação do modelo nos dados de treinamento — exatamente os mesmos dados que foram usados para construí-lo. A avaliação dos dados de treinamento não fornece noção do quão bem o modelo generaliza para casos não vistos. O que precisamos fazer é "reter" alguns dados dos quais sabemos o valor da variável alvo, mas que não serão utilizados para construir o modelo. Esses não são os dados reais de *uso*, para os quais, no fim, gostaríamos de prever o valor da variável alvo. Em vez disso, criar dados de retenção é como criar um "teste de laboratório" de generalização de desempenho. Vamos simular o cenário de uso desses dados de retenção: esconderemos do modelo (e, possivelmente, dos modeladores) os valores reais para o alvo nos dados de retenção. O modelo vai prever os valores. Em seguida, estimamos a *generalização de desempenho* por meio da comparação dos valores previstos com os verdadeiros valores ocultos. Provavelmente haverá uma diferença entre a precisão prevista dos modelos no conjunto de treinamento (às vezes chamada de precisão "na amostra") e precisão de generalização do modelo, conforme estimado nos dados de retenção. Assim, quando os dados de retenção são utilizados dessa forma, eles costumam ser chamados de "conjunto de teste".

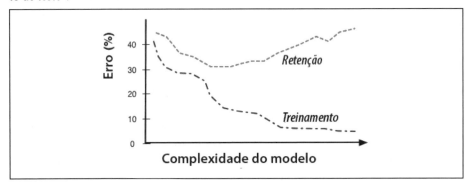

Figura 5-1. Um típico gráfico de ajuste. Cada ponto sobre a curva representa uma estimativa de precisão de um modelo com uma complexidade específica (conforme indicado no eixo horizontal). A precisão estima os dados de treinamento e os dados de teste variam com base na complexidade que permitimos que um modelo tenha. Quando o modelo não é autorizado a ser complexo suficiente, ele não é muito preciso. Conforme os modelos ficam mais complexos, parecem muito precisos nos dados de treinamento, mas, na verdade, estão sofrendo sobreajuste — a precisão de treinamento diverge da precisão de retenção (generalização).

A precisão de um modelo depende do quão complexo permitimos que ele seja. Um modelo pode ser complexo de diferentes maneiras, como veremos neste capítulo. Primeiro, vamos usar essa distinção entre dados de treinamento e dados de retenção para definir o gráfico de ajuste com mais precisão. O gráfico de ajuste (Figura 5-1) mostra a diferença entre a precisão de um procedimento de modelagem com dados de treinamento e a precisão com dados de retenção conforme a complexidade do modelo muda. De modo geral, haverá mais sobreajuste conforme for permitido que o modelo seja mais complexo. (Tecnicamente, a chance de sobreajuste aumenta conforme se permite que um procedimento de modelagem tenha mais flexibilidade nos modelos que pode produzir; vamos ignorar essa distinção neste livro).

A Figura 5-2 mostra um gráfico de ajuste para o "modelo baseado em tabela" da rotatividade de cliente descrita anteriormente. Como este foi um exemplo extremo, o gráfico de ajuste será peculiar. Mais uma vez, o eixo *x* mede a complexidade do modelo; neste caso, o número de linhas permitidas na tabela. O eixo *y* mede o erro. Conforme permitimos que a tabela aumente de tamanho, podemos memorizar mais e mais do conjunto de treinamento e, a cada nova linha, o erro de conjunto de treinamento diminui. Por fim, a tabela é grande o suficiente para conter todo o conjunto de treinamento (marcado com N no eixo *x*) e o erro cai para zero e permanece lá. No entanto, o erro do conjunto de teste (retenção) começa em algum valor (vamos chamá-lo de *b*) e nunca diminui, porque nunca há uma sobreposição entre os conjuntos de treinamento e retenção. A grande diferença entre os dois é um forte indício de memorização.

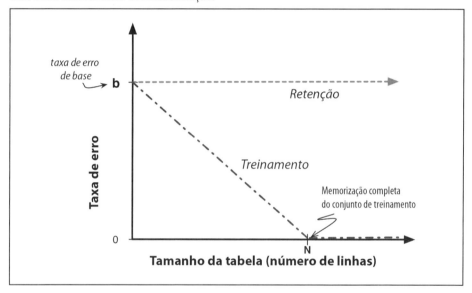

Figura 5-2. Um gráfico de ajuste para o modelo de rotatividade (tabela) de clientes.

Observação: Taxa Base

O que seria *b*? Uma vez que a tabela modelo sempre prevê ausência de `rotatividade` para cada novo caso apresentado, ela vai interpretar cada caso de ausência de `rotatividade` corretamente e cada caso de `rotatividade` incorretamente. Assim, a taxa de erro será a porcentagem de casos de `rotatividade` na população. Isso é conhecido como *taxa base*, e um classificador que sempre seleciona a classe majoritária é chamado de classificador de taxa base.

Uma linha de base correspondente a um modelo de regressão é um modelo simples que sempre prevê o valor médio ou mediano da variável alvo.

Ocasionalmente, você ouvirá referência ao "desempenho da taxa base", e é a isso que ela se refere. Voltaremos à taxa base no próximo capítulo.

Discutimos nos capítulos anteriores dois tipos muito diferentes de procedimentos de modelagem: a divisão recursiva dos dados, feita para indução de árvore de decisão, e o ajuste de um modelo numérico encontrando um conjunto ideal de parâmetros, por exemplo, as ponderações em um modelo linear. Agora, podemos examinar o sobreajuste para cada um desses procedimentos.

Sobreajuste na Indução de Árvore de Decisão

Lembre-se de como construímos modelos estruturados em árvore de decisão para classificação. Aplicamos uma habilidade fundamental para encontrar, repetidamente (recursivamente), atributos individuais importantes e preditivos para subconjuntos de dados cada vez menores. Vamos assumir, como exemplo, que o conjunto de dados não tem duas instâncias com o mesmo vetor de característica, mas diferentes valores alvo. Se continuarmos a dividir os dados, os subconjuntos serão puros eventualmente — todas as instâncias, em qualquer subconjunto escolhido, terão o mesmo valor para a variável alvo. Essas serão as folhas da nossa árvore. Pode haver vários exemplos em uma folha, todas com o mesmo valor para a variável alvo. Se for preciso, podemos manter a divisão dos atributos e subdividir nossos dados até ficarmos com um único exemplo em cada nó folha, que, por definição, é puro.

O que nós acabamos de fazer? Essencialmente, construímos uma versão da tabela de consulta, discutida na seção anterior, como um exemplo extremo de sobreajuste! Qualquer exemplo de treinamento, dado à árvore de decisão para classificação, traçará seu caminho para baixo e acabará na folha apropriada — a folha correspondente ao subconjunto de dados que inclui esse exemplo específico de treinamento. Qual será a precisão desta árvore no conjunto de treinamento? Será perfeitamente precisa, prevendo corretamente a classe para cada exemplo de treinamento.

Será que vai generalizar? Possivelmente. Esta árvore de decisão deve ser ligeiramente melhor do que a tabela de consulta, porque cada exemplo previamente não visualizado terá *alguma* classificação, em vez de simplesmente não encontrar correspondência; a árvore dará uma classificação não trivial, mesmo para exemplos que não foram vistos antes. Portanto, é útil analisar empiricamente quão bem a precisão sobre os dados de treinamento tende a corresponder à precisão dos dados de teste.

Um procedimento que desenvolve árvores de decisão até que as folhas sejam puras tende a sofrer sobreajuste. Modelos estruturados em árvore são muito flexíveis no que podem representar. Na verdade, eles podem representar qualquer função das características e, se for permitido que cresçam sem limite, elas podem se encaixar na precisão arbitrária. Mas as árvores de decisão precisam ser imensas para que isso aconteça. A complexidade da árvore reside no número de nós.

A Figura 5-3 mostra um gráfico de ajuste típico para a indução de árvore de decisão. Aqui, limitamos artificialmente o tamanho máximo de cada árvore, conforme medido pelo número de nós permitidos, indicado no eixo x (que é uma escala logística por conveniência). Para cada tamanho da árvore criamos uma árvore nova do zero, usando os dados de treinamento. Medimos dois valores: sua precisão no conjunto de treinamento e sua precisão no conjunto de retenção (teste). Se os subconjuntos de dados nas folhas não são puros, vamos prever a variável alvo com base em alguma média dos valores alvo no subconjunto, como vimos no Capítulo 3.

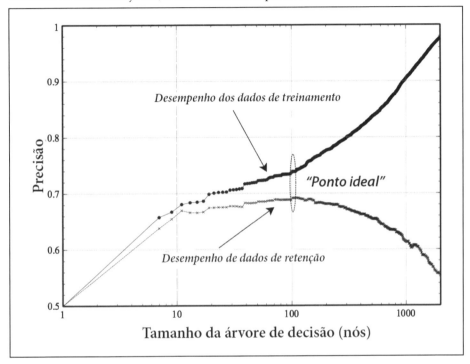

Figura 5-3. Um gráfico de ajuste típico para indução de árvore de decisão.

Começando pelo lado esquerdo, a árvore é muito pequena e tem um desempenho ruim. Conforme mais nós são permitidos, ela melhora rapidamente, e a precisão do conjunto de treinamento e de retenção melhora. Também vemos que a precisão do conjunto de treinamento sempre é, pelo menos, um pouco melhor do que a precisão do conjunto de retenção, uma vez que olhamos para os dados de treinamento quando construímos o modelo. Mas, em algum momento, a árvore de decisão começa a sofrer sobreajuste: ela adquire detalhes do conjunto de treinamento que não são característicos da população em geral, como representado pelo conjunto de retenção. Neste exemplo, a sobreposição começa a acontecer em torno de $x = 100$ nós, indicado pelo "ponto ideal" no gráfico. Conforme as árvores ficam maiores, a precisão do conjunto de treinamento continua aumentando — na verdade, é capaz de memorizar todo o conjunto de treinamento se permitirmos, o que conduz para uma precisão de 1,0 (não mostrado). Mas a precisão de retenção diminui conforme a árvore cresce além do "ponto ideal"; os subconjuntos de dados nas folhas ficam cada vez menores, e o modelo generaliza com cada vez menos dados. Essas inferências serão cada vez mais propensas a erro e o desempenho nos dados de retenção sofre.

Resumindo, a partir deste gráfico de ajuste podemos inferir que sobreajuste neste conjunto de dados começa a dominar por volta de 100 nós, por isso, devemos restringir o tamanho da árvore de decisão para este valor.[2] Isso representa o melhor equilíbrio entre os extremos de (i) não dividir os dados e simplesmente usar o valor alvo médio no conjunto de dados inteiro e (ii) construir uma árvore de decisão completa até que as folhas sejam puras.

Infelizmente, ninguém desenvolveu um procedimento para determinar este ponto ideal com exatidão teórica, por isso, temos que confiar em técnicas empiricamente baseadas. Antes de discuti-las, vamos examinar o sobreajuste em nosso segundo tipo de procedimento de modelagem.

Sobreajuste em Funções Matemáticas

Existem diferentes maneiras para permitir mais ou menos complexidade em funções matemáticas e existem livros inteiros sobre o tema. Esta seção discute uma forma muito importante, e "*Como Evitar Sobreajuste para Otimização de Parâmetros", página 136, discute outra. Pedimos que você ao menos dê uma olhada na seção avançada (com asterisco) porque ela introduz conceitos e vocabulário de uso comum para cientistas de dados nos dias de hoje, e isso pode confundir um pouco aqueles que não são cientistas de dados. Aqui, resumimos e fornecemos informação suficiente para que você compreenda tal discussão em termos conceituais.[3] Mas, primeiro, discutiremos uma forma muito mais direta pela qual as funções podem se tornar muito complexas.

Uma maneira pela qual as funções matemáticas podem se tornar mais complexas é a adição de mais variáveis (mais atributos). Por exemplo, digamos que temos um modelo linear como o descrito na Equação 4-2:

$$f(\mathbf{x}) = w_0 + w_1 x_1 + w_2 x_2 + w_3 x_3$$

Conforme adicionamos mais x_i, a função torna-se cada vez mais complicada. Cada x_i tem um w_i correspondente, que é um parâmetro aprendido do modelo.

Às vezes, os modeladores até mesmo alteram a função sendo verdadeiramente lineares nos atributos originais, adicionando novos atributos que são versões não lineares de atributos originais: por exemplo, eu poderia acrescentar um quarto atributo $x_4 = x_1^2$. Além disso, podemos esperar que a proporção x_2 e x_3 seja importante, por isso, adicio-

---

2 Observe que 100 nós não é um valor universal especial. Ele é específico para este conjunto de dados em particular. Se mudássemos significativamente os dados ou apenas usássemos um algoritmo diferente de construção de árvore de decisão, provavelmente faríamos outro gráfico de ajuste para encontrar o novo ponto ideal.
3 Naquele ponto, também teremos um kit de ferramentas conceituais suficientes para entender pouco melhor as máquinas de vetores de suporte — como sendo quase equivalente à regressão logística com controle de complexidade (sobreajuste).

namos um novo atributo $x_5 = x_2/x_3$. Agora, estamos tentando encontrar os parâmetros (ponderações) de:

$$f(\mathbf{x}) = w_0 + w_1 x_1 + w_2 x_2 + w_3 x_3 + w_4 x_4 + w_5 x_5$$

De qualquer maneira, um conjunto de dados pode acabar com um número muito grande de atributos, e usar todos eles dá ao processo de modelagem muita margem para ajustar o conjunto de treinamento. Você deve se lembrar da geometria que diz que, em duas dimensões, você pode ajustar uma linha entre quaisquer dois pontos e, em três dimensões, pode ajustar um plano entre quaisquer três pontos. Esse conceito generaliza: conforme você aumenta a dimensionalidade, pode ajustar, perfeitamente, conjuntos cada vez maiores de pontos arbitrários. E mesmo que você não possa ajustar perfeitamente o conjunto de dados, pode ajustá-lo cada vez melhor com mais dimensões — ou seja, com mais atributos.

Muitas vezes, os modeladores podam cuidadosamente os atributos a fim de evitar sobreajuste. Os modeladores usam uma espécie de técnica de retenção, introduzida anteriormente, para avaliar as informações nos atributos individuais. A seleção cuidadosa de atributo manual é uma prática sábia nos casos em que considerável esforço humano pode ser gasto em modelagem, e onde há razoavelmente poucos atributos. Em muitas aplicações modernas, onde um grande número de modelos é construído automaticamente e/ou onde há conjuntos de atributos muito grandes, a seleção manual pode não ser viável. Por exemplo, as empresas que fazem direcionamento de exibição de anúncios on-line orientado em data science podem construir milhares de modelos a cada semana, às vezes, com milhões de possíveis características. Nesses casos, não há escolha a não ser empregar seleção automática das características (ou ignorar a seleção de recursos de uma só vez).

Exemplo: Sobreajuste em Funções Lineares

Em "Um Exemplo de Mineração de um Discriminante Linear a Partir dos Dados", página 89, introduzimos um conjunto de dados simples chamado Íris, que compreende dados que descrevem duas espécies de flores íris. Vamos rever isso para ver os efeitos do sobreajuste em ação.

A Figura 5-4 mostra o conjunto de dados Íris original, em um gráfico com seus dois atributos, largura da pétala e largura da sépala. Lembre-se que cada exemplo é uma flor e corresponde a um ponto no gráfico. Os pontos preenchidos são da espécie *Iris Setosa* e os círculos são exemplos da espécie *Iris Versicolor*. Observe várias coisas aqui: primeiro, as duas classes de íris são muito distintas e separáveis. Na verdade, há uma grande lacuna entre os dois "blocos" de exemplos. A regressão logística e as máquinas de vetores de suporte estabelecem limites (linhas) de separação no meio. Na verdade, as duas linhas de separação são tão similares que são indistinguíveis no gráfico.

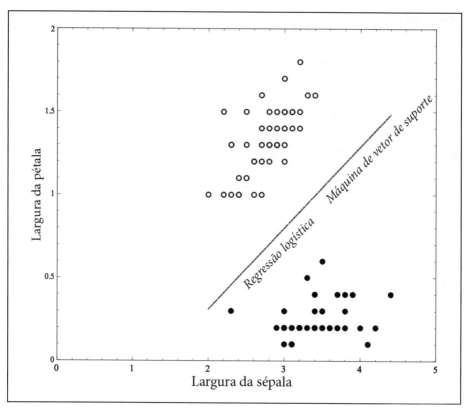

Figura 5-4. O conjunto de dados Íris original e os modelos (linhas de limite) que os dois métodos lineares apreenderam. Neste caso, a regressão linear e a máquina de vetor de suporte apreenderam o mesmo modelo (o limite de decisão, mostrado como uma linha).

Na Figura 5-5, adicionamos um novo e único exemplo: um ponto de *Iris Setosa* em (3,1). Realisticamente, podemos considerar este exemplo como um ponto destacado ou um erro, já que está muito mais perto dos exemplos *Versicolor* que *Setosa*. Observe como a linha de regressão logística se move em resposta: ela separa perfeitamente os dois grupos, enquanto a linha da MVS mal se move.

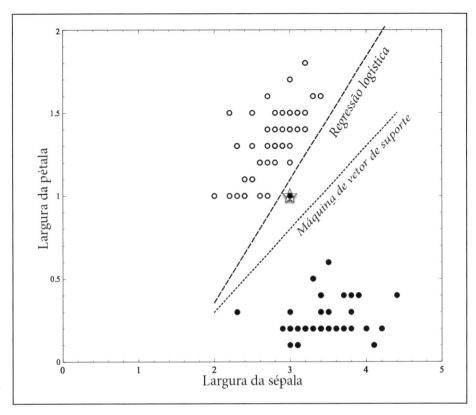

Figura 5-5. O conjunto de dados Íris da Figura 5-4 com um novo e único exemplo de Iris Setosa adicionado (indicado pela estrela). Observe como a regressão logística mudou consideravelmente seu modelo.

Na Figura 5-6 adicionamos um ponto destacado diferente em (4,0.7), desta vez um exemplo *Versicolor* abaixo da região *Setosa*. Mais uma vez, a linha da máquina de vetor de suporte se move muito pouco em resposta, mas a linha de regressão logística move-se consideravelmente.

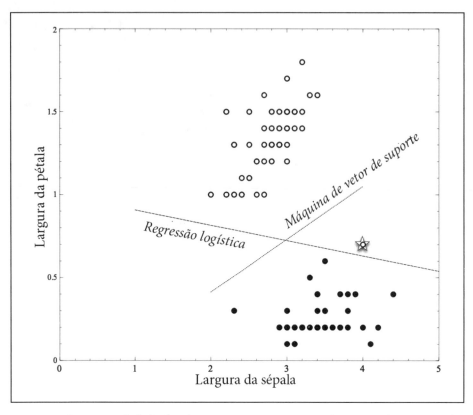

Figura 5-6. O conjunto de dados Íris da Figura 5-4 com um novo e único exemplo Iris Versicolor adicionado (indicado pela estrela). Observe como a regressão logística novamente mudou consideravelmente seu modelo.

Nas Figuras 5-5 e 5-6, a regressão logística parece estar com sobreajuste. Discutivelmente, os exemplos introduzidos em cada uma são valores atípicos que não devem ter forte influência sobre o modelo — eles contribuem pouco para a "massa" dos exemplos de espécies. No entanto, eles contribuem claramente no caso de regressão logística. Se existe um limite linear, a regressão logística vai encontrá-lo,[4] mesmo que isso signifique mover o limite para acomodar valores atípicos. A MVS tende a ser menos sensível aos exemplos individuais. O procedimento de treinamento de MVS incorpora controle de complexidade, que descrevemos tecnicamente mais adiante.

---

[4] Tecnicamente, apenas alguns algoritmos de regressão logística têm a garantia de encontrá-lo. Alguns não têm essa garantia. No entanto, este fato não é pertinente para a ideia de sobreajuste que estamos tratando aqui.

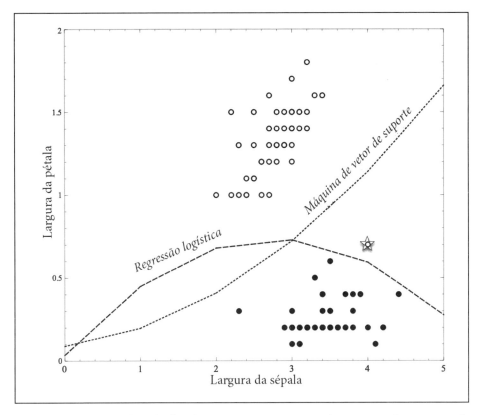

*Figura 5-7. O conjunto de dados Íris da Figura 5-6 com seu exemplo Iris Versicolor acrescentado (indicado pela estrela). Nesta figura, é dada uma característica adicional à regressão logística e à máquina de vetor de suporte, **Largura da sépala**^{2}, que possibilita liberdade de criar modelos mais complexos, não lineares (limites).*

Como foi dito anteriormente, outra maneira pela qual as funções matemáticas podem se tornar mais complexas é por meio do acréscimo de mais variáveis. Na Figura 5-7, fizemos exatamente isto: usamos o mesmo conjunto de dados como na Figura 5-6, mas acrescentamos um único atributo extra, o quadrado da largura da sépala. Fornecer esse atributo dá a cada método mais flexibilidade no ajuste dos dados, pois pode atribuir ponderações para o termo quadrado. Geometricamente, isso significa que o limite de separação pode ser não apenas uma linha, mas uma *parábola*. Essa liberdade adicional permite que ambos os métodos criem superfícies curvas que podem se ajustar mais às regiões. Nos casos em que superfícies curvas podem ser necessárias, essa liberdade pode ser indispensável, mas também proporciona aos métodos muito mais oportunidades de sobreajuste. Observe, contudo, que, embora o limite da MVS agora seja curvo, ainda optou pela margem maior em torno do limite no processo de treinamento em vez da separação perfeita das diferentes classes positivas.

*Exemplo: Por Que o Sobreajuste É Ruim?

Detalhes Técnicos à Frente

No início do capítulo, dissemos que um modelo que apenas memoriza é inútil porque sempre causa sobreajuste e é incapaz de generalizar. Mas, tecnicamente, isso só demonstra que o sobreajuste nos impede de melhorar um modelo depois de certa complexidade, não explica por que sobreajuste costuma *piorar* os modelos, como mostra a Figura 5-3. Esta seção trata de um exemplo detalhado mostrando como isso acontece e por quê. Ela pode ser ignorada sem perda de continuidade.

Por que o desempenho sofre degradação? A resposta curta é que, conforme um modelo fica mais complexo, permite-se que ele capte correlações falsas prejudiciais. Essas correlações são idiossincrasias do conjunto de treinamento específico utilizado e não representam características da população em geral. O dano ocorre quando essas correlações falsas produzem generalizações *incorretas* no modelo. Isso é o que faz com que o desempenho decline quando ocorre sobreajuste. Nesta seção, analisamos um exemplo em detalhes para mostrar como isso pode acontecer.

Tabela 5-1. Um pequeno conjunto de exemplos de treinamento

Instância	x	y	Classe
1	p	r	c1
2	p	r	c1
3	p	r	c1
4	q	s	c1
5	p	s	c2
6	q	r	c2
7	q	s	c2
8	q	r	c2

Considere um problema simples de duas classes, com as classes c_1 e c_2 e os atributos x e y. Temos uma população de exemplos, uniformemente equilibrados entre as classes. O atributo x tem dois valores, p e q, e y tem dois valores, r e s. Na população geral, $x = p$ ocorre 75% das vezes nos exemplos da classe c_1 e em 25% dos exemplos na classe c_2, assim, x fornece alguma previsão da classe. Pelo projeto, y não tem nenhum poder preditivo e, de fato, vemos que na amostra de dados ambos os valores de y ocorrem igualmente em ambas as classes. Resumindo, os exemplos neste domínio são difíceis de separar, apenas com x fornecendo alguma faculdade preditiva. O melhor que podemos alcançar é uma precisão de 75%, observando x.

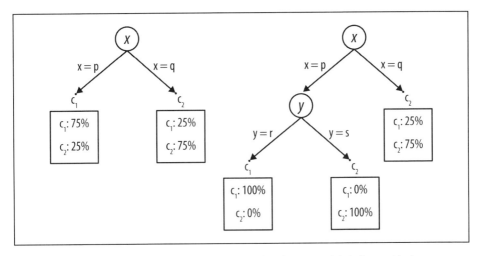

Figura 5-8. Árvores de classificação para o exemplo de sobreajuste. (a) A árvore ideal tem apenas três nós. (b) Uma árvore de sobreajuste, que se ajusta melhor aos dados de treinamento, tem pior precisão de generalização, porque a estrutura estranha faz previsões menos favoráveis.

A Tabela 5-1 mostra um conjunto muito pequeno de treinamento de exemplos deste domínio. O que um aprendiz de árvore de classificação faria com isso? Não vamos entrar nos cálculos de entropia, mas o atributo x oferece alguma vantagem para que um aprendiz de árvore de decisão possa dividir e criar a árvore mostrada na Figura 5-8. Como x oferece a única vantagem, esta deve ser a árvore ideal. Sua taxa de erro é 25% — igual à taxa teórica de erro mínimo.

No entanto, observe, na Tabela 5-1, que *neste* conjunto de dados *em particular* os valores de y de r e s não são divididos igualmente entre as classes, então y parece fornecer alguma previsão. Especificamente, depois que escolhemos $x=p$ (exemplos 1-4), vemos que $y=r$ prevê c_1 perfeitamente (exemplos 1-3). Assim, a partir desse conjunto de dados, a indução de árvore de decisão obteria um ganho de informação, dividindo os valores de y e criando dois novos nós folha, mostrados na Figura 5-8.

Com base em nosso conjunto de treinamento, a árvore em (b) funciona bem, melhor do que em (a). Ela classifica corretamente sete dos oito exemplos de treinamento, enquanto a árvore de decisão em (a) classifica corretamente apenas seis dos oito exemplos. Mas isso ocorre pelo fato de que $y=r$, meramente por acaso, se correlaciona com a classe c_1 nesta amostra de dados; na população geral não existe essa correlação. Fomos enganados, e o ramo extra em (b) não é simplesmente estranho, é prejudicial. Lembre-se de que definimos a população geral tendo $x=p$ que ocorre em 75% dos exemplos das classes c_1 e 25% dos exemplos c_2. Mas os ramos $y=s$ falsos preveem c_2, o que está errado na população geral. Na verdade, esperamos que este ramo falso contribua para um em cada oito erros cometidos pela árvore. Em geral, a árvore (b) terá uma taxa de erro total esperada de 30%, enquanto que (a) terá uma taxa de erro de 25%.

Concluímos este exemplo enfatizando vários pontos. Primeiro, este fenômeno não é particular das árvores de classificação. As árvores de decisão são convenientes para este exemplo, porque é fácil apontar para uma porção e declarar que ela é falsa, mas todos os tipos de modelo são mais suscetíveis aos efeitos de sobreajuste. Em segundo lugar, este fenômeno não se deve ao fato de os dados de treinamento na Tabela 5-1 serem atípicos ou tendenciosos. Cada conjunto de dados é uma amostra finita de uma população maior, e cada amostra terá variações, mesmo quando não há nenhum problema na amostra. Por fim, como já mencionamos, não há nenhuma maneira analítica geral para determinar antecipadamente se um modelo terá sobreajuste ou não. Neste exemplo, definimos a aparência da população para que pudéssemos declarar que determinado modelo teve sobreajuste. Na prática, você não terá esse conhecimento e será necessário usar um conjunto de retenção para detectar o sobreajuste.

Da Avaliação por Retenção até a Validação Cruzada

Mais adiante, apresentamos uma técnica geral de uso amplo, para tentar evitar sobreajuste, que se aplica à de distribuição à seleção, bem como complexidade da árvore de decisão, e mais além. Mas, primeiro, precisamos discutir a avaliação de retenção em mais detalhes. Antes que possamos trabalhar para evitar sobreajuste, precisamos ser capazes de evitar sermos enganados por ele. No início deste capítulo, introduzimos a ideia de que, para ter uma avaliação justa do desempenho de generalização de um modelo, devemos estimar sua precisão em dados de retenção — dados não utilizados na construção do modelo, mas para os quais conhecemos o valor real da variável alvo. Teste de retenção é semelhante a outros tipos de avaliação em um ambiente de "laboratório".

Um conjunto de retenção produz, de fato, uma estimativa do desempenho de generalização, mas é apenas uma única estimativa. Devemos confiar em uma única estimativa de precisão de modelo? Pode ter sido apenas uma única escolha de sorte (ou azar) de dados de treinamento e de teste. Não vamos entrar em detalhes sobre o cálculo de intervalos de confiança em tais quantidades, mas é importante discutir um procedimento geral de teste que acabará ajudando de várias maneiras.

A *validação cruzada* é um procedimento mais sofisticado de treinamento e teste de retenção. Gostaríamos não só de uma simples estimativa do desempenho de generalização, mas também de algumas estatísticas sobre o desempenho estimado, como a média e a variância, para que possamos entender como é esperado que o desempenho varie entre os conjuntos de dados. Essa variação é fundamental para avaliar a confiança na estimativa de desempenho, como você deve ter aprendido nas aulas de estatística.

A validação cruzada também faz melhor uso de um conjunto limitado de dados. Em vez de dividir os dados em um conjunto de treinamento e um de retenção, a validação cruzada calcula suas estimativas sobre *todos* os dados por meio da realização de várias divisões e trocando sistematicamente amostras para testes.

Quadro: A Construção de um "Laboratório" de Modelagem

A construção da infraestrutura para um laboratório de modelagem pode ser cara e demorada, mas, depois desse investimento, muitos aspectos do desempenho do modelo podem ser rapidamente avaliados em um ambiente controlado. No entanto, os testes de retenção não podem capturar todas as complexidades do mundo real, onde o modelo será usado. Cientistas de dados devem trabalhar para entender o cenário real de uso, de modo a tornar o ambiente de laboratório o mais semelhante possível, para evitar surpresas quando os dois não combinam. Por exemplo, considere uma empresa que quer usar data science para melhorar seus custos com anúncios direcionados. Conforme uma campanha progride, mais e mais dados chegam às pessoas que fazem compras depois de terem visto um anúncio versus aquelas que não o viram. Esses dados podem ser usados para construir modelos para discriminar entre aqueles para quem deveríamos e não deveríamos anunciar. Exemplos podem ser postos de lado para avaliar a precisão da previsão dos modelos a respeito da resposta dos consumidores ao anúncio.

Quando os modelos resultantes são colocados em produção, visando consumidores "em livre circulação", a empresa se surpreende com a baixa na eficácia dos modelos em relação ao laboratório. Por que não? Pode haver muitas razões, mas observe uma em particular: os dados de treinamento e retenção realmente não correspondem aos dados aos quais o modelo será aplicado no campo. Especificamente, os dados de treinamento são todos os consumidores que foram alvo da campanha. De outro modo, não saberíamos o valor da variável alvo (se eles responderam). Mesmo antes da mineração de dados, a empresa não definiu os alvos aleatoriamente; eles tiveram alguns critérios, escolhendo pessoas que acreditavam que responderiam. No campo, o modelo é aplicado aos consumidores de forma mais ampla — não apenas para os consumidores que atendem a esses critérios. O fato de que as populações de treinamento e implantação são diferentes é uma provável fonte de degradação do desempenho.

Este fenômeno não se limita à propaganda direcionada. Considere a pontuação de crédito, onde gostaríamos de construir modelos para prever a probabilidade de um consumidor se tornar inadimplente. Mais uma vez, os dados que temos sobre cancelamentos de crédito versus não cancelamentos de crédito se baseiam nas pessoas a quem, anteriormente, concedemos crédito, e que, presumivelmente, foram consideradas de baixo risco.

Em ambos os casos, pense sobre o que você pode fazer, como empresa, para reunir um conjunto de dados mais apropriado para a construção de modelos preditivos. Lembre--se de aplicar o conceito fundamental introduzido no Capítulo 1: pense nos dados como um ativo para *investir*.

A validação cruzada começa com a divisão de um conjunto de dados rotulado em *k* partes, subconjuntos mutuamente exclusivos chamados *dobras*. Tipicamente, *k* será cinco ou dez. O painel superior da Figura 5-9 mostra um conjunto de dados rotulados (o conjunto de dados original), dividido em cinco dobras. Então, a validação cruzada repete o treinamento e testes *k* vezes, de forma particular. Como representado na parte inferior do painel da Figura 5-9, em cada repetição da validação cruzada, uma dobra diferente é escolhida como dados de teste. Nessa repetição, as outras dobras *k*-1 são combinadas para formar os dados de treinamento. Assim, em cada repetição temos (*k*-1)/*k* de dados utilizados para treinamento e 1/*k* usado para teste.

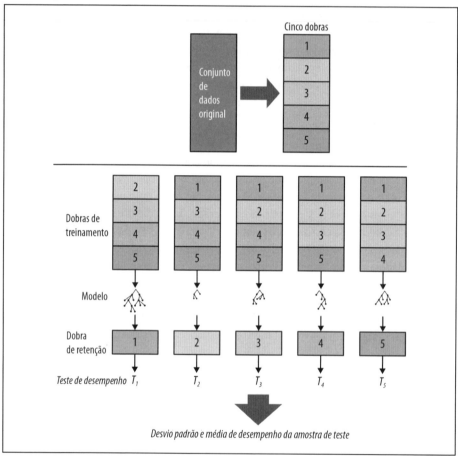

Figura 5-9. Uma ilustração de validação cruzada. O objetivo da validação cruzada é usar os dados originais rotulados de forma eficiente para estimar o desempenho de um procedimento de modelagem. Aqui mostramos uma validação cruzada de cinco dobras: o conjunto de dados original é dividido aleatoriamente em cinco partes com o mesmo tamanho. Em seguida, cada parte é usada em sua vez, como conjunto de teste, com as outras quatro usadas para treinar um modelo. Isso dá cinco diferentes resultados de precisão, que, então, podem ser utilizados para calcular a precisão média e sua variância.

Cada repetição produz um modelo e, assim, uma estimativa de desempenho de generalização, por exemplo, uma estimativa da precisão. Quando a validação cruzada é concluída, todos os exemplos terão sido usados apenas uma vez para teste, mas k-1 vezes para treinamento. Neste ponto, temos estimativas de desempenho de todas as dobras k e podemos calcular a média e o desvio padrão.

O Conjunto de Dados de Rotatividade Revisitado

Considere novamente o conjunto de dados de rotatividade introduzido em "Exemplo: Abordando o Problema da Rotatividade com a Indução de Árvore de Decisão", página 73. Nessa mesma seção, utilizamos todo o conjunto de dados, para treinamento e teste, e relatamos uma precisão de 73%. Encerramos a seção com uma pergunta, *você confia neste número*? A essa altura, você deve saber o suficiente para desconfiar de qualquer medida de desempenho feita no conjunto de treinamento, porque o sobreajuste é uma possibilidade muito real. Agora que introduzimos a validação cruzada, podemos refazer a avaliação com mais cuidado.

A Figura 5-10 mostra os resultados da validação cruzada de dez dobras. Na verdade, dois tipos de modelo são exibidos. O gráfico superior mostra resultados com regressão logística, e o gráfico inferior mostra resultados com árvores de classificação. Para ser mais preciso: o conjunto de dados foi embaralhado, depois, dividido em dez partes. Por sua vez, cada parte serviu como um único conjunto de retenção definido enquanto as outras nove foram usadas coletivamente para treinamento. A linha horizontal em cada gráfico representa a média de precisões dos dez modelos desse tipo.

Existem várias coisas para se observar aqui. Primeiro, a precisão média das dobras com árvores de classificação é de 68,6% — significativamente inferior à medida anterior de 73%. Isso significa que houve algum sobreajuste ocorrendo com as árvores de classificação, e este novo número (inferior) é uma medida mais realista do que podemos esperar. Em segundo lugar, há variação nos desempenhos das diferentes dobras (o desvio padrão das precisões das dobras é de 1,1) e, portanto, é uma boa ideia calcular sua média para obter uma noção do desempenho, bem como a variação que podemos esperar induzindo as árvores de classificação para esse conjunto de dados.

Por fim, comparamos as precisões das dobras entre as regressões logísticas e as árvores de classificação. Existem certas semelhanças em ambos os gráficos — por exemplo, nenhum tipo de modelo se saiu muito bem na Dobra Três e ambos tiveram um bom desempenho na Dobra Dez. Mas existem diferenças definidas entre os dois. É importante que os modelos de regressão logística mostrem precisão de média ligeiramente inferior (64,1%) e com maior variação (desvio padrão de 1,3) do que as árvores de classificação. Neste conjunto de dados em particular, as árvores podem ser preferíveis à regressão logística devido à sua maior estabilidade e desempenho. Mas isso não é absoluto; outros conjuntos de dados produzirão resultados diferentes, como será demonstrado.

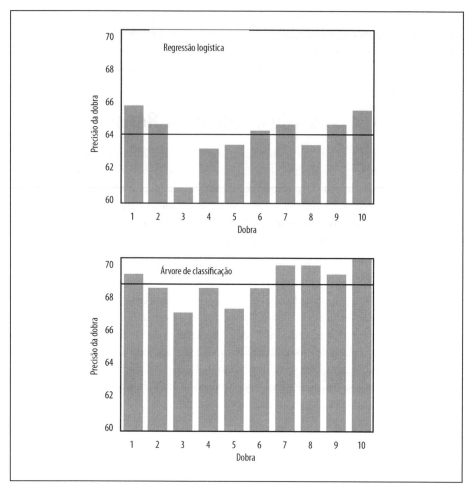

Figura 5-10. Precisões de dobra para validação cruzada sobre o problema de rotatividade. No topo estão as precisões dos modelos de regressão logística treinados em conjuntos de dados de 20.000 exemplos divididos em dez dobras. Na parte inferior estão as precisões de árvores de classificação nas mesmas dobras. Em cada gráfico a linha horizontal mostra a precisão média das dobras. (Observe a seleção da extensão do eixo y, que salienta as diferenças na precisão).

Curvas de Aprendizagem

Se o tamanho do conjunto de treinamento mudar, você também pode esperar um desempenho diferente de generalização a partir do modelo resultante. Com o restante sendo igual, o desempenho de generalização da modelagem orientada por dados geralmente melhora conforme mais dados de treinamento se tornam disponíveis, até certo ponto. Uma representação gráfica do desempenho da generalização contra a quantidade de dados de treinamento é chamada *curva de aprendizagem*. Ela é outra ferramenta analítica importante.

As curvas de aprendizagem para árvores de indução de decisão e regressão logística são apresentadas na Figura 5-11 para o problema de rotatividade em telecomunicação.[5] Curvas de aprendizagem costumam ter uma forma característica. Elas são íngremes, inicialmente, conforme o processo de modelagem encontra as regularidades mais aparentes no conjunto de dados. Então, conforme se possibilita que o procedimento de modelagem treine em conjuntos de dados cada vez maiores, ele encontra modelos mais precisos. No entanto, a vantagem marginal de ter mais dados diminui, de modo que a curva de aprendizagem se torna menos íngreme. Em alguns casos, a curva fica completamente plana, porque o processo já não pode elevar a precisão, mesmo com mais dados de treinamento.

É importante entender a diferença entre as curvas de aprendizagem e os gráficos de ajuste (ou curvas de ajuste). Uma curva de aprendizagem mostra o desempenho de generalização — desempenho apenas em dados de testes, representados graficamente contra a *quantidade de dados de treinamento* utilizados. Um gráfico de ajuste ilustra um desempenho de generalização, bem como o desempenho nos dados de treinamento, mas representados na *complexidade* do modelo. Gráficos de ajuste geralmente são mostrados para uma quantidade fixa de dados de treinamento.

Mesmo com os mesmos dados, diferentes procedimentos de modelagem podem produzir curvas de aprendizagem muito diferentes. Na Figura 5-11, observe que, para tamanhos menores de conjuntos de treinamento, a regressão logística gera melhor generalização de precisão que a indução de árvore de decisão. No entanto, conforme os conjuntos de treinamento ficam maiores, a curva de aprendizagem para os níveis de regressão logística diminui mais rápido, as curvas se cruzam e a indução de árvore de decisão logo fica mais precisa. Esse desempenho remete ao fato de que, com mais flexibilidade vem mais sobreajuste. Dado o mesmo conjunto de características, as árvores de classificação são uma representação de modelo mais flexível do que a regressão logística linear. Isso significa duas coisas: para dados menores, a indução de árvore de decisão tende a ter mais sobreajuste. Muitas vezes, como vemos para os dados na Figura 5-11, isso leva a uma regressão logística de melhor desempenho para conjuntos menores de dados (mas nem sempre). Por outro lado, a figura também mostra que a flexibilidade da árvore de indução pode ser uma vantagem com conjuntos maiores de treinamento: a árvore pode representar, substancialmente, relações não lineares entre as características e o alvo. Precisa ser avaliado empiricamente se a árvore de indução pode realmente capturar essas relações — utilizando-se uma ferramenta analítica, como curvas de aprendizagem.

---

5 Perlich et al. (2003) mostram curvas de aprendizagem para indução de árvore de decisão e regressão logística para dezenas de problemas de classificação.

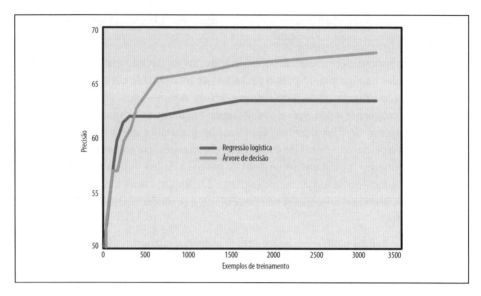

Figura 5-11. Curvas de aprendizagem para indução de árvore de decisão e regressão logística para o problema de rotatividade. Conforme o tamanho do treinamento cresce, (eixo x), o desempenho de generalização (eixo y) melhora. É importante ressaltar que os índices de melhora se alternam de forma diferente para as duas técnicas de indução ao longo do tempo. A regressão logística tem menos flexibilidade, o que permite que sofra menos sobreajuste com dados pequenos, mas impede que modele a complexidade total dos dados. A indução da árvore de decisão é muito mais flexível, levando a mais sobreajuste com pequenos dados, mas a modelar regularidades mais complexas com maiores conjuntos de treinamento.

 A curva de aprendizagem tem usos analíticos adicionais. Por exemplo, chegamos ao ponto em que os dados podem ser um ativo. A curva de aprendizagem pode mostrar que o desempenho de generalização se estabilizou, de modo que investir em mais dados de treinamento provavelmente não vale a pena; em vez disso, deve-se aceitar o desempenho atual ou procurar outra maneira de melhorar o modelo, como por meio da elaboração de melhores características. Como alternativa, a curva de aprendizado pode apresentar precisão de generalização com melhora contínua, por isso, obter mais dados de treinamento pode ser um bom investimento.

Como Evitar Sobreajuste e Controle de Complexidade

Para evitar sobreajuste, controlamos a complexidade dos modelos induzidos a partir dos dados. Vamos começar examinando o controle de complexidade na indução de árvore de decisão, já que esta tem muita flexibilidade e, portanto, tende a sofrer bastante sobreajuste sem um mecanismo para evitá-lo. Essa discussão no contexto de árvores de decisão nos levará a um mecanismo muito geral que será aplicável a outros modelos.

Como Evitar Sobreajuste com Indução de Árvore de Decisão

O principal problema com a indução de árvore de decisão é que ela continuará crescendo para ajustar os dados de treinamento até criar nós folha puros. Isso provavelmente resultará em árvores grandes e excessivamente complexas que sobreajustam os dados. Vimos como isso pode ser prejudicial. A indução de árvore de decisão comumente utiliza duas técnicas para evitar sobreajuste. Essas estratégias são (i) interromper o crescimento da árvore de decisão antes que fique muito complexa e (ii) desenvolver a árvore de decisão até que fique grande demais para, então, ser "podada", e ter seu tamanho reduzido (e, assim, sua complexidade).

Existem vários métodos para a realização de ambos. O mais simples para limitar o tamanho da árvore de decisão é especificar um número mínimo de exemplos que devem estar presentes em uma folha. A ideia por trás desse critério de interrupção de exemplo mínimo é que, para a modelagem preditiva, essencialmente, usamos os dados na folha para fazer uma estimativa estatística do valor da variável alvo para os casos futuros que se enquadrarem naquela folha. Se fizermos previsões do alvo com base em um subconjunto muito pequeno de dados, podemos esperar que sejam imprecisos — especialmente quando construirmos a árvore de decisão especificamente para tentar obter folhas puras. Uma boa propriedade de controlar a complexidade desta forma é que a indução da árvore de decisão automaticamente desenvolverá os galhos que têm grande quantidade de dados e cortará os curtos, com menos dados — adaptando automaticamente o modelo com base na distribuição de dados.

Uma questão chave passa a ser qual limite devemos usar. Quantos exemplos estamos dispostos a tolerar em uma folha? Cinco exemplos? Trinta? Cem? Não existe um número fixo, embora os profissionais tendam a ter suas próprias preferências com base na experiência. No entanto, os pesquisadores desenvolveram técnicas para decidir estatisticamente o ponto de parada. A estatística fornece a noção de um "teste de hipótese", que você já ter visto em uma aula de estatística básica. De maneira simplificada, um teste de hipótese tenta avaliar se uma diferença em alguma estatística não ocorre simplesmente ao acaso. Na maioria dos casos, o teste de hipótese baseia-se em um "valor p", que limita a probabilidade de que a diferença na estatística seja pelo acaso. Se esse valor for inferior a um limiar (muitas vezes de 5%, mas específico ao problema), então o teste de hipótese conclui que a diferença provavelmente não se deve ao acaso. Então, para interromper o crescimento da árvore, uma alternativa para configurar um tamanho fixo para as folhas é conduzir um teste de hipótese em cada folha para determinar se a diferença observada em, digamos, ganho de informação, poderia ter ocorrido ao acaso. Se o teste de hipótese conclui que ele provavelmente não ocorreu ao acaso, então, a divisão é aceita e o crescimento da árvore continua (veja "Quadro: Cuidado com 'Comparações Múltiplas'", página 139).

A segunda estratégia de redução de sobreajuste é "podar" uma árvore muito grande. Podar significa cortar as folhas e os ramos, substituindo-os por folhas. Há muitas maneiras de fazer isso, e o leitor interessado pode buscar a literatura sobre mineração de dados para obter mais detalhes. Uma ideia geral é estimar se a substituição de um conjunto de folhas, ou um ramo com uma folha, reduziria a precisão. Se não, então, vá em frente e pode. O processo pode ser repetido em subárvores progressivas até que uma remoção ou substituição reduza a precisão.

Concluímos nosso exemplo de evitar sobreajuste na indução de árvore de decisão com o método que generalizará para diferentes técnicas de modelagem de dados. Considere a seguinte ideia: e se construíssemos árvores com diferentes tipos de complexidades? Por exemplo, digamos que paremos de construir a árvore depois de apenas um nó. Em seguida, construímos uma árvore com dois nós. Depois, três nós, etc. Temos um conjunto de árvores de diferentes complexidades. Agora, se houvesse uma maneira de estimar seu desempenho de generalização, poderíamos escolher qual estima-se ser o melhor!

Um Método Geral para Evitar Sobreajuste

De modo mais geral, se temos uma coleção de modelos com diferentes complexidades, poderíamos escolher o melhor, simplesmente por meio da estimativa do desempenho de generalização de cada um. Mas como poderíamos estimar seu desempenho de generalização? Nos dados (rotulados) do teste? Há um grande problema com isso: os dados de teste devem ser estritamente *independentes* do modelo de construção para que possamos obter uma estimativa independente da precisão do modelo. Por exemplo, podemos querer estimar o desempenho final do negócio ou comparar o melhor modelo que podemos construir a partir de uma família (digamos, árvores de classificação) contra o melhor modelo de outra família (digamos, regressão logística). Se não nos importamos em comparar os modelos ou obter uma estimativa independente de sua precisão e/ou da variância, então, poderíamos escolher o melhor modelo com base nos dados do teste.

No entanto, mesmo se quisermos essas coisas, ainda podemos continuar. O segredo é perceber que não havia nada de especial sobre a primeira divisão de treinamento/teste que fizemos. Digamos que estamos salvando o conjunto de teste para uma avaliação final. Podemos pegar o conjunto de teste e dividi-lo novamente em um subconjunto de treinamento e um de teste. Então, podemos construir modelos neste subconjunto de treinamento e escolher o melhor baseado neste subconjunto de testes. Chamaremos o primeiro de *conjunto de subtreinamento* e este último de *conjunto de validação* para ficar mais claro. O conjunto de validação é separado do conjunto de teste final, em que nunca tomaremos nenhuma decisão de modelagem. Este procedimento costuma ser chamado de teste de retenção *aninhada*.

Retornando ao nosso exemplo de árvore de classificação, podemos induzir árvores de decisão de muitas complexidades a partir do conjunto de subtreinamento, então, podemos estimar o desempenho de generalização para cada um a partir do conjunto de validação. Isso corresponderia a escolher o topo do U invertido em forma de curva de validação na Figura 5-3. Digamos que o melhor modelo por essa avaliação tenha uma complexidade de 122 nós (o "ponto ideal"). Então, poderíamos usar esse modelo como nossa melhor escolha, possivelmente estimando o desempenho real de generalização no conjunto de teste de retenção final. Também poderíamos acrescentar mais uma reviravolta. Este modelo foi construído sobre um subconjunto dos nossos dados de treinamento, já que tivemos que reter o conjunto de validação, a fim de escolher a complexidade. Contudo, uma vez escolhida a complexidade, por que não induzir uma *nova* árvore com 122 nós do conjunto original de treinamento? Então, podemos obter o melhor de dois mundos: usando a divisão subtreinamento/validação para escolher a melhor complexidade sem estragar o conjunto de teste, *e* construir um modelo dessa melhor complexidade em todo o conjunto de treinamento (subtreinamento mais validação).

Esta abordagem é utilizada em muitos tipos de algoritmos de modelagem para controlar a complexidade. O método geral é escolher o valor de algum parâmetro de complexidade usando algum tipo de procedimento de retenção aninhada. Mais uma vez, é aninhada porque um segundo procedimento de retenção é realizado no conjunto de treinamento selecionado pelo primeiro procedimento de retenção.

Muitas vezes, é usada a validação cruzada aninhada. Ela é mais complicada, mas funciona, como se pode suspeitar. Digamos que gostaríamos de fazer a validação cruzada para avaliar a precisão da generalização de uma nova técnica de modelagem, que tem um parâmetro de complexidade C ajustável, mas não sabemos como configurá-lo. Assim, executamos uma validação cruzada, como descrito anteriormente. No entanto, antes de construir o modelo para cada dobra, tomamos o conjunto de treinamento (Figura 5-9) e, primeiro, realizamos um experimento: executamos outra validação cruzada inteira apenas naquele conjunto de treinamento para encontrar o valor estimado de C para dar a melhor precisão. O resultado desse experimento é usado somente para definir o valor de C, para construir o modelo real para aquela dobra da validação cruzada. Em seguida, construímos outro modelo usando toda a dobra de treinamento, utilizando esse valor para C, e o teste na dobra de teste correspondente. A única diferença de validação cruzada regular é que, para cada dobra, primeiro executamos esse experimento para encontrar C, usando outra validação cruzada menor.

Se você entendeu tudo isso, vai perceber que, se usarmos a validação cruzada de cinco dobras em ambos os casos, vamos, na verdade, ter construído 30 modelos no processo (sim, *trinta*). Esse tipo de modelagem experimental controlada por complexidade só ganhou ampla aplicação prática ao longo da última década por causa da carga computacional óbvia envolvida.

Esta ideia de utilizar os dados para escolher a complexidade experimentalmente, bem como para construir o modelo resultante, aplica-se em diferentes algoritmos de indução e diferentes tipos de complexidade. Por exemplo, mencionamos que a complexidade aumenta com o tamanho do conjunto de características, por isso, geralmente é desejável reduzir o conjunto de características. Um método comum para fazer isso é executar com vários conjuntos de diferentes características, usando esse tipo de procedimento de retenção aninhada para escolher o melhor.

Por exemplo, a *seleção sequencial crescente* (SFS, do inglês *sequential forward selection*) de características utiliza um procedimento de retenção aninhada para, primeiro, escolher a melhor característica individual, olhando para todos os modelos construídos usando apenas uma característica. Depois de escolher uma primeira característica, a SFS testa todos os modelos que acrescentam uma segunda característica a essa primeira escolhida. O melhor par é, então, selecionado. Em seguida, o mesmo procedimento é feito por três, depois quatro, e assim por diante. Ao adicionar um recurso que não melhora a precisão da classificação na validação de dados, o processo de SFS para (há um procedimento similar chamado *eliminação sequencial decrescente* de características; como você pode imaginar, ele funciona iniciado por todas as características, descartando-as uma de cada vez e continua a descartá-las enquanto não houver perda de desempenho).

Esta é uma abordagem comum. Em ambientes modernos com abundância de dados e poder computacional, o cientista de dados rotineiramente define parâmetros de modelagem pela experimentação usando algum teste tático de retenção aninhada (muitas vezes, validação cruzada aninhada).

A próxima seção mostra uma maneira diferente de aplicar esse método para controlar o sobreajuste quando se aprende funções numéricas (conforme descrito no Capítulo 4). Pedimos que você, pelo menos, dê uma olhada na seção seguinte porque ela introduz conceitos e vocabulário de uso comum pelos cientistas de dados nos dias de hoje.

*Como Evitar Sobreajuste para Otimização de Parâmetros

Como acabamos de descrever, evitar o sobreajuste envolve um controle da complexidade: encontrar o equilíbrio "certo" entre o ajuste para os dados e a complexidade do modelo. Nas árvores de decisão, vimos várias maneiras de tentar impedir que a árvore fique muito grande (muito complexa) ao ajustar os dados. Para equações, como a regressão logística, que diferentemente dessas árvores não selecionam automaticamente quais atributos incluir, a complexidade pode ser controlada pela escolha de um conjunto "certo" de atributos.

O Capítulo 4 introduz a família popular de métodos que constrói modelos para otimizar explicitamente o ajuste dos dados por meio de um conjunto de parâmetros numéricos. Discutimos vários membros lineares desta família, incluindo aprendizes discriminantes lineares, regressão linear e regressão logística. Muitos modelos não lineares são ajustados aos dados exatamente da mesma maneira.

Como seria de se esperar, dada nossa discussão até agora neste capítulo e as figuras em "Exemplo: Sobreajuste em Funções Lineares" na página 119, esses procedimentos também podem sofrer sobreajuste aos dados. No entanto, sua estrutura de otimização explícita fornece um método elegante, embora técnico, para controle da complexidade. A estratégia geral é que em vez de apenas otimizar o ajuste aos dados, otimizamos alguma combinação de ajuste e simplicidade. Os modelos serão melhores caso se encaixem melhor aos dados, mas também serão melhores se forem mais simples. Esta metodologia geral é chamada de *regularização*, um termo que se ouve muito em discussões sobre data science.

Detalhes Técnicos à Frente

O restante desta seção discute brevemente (e um pouco tecnicamente) como a regularização é feita. Não se preocupe se não compreender os detalhes técnicos. Lembre-se de que a regularização está tentando otimizar não só o ajuste aos dados, mas também uma combinação de ajuste aos dados e simplicidade do modelo.

Lembre-se do Capítulo 4 que, para ajustar um modelo que envolve parâmetros numéricos w para os dados, encontramos o conjunto de parâmetros que maximiza alguma "função objetiva", indicando o quão bem ela se ajusta aos dados:

$$\arg\max_{w} \text{fit}(\mathbf{x}, \mathbf{w})$$

(O $\arg\max_w$ significa apenas que você quer maximizar o ajuste de todos os argumentos $\mathbf{w}$ possíveis, e está interessado no argumento particular $\mathbf{w}$ que dá o máximo. Esses seriam os parâmetros do modelo final).

O controle da complexidade via regularização funciona adicionando a esta função objetiva uma penalização para a complexidade:

$$\arg\max_{w} [\text{fit}(\mathbf{x}, \mathbf{w}) - \lambda \cdot \text{penalty}(\mathbf{w})]$$

O termo λ é simplesmente uma ponderação que determina quanta importância do procedimento de otimização deve-se colocar sobre a penalidade em comparação ao ajuste de dados. Neste ponto, o modelador tem de escolher λ e a função de penalidade.

Assim, como um exemplo concreto, lembre-se da "*Regressão Logística: Alguns Detalhes Técnicos", na página 100, que, para aprender um modelo de regressão logística padrão, a partir dos dados, encontramos os parâmetros numéricos $\mathbf{w}$ que produzem o modelo linear com maior probabilidade de ter gerado os dados observados — o modelo de "probabilidade máxima". Vamos representar como:

$$\arg\max_{w} g_{\text{likelihood}}(\mathbf{x}, \mathbf{w})$$

Em vez disso, para aprender um modelo de regressão logística "regularizada" teríamos que calcular:

$$\arg\max_{w} [g_{\text{likelihood}}(\mathbf{x}, \mathbf{w}) - \lambda \cdot \text{penalty}(\mathbf{w})]$$

Existem diferentes penalidades que podem ser aplicadas, com diferentes propriedades.[6] A penalidade mais comumente utilizada é a soma dos quadrados das ponderações, às

---

[6] O livro *The Elements of Statistical Learning* (Hastie, Tibshirani & Friedman, 2009) contém uma excelente discussão técnica sobre o assunto.

vezes chamada de "norma-L2" de *w*. O motivo é técnico, mas funciona, basicamente, para ajustar melhor os dados que estão autorizados a ter grandes ponderações positivas e negativas. A soma desses quadrados das ponderações gera uma grande penalidade quando ela tem grandes valores absolutos.

Se incorporarmos a penalidade de norma-L2 nas regressões lineares padrão de quadrados mínimos, obteremos o procedimento estatístico chamado *regressão ridge ou regressão em crista*. Se, em vez disso, utilizarmos a soma dos valores absolutos (em vez dos quadrados), conhecido como norma-L1, temos um procedimento conhecido como *lasso* (Hastie et al., 2009). De modo mais geral, isso é chamado de regularização-L1. Por motivos bastante técnicos, a regularização-L1 acaba zerando muitos coeficientes. Como esses coeficientes são as ponderações multiplicadoras nas características, a regularização-L1 realiza efetivamente uma forma automática de seleção de característica.

Agora, temos o mecanismo para descrever com mais detalhes máquinas de vetores de suporte lineares, introduzidas em "Máquinas de Vetores de Suporte, Resumidamente", na página 92. Lá, informamos que as máquinas de vetores de suporte "maximizam a margem" entre as classes, ajustando a "maior barra" entre elas. Separadamente, discutimos que ela usa a perda de dobradiça ou *hinge loss*, (consulte "Quadro: Funções Perda", na página 95) para penalizar erros. Agora, podemos conectá-los diretamente à regressão logística. O aprendizado computacional de vetor de suporte linear é, especificamente, quase equivalente à regressão logística regularizada-L2 sobre a qual acabamos de discutir; a única diferença é que uma máquina de vetor de suporte usa perda de dobradiça em vez da probabilidade de sua otimização. A máquina de vetor de suporte otimiza esta equação:

$$\arg\max_{w} \left[-g_{hinge}(x, w) - \lambda \cdot \text{penalty}(w) \right]$$

Onde g_{hinge}, o termo da perda de dobradiça, é subtraído, porque quanto menor a perda inferior de dobradiça, melhor.

Por fim, você pode estar dizendo para si mesmo: tudo isso é muito bom, mas muita mágica parece estar escondida neste parâmetro λ que o modelador precisa escolher. Como o modelador escolhe aquela forma de domínio real como previsão de rotatividade, direcionamento de anúncios on-line ou detecção de fraude?

Acontece que já temos uma maneira simples de escolher λ. Discutimos como um bom tamanho de árvore de decisão e um bom conjunto de características podem ser escolhidos por meio de validação cruzada aninhada nos dados de treinamento. Podemos escolher λ da mesma forma. Essa validação cruzada, essencialmente, conduz experimentos automatizados em subconjuntos de dados de treinamento e encontra um bom valor λ. Depois, λ é utilizado para aprender um modelo regularizado em todos os dados de treinamento. Esse tornou-se o procedimento padrão para a construção de modelos numéricos que dão um bom equilíbrio entre o ajuste de dados e a complexidade do modelo. Essa abordagem geral para otimizar os valores dos parâmetros de um processo de mineração de dados é conhecida como busca em grade.

Quadro: Cuidado com as "Comparações Múltiplas"

Considere o seguinte cenário. Você comanda uma empresa de investimentos. Cinco anos atrás, você queria ter alguns produtos negociáveis de fundos mútuos de baixa capitalização para vender, mas seus analistas eram péssimos em escolher ações de baixa capitalização. Então, você realizou o procedimento a seguir. Iniciou 1.000 fundos mútuos de investimento diferentes, cada um incluindo um pequeno conjunto de ações aleatoriamente escolhidas dentre aquelas que compunham o índice Russell 2000 (o principal índice de ações de baixa capitalização). Sua empresa investiu em todos os 1.000 fundos, mas não contou a ninguém sobre eles. Agora, cinco anos depois, você olha para seu desempenho. Como possuía diferentes ações, terá diferentes retornos. Alguns serão aproximadamente os mesmos que o índice, alguns serão piores, e alguns serão melhores. O melhor pode ser muito melhor. Então, você liquida todos os fundos, exceto os poucos melhores, e os apresenta ao público. Você pode "honestamente" alegar que seu retorno de 5 anos é substancialmente melhor do que o retorno do índice Russell 2000.

Então, qual é o problema? O problema é que escolheu as ações aleatoriamente! Você não faz ideia se as ações nos "melhores" fundos tiveram melhor desempenho porque realmente eram melhores ou porque você escolheu a dedo as melhores de um grande conjunto que simplesmente apresentou variação de desempenho. Se jogar 1.000 moedas muitas vezes, uma delas vai ter que dar cara muito mais do que 50% das vezes. No entanto, escolher essa moeda como a "melhor", para jogar mais tarde, obviamente, é bobagem. Estes são exemplos do "problema de múltiplas comparações", um fenômeno estatístico muito importante que analistas de negócios e cientistas de dados sempre devem ter em mente. Cuidado sempre que alguém fizer muitos testes e, depois, escolher os resultados que parecem bons. Livros de estatística alertam contra a execução de vários testes de hipótese estatística para depois olhar para os que dão resultados "significativos". Estes costumam violar as premissas por trás dos testes estatísticos e o significado real dos resultados é duvidoso.

As razões subjacentes para o sobreajuste na construção de modelos a partir de dados são, essencialmente, problemas de múltiplas comparações (Jensen & Cohen, 2000). Observe que mesmo os procedimentos para evitar sobreajuste realizam múltiplas comparações (por exemplo, escolher a melhor complexidade para um modelo, por meio da comparação de várias complexidades). Não existe solução definitiva ou fórmula mágica para obter verdadeiramente o modelo "ideal" para ajuste de dados. No entanto, pode-se tomar cuidados para reduzir o sobreajuste, o máximo possível, usando os procedimentos de retenção descritos neste capítulo e, se possível, olhando atentamente para os resultados antes de declarar vitória. Por exemplo, se o gráfico de ajuste realmente tem um formato de U invertido, pode-se ficar muito mais confiante de que a parte superior representa uma "boa" complexidade, do que se a curva saltasse aleatoriamente em vários pontos.

Resumo

A mineração de dados envolve um equilíbrio fundamental entre a complexidade do modelo e a possibilidade de sobreajuste. Um modelo complexo pode ser necessário se o fenômeno produzindo os dados é complexo, mas modelos complexos correm o risco de sobreajustar os dados de treinamento (ou seja, detalhes de modelagem dos dados que não são encontrados na população geral). Um modelo com sobreajuste não vai generalizar bem para outros dados, mesmo que sejam da mesma população.

Todos os tipos de modelo podem sofrer sobreajuste. Não existe uma única escolha ou técnica para eliminar o sobreajuste. A melhor estratégia é reconhecê-lo, testando-o com um conjunto de retenção. Vários tipos de curvas podem ajudar a detectar e medir o sobreajuste. Um *gráfico de ajuste* tem duas curvas que mostram o desempenho do modelo no treinamento e teste de dados como uma função da complexidade do modelo. Uma curva de ajuste em dados de teste costuma ter um formato aproximado de U ou U invertido (dependendo se o erro ou a precisão são representados). A precisão começa baixa quando o modelo é simples, cresce conforme a complexidade aumenta e se achata e em seguida, começa a diminuir novamente conforme a sobreposição se instala. Uma *curva de aprendizagem* mostra o desempenho do modelo em dados de teste representados em função da *quantidade de dados de treinamento* utilizados. Normalmente, o desempenho do modelo aumenta com a quantidade de dados, mas a taxa de aumento e o desempenho final assintótico podem ser bastante diferentes entre os modelos.

Uma metodologia experimental comum chamada de *validação cruzada* especifica uma forma sistemática de divisão de um único conjunto de dados de forma que gere várias medidas de desempenho. Esses valores dizem ao cientista de dados qual comportamento médio o modelo rende, bem como a variação esperada.

O método geral para refrear a complexidade do modelo para evitar sobreajuste é chamada de *regularização* do modelo. As técnicas incluem poda de árvore de decisão (corte de uma árvore de classificação, quando ela se torna muito grande), seleção de características e aplicação de penalidades de complexidade explícita para a função objetiva utilizada para modelagem.

CAPÍTULO 6
Similaridade, Vizinhos e Agrupamentos

Conceitos Fundamentais: *Cálculo de semelhança de objetos descritos por dados; Uso de similaridade para predição; Agrupamentos como segmentação baseada em similaridade.*

Técnicas Exemplares: *A procura de entidades semelhantes; Métodos de vizinhos mais próximos; Métodos de agrupamento; Métricas de distância para calcular similaridade.*

A similaridade é a base de muitos métodos de data science e de soluções para problemas de negócios. Se duas coisas (pessoas, empresas, produtos) são semelhantes em alguns aspectos, costumam compartilhar outras características também. Muitas vezes, os procedimentos de mineração de dados são baseados no agrupamento de coisas por semelhança ou na busca pelo tipo "certo" de similaridade. Vimos isso implicitamente nos capítulos anteriores, onde os procedimentos de modelagem criam limites para o agrupamento de exemplos que possuem valores semelhantes para suas variáveis alvo. Neste capítulo, analisamos diretamente a similaridade, e mostramos como ela se aplica a uma variedade de tarefas diferentes. Incluímos seções com alguns detalhes técnicos, para que o leitor mais matemático possa compreender a similaridade com mais profundidade; essas seções podem ser puladas.

Diferentes tipos de tarefas de negócios envolvem raciocínio a partir de exemplos semelhantes:

- Podemos querer *recuperar* coisas semelhantes diretamente. Por exemplo, a IBM quer encontrar empresas que são semelhantes aos seus melhores clientes de negócios para que a equipe de vendas os veja como potenciais clientes. A Hewlett-Packard mantém muitos servidores de alto desempenho para clientes; esta manutenção é auxiliada por uma ferramenta que, dada a configuração do servidor, recupera informações em outros servidores configurados de forma semelhante. Anunciantes muitas vezes querem oferecer anúncios online para os clientes semelhantes aos seus atuais bons clientes.

- A similaridade pode ser usada para fazer *classificação* e *regressão*. Como sabemos mais sobre classificação agora, ilustramos o uso da similaridade com o exemplo de classificação abaixo.

- Podemos querer unir itens semelhantes em *agrupamentos*, por exemplo, para ver se nossa base de clientes contém grupos de clientes semelhantes e o que esses grupos têm em comum. Anteriormente, discutimos segmentação supervisionada; esta é segmentação não supervisionada. Depois de discutirmos o uso de similaridade para classificação, discutimos sua utilização para agrupamento.

- Varejistas modernos como Amazon e Netflix usam a similaridade para fornecer *recomendações* de produtos semelhantes ou a partir de pessoas semelhantes. Sempre que vemos afirmações como "Pessoas que gostaram de X também gostaram de Y" ou "Clientes com seu histórico de navegação também se interessaram por..." a similaridade está sendo aplicada. No Capítulo 12, discutimos como um cliente pode ser semelhante a um filme, se os dois forem descritos pelas mesmas "dimensões de gosto". Neste caso, para fazer recomendações, podemos encontrar quais filmes são mais semelhantes ao gosto do cliente (e que o cliente ainda não viu).

- Obviamente, um raciocínio de casos semelhantes se estende para além das aplicações de negócios; é natural para áreas como medicina e direito. Um médico pode analisar um novo caso difícil ao se recordar de um caso semelhante (que tratou pessoalmente ou foi documentado em um periódico) e seu diagnóstico. Um advogado frequentemente discute casos citando precedentes legais, que são casos históricos similares cujas disposições foram previamente julgadas e entraram para o livro de registro legal. O campo da Inteligência Artificial tem uma longa história de construção de sistemas para ajudar médicos e advogados com tal raciocínio baseado em casos. Julgamentos de similaridade são um componente chave.

Para discutir ainda mais essas aplicações, precisamos de alguns minutos para formalizar a similaridade e sua prima, a distância.

Similaridade e Distância

Uma vez que um objeto pode ser representado como dado, podemos começar a falar mais precisamente sobre a similaridade entre objetos ou, alternativamente, a distância entre eles. Por exemplo, vamos considerar a representação de dados que temos usado ao longo do livro até agora: representar cada objeto como um vetor de característica. Então, quanto mais próximos dois objetos estão no espaço definido pelas características, mais semelhante eles são.

Lembre-se de que quando construímos e aplicamos modelos preditivos, o objetivo é determinar o valor de uma característica alvo. Ao fazê-lo, usamos a similaridade já implícita dos objetos. "Visualizando as Segmentações", na página 67, discute a interpretação geométrica de alguns modelos de classificação e "Classificação por Funções Matemáticas", na página 83, discute como dois tipos de modelos diferentes dividem um espaço exemplo em regiões com base na proximidade de instâncias com rótulos de classe semelhantes. Muitos métodos de data science podem ser vistos desta forma: como métodos para a organização do espaço de exemplos de dados (representações de objetos importantes), para que as instâncias próximas umas das outras sejam tratadas da mesma forma para algum propósito. Ambas as árvores de classificação e classificadores lineares estabelecem limites entre regiões de diferentes classificações. Eles têm em comum a visão de que exemplos que partilham uma região comum no espaço devem ser semelhantes; o que difere entre os métodos é a forma como as regiões são representadas e descobertas.

Então, por que não argumentar sobre a semelhança ou a distância entre os objetos diretamente? Para fazer isso, precisamos de um método básico para medir a similaridade ou a distância. O que significa duas empresas ou dois consumidores serem semelhantes? Vamos examinar isso com cuidado. Considere dois exemplos do nosso domínio simplificado de aplicação de crédito:

Atributo	Pessoa A	Pessoa B
Idade	23	40
Anos no endereço atual	2	10
Estado residencial (1=Proprietário, 2=Inquilino, 3=Outro)	2	1

Esses itens de dados têm vários atributos, e não há um método melhor para reduzi-los a uma única medida de similaridade ou distância. Há diferentes maneiras de medir a similaridade ou distância entre a Pessoa A e a Pessoa B. Um bom lugar para começar é com medidas de distância de geometria básica.

Lembre-se de nossas discussões anteriores sobre a interpretação geométrica de que se tivéssemos duas características (numéricas), então, cada objeto seria um ponto em um espaço bidimensional. A Figura 6-1 mostra dois itens de dados, A e B, localizados em um plano bidimensional. O Objeto A está nas coordenadas (x_A, y_A) e B está em (x_B, y_B). Correndo o risco de muita repetição, note que essas coordenadas são apenas os valores das duas características dos objetos. Como mostrado, podemos traçar um triângulo retângulo entre os dois objetos cuja base é a diferença entre os x: $(x_A - x_B)$ e cuja altura é a diferença entre os y: $(y_A - y_B)$. O teorema de Pitágoras nos diz que a distância entre A e B é dada pelo comprimento da hipotenusa, e é igual à raiz quadrada da soma dos quadrados dos comprimentos dos outros dois lados do triângulo que, neste caso, é $\sqrt{(x_A - x_B)^2 + (y_A - y_B)^2}$. Essencialmente, podemos calcular a distância total por meio do cálculo das distâncias das dimensões individuais — as características individuais em nosso caso.

Similaridade e Distância | 143

Isso é chamado de *distância Euclidiana*[1] entre dois pontos, e provavelmente é a medida de distância geométrica mais comum.

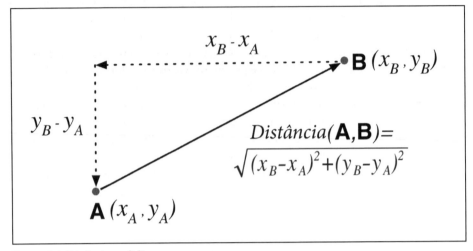

Figura 6-1. Distância euclidiana.

A distância Euclidiana não se limita a duas dimensões. Se A e B fossem objetos descritos por três características, poderiam ser representados pelos pontos no espaço tridimensional e suas posições seriam, então, representadas como (x_A, y_A, z_A) e (x_B, y_B, z_B). A distância entre A e B incluiria, então, o termo $(z_A - z_B)^2$. Podemos acrescentar arbitrariamente muitos recursos, a cada nova dimensão. Quando um objeto é descrito por n características, n dimensões $(d_1, d_2,..., d_n)$, a equação geral para a distância euclidiana em n dimensões é mostrada na Equação 6-1:

Equação 6-1. Distância euclidiana geral

$$\sqrt{(d_{1,A} - d_{1,B})^2 + (d_{2,A} - d_{2,B})^2 + ... + (d_{n,A} - d_{n,B})^2}$$

Agora, temos uma métrica para medir a distância entre quaisquer dois objetos descritos por vetores de características numéricas — uma fórmula simples baseada nas distâncias das características individuais dos objetos. Recordando as pessoas A e B, acima, sua distância Euclidiana é:

$$d(A, B) = \sqrt{(23 - 40)^2 + (2 - 10)^2 + (2 - 1)^2}$$
$$\approx 18.8$$

Assim, a distância entre estes exemplos é de cerca de 19. Essa distância é apenas um número — ela não tem unidades e nenhuma interpretação significativa. Só é realmente útil para comparar a semelhança de um par de exemplos com outro par. Acontece que comparar similaridades é extremamente útil.

---

[1] Em homenagem a Euclides, o matemático grego do século IV a.C., conhecido como pai da geometria.

Raciocínio do Vizinho Mais Próximo

Agora que já temos uma maneira de medir a distância, podemos usá-la para tarefas diferentes de análise de dados. Relembrando exemplos do início do capítulo, podemos usar esta medida para encontrar as empresas mais semelhantes aos nossos melhores clientes corporativos ou consumidores online mais semelhantes aos nossos melhores clientes de varejo. Depois de encontrar isso, podemos tomar as medidas mais adequadas no contexto de negócios. Para clientes corporativos, a IBM faz isso para ajudar a orientar sua força de vendas. Os anunciantes online fazem isso para direcionar anúncios. Essas instâncias mais semelhantes são chamadas de *vizinhos mais próximos*.

Exemplo: Análise de Uísque

Vamos falar sobre um novo exemplo. Um de nós (Foster) gosta de uísque escocês puro malte. Se você já experimentou mais de um ou dois, percebeu que há muita variação entre as centenas de maltes puros. Quando Foster encontra um puro malte de que realmente gosta, ele tenta encontrar outros semelhantes — porque gosta de explorar o "universo" dos puros maltes, mas também porque qualquer loja de bebidas ou restaurante tem uma seleção limitada. Ele quer ser capaz de escolher um que realmente vai gostar. Por exemplo, outra noite, um companheiro no jantar recomendou o puro malte "Bunnahabhain."[2] Era incomum e muito bom. Dentre todos os puros maltes, como Foster poderia encontrar outros como esse?

Vamos adotar uma abordagem de data science. Lembre-se do Capítulo 2: primeiro, devemos pensar sobre a pergunta que gostaríamos de responder e quais são os dados apropriados para respondê-la. Como podemos descrever uísques escoceses puro malte como vetores de características, de tal maneira que possamos considerar que uísques semelhantes terão gostos semelhantes? Este é exatamente o projeto de François-Joseph Lapointe e Pierre Legendre (1994), da Universidade de Montreal. Eles estavam interessados em várias classificações e questões organizacionais sobre uísques escoceses. Vamos adotar algumas de suas abordagens aqui.[3]

Acontece que são publicadas notas de degustação sobre muitos uísques. Por exemplo, Michael Jackson, famoso apreciador de uísque e cerveja que escreveu *Michael Jackson's Malt Whisky Companion: A Connoisseur's Guide to the Malt Whiskies of Scotland* (Jackson, 1989), descreve 109 diferentes uísques escoceses puro malte. As descrições são no formato de notas de degustação sobre cada uísque, como: "*Aroma apetitoso de turfa defumada, quase como incenso, mel de urze com uma suavidade frutada.*"

---

2 Não, ele também não consegue pronunciar corretamente.
3 Para um negócio de verdade baseado em análise de uísque, consulte o site: WhiskyClassified.com (*http://whiskyclassified.com/* — conteúdo em inglês)

Como cientistas de dados, estamos fazendo progresso. Encontramos uma fonte potencialmente útil de dados. No entanto, ainda não temos uísques descritos por vetores de características, apenas por notas de degustação. Precisamos avançar com nossa formulação de dados. Seguindo Lapointe e Legendre (1994), vamos criar algumas características numéricas que, para qualquer uísque, resumirão as informações das notas de degustação. Defina cinco atributos gerais de uísque, cada um com muitos valores possíveis:

1. **Cor:** *amarelo, muito pálido, pálido, ouro pálido, ouro, ouro velho, ouro pleno, âmbar, etc.* (14 valores)
2. **Olfato:** *aromático, turfoso, doce, leve, fresco, seco, gramíneo etc.* (12 valores)
3. **Corpo:** *suave, médio, íntegro, completo, macio, leve, firme, oleoso* (8 valores)
4. **Paladar:** *íntegro, seco, xerez, grande, frutado, gramíneo, defumado, salgado etc.* (15 valores)
5. **Acabamento:** *íntegro, seco, quente, leve, macio, limpo, frutado, gramíneo, defumado etc.* (19 valores)

É importante notar que essas categorias de valores *não* são mutuamente exclusivas (por exemplo, o paladar de Aberlour é descrito como médio, íntegro, suave, completo e macio). Em geral, qualquer um dos valores pode ocorrer ao mesmo tempo (embora alguns deles, como a cor ser clara e esfumaçada, nunca acontece), mas como podem coocorrer, cada valor de cada variável foi codificado como uma característica separada por Lapointe e Legendre. Consequentemente, há 68 características binárias de cada uísque.

Foster gosta de Bunnahabhain, portanto, podemos utilizar a representação de Lapointe e Legendre de uísques com a distância Euclidiana para encontrar outros semelhantes. Para referência, veja a descrição do Bunnahabhain:

- *Cor:* ouro
- *Olfato:* refrescante e marítimo
- *Corpo:* firme, médio e leve
- *Paladar:* doce, frutado e limpo
- *Acabamento:* íntegro

Eis a descrição de Bunnahabhain e dos cinco uísques escoceses puro malte mais semelhantes a ele, em distância crescente:

Uísque	Distância	Descritores
Bunnahabhain	—	ouro; firme, médio, leve; doce, frutado, limpo; fresco, marítimo; íntegro
Glenglassaugh	0,643	ouro; firme, leve, macio; doce, gramíneo; fresco, gramíneo
Tullibardine	0,647	ouro; firme, médio, macio; doce, frutado, íntegro, gramíneo, limpo; doce; grande, aroma, doce
Ardberg	0,667	xerez; firme, médio, íntegro, leve; doce; seco, turfa, marítimo; salgado
Bruichladdich	0,667	pálido; firme, leve, macio; seco, doce, defumado, limpo; leve; íntegro
Glenmorangie	0,667	ouro puro; médio, oleoso, leve; doce, gramíneo, apimentado; doce, picante, gramíneo, marítimo, fresco; íntegro, longo

Usando esta lista podemos encontrar um uísque semelhante ao Bunnahabhain. Em qualquer loja em particular, poderemos ter que consultar a lista para encontrar um que tenham em estoque, mas, uma vez que os uísques são ordenados por semelhança, podemos encontrar facilmente o mais parecido (e também ter uma vaga ideia do quão semelhante é o uísque mais próximo disponível, em comparação com as alternativas que não estão disponíveis).

Se você está interessado em brincar com o conjunto de dados de Uísque Escocês, Lapointe e Legendre disponibilizaram sua pesquisa e dados em: *http://adn.biol.umontreal.ca/~numericalecology/data/scotch.html* — conteúdo em inglês.

Este é um exemplo da aplicação direta da similaridade para resolver um problema. Depois que entendermos essa noção fundamental, teremos uma ferramenta conceitual poderosa para abordar uma variedade de problemas, como os acima citados (encontrar empresas e clientes similares etc.). Como podemos ver no exemplo do uísque, o cientista de dados muitas vezes ainda tem trabalho a fazer para realmente definir os dados para que a semelhança seja em relação a um conjunto de características úteis. Mais adiante, apresentamos outras noções de similaridade e distância. Agora, passamos para outro uso muito comum da similaridade em data science.

Vizinhos Mais Próximos para Modelagem Preditiva

Também é possível usar a ideia de vizinhos mais próximos para fazer modelagem preditiva de uma maneira diferente. Reserve um tempo para lembrar tudo que já sabe sobre modelagem preditiva dos capítulos anteriores. Para usar similaridade para modelagem preditiva, o procedimento básico é simples: dado um novo exemplo cuja meta variável queremos prever, analisamos todos os exemplos de treinamento e escolhemos diversos deles que sejam mais semelhantes ao novo exemplo. Então, prevemos o valor alvo do novo exemplo, com base nos valores alvo dos vizinhos mais próximos (conhecidos). A maneira como fazer essa última etapa ainda precisa ser definida; por enquanto, vamos apenas dizer que temos alguma *função combinante* (como voto ou média) que opera nos valores alvo conhecidas dos vizinhos. A função combinante nos dará uma previsão.

Classificação

Como, até agora, nos centramos muito em tarefas de classificação neste livro, vamos começar a ver como os vizinhos podem ser usados para classificar um novo exemplo em um ambiente muito simples. A Figura 6-2 mostra um novo exemplo cujo rótulo queremos prever, indicado por "?". Após o procedimento básico introduzido acima, os vizinhos mais próximos (neste exemplo, três deles) são recuperados e suas variáveis alvo conhecidas (classes) são consultadas. Neste caso, dois exemplos são positivos e um é negativo. Qual deve ser nossa função combinada? Uma função combinada simples, neste caso, seria a maioria absoluta, de modo que a classe preditiva seria positiva.

Adicionando um pouco mais de complexidade, considere um problema de marketing de cartão de crédito. O objetivo é prever se um novo cliente responderá a uma oferta de cartão de crédito com base em como os outros clientes semelhantes responderam. Os dados (ainda muito simplificados, é claro) são apresentados na Tabela 6-1.

Tabela 6-1. Exemplo do vizinho mais próximo: David vai responder ou não?

Cliente	Idade	Renda(1000s)	Cartões	Resposta (alvo)	Distância de David
David	37	50	2	?	0
John	35	35	3	Sim	$\sqrt{(35-37)^2 + (35-50)^2 + (3-2)^2} = 15.16$
Rachael	22	50	2	Não	$\sqrt{(22-37)^2 + (50-50)^2 + (2-2)^2} = 15$
Ruth	63	200	1	Não	$\sqrt{(63-37)^2 + (200-50)^2 + (1-2)^2} = 152.23$
Jefferson	59	170	1	Não	$\sqrt{(59-37)^2 + (170-50)^2 + (1-2)^2} = 122$
Norah	25	40	4	Sim	$\sqrt{(25-37)^2 + (40-50)^2 + (4-2)^2} = 15.74$

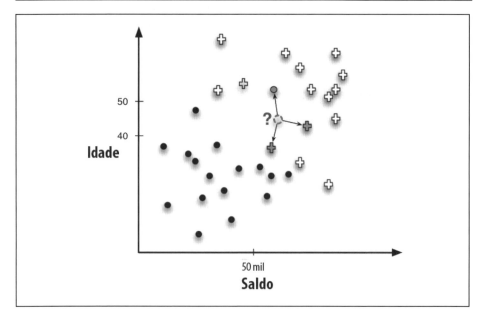

Figura 6-2. Classificação do vizinho mais próximo. O ponto a ser classificado, rotulado com um ponto de interrogação, seria classificado + porque a maioria dos seus vizinhos mais próximos (três) são +.

Neste exemplo de dados, existem cinco clientes contatados anteriormente com uma oferta de cartão de crédito. Para cada um deles, temos seu nome, idade, renda, número de cartões que já possuem e se responderam à oferta. Para uma nova pessoa, David, queremos prever se responderá à oferta ou não.

A última coluna na Tabela 6-1 mostra um cálculo de distância, usando a Equação 6-1, de quão longe cada exemplo está de David. Três clientes (John, Rachael e Norah) são bastante semelhantes a David, com uma distância de cerca de 15. Os outros dois clientes (Rute e Jefferson) estão muito mais distantes. Portanto, os três vizinhos mais próximos de Davi são Rachael, depois John e Norah. Suas respostas são Não, Sim e Sim, respectivamente. Se tomarmos o voto da maioria desses valores, prevemos Sim (David responderá). Isso coloca algumas questões importantes sobre métodos de vizinhos mais próximos: quantos vizinhos devemos usar? Eles devem ter as mesmas ponderações na função combinante? Discutimos isso mais adiante neste capítulo.

Estimativa de Probabilidade

Chegamos ao ponto em que geralmente é importante não apenas classificar um novo exemplo, mas estimar sua probabilidade — para atribuir uma pontuação a ele, porque uma pontuação dá mais informações do que apenas uma decisão Sim/Não. A classificação do vizinho mais próximo pode ser usada para fazer isso com bastante facilidade. Considere novamente a tarefa de classificação de decidir se David vai responder ou não. Seus vizinhos mais próximos (Rachael, João e Norah) apresentam classes de Não, Sim e Sim, respectivamente. Se pontuarmos para a classe Sim, de modo que Sim=1 e Não=0, podemos obter uma média em uma pontuação de 2/3 para David. Se fôssemos fazer isso na prática, podíamos querer usar mais do que apenas três vizinhos mais próximos para calcular as estimativas de probabilidade (e recordar a discussão de estimar probabilidades a partir de pequenas amostras em "Estimativa de Probabilidade" na página 71).

Regressão

Uma vez que possamos recuperar os vizinhos mais próximos, podemos usá-los para qualquer tarefa de exploração preditiva, combinando-os de diferentes maneiras. Acabamos de ver como fazer a classificação, tendo a maioria absoluta de um alvo. Podemos fazer a regressão de forma semelhante.

Suponha que tenhamos o mesmo conjunto de dados como na Tabela 6-1, mas desta vez queremos prever a Renda de David. Não refaremos o cálculo da distância, mas vamos supor que os três vizinhos mais próximos de David eram, novamente, Rachael, John e Norah. Suas respectivas rendas são de 50, 35 e 40 (em milhares). Então, usamos esses valores para gerar uma previsão para a renda de David. Poderíamos usar a média (cerca de 42) ou a mediana (40).

É importante notar que ao recuperar vizinhos não usamos a variável alvo porque estamos tentando prevê-la. Assim, a Renda não entraria no cálculo da distância como acontece na Tabela 6-1. No entanto, estamos livres para utilizar quaisquer outras variáveis cujos valores estejam disponíveis para determinar a distância.

Quantos Vizinhos e Quanta Influência?

Ao longo da explicação de como a classificação, a regressão e a pontuação podem ser feitos, usamos um exemplo com apenas três vizinhos. Várias dúvidas podem ter surgido. Primeiro, por que *três* vizinhos, em vez de apenas um, ou cinco, ou cem? Segundo, devemos tratar todos os vizinhos da mesma forma? Embora todos sejam chamados vizinhos "mais próximos", alguns estão mais próximos do que outros, e isso não deveria influenciar no modo como são utilizados?

Não existe uma resposta simples para quantos vizinhos devem ser usados. Os números ímpares são convenientes para desempatar classificação de maioria absoluta, com problemas de duas classes. Algoritmos de vizinhos mais próximos são, muitas vezes, apresentados pela abreviação k-NN (*nearest neighbors*), onde o k refere-se ao número de vizinhos utilizados, como 3-NN.

Em geral, quanto maior k, mais as estimativas são suavizadas entre os vizinhos. Se você entendeu tudo até agora, com um pouco de esforço deve perceber que se aumentarmos k para o máximo possível (de modo que $k = n$) o conjunto inteiro de dados será usado para cada previsão. Isso simplesmente prevê a média ao longo de todo o conjunto de dados para qualquer exemplo. Para classificação, isso pode prever a classe majoritária no conjunto inteiro de dados; para regressão, a média de todos os valores alvo; para estimativa de probabilidade de classe, a probabilidade de "taxa base" (ver Observação: Taxa Base em "Dados de Retenção e Gráficos de Ajuste" no Capítulo 5).

Mesmo que estejamos confiantes sobre o número de exemplos vizinhos que devemos usar, podemos perceber que os vizinhos têm semelhanças diferentes para o exemplo que estamos tentando prever. Isso não deveria influenciar como devem ser utilizados?

Para classificação, começamos com uma simples estratégia de *maioria* absoluta, recuperando um número ímpar de vizinhos para desempatar. No entanto, isso ignora uma informação importante: o quão perto cada vizinho está do exemplo. Por exemplo, considere o que aconteceria se usássemos vizinhos $k = 4$ para classificar David. Gostaríamos de obter as respostas (Sim, Não, Sim, Não), fazendo com que fossem uniformemente misturadas. Mas os três primeiros estão muito próximos de David (distância ≈ 15), enquanto o quarto está muito mais longe (distância ≈ 122). Intuitivamente, este quarto exemplo não deve contribuir tanto para o voto quanto os três primeiros. Para incorporar essa preocupação, os métodos de vizinhos mais próximos, muitas vezes usam *votação ponderada* ou *voto de similaridade moderada*, de forma que cada contribuição dos vizinhos é escalonada pela sua similaridade.

Considere novamente os dados na Tabela 6-1, envolvendo a previsão de que David responderá a uma oferta de cartão de crédito. Mostramos que, ao prevermos a classe de David por maioria absoluta, ela dependerá muito do número de vizinhos que escolhemos. Vamos refazer os cálculos, desta vez, usando *todos* os vizinhos, mas escalonando cada um por semelhança com David, utilizando a escala para ponderar o inverso do quadrado da distância. Estes são os vizinhos ordenados pela distância em relação a David:

Nome	Distância	Semelhança ponderada	Contribuição	Classe
Rachael	15,0	0,004444	0,344	Não
John	15,2	0,004348	0,336	Sim
Norah	15,7	0,004032	0,312	Sim
Jefferson	122,0	0,000067	0,005	Não
Ruth	152,2	0,000043	0,003	Não

Quadro: Muitos Nomes para o Raciocínio do Vizinho Mais Próximo

Como acontece com muitas coisas em mineração de dados, existem termos diferentes para classificadores de vizinhos mais próximos, em parte porque ideias semelhantes foram adotadas de forma independente. Classificadores de vizinhos mais próximos foram estabelecidos há muito tempo na estatística e no reconhecimento de padrões (Cover & Hart, 1967). A ideia de classificar novos exemplos consultando diretamente uma base de dados (uma "memória") de exemplos tem sido denominada *aprendizagem baseada em exemplo* (Aha, Kibler, & Albert, 1991) e *aprendizagem baseada em memória* (Lin & Vitter, 1994). Como nenhum modelo é construído durante o "treinamento" e muito do esforço é adiado até que os exemplos sejam recuperados, esta ideia geral é conhecida como *aprendizagem preguiçosa* (Aha, 1997).

Uma técnica relacionada em inteligência artificial é o *Raciocínio Baseado em Caso* (Kolodner, 1993; Aamodt & Plaza, 1994), abreviado CBR (do inglês, *Case-Based Reasoning*). Casos passados são comumente usados por médicos e advogados para consideração em novos casos, por isso, o raciocínio baseado em caso tem uma história bem estabelecida nessas áreas.

No entanto, também existem diferenças significativas entre o raciocínio baseado em caso e os métodos de vizinhos mais próximos. Casos em CBR, tipicamente, não são exemplos de vetores de características simples, mas, em vez disso, são resumos bastante detalhados de um episódio, incluindo itens como sintomas do paciente, histórico médico, diagnóstico, tratamento e resultado; ou os detalhes de um caso legal incluindo alegações do réu e do autor, precedentes citados e julgamento. Como os casos são muito detalhados, em CBR eles são usados não apenas para fornecer um rótulo de classe, mas para fornecer informações de diagnóstico e planejamento que podem ser usadas para lidar com o caso depois recuperadas. A adaptação de casos históricos para serem usados em uma nova situação geralmente é um processo complexo que requer esforço significativo.

A coluna Contribuição é a quantidade que cada vizinho contribui para o cálculo final da previsão de probabilidade alvo (as contribuições são proporcionais às ponderações, mas totalizam um). Vemos que as distâncias afetam muito as contribuições: Rachael, John e Norah são mais semelhantes a David e, efetivamente, determinam nossa previsão de sua resposta, enquanto Jefferson e Ruth estão tão longe que praticamente não contribuem. Somando as contribuições para as classes positivas e negativas, as estimativas de probabilidade finais para David são 0,65 para Sim e 0,35 para Não.

Esse conceito generaliza para outros tipos de tarefas de previsão, por exemplo regressão e estimativa de probabilidade de classe. Em geral, podemos pensar no procedimento como *pontuação* ponderada. Pontuação ponderada traz uma consequência boa, a de reduzir a importância de decidir quantos vizinhos usar. Como a contribuição de cada vizinho é moderada por sua distância, a influência dos vizinhos naturalmente cai quanto mais longe eles estão do exemplo. Consequentemente, quando se utiliza a pontuação ponderada o valor exato de *k* é muito menos crítico do que com a maioria absoluta ou média não ponderada. Alguns métodos evitam apoiar seus resultados no *k*, estabelecendo um número muito grande de exemplos (por exemplo, todos os exemplos, *k = n*) e se apoiam na distância ponderada para moderar as influências.

Interpretação Geométrica, Sobreajuste e Controle de Complexidade

Como acontece com outros modelos que temos visto, é instrutivo visualizar as regiões de classificação criados pelo método do vizinho mais próximo. Embora nenhum limite explícito seja criado, há regiões implícitas criadas por exemplos da vizinhança. Essas regiões podem ser calculadas por meio da sondagem sistemática de pontos no espaço do exemplo, determinando a classificação de cada ponto e a construção de um limite onde as classificações mudam.

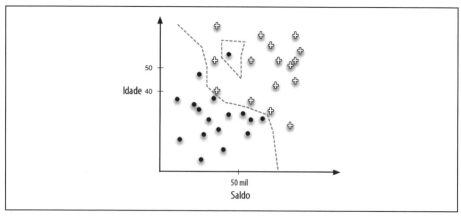

Figura 6-3. Limites criados por um classificador 1-NN.

A Figura 6-3 ilustra a região criada por um classificador 1-NN em torno das instâncias de nosso domínio "Cancelamento de Crédito". Compare isso com as regiões da árvore de classificação da Figura 3-15 e as regiões criadas pelo limite linear na Figura 4-3.

Observe que os limites não são linhas ou qualquer outra forma geométrica reconhecível; eles são erráticos e seguem os limites entre os exemplos de treinamento de diferentes classes. O classificador de vizinho mais próximo segue limites muito específicos em torno dos exemplos de treinamento. Observe também que um exemplo negativo isolado no interior dos exemplos positivos cria uma "ilha negativa" em torno de si. Este ponto pode ser considerado ruído ou um valor atípico, e outro tipo de modelo pode suavizá-lo.

Parte dessa sensibilidade a valores atípicos ocorre devido ao uso de um classificador 1-NN, que recupera apenas instâncias individuais e, por isso, tem um limite mais irregular do que a média dos múltiplos vizinhos. Voltaremos a isso em um minuto. De modo mais geral, limites de conceito irregular são características de todos os classificadores de vizinhos mais próximos, porque eles não impõem nenhuma forma geométrica especial sobre o classificador. Em vez disso, formam limites no espaço do exemplo adaptados aos dados específicos utilizados para treinamento.

Isso deve recordar nossas discussões sobre sobreajuste e controle da complexidade do Capítulo 5. Se está pensando que 1-NN deve sofrer forte sobreajuste, você está correto. De fato, pense sobre o que aconteceria se avaliasse um classificador 1-NN nos dados de treinamento. Ao classificar cada ponto de dados de treinamento, qualquer métrica razoável de distância levaria para a recuperação daquele ponto de treinamento em si, como seu próprio vizinho mais próximo! Em seguida, seu próprio valor para a variável alvo seria usado para prever a si mesmo, e voilà, uma classificação perfeita. O mesmo vale para a regressão. O 1-NN memoriza os dados de treinamento. No entanto, ele se sai um pouco melhor do que nossa tabela de referência no início do Capítulo 5. Como a tabela de referência não teve nenhuma noção de similaridade, ela simplesmente previu perfeitamente para os exemplos de treinamento exatos, e deu alguma previsão padrão para todos os outros. O classificador 1-NN prevê perfeitamente para os exemplos de treinamento, mas também pode fazer, com frequência, uma previsão razoável para outros exemplos: ele usa o exemplo de treinamento mais similar.

Assim, em termos de sobreajuste e sua prevenção, k em um classificador k-NN é um parâmetro de complexidade. Em um extremo, podemos definir $k = n$ e não permitimos muita complexidade em todo nosso modelo. Como descrito anteriormente, o modelo n-NN (ignorando a ponderação da semelhança) simplesmente prevê o valor médio do conjunto de dados para cada caso. No outro extremo, podemos definir $k = 1$, e obteremos um modelo extremamente complexo, que coloca limites complicados, de modo que cada exemplo de treinamento será em uma região rotulada por sua própria classe.

Vamos voltar a uma pergunta anterior: como escolher k? Podemos usar o mesmo procedimento discutido em "Um Método Geral para Evitar Sobreajuste" na página 134, para definir outros parâmetros de complexidade: podemos conduzir validação cruzada ou outros testes de retenção aninhada no conjunto de treinamento, para uma variedade de diferentes valores de k, à procura de um que dê o melhor desempenho nos dados de treinamento. Então, quando escolhermos um valor de k, construímos um modelo k-NN a partir de todo o conjunto de treinamento. Como discutimos em detalhes no Capítulo 5, uma vez que este procedimento só utiliza dados de treinamento, ainda podemos avaliá-lo nos dados de teste e obter uma estimativa imparcial de seu desempenho de generalização. As ferramentas de mineração de dados geralmente têm a capacidade de fazer tal validação cruzada aninhada para definir k automaticamente.

As Figuras 6-4 e 6-5 mostram diferentes limites criados por classificadores de vizinhos mais próximos. Aqui, um simples problema de três classes é classificado usando diferentes números de vizinhos. Na Figura 6-4, apenas um único vizinho é usado, e os limites são erráticos e muito específicos para os exemplos de treinamento no conjunto de dados. Na Figura 6-5, a média dos 30 vizinhos mais próximos para formar uma classificação. Obviamente, os limites são diferentes da Figura 6-4 e são muito menos irregulares. Observe, contudo, que em nenhum caso os limites são curvas suaves ou regiões geométricas regulares segmentadas, que esperaríamos ver com um modelo linear ou um modelo estruturado em árvore. Os limites para a k-NN são mais fortemente definidos pelos dados.

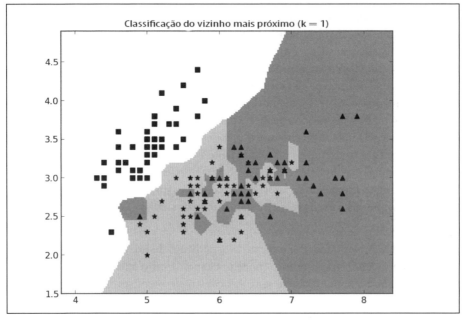

Figura 6-4. Limites de classificação criados em um problema de três classes criado por 1-NN (único vizinho mais próximo).

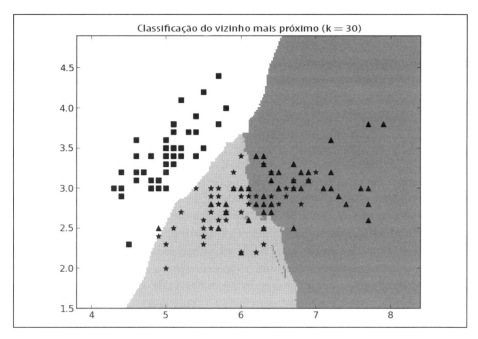

Figura 6-5. Limites de classificação criados em um problema de três classes, criados por 30-NN (média dos 30 vizinhos mais próximos).

Problemas com Métodos de Vizinho mais Próximo

Antes de concluir a discussão sobre os métodos de vizinhos mais próximos como modelos preditivos, devemos mencionar vários problemas em relação ao seu uso. Estes, muitas vezes, entram em jogo em aplicações do mundo real.

Inteligibilidade

A inteligibilidade de classificadores dos vizinhos mais próximos é uma questão complexa. Como já mencionado, em algumas áreas, como medicina e direito, a consideração sobre casos históricos semelhantes é uma forma natural de se chegar a uma decisão sobre um novo caso. Nesses campos, um método de vizinho mais próximo pode ser um bom ajuste. Em outras áreas, a falta de um modelo explícito e interpretável pode representar um problema.

Na verdade, existem dois aspectos para essa questão da inteligibilidade: a justificativa de uma *decisão* específica e a inteligibilidade de um *modelo* inteiro.

Com *k*-NN, geralmente é fácil descrever como um único exemplo é decidido: o conjunto de vizinhos que participam da decisão pode ser apresentado, junto com suas contribuições. Isso foi feito para o exemplo que envolve a previsão de David responder, na Tabela 6-1. Algumas expressões cuidadosas e apresentação criteriosa de vizinhos mais próximos são úteis. Por exemplo, a Netflix usa uma forma de classificação de vizinho mais próximo para suas recomendações, e explica suas recomendações de filmes com frases como:

"O filme *Billy Elliot* foi recomendado com base em seu interesse em *Amadeus*, *O Jardineiro Fiel* e *Pequena Miss Sunshine*."

A Amazon apresenta recomendações com frases como: "Clientes com pesquisas semelhantes compraram..." e "Relacionados com os itens que você visualizou."

Se essas justificativas são adequadas, depende da aplicação. Um cliente da Amazon pode estar satisfeito com essa explicação do porquê ele recebeu tal recomendação. Por outro lado, um candidato a financiamento imobiliário pode não ficar satisfeito com a explicação: "Nós recusamos seu pedido de financiamento porque você nos faz lembrar as famílias Smith e Mitchell, ambas inadimplentes." De fato, algumas regulamentações legais restringem os tipos de modelos que podem ser utilizados para pontuação de crédito a modelos para os quais explicações muito simples podem ser dadas com base em variáveis específicas e importantes. Por exemplo, com um modelo linear, uma pessoa pode ser capaz de dizer: "se o seu rendimento fosse $20 mil a mais, você teria recebido este financiamento especial".

Também é fácil explicar como todo o modelo do vizinho mais próximo geralmente decide novos casos. A ideia de ajustar os casos mais semelhantes e olhar como eles foram classificados ou qual valor tinham, é intuitivo para muitos.

O difícil é explicar mais profundamente que "conhecimento" foi extraído a partir dos dados. Se um investidor perguntar: "O que seu sistema aprendeu a partir dos dados sobre meus clientes? Com que base se toma as decisões?" Pode não haver nenhuma resposta fácil, porque não existe um modelo explícito. Estritamente falando, o "modelo" de vizinho mais próximo consiste no conjunto de caso inteiro (a base de dados), a função distância e a função de combinação. Podemos visualizar isso diretamente em duas dimensões como fizemos nas figuras anteriores. No entanto, isso não é possível quando existem muitas dimensões. O conhecimento incorporado neste modelo geralmente não é compreensível, portanto, se a inteligibilidade e a justificativa do modelo são importantes, o método do vizinho mais próximo deve ser evitado.

Dimensionalidade e Domínio de Conhecimento

Métodos de vizinho mais próximo normalmente levam em conta todos os recursos ao calcular a distância entre dois exemplos. "Atributos Heterogêneos" na página 157, mais adiante, discute uma das dificuldades com atributos: atributos numéricos podem ter variações muito diferentes e, a menos que sejam escalonados de forma adequada, o efeito de um atributo com uma grande variação pode inundar o efeito de outro com uma variação menor. Mas, além disso, há um problema de ter muitos atributos, ou muitos que são irrelevantes para o julgamento de similaridade.

Por exemplo, no domínio da oferta de cartão de crédito, um banco de dados de cliente pode conter muita informação circunstancial, como número de filhos, período de tempo no trabalho, tamanho da casa, renda média, marca e modelo do carro, nível médio de educação e assim por diante. Possivelmente, alguns desses podem ser relevantes para o cliente aceitar a oferta de cartão de crédito, mas, provavelmente, a maioria seria irrelevante. Acredita-se que tais problemas são altamente dimensionais — eles sofrem da chamada *maldição da dimensionalidade* — e isso representa problemas para os métodos de vizinhos mais próximos. Grande parte da razão e efeitos são bastante técnicos,[4] mas, a grosso modo, uma vez que todos os atributos (dimensões) contribuem para os cálculos de distância, as similaridades dos exemplos podem ser confundidas e mal interpretadas pela presença de muitos atributos irrelevantes.

Existem várias maneiras de resolver o problema de muitos, possivelmente irrelevantes, atributos. Uma delas é a *seleção de característica*, a determinação criteriosa de características que devem ser incluídas no modelo de exploração de dados. A seleção de características pode ser feita manualmente pelo explorador de dados, utilizando o conhecimento passado de quais atributos são relevantes. Esta é uma das principais formas para a equipe de data mining injetar conhecimento de domínio no processo de exploração de dados. Como discutimos nos Capítulos 3 e 5, há também métodos de seleção de características automatizadas que podem processar os dados e fazer julgamentos sobre quais atributos dão informações sobre o alvo.

Outra maneira de acrescentar conhecimento de domínio em cálculos de similaridade é ajustar manualmente a função similaridade/distância. Podemos saber, por exemplo, que o atributo *Número de Cartões de Crédito* deve ter uma forte influência sobre se um cliente aceita uma oferta ou outra. Um cientista de dados pode sintonizar a função de distância por meio da atribuição de diferentes ponderações para os diferentes atributos (por exemplo, dar uma ponderação maior para o *Número de Cartões de Crédito*). O conhecimento de domínio pode ser adicionado, não só porque acreditamos saber o que será mais preditivo, mas, de modo mais geral, porque sabemos algo sobre as entidades semelhantes que desejamos encontrar. Ao buscar uísques semelhantes, posso saber que ser turfoso é importante para meu julgamento de um puro malte como tendo um gosto semelhante, assim, posso dar ao item *turfoso* uma ponderação maior no cálculo da similaridade. Se outra variável de sabor não é importante, eu poderia removê-la ou simplesmente dar-lhe uma ponderação baixa.

Eficiência Computacional

Um benefício dos métodos de vizinhos mais próximos é que o treinamento é muito rápido, pois geralmente envolve apenas o armazenamento das instâncias. Nenhum esfor-

---

4 Por exemplo, acontece que, por razões técnicas, com grande número de recursos, certos exemplos aparecem com bastante frequência no conjunto k do vizinho mais próximo de outros exemplos. Esses exemplos, portanto, têm grande influência sobre muitas classificações.

ço é dispendido na criação de um modelo. O principal custo computacional de um método do vizinho mais próximo fica a cargo da etapa de predição/classificação, quando a base de dados deve ser consultado para encontrar vizinhos mais próximos de um novo exemplo. Isso pode ser muito caro, e o custo da classificação deve ser levado em consideração. Algumas aplicações requerem previsões extremamente rápidas; por exemplo, em linha de anúncios direcionados online, pode ser preciso tomar decisões em apenas algumas dezenas de milissegundos. Para tais aplicações, o método do vizinho mais próximo pode ser impraticável.

Existem técnicas para acelerar recuperações vizinhas. Estruturas especializadas de dados, como árvores-kd e métodos de hash (Shakhnarovich, Darrell, & Indyk, 2005; Papadopoulos & Manolopoulos, 2005), são empregadas em alguns sistemas de banco de dados comerciais e mineração de dados para tornar mais eficientes as consultas de vizinho mais próximo. No entanto, esteja ciente de que muitas ferramentas de pequena escala e de pesquisa de mineração de dados geralmente não empregam tais técnicas, e ainda dependem de recuperação de força bruta.

Alguns Detalhes Técnicos Importantes Relativos às Similaridades e aos Vizinhos

Atributos Heterogêneos

Até este ponto, temos utilizado a distância Euclidiana, demonstrando que era fácil de ser calculada. Se os atributos forem numéricos e diretamente comparáveis, o cálculo da distância é realmente simples. Quando exemplos contêm atributos heterogêneos complexos, as coisas se tornam mais complicadas. Considere outro exemplo no mesmo domínio, mas com mais alguns atributos:

Atributo	Pessoa A	Pessoa B
Gênero	Masculino	Feminino
Idade	23	40
Anos na residência atual	2	10
Status residencial (1=Proprietário, 2=Inquilino, 3=Outro)	2	1
Renda	50,000	90,000

Agora, surgem várias complicações. Primeiro, a equação para distância Euclidiana é numérica, e Gênero é um atributo categórico (simbólico). Deve ser codificado numericamente. Para variáveis binárias, uma codificação simples, como M=0, F=1 pode ser suficiente, mas, se existem vários valores para um atributo categórico, isso não será o suficiente.

Também importante, temos variáveis que, embora numéricas, possuem diferentes escalas e intervalos. Idade pode ter um intervalo de 18 a 100, enquanto Renda pode ter uma variação de $10 a $10.000.000. Sem escala, nossa métrica de distância consideraria dez dólares de diferença de renda a ser tão significativo quanto dez anos de diferença de idade, e isso é claramente errado. Por esta razão, sistemas baseados em vizinho mais próximo muitas vezes têm front-ends de escala variável. Eles medem os intervalos de variáveis e os valores de escala em conformidade, ou distribuem valores para um número fixo de intervalos. O princípio geral no trabalho é que cuidados devem ser tomados para que o cálculo de similaridade/distância seja significativo para a aplicação.

*Outras Funções de Distância

Detalhes técnicos à frente

Para simplificar, até este ponto só utilizamos uma única métrica: a distância Euclidiana. Aqui, incluiremos mais detalhes sobre funções de distância e algumas alternativas.

É importante notar que as medidas de similaridade aqui apresentadas representam apenas uma pequena fração de todas as medidas de similaridade que têm sido utilizadas. Essas são particularmente populares, mas o cientista de dados e o analista de negócios devem ter em mente que é importante usar uma métrica de semelhança significativa em relação ao problema de negócios. Esta seção pode ser ignorada sem perda de continuidade.

Conforme observado anteriormente, a distância Euclidiana é provavelmente a métrica de distância mais amplamente utilizada em data science. É geral, intuitiva e computacionalmente muito rápida. Como emprega os *quadrados* das distâncias ao longo de cada dimensão individual, às vezes, é chamada de *norma L2* e, às vezes, é representada por $\| \cdot \|_2$. A Equação 6-2 mostra sua aparência formal.

Equação 6-2. Distância Euclidiana (norma L2)

$$d_{Euclidean}(\mathbf{X},\mathbf{Y}) = \| \mathbf{X} - \mathbf{Y} \|_2 = \sqrt{(x_1 - y_1)^2 + (x_2 - y_2)^2 + \cdots}$$

Embora a distância Euclidiana seja amplamente utilizada, existem muitos outros cálculos de distância. O *Dictionary of Distances* (Dicionário de Distâncias) de Deza & Deza (Elsevier science, 2006) enumera centenas, dos quais talvez uma dúzia ou mais são usados regularmente para mineração de dados. A razão pela qual existem tantos é que, em um método de vizinho mais próximo, a função de distância é crítica. Basicamente, ela reduz uma comparação de dois exemplos (potencialmente complexos) para um único número. Os tipos e especificidades de dados do domínio de aplicação influenciam muito a forma como as diferenças nos atributos individuais devem combinar.

A *distância de Manhattan* ou *norma-L1* é a soma das distâncias (*não quadradas*) emparelhadas, como mostrado na Equação 6-3.

Equação 6-3. Distância de Manhattan (norma L1)

$$d_{Manhattan}(\mathbf{X},\mathbf{Y}) = \|\mathbf{X} - \mathbf{Y}\|_1 = |x_1 - y_1| + |x_2 - y_2| + \cdots$$

Isso simplesmente resume as diferenças ao longo das dimensões entre X e Y. É chamada distância de Manhattan (ou táxi), porque representa a distância total das ruas que teria que viajar, em um lugar como Manhattan (que é organizado em uma grade), entre dois pontos — a distância leste-oeste total percorrida mais a distância total norte-sul.

Pesquisadores que estudam o problema da análise do uísque, introduzido anteriormente, usaram outra métrica comum de distância.[5] Especificamente, usaram a *distância de Jaccard*. A distância de Jaccard trata dois objetos como *conjuntos* de características. Pensar sobre os objetos como conjuntos permite pensar sobre o tamanho da união de todas as características de dois objetos X e Y, $|X \cup Y|$, e o tamanho do conjunto de características compartilhadas pelos dois objetos (intersecção), $|X \cap Y|$. Dados dois objetos, X e Y, a distância de Jaccard é a proporção de todas as características (que algum possui) e as que são compartilhadas pelos dois. Isso é apropriado para problemas em que a posse de uma característica comum entre dois itens é importante, mas a *ausência* comum de uma característica comum não é. Por exemplo, a busca por uísques semelhantes é significativa se dois uísques são turfosos, mas pode não ser significativa se ambos não são *salgados*. Em notação de conjunto, a métrica da distância de Jaccard é mostrada na Equação 6-4.

Equação 6-4. Distância de Jaccard

$$d_{Jaccard}(X, Y) = 1 - \frac{|X \cap Y|}{|X \cup Y|}$$

A *distância cosseno* costuma ser utilizada na classificação de texto para medir a similaridade de dois documentos. Ela é definida na Equação 6-5.

Equação 6-5. Distância cosseno

$$d_{cosine}(\mathbf{X},\mathbf{Y}) = 1 - \frac{\mathbf{X} \cdot \mathbf{Y}}{\|\mathbf{X}\|_2 \cdot \|\mathbf{Y}\|_2}$$

Em que $\|\cdot\|_2$ representa, novamente, a norma L2 ou comprimento Euclidiano, de cada vetor de característica (para um vetor esta é simplesmente a distância a partir da origem).

A literatura de recuperação de informação comumente fala sobre *similaridade do cosseno*, que é simplesmente a fração na Equação 6-5. Alternativamente, é 1 – distância cosseno.

---

[5] Consulte Lapointe e Legendre (1994), Seção 3 ("Classification of Pure Malt Scotch Whiskies"), para uma discussão detalhada de como projetam sua formulação de problema. Disponível online (http://www.dcs.ed.ac.uk/home/jhb/whisky/lapointe/text.html — conteúdo em inglês).

Na classificação de texto, cada palavra ou símbolo corresponde a uma dimensão, e a localização de um documento ao longo de cada uma das dimensões é o número de ocorrências da palavra naquele documento. Por exemplo, suponha que o documento A contém sete ocorrências da palavra *desempenho*, três ocorrências de *transição* e duas ocorrências de *monetário*. O documento B contém duas ocorrências de *desempenho*, três ocorrências de *transição* e nenhuma ocorrência de *monetário*. Os dois documentos seriam representados como vetores de contagem dessas três palavras: A = <7,3,2> e B = <2,3,0>. A distância cosseno dos dois documentos é:

$$\begin{aligned} d_{cosine}(A, B) &= 1 - \frac{\langle 7, 3, 2\rangle \cdot \langle 2, 3, 0\rangle}{\|\langle 7, 3, 2\rangle\|_2 \cdot \|\langle 2, 3, 0\rangle\|_2} \\ &= 1 - \frac{7\cdot 2 + 3\cdot 3 + 2\cdot 0}{\sqrt{49+9+4}\cdot\sqrt{4+9}} \\ &= 1 - \frac{23}{28.4} \approx 0.19 \end{aligned}$$

A distância cosseno é particularmente útil quando queremos ignorar diferenças de escala em instâncias de — tecnicamente, quando se quer ignorar a magnitude dos vetores. Como um exemplo concreto, na classificação de texto você pode querer ignorar se um documento é muito mais longo do que outro, e apenas se concentrar no conteúdo textual. Assim, em nosso exemplo anterior, suponha que tenhamos um terceiro documento C, que tem setenta ocorrências da palavra *desempenho*, trinta ocorrências de *transição* e vinte ocorrências de *monetário*. O vetor que representa C seria C = <70, 30, 20>. Se você trabalhar a matemática, descobrirá que a distância cosseno entre A e C é zero — porque C é simplesmente A multiplicado por 10.

Como um exemplo final que ilustre a variedade de métricas de distância, consideraremos novamente o texto, mas de uma maneira muito diferente. Às vezes, podemos querer medir a distância entre duas sequências de caracteres. Por exemplo, muitas vezes, um aplicativo de negócios precisa ser capaz de julgar quando dois registros de dados correspondem à mesma pessoa. É claro, pode haver erros de ortografia. Gostaríamos de poder dizer o quão semelhantes dois campos de texto são. Vamos dizer que temos duas sequências:

1. 1113 Bleaker St.
2. 113 Bleecker St.

Queremos determinar quão semelhantes elas são. Para este fim, outro tipo de função de distância é útil, chamada de *distância de edição* ou *métrica de Levenshtein*. Essa métrica conta o número mínimo de operações de edição necessárias para converter uma linha na outra, onde uma operação de edição consiste em inserir, excluir ou substituir um caractere (uma pessoa poderia escolher outros operadores de edição). No caso de duas linhas, a primeira poderia ser transformada na segunda, com esta sequência de operações:

1. Excluir 1,
2. Inserir c, e
3. Substituir a com e.

Então, essas duas sequências têm uma distância de edição de três. Podemos fazer um cálculo semelhante de distância de edição para outros campos, como nome (lidando, assim, com a falta de iniciais no meio, por exemplo) e, depois, calcular a similaridade de nível superior que combina várias semelhanças de distância de edição.

A distância de edição também é comumente usada na biologia onde é aplicada para medir a distância genética entre alelos dos filamentos. Em geral, a distância de edição é uma escolha comum quando os itens de dados consistem em linhas ou sequências onde a ordem é muito importante.

*Funções Combinadas: Cálculo da Pontuação dos Vizinhos

Detalhes técnicos à frente

Para completar, também discutiremos brevemente as "funções combinadoras" — as fórmulas utilizadas para cálculo da previsão de um exemplo a partir de um conjunto de exemplos de vizinhos mais próximos.

Começamos com a maioria absoluta, uma estratégia simples. Esta regra de decisão pode ser vista na Equação 6-6:

Equação 6-6. Classificação de maioria absoluta

$$c(\mathbf{x}) = \arg\max_{c \in \text{classes}} \text{score}(c, \text{vizinhos}_k(\mathbf{x}))$$

Aqui, $\text{vizinhos}_k(\mathbf{x})$ retorna os vizinhos mais próximos k do exemplo $\mathbf{x}$, *arg max* retorna o argumento (c neste caso) que maximiza a quantidade que o segue, e a função de pontuação é definida, como mostra a Equação 6-7.

Equação 6-7. Função de pontuação majoritária

$$\text{score}(c, N) = \sum_{y \in N} [\text{classe}(\mathbf{y}) = c]$$

Aqui, a expressão *[classe (y)=c]* tem valor um se a *classe* (y) = c e, do contrário, zero.

Voto de similaridade moderada, discutida em "Quantos Vizinhos e Quanta Influência?" na página 149, pode ser obtida por meio da modificação da Equação 6-6 para incorporar uma ponderação, como mostra a Equação 6-8.

Equação 6-8. Classificação de similaridade moderada

$$\text{score}(c, N) = \sum_{y \in N} w(\mathbf{x},\mathbf{y}) \times [\text{classe}(\mathbf{y}) = c]$$

em que *w* é uma função de ponderação baseada na similaridade entre os exemplos **x** e **y**. O inverso do quadrado da distância é comumente utilizado:

$$w(\mathbf{x},\mathbf{y}) = \frac{1}{dist^2(\mathbf{x},\mathbf{y})}$$

em que *dist* é qualquer função de distância sendo utilizada no domínio.

É simples de alterar as Equações 6-6 e 6-8 para produzir uma pontuação que possa ser usada como estimativa de probabilidade. A Equação 6-8 já produz uma pontuação, portanto, só temos de escaloná-la segundo as pontuações totais, contribuídas por todos os vizinhos, de modo que fique entre zero e um, como mostra a Equação 6-9.

Equação 6-9. Pontuação de similaridade moderada

$$p(c \mid \mathbf{x}) = \frac{\sum_{y \in \text{vizinhos}(\mathbf{x})} w(\mathbf{x},\mathbf{y}) \times [\text{classe}(\mathbf{y}) = c]}{\sum_{y \in \text{vizinhos}(\mathbf{x})} w(\mathbf{x},\mathbf{y})}$$

Por fim, com mais uma etapa podemos generalizar essa equação para fazer regressão. Lembre-se de que em um problema de regressão, em vez de tentar estimar a classe de uma nova instância *x* estamos tentando estimar algum valor *f(x)* dados os valores *f* dos vizinhos de **x**. Podemos simplesmente substituir a parte específica da classe entre colchetes da Equação 6-9 por valores numéricos. Isso estimará o valor de regressão como a média ponderada dos valores-alvo dos vizinhos (embora, dependendo da aplicação, funções combinadas alternativas podem ser lógicas, como a mediana).

Equação 6-10. Regressão de similaridade moderada

$$f(\mathbf{x}) = \frac{\sum_{y \in \text{vizinhos}(\mathbf{x})} w(\mathbf{x},\mathbf{y}) \times t(\mathbf{y})}{\sum_{y \in \text{vizinhos}(\mathbf{x})} w(\mathbf{x},\mathbf{y})}$$

em que *t(y)* é o valor alvo para o exemplo **y**.

Assim, por exemplo, para estimar a despesa esperada de um cliente em potencial com determinado conjunto de características, a Equação 6-10 estimaria esta quantia como a média da distância ponderada do histórico de gastos dos vizinhos.

Agrupamento

Como foi observado no início do capítulo, as noções de similaridade e distância sustentam grande parte da data science. Para aumentar a nossa apreciação, vamos olhar para um tipo de tarefa muito diferente. Lembre-se da primeira aplicação de data science que analisamos em profundidade: segmentação supervisionada — encontrar grupos de objetos que diferem em relação a alguma característica alvo de interesse. Por exemplo, encontrar grupos de clientes que diferem no que diz respeito à sua propensão para abandonar a empresa quando seus contratos expiram. Por que, ao falar sobre segmentação supervisionada, sempre usamos o modificador "supervisionado"?

Em outras aplicações, podemos querer encontrar grupos de objetos, por exemplo, grupos de clientes, mas não impulsionados por alguma característica alvo predeterminada. Nossos clientes, enquadram-se naturalmente em grupos diferentes? Isso pode ser útil por muitas razões. Por exemplo, podemos querer ganhar uma perspectiva mais geral e considerar nossos esforços de marketing de forma mais ampla. Entendemos quem são nossos clientes? Podemos desenvolver produtos, campanhas de marketing, métodos de vendas ou serviço aos melhores clientes por intermédio da compreensão de subgrupos naturais? Esta ideia de encontrar agrupamentos naturais nos dados pode ser chamada de segmentação não supervisionada ou, simplesmente, *agrupamento*.

Agrupamento é outra aplicação de nossa noção fundamental de similaridade. A ideia básica é que queremos encontrar grupos de objetos (consumidores, negócios, uísques etc.) nos quais os objetos dentro dos grupos sejam semelhantes, mas os objetos em diferentes grupos não sejam tão semelhantes.

A modelagem supervisionada envolve a descoberta de padrões para prever o valor de uma variável alvo especificada, com base nos dados nos quais conhecemos os valores da variável alvo. A modelagem não supervisionada não se concentra em uma variável alvo. Em vez disso, busca outros tipos de regularidades em um conjunto de dados.

Exemplo: Análise de Uísque Revisitada

Antes de entrar em detalhes, vamos rever nosso exemplo de problema de análise de uísque. Discutimos o uso de medidas de similaridade para encontrar uísques escoceses puro malte semelhantes. Por que queremos dar um passo adiante e encontrar agrupamentos de uísques semelhantes?

Um dos motivos para encontrar agrupamentos de uísques é simplesmente compreender melhor o problema. Este é um exemplo de análise exploratória de dados, em que as empresas ricas em dados devem dedicar continuamente um pouco de energia e recursos, já que tal exploração pode levar a descobertas úteis e rentáveis. Em nosso exemplo, se estamos interessados em uísques escoceses, podemos simplesmente querer entender os agrupamentos naturais por gosto — porque queremos entender nosso "negócio", o que pode levar a um produto ou serviço melhor. Digamos que cuidamos de uma pequena loja em um bairro de classe alta e, como parte de nossa estratégia de negócios, queremos ser conhecidos como o melhor lugar para encontrar uísques escoceses puro malte. Podemos não ter a maior seleção, dado nosso espaço limitado e capacidade de investir em estoque, mas podemos escolher a estratégia de ter uma coleção ampla e eclética. Se compreendermos como os puros malte são agrupados por gosto, poderíamos (por exemplo) escolher um membro popular de cada grupo e um membro menos conhecido. Ou um membro caro e um mais barato. Cada um deles é baseado em uma melhor compreensão de como os uísques são agrupados por gosto.

Agora, vamos falar sobre o agrupamento de forma mais geral. Apresentamos dois tipos principais de agrupamento, ilustrando o conceito de similaridade em ação. No processo, examinamos os agrupamentos reais de uísques.

Agrupamento Hierárquico

Vamos começar com um exemplo muito simples. Na parte superior da Figura 6-6, vemos seis pontos, A-F, dispostos em um plano (isto é, um espaço exemplo bidimensional). Usar a distância Euclidiana torna pontos mais semelhantes, se estiverem mais próximos uns dos outros no plano. Círculos rotulados 1-5 são colocados sobre os pontos para indicar *agrupamentos*. Esse diagrama mostra os aspectos essenciais do que é chamado de agrupamento "hierárquico". É um *agrupamento* porque forma grupos de pontos por sua semelhança. Observe que a única sobreposição entre os agrupamentos é quando um deles contém outros agrupamentos. Devido a esta estrutura, os círculos representam, na realidade, uma hierarquia de agrupamentos. O agrupamento mais geral (nível mais alto) é apenas o único agrupamento que contém tudo — o agrupamento 5 no exemplo. O agrupamento de nível mais baixo é quando removemos todos os círculos, e os próprios pontos são seis agrupamentos (triviais). Remover os círculos em ordem decrescente de seus números nas figuras produz uma coleção de diferentes agrupamentos, cada uma com um número maior dos mesmos.

O gráfico na parte inferior da figura é chamado *dendrograma*, e mostra explicitamente a hierarquia dos agrupamentos. Ao longo do eixo x estão organizados (em nenhuma ordem particular, exceto para evitar cruzamentos de linhas) os pontos de dados individuais. O eixo y representa a distância entre os agrupamentos (mais adiante voltamos a esse tema). Na parte inferior (y=0), cada ponto está em um agrupamento separado. Conforme y aumenta, diferentes grupos de agrupamentos caem dentro da restrição de distância: primeiro, A e C são agrupados, depois, B e E são mesclados, em seguida, o agrupamento BE é mesclado com D, e assim por diante, até que todos os agrupamentos estejam mesclados no topo. Os números nas junções dos dendrogramas correspondem aos círculos numerados no diagrama superior.

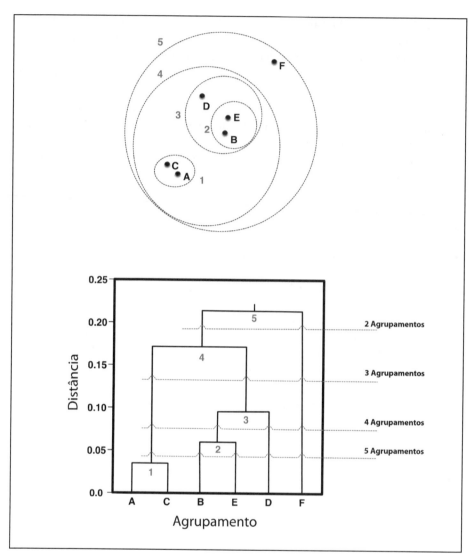

Figura 6-6. Seis pontos e seus possíveis agrupamentos. Na parte superior são mostrados seis pontos, A-F, com círculos 1-5 mostrando diferentes grupos baseados em distância que pode se formar. Esses grupos formam uma hierarquia implícita. Na parte inferior está um dendrograma correspondendo aos agrupamentos, o que torna a hierarquia explícita.

Ambas as partes da Figura 6-6 mostram que o agrupamento hierárquico não apenas cria um "agrupamento" ou um único conjunto de grupos de objetos. Ele cria uma coleção de maneiras de agrupar os pontos. Para ver isso claramente, considere "cortar" o dendrograma com uma linha horizontal, ignorando tudo acima dela. Conforme a linha se move para baixo, obtemos diferentes agrupamentos com números crescentes de grupos, como mostra a figura. Corte o dendrograma na linha identificada como "2 agrupamentos", e abaixo dela vemos dois grupos diferentes; aqui, o ponto F avulso e o grupo contendo todos os outros pontos. Voltando para a parte superior da figura, vemos que, de fato, F se destaca do resto. Cortar o dendrograma no ponto "2 agrupamentos" corresponde à remoção do círculo 5. Se descermos para a linha horizontal e cortarmos o dendrograma na linha rotulada "3 agrupamentos", vemos que o dendograma fica com três grupos abaixo da linha (AC, BED, F), o que corresponde, no gráfico, à remoção dos círculos 5 e 4 e, em seguida, vemos os mesmos três agrupamentos. Intuitivamente, os agrupamentos fazem sentido. F ainda está deslocado por si só. A e C formam um grupo fechado. B, E e D formam um grupo fechado.

Uma vantagem do agrupamento hierárquico é que ele permite que o analista de dados veja os agrupamentos — a "paisagem" de dados de similaridade — antes de decidir sobre o número de agrupamentos a extrair. Como mostrado pelas linhas tracejadas horizontais, o diagrama pode ser cortado em qualquer ponto para gerar qualquer número desejado de agrupamentos. Observe também que, uma vez que dois grupos estão unidos em um nível, eles permanecem assim em todos os níveis mais altos da hierarquia.

Agrupamentos hierárquicos geralmente são formados partindo-se de cada nó como sendo seu próprio agrupamento. Em seguida, os agrupamentos são mesclados de forma repetitiva até que permaneça apenas um. Eles são fundidos com base na função de similaridade ou distância escolhida. Até agora, discutimos a distância entre os exemplos. Para agrupamento hierárquico, precisamos de uma função de distância entre os agrupamentos, considerando exemplos individuais como sendo os menores agrupamentos. Isso, às vezes, é chamado de função de *ligação*. Assim, por exemplo, a função de ligação poderia ser "a distância Euclidiana entre os pontos mais próximos em cada um dos agrupamentos," que se aplica a quaisquer dois agrupamentos.

Nota: Dendrogramas

Duas coisas geralmente podem ser notadas em um dendrograma. Como o eixo *y* representa a distância entre os agrupamentos, o dendrograma pode dar uma ideia de onde podem ocorrer agrupamentos naturais. Observe que no dendrograma da Figura 6-6 há uma distância relativamente longa entre o agrupamento 3 (cerca de 0,10) e o agrupamento 4 (cerca de 0,17). Isso sugere que esta segmentação dos dados, resultando em três aglomerados, pode ser uma boa divisão. Além disso, observe o ponto F no dendrograma. Sempre que um único ponto se funde no alto de um dendrograma é uma indicação de que ele parece ser diferente do resto, o que podemos chamar de um "valor atípico" e querer investigá-lo.

Um dos usos mais conhecidos do agrupamento hierárquico está na "Árvore da Vida" (Sugden et al., 2003; Pennisi, 2003), um gráfico filogenético hierárquico de toda a vida na Terra. Esse gráfico é baseado em um agrupamento hierárquico de sequências de RNA. Uma porção da árvore da Árvore da Vida Interativa (*http://itol.embl.de/index.shtml* — conteúdo em inglês) é mostrada na Figura 6-7 (Letunic & Bork, 2006). Grandes árvores hierárquicas são, muitas vezes, exibidas radialmente para conservar o espaço, como é feito aqui. Este diagrama mostra uma filogenia global (taxonomia) de genomas totalmente sequenciados, reconstruídos automaticamente por Francesca Ciccarelli e colegas (2006). O centro é o "último ancestral universal" de toda a vida na terra, a partir do qual se ramificam três domínios de vida (eukaryota, bactérias e archaea). A Figura 6-8 mostra uma porção ampliada desta árvore contendo a bactéria Helicobacter pylori, que causa úlceras.

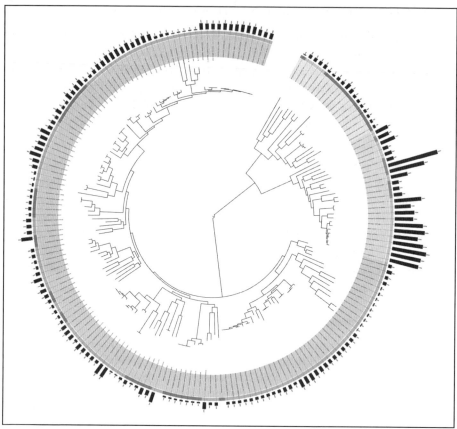

Figura 6-7. A Árvore da Vida filogenética, um enorme agrupamento hierárquico de espécies, dispostas radialmente.

Voltando ao nosso exemplo do início do capítulo, a parte superior da Figura 6-9 mostra, como um dendrograma, os 50 uísques escoceses puro malte em agrupamento utilizando a metodologia descrita por Lapointe e Legendre (1994). Cortando o dendrograma, podemos obter qualquer número de agrupamentos que quisermos, por isso, por exemplo, a remoção dos 11 primeiros segmentos de conexão nos deixa com 12 agrupamentos.

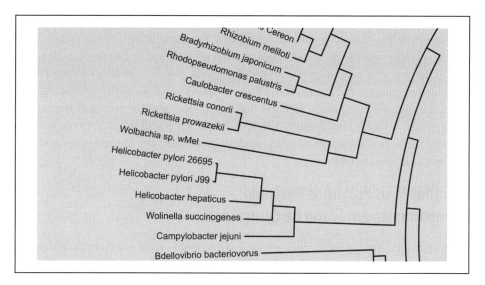

Figura 6-8. Uma parte da árvore da vida.

Na parte inferior da Figura 6-9, vemos uma ampliação de uma parte da hierarquia, com foco no novo favorito de Foster, Bunnahabhain. Anteriormente em "Exemplo: Análise de Uísque", na página 144, recuperamos uísques semelhantes a ele. Este trecho mostra que a maioria dos vizinhos mais próximos (Tullibardine, Glenglassaugh, etc.), de fato se agrupam perto dele na hierarquia (você pode se perguntar por que os agrupamentos não correspondem *exatamente* à classificação de similaridade e o motivo é que, embora os cinco uísques que encontramos sejam os mais semelhantes ao Bunnahabhain, alguns desses cinco são mais semelhantes a outros tipos de uísque no conjunto de dados, por isso, estão agrupados com esses vizinhos mais próximos antes de se juntarem ao Bunnahabhain).

Curiosamente, do ponto de vista da classificação de uísque, os grupos de puro malte resultantes deste agrupamento, baseado em degustação, não correspondem perfeitamente às regiões da Escócia — a base das categorizações habituais de uísques escoceses. Existe uma correlação, no entanto, como indicam Lapointe e Legendre (1994).

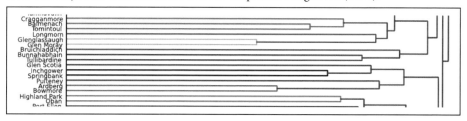

Figura 6-9. Agrupamento hierárquico de uísques escoceses. Esta é uma pequena seleção da hierarquia mostrando o Bunnahabhain e seus vizinhos.

Então, em vez de simplesmente estocar os uísques mais reconhecíveis, ou algumas marcas das terras altas, terras baixas e de Islay, nosso proprietário da loja de especialidades poderia escolher estocar puro malte de diferentes agrupamentos. Como alternativa, pode-se criar um guia para uísques escoceses que possa ajudar os amantes do puro malte a escolher uísques.[6] Por exemplo, como Foster ama o Bunnahabhain recomendado a ele por seu amigo no restaurante na outra noite, o agrupamento sugere um conjunto de outros uísques "mais semelhantes" (Bruichladdich, Tullibardine, etc.). O malte único de degustação mais incomum nos dados parece ser o Aultmore, no topo, que é o último uísque a se juntar aos outros.

Vizinhos Mais Próximos Revisado: Agrupamento em Torno de Centroides

O agrupamento hierárquico se concentra nas similaridades entre os exemplos individuais e como eles os unem. Uma maneira diferente de pensar sobre agrupamento de dados é focar nos próprios agrupamentos — os grupos de exemplos. O método mais comum para se concentrar nos próprios agrupamentos é representar cada um pelo seu "centro de agrupamento" ou *centroide*. A Figura 6-10 ilustra a ideia em duas dimensões: aqui temos três agrupamentos, cujos exemplos são representados por círculos. Cada agrupamento tem um centroide, representado pela estrela de linhas sólidas. A estrela não é, necessariamente, um dos exemplos; é o centro geométrico de um grupo de exemplos. Essa mesma ideia se aplica a qualquer número de dimensões, desde que tenhamos um espaço exemplo numérico e uma medida de distância (claro, não podemos visualizar tão bem os agrupamentos no espaço de alta dimensão).

O algoritmo de agrupamento mais popular baseado em centroide é chamado *k-means* (MacQueen, 1967; Lloyd, 1982; Mackay, 2003), e a principal ideia por trás dele merece ser discutida já que agrupamento por *k-means* é frequentemente mencionado em data science. Em *k-means* a "média" são os centroides, representados pelas médias aritméticas dos valores ao longo de cada dimensão para as instâncias do agrupamento. Assim, na Figura 6-10, para calcular o centroide para cada agrupamento, encontramos a média de todos os valores de x dos pontos no agrupamento para formar a coordenada x do centroide, e obtemos a média de todos os valores de y para formar as coordenadas y dos centroides. Geralmente, o centroide é a média dos valores para cada característica de cada exemplo no agrupamento. O resultado é mostrado na Figura 6-10.

O k em *k-means* é simplesmente o número de agrupamentos que gostaríamos de encontrar nos dados. Ao contrário do agrupamento hierárquico, o *k-means* começa com um número desejado de agrupamentos k. Assim, na Figura 6-10, o analista teria especificado $k=3$, e os métodos de agrupamento por *k-means* retornariam (i) os três centroides do agrupamento quando o método de agrupamento termina (as três estrelas de linhas sóli-

---

6 Isso foi feito: consulte o livro de David Wishart (2006), Whisky Classified: Choosing Single Malts by Flavour.

das na Figura 6-11), mais (ii) informações sobre quais pontos de dados pertencem a cada agrupamento. Isso é, por vezes, referido como agrupamento de vizinho mais próximo, porque a resposta para (ii) é simplesmente que cada agrupamento contém os pontos que estão mais próximos de seu centroide (em vez de um dos outros centroides).

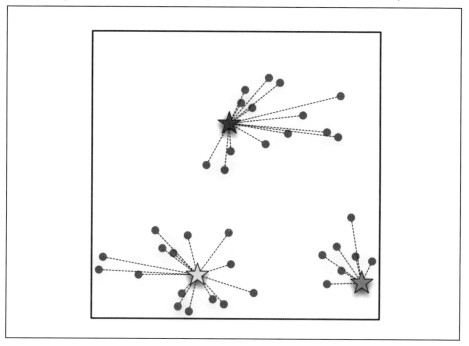

Figura 6-10. A primeira etapa do algoritmo k-means: encontrar os pontos mais próximos dos centros escolhidos (possivelmente escolhidos aleatoriamente). Isso resulta no primeiro conjunto de agrupamentos.

O algoritmo *k-means* para encontrar agrupamentos é simples e primoroso e, portanto, vale a pena ser mencionado. Ele é representado pelas Figuras 6-10 e 6-11. Ele começa com a criação de centros de agrupamentos iniciais k, geralmente de forma aleatória, mas, às vezes, com a escolha de k dos pontos de dados reais ou com a recepção de pontos de partida específicos pelo usuário, ou por meio de um pré-processamento de dados para determinar um bom conjunto de centros de partida (Arthur & Vassilvitskii, 2007). Pense nas estrelas da Figura 6-10 como sendo esses centros de agrupamentos iniciais (k=3). Em seguida, o algoritmo procede como se segue. Como mostra a Figura 6-11, os agrupamentos correspondentes a esses centros de agrupamento são formados por meio da determinação de qual é o centro mais próximo de cada ponto.

Em seguida, para cada um desses agrupamentos, seu centro é recalculado ao se encontrar o centroide real dos pontos no agrupamento. Como mostra a Figura 6-11, os centros de agrupamento normalmente se deslocam; na figura, vemos que as novas estrelas de linhas sólidas estão, de fato, mais próximas do que intuitivamente parece ser o centro de cada agrupamento. E isso é praticamente tudo. O processo simplesmente se repete: uma vez que os centros de agrupamentos mudam, precisamos recalcular quais pontos pertencem a cada grupo (como na Figura 6-10). Depois que estes são transferidos, podemos ter que deslocar os centros de agrupamentos novamente. O procedimento de *k-means* mantém a repetição até que não haja mudança nos agrupamentos (ou possivelmente até que algum outro critério de parada seja atingido).

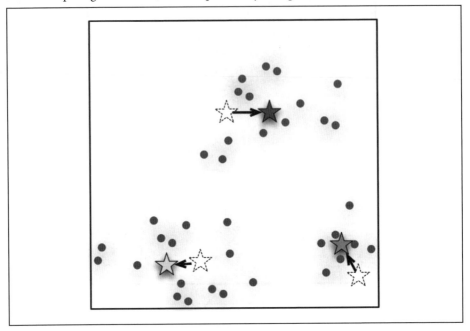

Figura 6-11. A segunda etapa do algoritmo k-means: descobrir o centro real dos agrupamentos encontrados na primeira etapa.

As Figuras 6-12 e 6-13 mostram um exemplo de execução de *k-means* em 90 pontos de dados com k=3. Este conjunto de dados é um pouco mais realista na medida em que não têm agrupamentos tão bem definidos como no exemplo anterior. A Figura 6-12 mostra os pontos de dados iniciais antes do agrupamento. A Figura 6-13 mostra os resultados finais do agrupamento após 16 repetições. As três linhas (erráticas) mostram o caminho a partir de cada local inicial (aleatório) do centroide para sua localização final. Os pontos nos três agrupamentos são indicados por diferentes símbolos (círculos, X e triângulos).

Não há garantia de que uma única execução do algoritmo *k-means* resulte em um bom agrupamento. O resultado de uma única execução de agrupamento encontrará um ótimo local — o melhor agrupamento local —, mas isso dependerá das localizações iniciais dos centroides. Por esta razão, *k-means* geralmente são executados várias vezes, começando com diferentes centroides aleatórios por vez. Os resultados podem ser comparados por intermédio da análise dos agrupamentos (mais sobre isso em breve), ou por uma medida numérica, como *distorção* dos agrupamentos, que é a soma das diferenças dos quadrados entre cada ponto de dados e seu centroide correspondente. Neste último caso, o agrupamento com o menor valor de distorção pode ser considerado o melhor.

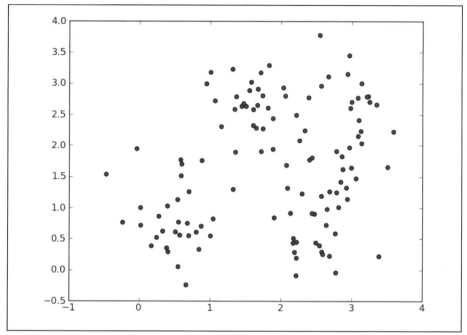

Figura 6-12. Um exemplo de agrupamento por k-means, utilizando 90 pontos em um plano e centroides k=3. Esta figura mostra o conjunto inicial de pontos.

Em termos de tempo de execução, o algoritmo *k-means* é eficiente. Mesmo com várias execuções isso costuma ser relativamente rápido, porque ele só calcula as distâncias entre cada ponto de dados e os centros de agrupamentos em cada repetição. O agrupamento hierárquico geralmente é mais lento, uma vez que necessita conhecer as distâncias entre todos os pares de agrupamentos em cada repetição, o que, no início, são todos os pares de pontos de dados.

Uma preocupação comum com algoritmos centroides como *k-means* é como determinar um bom valor para *k*. Uma resposta é simplesmente experimentar com diferentes valores de *k* e ver quais geram bons resultados. Como *k-means* é, muitas vezes, usado para mineração exploratória de dados, o analista deve examinar os resultados do agrupamento de qualquer maneira para determinar se eles fazem sentido. Normalmente, isso pode revelar se o número de agrupamentos é mais adequado. O valor para *k* pode ser diminuído se alguns agrupamentos são pequenos demais e excessivamente específicos, e aumentar se alguns são muito amplos e difusos.

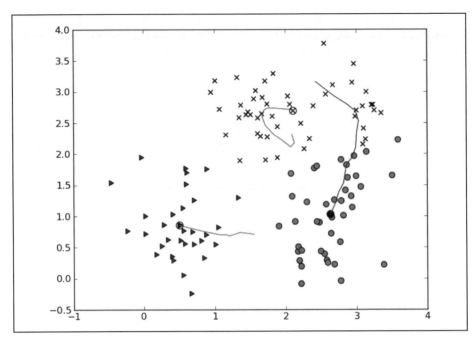

Figura 6-13. Um exemplo de agrupamento k-means utilizando 90 pontos em um plano e k=3 centroides. Esta figura mostra os caminhos de movimento dos centroides (cada uma das três linhas) através de 16 repetições do algoritmo de agrupamento. O marcador em cada ponto representa a identidade do agrupamento ao qual é, por fim, atribuído.

Para uma medida mais objetiva, o analista pode experimentar com valores crescentes de k e gráficos de várias métricas (às vezes, indiretamente chamados *índices*) de qualidade dos agrupamentos resultantes. Conforme k aumenta, as métricas de qualidade devem, por fim, estabilizar ou atingir um platô, assentando-se, se a métrica for minimizada, ou elevando-se, caso maximizada. Alguns julgamentos serão exigidos, mas o k mínimo, onde a estabilização começa, muitas vezes é uma boa escolha. O artigo da Wikipédia *Determining the number of cluters in a data set (http://en.wikipedia.org/wiki/Determining_the_number_of_clusters_in_a_data_set* — conteúdo em inglês) descreve várias métricas para avaliar conjuntos de potenciais agrupamentos.

Exemplo: Agrupamento de Notícias de Negócios

Como um exemplo concreto de agrupamento baseado em centroide, considere a tarefa de identificar alguns agrupamentos naturais de notícias de negócios lançados por um agregador de notícias. O objetivo desse exemplo é identificar, de maneira informal, diferentes agrupamentos de notícias lançados sobre uma empresa particular. Isso pode ser útil para uma aplicação específica, por exemplo: para obter uma compreensão rápida das notícias sobre uma empresa sem ter que ler todas elas; para categorizar as próximas reportagens para um processo de priorização de notícias; ou simplesmente para entender os dados antes de empreender um projeto de mineração de dados mais focado, como relacionar notícias de negócios com o desempenho das ações.

Para este exemplo, escolhemos uma grande coleção de (texto) notícias: a Coleção de Textos de Pesquisa Thomson Reuters (TRC2) (*http://trec.nist.gov/data/reuters/reuters. html* — conteúdo em inglês), uma coleção de notícias criadas pela agência de notícias Reuters, e disponibilizada para os pesquisadores. Toda a coleção compreende 1.800.370 notícias no período de janeiro de 2008 até fevereiro de 2009 (14 meses). Para tornar o exemplo tratável, porém ainda realista, extrairemos apenas aquelas histórias que mencionam determinada empresa — neste caso, a Apple (cujo símbolo de ações é AAPL).

Preparação dos Dados

Para este exemplo, é útil discutir a preparação dos dados em detalhes, já que trataremos o texto como dados, e ainda não discutimos isso. Consulte o Capítulo 10 para obter mais detalhes sobre mineração de texto.

Nesta coleção, grandes empresas sempre são mencionadas quando são o assunto principal de uma história, como nos relatórios de lucros e anúncios de fusões; mas elas costumam ser mencionadas perifericamente em resumos semanais de negócios, listas de ações ativas e histórias que citam eventos significativos dentro de seus setores industriais. Por exemplo, muitas histórias sobre a indústria de computadores pessoais mencionam como os preços das ações da HP e da Dell reagiram naquele dia, mesmo que nenhuma das duas empresas tenham se envolvido no evento. Por esta razão, extraímos histórias cujas manchetes mencionavam especificamente a Apple — assegurando, assim, que a história provavelmente seja uma notícia sobre a própria Apple. Havia 312 dessas histórias, mas elas cobriam uma ampla variedade de assuntos, como veremos.

Antes do agrupamento, as histórias foram submetidas ao pré-processamento básico de texto web, com HTML e URLs retirados e a normalização de texto. Palavras que ocorriam raramente (menos de dois documentos) ou muito frequentemente (mais de 50% dos documentos) na coleção foram eliminadas, e o restante formou o *vocabulário* para a próxima etapa. Em seguida, cada documento foi representado por um vetor de característica numérica usando "pontuações TFIDF" para cada palavra do vocabulário no documento. A pontuação TFIDF (Frequência do Termo vezes Frequência de Documento Inversa) representa a frequência da palavra no documento, penalizada pela frequência da palavra na coleção. TFIDF é explicada em detalhes mais adiante, no Capítulo 10.

A métrica de similaridade utilizada foi Similaridade de Cosseno, introduzida em "*Outras Funções de Distância" na página 158 (Equação 6-5). É comumente usada nas aplicações de texto para medir a similaridade dos documentos.

Os Agrupamentos de Notícias

Optamos por agrupar as histórias em nove grupos (assim $k=9$ para k means). Aqui, apresentamos uma descrição dos agrupamentos, junto com algumas manchetes das histórias contidas naquele agrupamento. É importante lembrar que a notícia inteira foi usada no agrupamento, não apenas o título.

Agrupamento 1. Estas histórias são anúncios dos analistas relativos a mudanças de classificações e ajustes de preço alvo:

- CBR VALORIZA APPLE <AAPL.O> PREÇO ALVO PARA $200 DE $190; DEIXA FORA A TAXA DESEMPENHO
- THINKPANMURE ASSUME APPLE <AAPL.O> COM TAXA DE COMPRA; PREÇO ALVO DE $225
- TECNOLOGIA AMERICANA VALORIZA APPLE <AAPL.O> PARA COMPRAR DE NEUTRO
- CARIS VALORIZA APPLE <AAPL.O> PREÇO ALVO PARA $200 DE $170; TAXA ACIMA DA MÉDIA
- CARIS CORTA APPLE <AAPL.O> PREÇO ALVO PARA $155 DE $165; MANTÉM-SE ACIMA DA TAXA MÉDIA

Agrupamento 2. Este agrupamento contém histórias sobre os movimentos dos preços das ações da Apple, durante e depois de cada dia de negociação:

- Ações da Apple reduzem as perdas, ainda em queda de 5%
- Apple sobe 5% após fortes resultados
- Ações da Apple aumentam otimismo com a demanda do iPhone
- Ações da Apple declinam diante do evento de terça-feira
- Ações da Apple oscilam, investidores gostam da valorização

Agrupamento 3. Em 2008, houve muitas histórias sobre Steve Jobs, carismático CEO da Apple, e sua luta contra o câncer de pâncreas. O declínio da saúde de Jobs foi tema de frequentes discussões, e muitas histórias de negócios especularam sobre como a Apple continuaria sem ele. Tais histórias são agrupadas aqui:

- ANALYSIS — Sucesso da Apple relacionado a mais do que apenas Steve Jobs
- NEWSMAKER — Jobs usou desafio e carisma como face pública da Apple
- COLUMN — O que a Apple perde sem Steve: Eric Auchard
- Apple pode enfrentar ações judiciais pela saúde de Jobs

- INSTANT VIEW 1 – CEO da Apple, Jobs, vai tirar licença médica
- ANALYSIS – Investidores temem Apple sem Jobs

Agrupamento 4. Este agrupamento contém vários anúncios e informativos da Apple. Superficialmente, essas histórias foram semelhantes, embora os temas específicos fossem variados:
- Apple apresenta software de e-mail "push" para iPhone
- CFO da Apple vê margem no segundo trimestre de cerca de 32%
- Apple se diz confiante na meta de vendas de iPhone para 2008
- CFO da Apple espera margem bruta estabilizada no 3º trimestre
- Apple fala sobre planos do software para iPhone em 6 de março

Agrupamento 5. Estes agrupamentos de histórias eram sobre o iPhone e acordos para vendê-los em outros países:
- MegaFon diz vender iPhone da Apple na Rússia
- Thai True Move faz acordo com a Apple para vender iPhone 3G
- Varejistas russos iniciarão as vendas do iPhone Apple em 03 de outubro
- Thai AIS conversa com a Apple sobre lançamento do iPhone
- Softbank diz vender o iPhone Apple no Japão

Agrupamento 6. Uma classe de histórias que relatam sobre os movimentos de preços das ações fora do horário normal de negociação (conhecido como antes e depois do Sino):
- Antes do Sino – Apple avança lentamente sobre a ação do corretor
- Antes do Sino – ações da Apple sobem 1,6% antes do sino
- ANTES DO SINO – Apple desliza sobre desvalorização do corretor
- Depois do Sino – ações da Apple deslizam
- Depois do Sino – ações da Apple aumentam declínio

Centroide 7. Este agrupamento contém pouca consistência temática:
- ANALYSIS – Menos satisfação conforme a Apple enfrenta incertezas em 2009
- TAKE A LOOK – Convenção Apple Macworld
- TAKE A LOOK – Convenção Apple Macworld
- Apple visa laptop fino, aluguel de filmes online
- Jobs da Apple conclui discurso anunciando plano de filmes

Agrupamento 8. Histórias sobre a posição do iTunes e da Apple nas vendas de música digital formaram este agrupamento:

- PluggedIn — Nokia entra na batalha da música digital com a Apple
- iTunes da Apple cresce para No.2 entre os varejistas de música nos EUA
- Apple pode estar esfriando competição do iTunes
- Nokia para superar Apple na música, telefones touchscreen
- Apple conversa com gravadoras sobre música ilimitada

Agrupamento 9. Um tipo particular de notícia Reuters é a News Brief (síntese de notícias), que geralmente é apenas algumas linhas detalhadas e concisas de texto (por exemplo, "• Diz adquirir novos filmes no itunes no mesmo dia do lançamento do DVD"). O conteúdo dessas News Brief variou, mas por causa de sua forma muito semelhante foram incluídas num único agrupamento:

- SÍNTESE — Apple lança Safari 3.1
- SÍNTESE — Apple apresenta ilife 2009
- SÍNTESE — Apple anuncia software 2.0 beta para iPhone
- SÍNTESE — Apple oferece filmes no iTunes no mesmo dia do lançamento do DVD
- SÍNTESE — Apple diz que vendeu um milhão de iPhones 3G no primeiro fim de semana

Como podemos ver, alguns desses agrupamentos são interessantes e tematicamente coerentes, enquanto outros, não. Alguns são apenas coleções de textos superficialmente semelhantes. Há um velho clichê nas estatísticas: *correlação não é causalidade*, o que significa que só porque duas coisas coocorrem não quer dizer que uma causa a outra. Uma advertência semelhante no agrupamento poderia ser: *similaridade sintática não é similaridade semântica*. Só porque duas coisas — particularmente passagens de texto — têm características superficiais comuns não significa que estão, necessariamente, relacionadas semanticamente. Não devemos esperar que cada agrupamento seja significativo e interessante. No entanto, o agrupamento é, muitas vezes, uma ferramenta útil para descobrir estruturas não previstas em nossos dados. Agrupamentos podem sugerir novas e interessantes oportunidades de mineração de dados.

Compreendendo os Resultados do Agrupamento

Uma vez que tenhamos formulado e agrupado os exemplos, o que vem em seguida? Como mencionamos anteriormente, o resultado do agrupamento é um dendrograma ou um conjunto de centros de agrupamentos mais os pontos de dados correspondentes para cada agrupamento. Como podemos entender o agrupamento? Isso é particularmente importante porque o agrupamento costuma ser usado em análise exploratória, por isso, toda a questão é entender se algo foi descoberto e, em caso afirmativo, o quê?

O modo como entendemos os agrupamentos e os grupos depende do tipo de dados sendo agrupados e do domínio da aplicação, mas existem vários métodos que se aplicam amplamente. Já vimos alguns deles em ação.

Considere o exemplo de uísque. Nossos pesquisadores de uísque, Lapointe e Legendre, cortaram seu dendrograma em 12 agrupamentos; veja dois deles:

Grupo A

Uísques: Aberfeldy, Glenugie, Laphroaig, Scapa

Grupo H

Uísques: Bruichladdich, Deanston, Fettercairn, Glenfiddich, Glen Mhor, Glen Spey, Glentauchers, Ladyburn, Tobermory

Assim, para examinar os agrupamentos, podemos simplesmente olhar para os uísques em cada grupo. Isso parece bastante fácil, mas lembre-se de que este exemplo de uísque foi escolhido como uma ilustração em um livro. O que tem na aplicação que permite uma análise relativamente fácil dos agrupamentos (fazendo dela um bom exemplo no livro)? Poderíamos pensar: bem, há apenas um pequeno número de uísques no total; isso permite que realmente olhemos para todos eles. É verdade, mas não é muito importante. Se tivéssemos tido um enorme número de uísques, ainda poderíamos criar amostras a partir de cada agrupamento para demonstrar a composição de cada um.

O fator mais importante para a compreensão desses agrupamentos — pelo menos para alguém que sabe um pouco sobre puro malte — é que os elementos do agrupamento podem ser representados pelos *nomes* dos uísques. Neste caso, os nomes dos pontos de dados são significativos em si mesmos, e transmitem significado a um especialista na área.

Isso nos dá uma orientação que pode ser empregada a outras aplicações. Por exemplo, se estamos agrupando clientes de um grande varejista, provavelmente, uma lista com os nomes dos clientes em um agrupamento teria pouco significado, então, essa técnica para compreender o resultado do agrupamento não seria útil. Por outro lado, se a IBM está agrupando clientes de negócios, pode ser que os nomes das empresas (ou, pelo menos, a maioria deles) carreguem considerável significado para um gerente ou membro da equipe de vendas.

O que fazer nos casos em que não podemos simplesmente mostrar os nomes dos nossos pontos de dados ou para os quais a mostra os nomes não proporciona compreensão suficiente? Vamos olhar novamente para nossos agrupamentos de uísque, mas, desta vez, buscando obter mais informações sobre eles:

Grupo A

- Uísques: Aberfeldy, Glenugie, Laphroaig, Scapa
- O melhor de sua classe: Laphroaig (Islay), 10 anos, 86 pontos
- Características médias: ouro pleno; frutado, salgado; médio; oleoso, salgado, xerez; seco

Grupo H

- Uísques: Bruichladdich, Deanston, Fettercairn, Glenfiddich, Glen Mhor, Glen Spey, Glentauchers, Ladyburn, Tobermory
- O melhor de sua classe: Bruichladdich (Islay), 10 anos, 76 pontos
- Características médias: vinho branco, pálido; doce; macio, leve; doce, seco, frutado, defumado; seco, leve

Aqui vemos dois elementos adicionais de informação útil para compreender os resultados do agrupamento. Em primeiro lugar, além de listar os membros, um membro "exemplar" é listado. Este é o "melhor uísque de sua classe", obtido de Jackson (1989) (esta informação adicional não foi fornecida ao algoritmo de agrupamento). Alternativamente, poderia ser o uísque mais conhecido ou mais vendido do agrupamento. Essas técnicas podem ser especialmente úteis quando existe um grande número de exemplos em cada agrupamento, assim, a amostragem aleatória pode não ser tão informativa quanto selecionar cuidadosamente os exemplares. No entanto, isso ainda presume que os nomes dos exemplos são significativos. Nosso outro exemplo, agrupando as notícias de negócios, mostra uma leve mudança nessa ideia geral: mostra histórias exemplares e suas manchetes, porque ali as manchetes podem ser resumos significativos das histórias.

O exemplo também ilustra uma forma diferente de compreender o resultado do agrupamento: mostra as características médias dos membros do agrupamento — essencialmente, isso indica o centroide do agrupamento. A indicação do centroide pode ser aplicado a qualquer agrupamento; se ele será significativo dependerá dos próprios valores de dados serem significativos.

*Utilizando o Aprendizado Supervisionado para Gerar Descrições de Agrupamentos

Detalhes técnicos à frente

Esta seção descreve uma forma de gerar automaticamente descrições de agrupamento. É mais complicado do que as que já discutimos. Ela envolve mistura de aprendizagem não supervisionada (o agrupamento) com aprendizagem supervisionada, a fim de criar descrições diferenciais dos agrupamentos. Se este capítulo é sua primeira introdução ao agrupamento e aprendizagem não supervisionada, isso pode parecer confuso para você, assim, fizemos uma seção indicada por asterisco (material avançado). Ele pode ser ignorado sem perda de continuidade.

Como quer que o agrupamento seja feito, ele nos fornece uma lista de atribuições, indicando quais exemplos pertencem a qual agrupamento. O agrupamento centroide, na verdade, descreve o membro mediano do agrupamento. O problema é que essas descrições podem ser muito detalhadas e não nos dizem como os agrupamentos diferem. O que a gente pode querer saber é, para cada agrupamento, *o que diferencia este de todos os outros?* Isso é, essencialmente, o que os métodos de aprendizado supervisionado fazem para que possamos usá-los aqui.

A estratégia geral é esta: usamos as atribuições de agrupamento para rotular exemplos. Cada exemplo receberá um rótulo do agrupamento ao qual pertence, e pode ser tratado como rótulo de classe. Uma vez que temos um conjunto rotulado de exemplos, executamos um algoritmo de aprendizagem supervisionada no conjunto exemplo para gerar um classificador para cada classe/agrupamento. Podemos, então, inspecionar as descrições do classificador para obter uma descrição inteligível (esperamos) e concisa do agrupamento correspondente. O importante é notar que essas serão descrições *diferenciais*: para cada agrupamento, o que os diferencia dos outros?

Nesta seção, a partir deste ponto, igualamos agrupamentos com classes. Usaremos os termos de forma intercambiável.

Em princípio, poderíamos usar qualquer método de aprendizagem preditivo (supervisionado) para isso, mas o importante aqui é a *inteligibilidade*: usaremos a definição aprendida de classificador como uma descrição de agrupamento, por isso, queremos um modelo que sirva a esse propósito. "Árvores de Decisão como Conjunto de Regras", na página 71, mostra como as regras podem ser extraídas das árvores de classificação, portanto, este é um método útil para a tarefa.

Há duas maneiras de configurar a tarefa de classificação. Temos agrupamentos k para podermos configurar uma tarefa de classe k (uma classe por agrupamento). Alternativamente, podemos configurar k tarefas de aprendizagem separadas, cada uma tentando diferenciar um agrupamento de todos os outros agrupamentos ($k-1$).

Usaremos a segunda abordagem na tarefa de agrupamento de uísque, utilizando as atribuições de agrupamento de Lapointe e Legendre (Apêndice A de *Uma Classificação de Uísques Escoceses Puro Malte* (http://www.dcs.ed.ac.uk/home/jhb/whisky/lapointe/text.html* — conteúdo em inglês). Isso nos dá 12 grupos de uísque rotulados de A até L. Vamos voltar aos nossos dados brutos e acrescentar cada descrição de uísque com seu agrupamento atribuído. Usaremos a abordagem binária: escolha cada agrupamento que será classificado em comparação aos os outros. Escolhemos o agrupamento J, que Lapointe e Legendre descrevem da seguinte forma:

Grupo J

- Uísques: Glen Albyn, Glengoyne, Glen Grant, Glenlossie, Linkwood, North Port, Saint Magdalene, Tamdhu
- O melhor de sua classe: Linkwood (Speyside), 12 anos, 83 pontos
- Características médias: ouro pleno; seco, turfoso, xerez; leve a médio, completo; doce; seco

Você deve se lembrar do "Exemplo: Análise de Uísque", na página 145, onde cada uísque é descrito usando 68 características binárias. Agora, o conjunto de dados tem um rótulo (**J** ou **não_J**) para cada uísque, indicando se pertence ao agrupamento J. Um trecho do conjunto de dados seria assim:

```
0,0,0,...,0,0,0,0,0,1,0,0,0,0,0,0,1,0,0,0,0,0,0,0,0,0,J      % Glen Grant
0,0,0,...,0,0,0,0,0,1,1,0,0,0,0,0,0,0,0,0,0,0,0,1,0,0,not_J  % Glen Keith
0,0,0,...,0,0,0,0,0,0,0,1,0,0,0,0,0,0,0,0,1,0,0,0,0,not_J    % Glen Mhor
```

O texto após o "%" é um comentário indicando o nome do uísque.

Este conjunto de dados é passado para um aprendiz de árvore de classificação.[7] O resultado é mostrado na Figura 6-14.

A partir dessa árvore, nos concentrarmos apenas nas folhas rotuladas **J** (ignorando as rotuladas **não_J**). Existem apenas duas dessas folhas. Traçando caminhos da raiz até elas, podemos extrair duas regras:

1. (CORPO = completo) E (AROMA = xerez) ⇒ J
2. (CORPO = completo) E (COR = vermelha) E (COR = ouro_pleno) E (CORPO = leve) E (FINALIZAÇÃO = seco) ⇒ J

Traduzindo vagamente, o agrupamento **J** distingue-se por uísques com:

1. Corpo completo e aroma xerez, ou
2. Cor ouro pleno (mas não vermelho) com um corpo leve (mas não completo) e uma finalização seca.

Essa descrição do agrupamento J é melhor do que aquela dada por Lapointe e Legendre, anteriormente? Você pode decidir qual prefere, mas é importante ressaltar que existem diferentes *tipos* de descrições. A de Lapointe e Legendre é uma descrição da **característica**; ela descreve o que é típico ou característico do agrupamento, ignorando se outros aglomerados podem compartilhar algumas dessas características. Aquele gerado pela árvore de decisão é uma descrição **diferencial**; ele descreve apenas o que diferencia este agrupamento dos outros, ignorando as características que podem ser compartilhadas por uísques dentro dele. Dito de outra maneira: descrições características concentram-

---

7 Especificamente, o procedimento J48 de Weka (http://www.cs.waikato.ac.nz/ml/weka/ — conteúdo em inglês) sem poda.

-se em pontos comuns intergrupais, enquanto que descrições diferenciais focam nas diferenças intragrupais. Nenhuma é inerentemente melhor — depende da finalidade.

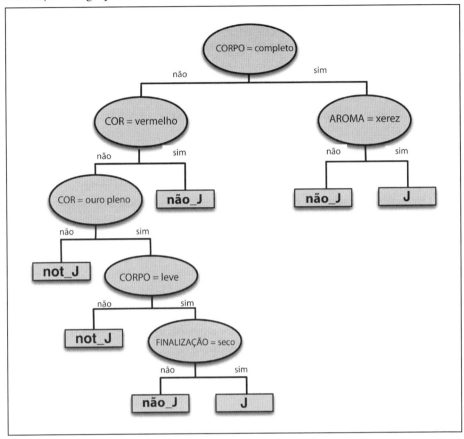

Figura 6-14. A árvore de decisão aprendida a partir do agrupamento J dos dados de uísque. A folha mais à direita corresponde ao segmento da população com corpo completo e aroma de xerez. Os uísques neste segmento são provenientes, principalmente, do agrupamento J.

Recuando: Resolvendo Problema de Negócios Versus Exploração de Dados

Agora, vimos vários exemplos de nossos conceitos fundamentais de data science em ação. Você deve ter percebido que os exemplos de agrupamento parecem um pouco diferentes dos exemplos de modelagem preditiva, e até mesmo os exemplos de encontrar objetos semelhantes. Vamos examinar o porquê.

Em nossos exemplos de modelagem preditiva, bem como nossos exemplos do uso direto da similaridade, focamos na solução de um problema de negócios muito específico.

Como já enfatizamos, um dos conceitos fundamentais de data science é que se deve trabalhar para definir, da forma mais precisa possível, o objetivo de qualquer mineração de dados. Lembre-se do processo de mineração de dados CRISP, reproduzido na Figura 6-15. Devemos gastar o máximo de tempo possível na compreensão dos negócios/mini-ciclo de compreensão dos dados, até que tenhamos uma definição concreta e específica do problema que estamos tentando resolver. Em aplicações de modelagem preditiva, somos auxiliados por nossa necessidade de definir precisamente a variável alvo e veremos, no Capítulo 7, que podemos ser mais e mais precisos sobre a definição do problema conforme ficamos mais sofisticados em nossa compreensão de data science. Em nossos exemplos de correspondência de similaridade, mais uma vez, tivemos uma noção muito concreta do que exatamente estávamos procurando: queremos encontrar empresas semelhantes para otimizar nossos esforços, e vamos definir especificamente o que significa ser semelhante. Queremos encontrar uísques semelhantes — especificamente em termos de sabor — e, novamente, trabalhamos para reunir e representar os dados para que possamos encontrar exatamente esses. Mais adiante, discutimos como, muitas vezes, gastamos esforços consideráveis aplicando estruturas de data science para decompor problemas de negócios em vários componentes bem definidos, para os quais podemos aplicar métodos de data science para resolver.

No entanto, nem todos os problemas são tão bem definidos. O que fazemos quando na fase de compreensão do negócio concluímos que: *gostaríamos de explorar nossos dados, possivelmente apenas com uma vaga noção do problema exato que estamos resolvendo?* Frequentemente, os problemas aos quais aplicamos agrupamento se enquadram nesta categoria. Queremos realizar segmentação *não supervisionada*: encontrando grupos que ocorrem "naturalmente" (sujeitos, é claro, a como definimos nossas medidas de similaridade).

Por fins de argumentação, vamos simplificar, separando nossos problemas em supervisionados (por exemplo, modelagem preditiva) e não supervisionados (por exemplo, agrupamento). O mundo não é tão simples e qualquer uma das técnicas de mineração de dados apresentada pode ser usada para esse fim, mas a discussão será muito mais clara se simplesmente separarmos em supervisionado versus não supervisionado. Há um equilíbrio direto entre onde e como o esforço é dispendido no processo de mineração de dados. Para os problemas supervisionados, uma vez que passamos tanto tempo definindo precisamente o problema a ser resolvido, na fase de Avaliação do processo de mineração de dados já temos uma questão clara de avaliação: será que os resultados da modelagem parecem resolver o problema definido? Por exemplo, se tivéssemos definido nossa meta como sendo melhorar a previsão de defecção quando um contrato de cliente está prestes a expirar, podemos avaliar se o nosso modelo tem feito isso.

Em contraste, os problemas não supervisionados, muitas vezes, são muito mais exploratórios. Podemos ter uma noção de que se pudéssemos agrupar empresas, notícias ou uísques, teríamos uma melhor compreensão do nosso negócio e, portanto, seríamos capazes de melhorar alguma coisa. No entanto, podemos não ter uma formulação precisa. Não devemos deixar que nosso desejo de ser concreto e preciso nos impeça de fazer importantes descobertas a partir dos dados. Mas há um equilíbrio: para problemas para os quais não conseguimos alcançar uma formulação precisa do problema nas fases iniciais do processo de mineração de dados, temos que passar mais tempo no final do processo — na fase de Avaliação.

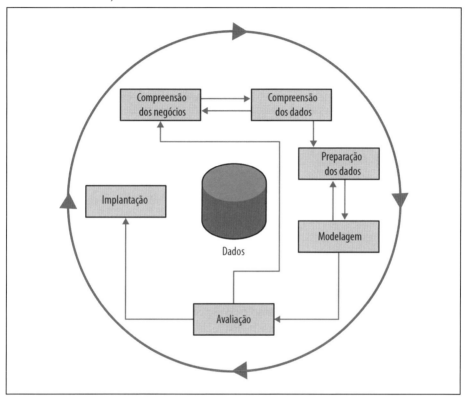

Figura 6-15. O processo CRISP de mineração de dados.

Para agrupamento, especificamente, muitas vezes é difícil até mesmo compreender o que o agrupamento revela (se é que revela algo). Mesmo quando o agrupamento parece revelar informações interessantes, muitas vezes não está claro como utilizá-las para tomar as melhores decisões. Portanto, para agrupamento, criatividade e conhecimento adicionais de negócios devem ser aplicados na fase de Avaliação do processo de mineração de dados.

Ira Haimowitz e Henry Schwartz (1997) mostram um exemplo concreto de como o agrupamento foi utilizado para melhorar as decisões sobre como definir linhas de crédito para novos clientes. Elas agruparam clientes GE Capital existentes com base na similaridade no uso de seus cartões, pagamento de suas contas e rentabilidade para a empresa. Depois de algum trabalho, eles definiram cinco agrupamentos que representam comportamentos de crédito muito diferentes do consumidor (por exemplo, aqueles que gastam muito, mas pagam seus cartões em sua totalidade a cada mês, versus aqueles que gastam muito e mantêm seu saldo perto do limite de crédito). Esses diferentes tipos de clientes toleram linhas de crédito muito variadas (nos dois exemplos, deve-se ter cuidado especial com o último para evitar inadimplência). O problema com o uso desse agrupamento imediatamente para a tomada de decisão é que os dados não estão disponíveis quando a linha de crédito inicial é definida. Resumidamente, Haimowitz e Schwarz levaram este novo conhecimento e reciclaram desde o início do processo de mineração de dados. Eles usaram o conhecimento para definir um problema preciso de modelagem preditiva: usando dados *disponíveis* no momento da aprovação de crédito e prevendo a probabilidade de que um cliente se enquadre em cada um desses agrupamentos. Este modelo preditivo pode, então, ser utilizado para melhorar as decisões iniciais de linha de crédito.

Resumo

O conceito fundamental de similaridade entre os itens de dados ocorre em toda mineração de dados. Neste capítulo discutimos primeiro uma ampla variedade de usos da similaridade variando entre encontrar entidades (ou objetos) similares com base em suas descrições de dados; modelagem preditiva e entidades de agrupamento. Discutimos esses diversos usos e ilustramos com exemplos.

Um representante muito comum da similaridade entre duas entidades é a distância entre eles no espaço do exemplo definido pela representação do vetor de característica. Apresentamos similaridade e cálculos de distância, de modo geral e em detalhes técnicos. Introduzimos, também, uma família de métodos, chamados métodos de vizinho mais próximo, que executam tarefas de previsão, calculando explicitamente a similaridade entre um novo exemplo e um conjunto de exemplos de treinamento (com valores conhecidos para o alvo). Uma vez que podemos recuperar um conjunto de vizinhos mais próximos (maioria dos exemplos semelhantes), podemos usá-los para várias tarefas de mineração de dados: classificação, regressão e pontuação de exemplo. Por fim, mostramos como o mesmo conceito fundamental — similaridade — também é subjacente aos métodos mais comuns para uma mineração não supervisionada de dados: o agrupamento.

Também discutimos outro conceito importante surgido da análise mais apurada dos métodos (como agrupamento) que são empregados para a análise de dados mais exploratória. Ao explorar os dados, especialmente com métodos não supervisionados, geralmente acabamos gastando menos tempo no início, na fase de compreensão do negócio, do processo de mineração de dados, porém gastamos mais tempo na fase de avaliação, e na repetição do ciclo. Para ilustrar, discutimos uma variedade de metodologias para compreender os resultados dos agrupamentos.

CAPÍTULO 7
Decisão do Pensamento Analítico I: O que É um Bom Modelo?

Conceitos fundamentais: *Uma reflexão sobre o que é desejado dos resultados de data science; Valores esperados como estrutura chave de avaliação; Consideração de bases comparativas adequadas.*

Técnicas exemplares: *Várias métricas de avaliação; Estimando custos e benefícios; Cálculo do lucro esperado; Criação de métodos base para comparação.*

Lembre-se do início do Capítulo 5: como gerente da MegaTelCo, você queria avaliar se o modelo que a minha empresa de consultoria havia produzido era bom. Deixando de lado o sobreajuste, como você mediria isso?

Para o data science agregar valor a uma aplicação, é importante que o cientista de dados e outros investidores considerem cuidadosamente o que gostariam de alcançar com a mineração de dados. Isso parece óbvio, mas é surpreendente como costuma ser ignorado. Os próprios cientistas de dados e as pessoas que trabalham com eles, muitas vezes, evitam — talvez sem se dar conta disso — conectar os resultados da mineração de dados com a meta do empreendimento. Isso pode se evidenciar em um relato de estatística sem uma compreensão clara das razões pelas quais ela pode ser considerada certa, ou na incapacidade de descobrir uma forma de medir significativamente o desempenho.

Contudo, devemos ter cuidado com essa análise. Muitas vezes, não é possível medir perfeitamente a meta final, por exemplo, porque os sistemas são inadequados, ou porque é muito caro coletar os dados certos, ou porque é difícil avaliar a causalidade. Assim, podemos concluir que é preciso medir algum substituto para aquilo que realmente queremos medir. No entanto, é crucial pensar cuidadosamente sobre o que realmente queremos mensurar. Se temos que escolher um substituto, devemos fazê-lo com cuidado, utilizando-se do pensamento analítico de dados.

O desafio de escrever um capítulo sobre este tema é que cada aplicação é diferente. Não podemos oferecer uma única métrica de avaliação "correta" para qualquer problema de classificação, ou problema de regressão, ou qualquer problema que você possa encontrar. No entanto, existem vários problemas e temas comuns em avaliação, bem como estruturas e técnicas para lidar com eles.

Trabalharemos como um conjunto dessas estruturas e métricas para tarefas de classificação (neste capítulo) e pontuação de exemplo (por exemplo, ordenando consumidores por sua probabilidade de responder a uma oferta), e estimativa de probabilidade de classe (no capítulo seguinte). As técnicas específicas devem ser vistas como exemplos que ilustram o conceito geral de pensar profundamente sobre as necessidades da aplicação. Felizmente, estas técnicas específicas se aplicam de forma bastante ampla. Também descreveremos um quadro muito geral para pensar sobre avaliação, usando o valor esperado, que pode cobrir uma ampla variedade de aplicações. Como mostramos mais adiante neste livro, ele também pode ser usado como uma ferramenta organizacional para o pensamento analítico de dados, de forma geral, retornando para a formulação do problema.

Avaliando Classificadores

Lembre-se de que um modelo de classificação pega um exemplo, do qual não sabemos a classe, e prevê sua classe. Vamos considerar a classificação binária, para a qual as classes são, muitas vezes, simplesmente chamadas de "positivo" e "negativo". Como vamos avaliar o desempenho de tal modelo? No Capítulo 5 discutimos como, para a avaliação, devemos usar um teste de retenção definido para avaliar o desempenho de generalização do modelo. Mas como devemos medir o desempenho de generalização?

Precisão Simples e seus Problemas

Até este ponto, assumimos que alguma métrica simples, como o classificador de erro de taxa ou precisão, estava sendo usada para medir o desempenho de um modelo.

A precisão da classificação é uma métrica popular porque é muito fácil de medir. Infelizmente, costuma ser demasiado simplista para aplicações de técnicas de mineração de dados para problemas reais de negócios. Esta seção discute isso e algumas das alternativas.

O termo "precisão do classificador" às vezes é usado informalmente para significar qualquer medida geral de desempenho do classificador. Aqui, reservaremos *precisão* para seu significado técnico específico como a proporção de decisões corretas:

$$\text{precisão} = \frac{\text{Número de decisões corretas tomadas}}{\text{Número total de decisões tomadas}}$$

Isso é igual à 1−*taxa de erro*. A precisão é uma métrica de avaliação comum que costuma ser utilizada em estudos de mineração de dados, pois reduz o desempenho do classificador a um único número e é muito fácil de medir. Infelizmente, é simplista e tem alguns problemas bem conhecidos (Provost, Fawcett & Kohavi, 1998). Para entender esses problemas, precisamos de uma maneira para decompor e contar diferentes tipos de decisões corretas e incorretas feitas por um classificador. Para isso, usamos a matriz de confusão.

> **Quadro: Positivos Ruins e Negativos Inofensivos**
>
> Ao discutir os classificadores, muitas vezes nos referimos a um resultado ruim como um exemplo "positivo", e um resultado normal ou bom como "negativo". Isso pode parecer estranho para você, dadas as definições cotidianas de positivo e negativo. Por que, por exemplo, um caso de fraude é considerado positivo e um caso legítimo considerado negativo? Essa terminologia é convencional em muitos campos, incluindo o aprendizado de máquina e mineração de dados, e vamos usá-lo ao longo deste livro. Alguma explicação pode ser útil para evitar confusão.
>
> É útil pensar em um exemplo positivo como sendo digno de atenção ou *alarme*, e um exemplo negativo como desinteressante ou benéfico. Por exemplo, um exame médico (que é um tipo de classificador) realizado em uma amostra biológica tenta detectar a doença ou uma condição anormal, examinando determinados aspectos da amostra. Se o teste for positivo, significa que a doença ou a condição está presente; se for negativo, não há motivo para alarme e, geralmente, não há necessidade de tratamento. De forma semelhante, se um detector de fraude encontra atividade incomum na conta de um cliente e decide que há motivo para alarme, isso é chamado positivo. Por outro lado, os negativos (contas com apenas atividades legítimas), embora rentáveis, não são dignos de atenção a partir de uma perspectiva de detecção de fraude.
>
> Há vantagens em manter essa orientação geral, em vez de redefinir o significado de positivo e negativo para cada domínio que apresentamos. Você pode pensar em um classificador como uma peneira para uma grande população que consiste, principalmente, em negativos — os casos desinteressantes — em busca de um pequeno número de casos positivos. Por convenção, então, a classe positiva costuma ser rara ou, pelo menos, mais rara do que a classe negativa. Em consequência, o *número* de erros cometidos em exemplos negativos (os erros *falsos positivos*) pode dominar, embora o *custo* de cada erro cometido em um exemplo positivo (um erro *falso negativo*) será maior.

Matriz de Confusão

Para avaliar um classificador corretamente é importante compreender a noção de *confusão de classe* e a *matriz de confusão*, que é uma espécie de tabela de contingência. Uma matriz de confusão para um problema envolvendo n classes é uma matriz $n \times n$ com as colunas rotuladas com classes reais e as linhas rotuladas com classes previstas. Cada exemplo, em um conjunto de teste tem um rótulo de classe real, bem como a classe prevista pelo classificador (a classe prevista), cuja combinação determina em qual célula da matriz o exemplo é contado. Para simplificar, vamos lidar com problemas de duas classes com matrizes de confusão 2 x 2.

Uma matriz de confusão separa as decisões tomadas pelo classificador, tornando explícito como uma classe está sendo confundida com outra. Desta forma, diferentes tipos de erros podem ser tratados separadamente. Vamos diferenciar entre as classes verdadeiras e as classes previstas pelo modelo usando diferentes símbolos. Vamos considerar os problemas de duas classes, indicando as classes verdadeiras como **p**(ositivo) e **n**(egativo), e as classes previstas pelo modelo (as classes "previstas") como **S**(im) e **N**(ão), respectivamente (pense: o modelo diz: "Sim, isso é positivo" ou "Não, não é positivo").

Tabela 7-1. A representação de uma matriz de confusão 2 x 2, mostrando os nomes das previsões corretas (diagonal principal) e as entradas de erros (fora da diagonal).

	p	n
S	Positivos verdadeiros	Positivos falsos
N	Negativos falsos	Negativos verdadeiros

Na matriz de confusão, a diagonal principal contém as contagens das decisões corretas. Os erros do classificador são os **falsos positivos** (exemplos negativos classificados como positivos) e **falsos negativos** (positivos classificados como negativos).

Problemas com Classes Desequilibradas

Como um exemplo de como precisamos pensar cuidadosamente sobre avaliação do modelo, considere um problema de classificação, no qual uma classe é rara. Esta é uma situação comum em aplicações, porque os classificadores costumam ser usados para vasculhar uma grande população de entidades normais ou desinteressantes, a fim de encontrar um número relativamente pequeno de incomuns; por exemplo, ao procurar por clientes defraudados, verificando uma linha de montagem por peças defeituosas, ou visando consumidores que realmente responderiam a uma oferta. Como a classe incomum ou interessante é rara entre a população geral, a distribuição de classes é desequilibrada ou *distorcida* (Ezawa, Singh & Norton, 1996; Fawcett & Provost, 1996; Japkowicz & Stephen, 2002).

Infelizmente, à medida que a distribuição de classe se torna mais distorcida, a avaliação baseada na precisão quebra. Considere um domínio onde as classes aparecem em uma razão de 999: 1. Uma regra simples — sempre escolha a classe mais prevalente — dá uma precisão de 99,9%. Presumivelmente, isso não é satisfatório, caso se busque uma solução não trivial. Distorções de 1:100 são comuns na detecção de fraudes, e distorções maiores que 1:10^6 têm sido relatadas em outras aplicações de aprendizagem de classificador (Clearwater & Stern, 1991; Attenberg & Provost, 2010). O Capítulo 5 menciona a "taxa base" de uma classe, o que corresponde a forma como seria o desempenho de um classificador simplesmente escolhendo essa classe para cada exemplo. Com tais domínios distorcidos, a taxa de base para a classe majoritária poderia ser muito alta, então, um relatório de precisão de 99,9% pode nos dizer pouco sobre o que mineração de dados realmente realizou.

Mesmo quando a distorção não é tão grande, em domínios nos quais uma classe é mais prevalente do que a outra, a precisão pode ser muito enganosa. Considere novamente o nosso exemplo da rotatividade com celulares. Digamos que você seja um gerente na MegaTelCo e, como analista, eu relatei que nosso modelo de previsão de rotatividade gera 80% de precisão. Isso parece bom, mas é mesmo? Meu colega de trabalho relata que seu modelo gera uma precisão de 64%. Isso é muito ruim, não é?

Você pode dizer, espere — precisamos de mais informações sobre os dados. E estaria certo (e executando um pensamento analítico de dados). O que precisamos? Considerando a linha de discussão até agora, nesta subseção, você pode muito bem dizer: precisamos saber qual é a proporção da rotatividade na população que estamos considerando. Digamos que você saiba que nestes dados a taxa base de rotatividade é de aproximadamente 10% ao mês. Vamos considerar um cliente cuja rotatividade é um exemplo positivo, por isso, dentro de nossa população de clientes, esperamos uma razão de classe positiva para negativa de 1:9. Então, se simplesmente classificarmos todos como negativos, podemos alcançar uma taxa base de precisão de 90%!

Indo mais fundo, você descobre que meu colega de trabalho e eu avaliamos dois conjuntos de dados diferentes. Isso não seria surpreendente se não tivéssemos coordenado nossos esforços de análise de dados. Meu colega de trabalho calculou a precisão em uma amostra representativa da população, enquanto que eu criei conjuntos de dados artificialmente equilibrados para treinamento e teste (ambas práticas comuns). Agora, o modelo do meu colega de trabalho parece muito ruim — poderia ter alcançado 90% de precisão, mas só conseguiu 64%. No entanto, ao aplicar seu modelo ao meu conjunto de dados equilibrados, também vê uma precisão de 80%. Agora está bastante confuso.

Resumindo, a precisão é simplesmente a coisa errada a ser medida. Neste exemplo deliberadamente planejado, o modelo do meu colega de trabalho (chame-o de Modelo A) obtém uma precisão de 80% na amostra equilibrada, identificando corretamente todos os exemplos positivos, mas apenas 60% dos exemplos negativos. Meu modelo (Modelo B) faz isso, inversamente, identificando corretamente todos os exemplos negativos, mas apenas 60% dos exemplos positivos.

Vamos olhar para esses dois modelos com mais cuidado, utilizando matrizes de confusão como uma ferramenta conceitual. Em uma população de treinamento de 1.000 clientes, as matrizes de confusão são as seguintes. Lembre-se de que as classes previstas de um modelo são indicadas por **S** e **N**.

Tabela 7-2. Matriz de confusão de A

	rotatividade	sem rotatividade
S	500	200
N	0	300

Tabela 7-3. Matriz de confusão de B

	rotatividade	sem rotatividade
S	300	0
N	200	500

A Figura 7-1 ilustra essas classificações em uma população equilibrada e em uma população representativa. Como mencionado, os dois modelos classificam corretamente 80% da população equilibrada, mas as matrizes de confusão e a figura mostram que eles funcionam de forma muito diferente. O classificador A prevê erroneamente que os clientes sofrerão rotatividade, quando isso não acontecerá, enquanto o classificador B comete erros opostos, prevendo que os clientes não sofrerão rotatividade, quando, na verdade, sofrerão. Quando aplicado à população original, a população desequilibrada de clientes, a precisão do modelo A diminui para 64%, enquanto o modelo B sobe para 96%. Esta é uma mudança enorme. Então, qual modelo é melhor?

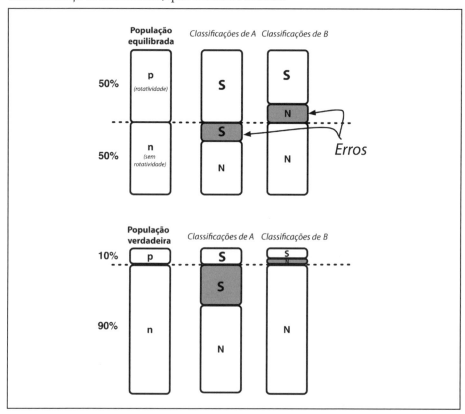

Figura 7-1. Um exemplo do porquê de a rotatividade ser enganosa. Na parte superior, dois modelos de rotatividade, A e B, cometem o mesmo número de erros (região sombreada) quando os casos são equilibrados. Mas A e B cometem diferentes tipos de erros, assim, quando a proporção de classe muda (parte inferior) seu desempenho relativo muda muito.

Meu modelo (B) agora parece ser melhor do que A, porque B parece ter maior desempenho sobre a população com a qual nos preocupamos — a mistura 1:9 de clientes que esperamos ver. Mas, ainda assim, não podemos dizer com certeza, por causa de outro problema com precisão: não sabemos o quanto nos *preocupamos* com diferentes erros e decisões corretas. Essa questão é o tema da próxima seção.

Problemas com Custos e Benefícios Desiguais

Outro problema com a precisão da classificação simples, como uma métrica, é que ela não faz distinção entre erros falsos positivos e falsos negativos. Ao contá-los, ela faz a suposição tácita de que ambos os erros são igualmente importantes. Com domínios do mundo real esse raramente é o caso. Esses são, normalmente, tipos muito diferentes de erros com custos muito diferentes, porque as classificações têm consequências de diversas gravidades.

Considere um domínio de diagnóstico médico em que o paciente é erroneamente informado que tem câncer quando não tem. Esse é um erro falso positivo. O resultado provável seria que o paciente faria testes ou uma biópsia, que refutaria o diagnóstico inicial de câncer. Esse erro pode ser caro, inconveniente, e estressante para o paciente, mas não seria fatal. Compare isso com o erro oposto: um paciente que tem câncer, mas é erroneamente informado de que não tem. Esse é um falso negativo. Esse segundo tipo de erro significa que uma pessoa com câncer perderia a detecção precoce, o que poderia ter consequências mais graves. Estes dois erros são muito distintos, devem ser contados separadamente e devem ter diferentes custos.

Voltando ao nosso exemplo de rotatividade em telefonia celular, considere o custo de dar ao cliente um incentivo de retenção que ainda resulte no cancelamento do serviço pelo cliente (um erro falso positivo). Compare isso com o custo de perder um cliente porque nenhum incentivo foi oferecido (um falso negativo). Seja lá quais forem os custos que determinar para cada um, é improvável que sejam iguais; e os erros devem ser contados separadamente.

De fato, é difícil imaginar qualquer domínio em que um tomador de decisão possa ser seguramente indiferente, cometa ele um erro falso positivo ou falso negativo. Idealmente, devemos estimar o custo ou benefício de cada decisão que um classificador pode tomar. Uma vez agregados, eles produzem uma estimativa de *lucro esperado* (ou *benefício esperado* ou *custo esperado*) para o classificador.

Generalizando Além da Classificação

Temos usado a modelagem de classificação para ilustrar muitas questões de data science de forma concreta. A maioria desses problemas são aplicáveis além da classificação.

O princípio geral que estamos desenvolvendo aqui é que quando aplicamos data science para uma aplicação real é vital retornar à pergunta: o que é importante na sua aplicação? Qual é o objetivo? Estamos avaliando os resultados da mineração de dados de forma adequada dado o objetivo real?

Como outro exemplo, aplicaremos esse pensamento para a modelagem de regressão em vez de classificação. Digamos que nossa equipe de data science precise construir um modelo de recomendação de filmes. Ele prevê quanto determinado cliente gostará de determinado filme, o que será usado para nos ajudar a fornecer recomendações personalizadas. Digamos que cada cliente classifique um filme, dando-lhe de uma a cinco estrelas, e o modelo de recomendação prevê quantas estrelas o usuário dará para um filme não visto. Um dos nossos analistas descreve cada modelo, relatando o quadrado da média dos erros (ou raiz quadrada média dos erros, ou R^2, ou qualquer métrica) para o modelo. Devemos perguntar: quadrado da média dos erros de quê? O analista responde: o valor da variável alvo, que é o número de estrelas que um usuário daria como classificação para o filme. Por que o quadrado da média dos erros sobre o número previsto de estrelas é uma métrica adequada para nosso problema de recomendação? É significativo? Existe uma métrica melhor? Esperamos que o analista tenha pensado nisso com cuidado. É surpreendente como, muitas vezes, descobre-se que o analista não pensou nisso, e está simplesmente recorrendo a alguma medida que aprendeu na escola.

Uma Estrutura Analítica Chave: Valor Esperado

Agora, estamos prontos para discutir uma ferramenta conceitual de grande utilidade para ajudar no pensamento analítico de dados: o valor esperado. O cálculo do valor esperado apresenta uma estrutura que é extremamente útil na organização do pensamento sobre os problemas analíticos de dados. Especificamente, decompõe-se o pensamento analítico de dados em (i) estrutura do problema, (ii) elementos de análise que podem ser extraídos a partir dos dados e (iii) elementos de análise que necessitam ser adquiridos a partir de outras fontes (por exemplo, conhecimento de negócios de especialistas no assunto).

Em um cálculo do valor esperado os resultados possíveis de uma situação são enumerados. O valor esperado é, então, a média ponderada dos valores dos diferentes resultados possíveis, em que a ponderação dada a cada valor é a probabilidade de ocorrência. Por exemplo, se os resultados representam diferentes níveis possíveis de lucros, o cálculo do lucro esperado pondera fortemente os níveis altamente prováveis de lucro, enquanto os níveis improváveis são pouco ponderados. Para este livro, vamos supor que estamos considerando tarefas repetidas (como direcionar um grande número de consumidores ou diagnosticar grande número de problemas) e estamos interessados em maximizar o lucro esperado.[1]

---

[1] Um curso sobre teoria da decisão levaria você a um emaranhado de questões relacionadas interessantes.

A estrutura de valor esperado fornece a base para um analista que pensa (i) da forma geral como mostrado na Equação 7-1.

Equação 7-1. A forma geral de um cálculo de valor esperado

$$EV = p(o_1) \cdot v(o_1) + p(o_2) \cdot v(o_2) + p(o_3) \cdot v(o_3) \ldots$$

Cada o_i é um possível resultado de decisão; $p(o_i)$ é sua probabilidade e $v(o_i)$ é seu valor. As probabilidades muitas vezes podem ser estimadas a partir dos dados (ii), mas os valores de negócios frequentemente necessitam ser adquiridos a partir de outras fontes. Como veremos no Capítulo 11, modelagem orientada em dados pode ajudar a estimar os valores de negócio, mas, geralmente, os valores devem ser provenientes de conhecimento de domínio externo.

Agora, vamos ilustrar o uso do valor esperado como uma estrutura analítica com dois cenários diferentes de data science. Os dois cenários costumam ser confusos, mas é vital distingui-los. Para isso, lembre-se da diferença do Capítulo 2 entre a *mineração* (ou indução) de um modelo, e sua utilização.

Usando Valor Esperado para Estruturar o Uso de Classificador

Na prática, temos muitos casos individuais para os quais gostaríamos de prever uma classe, que pode, então, levar a uma ação. Em marketing direcionado, por exemplo, podemos querer atribuir a cada consumidor uma classe *provável de responder* versus *improvável de responder*, então, poderíamos visar os prováveis de responder. Infelizmente, para o marketing direcionado, muitas vezes, a probabilidade de resposta para qualquer consumidor individual é muito baixa — talvez um ou dois por cento — de forma que nenhum consumidor pode parecer provável de responder. Se escolhermos um limiar de "bom senso" de 50% para decidir o que é uma pessoa provável de responder, provavelmente não direcionaríamos ninguém. Muitos mineradores de dados inexperientes são surpreendidos quando a aplicação dos modelos de mineração de dados resulta em uma classificação de todos como *improvável de responder* (ou uma classe negativa semelhante).

No entanto, com a estrutura de valor esperado, podemos ver o cerne do problema. Vamos percorrer um cenário de marketing direcionado.[2] Considere que temos uma oferta de um produto que, para simplificar, só está disponível nesta oferta. Se a oferta não for feita a um consumidor, ele não comprará o produto. Temos um modelo, extraído a partir de dados históricos, que dá uma estimativa da probabilidade de resposta ($p_R(\mathbf{x})$) para qualquer consumidor cuja descrição do vetor de característica $\mathbf{x}$ é dada como entrada. O modelo poderia ser uma árvore de classificação ou um modelo de regressão logística ou

---

[2] Usamos marketing direcionado aqui, em vez do exemplo de rotatividade, porque a estrutura do valor esperado, na verdade, revela uma complexidade importante para o exemplo da rotatividade, com a qual não estamos prontos para lidar. Voltaremos a isso no Capítulo 11, quando estivermos prontos para lidar com ela.

algum outro modelo do qual ainda não falamos. Agora, gostaríamos de decidir se direcionamos determinado consumidor descrito pelo vetor de característica **x**.

O valor esperado fornece uma estrutura para a realização da análise. Especificamente, calcularemos o benefício esperado (ou custo) de direcionamento do consumidor **x**:

Benefício esperado do direcionamento = $p_R(\mathbf{x}) \cdot v_R + [1 - p_R(\mathbf{x})] \cdot v_{NR}$

em que v_R é o valor obtido de uma resposta e v_{NR} é o valor recebido por nenhuma resposta. Uma vez que todo mundo responde ou não, nossa estimativa da probabilidade de não responder é apenas $((1 - p_R(\mathbf{x})))$. Como mencionado, as probabilidades vieram dos dados históricos, como resumido em nosso modelo preditivo. Os benefícios v_R e v_{NR} precisam ser determinados separadamente, como parte da etapa de Compreensão do Negócio (Capítulo 2). Uma vez que um cliente só pode comprar o produto respondendo à oferta (como vimos), o benefício esperado de não direcioná-lo convenientemente é zero.

Para ser concreto, digamos que um consumidor compre o produto por R$200,00 e nossos custos relacionados ao produto sejam de R$100,00. Para direcionar o consumidor com a oferta, também temos um custo. Digamos que enviamos um deslumbrante material de marketing, e o custo total, incluindo a postagem, seja de R$1,00, rendendo um valor (lucro) de v_R = R$99,00 se o consumidor responder (comprar o produto). Agora, e quanto ao v_{NR}, o valor se o consumidor não responder? Ainda será enviado o material de marketing, tendo um custo de R$1,00 ou equivalentemente um benefício de -R$1,00.

Agora, estamos prontos para dizer precisamente que se quisermos atingir esse consumidor: podemos esperar ter lucro? Tecnicamente, o valor esperado (lucro) do direcionamento é maior que zero? Matematicamente, isto é:

$p_R(\mathbf{x}) \cdot R\$99,00 - [1 - p_R(\mathbf{x})] \cdot R\$1,00 > 0$

Um pouco de reorganização da equação nos dá uma regra de decisão: direcionar determinado cliente **x** apenas se:

$p_R(\mathbf{x}) \cdot R\$99,00 > [1 - p_R(\mathbf{x})] \cdot R\$1,00$

$p_R(\mathbf{x}) > 0.01$

Com esses valores de exemplo, devemos direcionar o consumidor desde que a probabilidade estimada dele responder seja maior do que 1%.

Isso mostra como um cálculo de valor esperado pode expressar como o modelo será *usado*. Tornar isso explícito ajuda a organizar a formulação e a análise do problema. Retomamos isso no Capítulo 11. Agora, vamos passar para outra aplicação importante da estrutura do valor esperado, para organizar nossa análise sobre se o modelo induzido a partir dos dados é bom.

Usando Valor Esperado para Estruturar a Avaliação do Classificador

Neste momento, queremos mudar nosso foco de decisões individuais para coleções de decisões. Especificamente, precisamos avaliar o conjunto de decisões tomadas por um modelo quando aplicado a um conjunto de exemplos. Tal avaliação é necessária, a fim de comparar um modelo ao outro. Por exemplo, nosso modelo baseado em dados tem melhor desempenho do que o modelo artesanal sugerido pelo grupo de marketing? Uma árvore de classificação funciona melhor do que um modelo discriminante linear para um problema específico? Algum dos modelos se sai substancialmente melhor do que o "modelo" base, como consumidores escolhidos aleatoriamente para direcionamento? É provável que cada modelo tome algumas decisões melhores do que outro. O que nos interessa é, *coletivamente*, quão bem cada modelo se sai: qual é seu valor *esperado*.

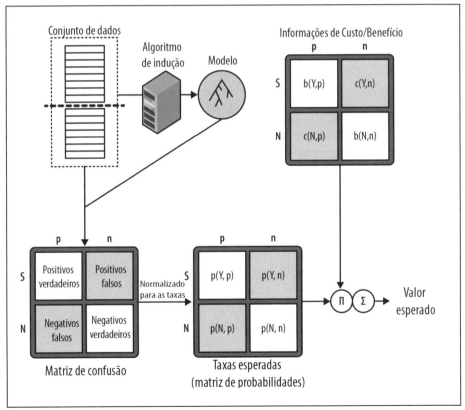

Figura 7-2. Um diagrama do cálculo do valor esperado. O Π e Σ referem-se ao produtório e ao somatório no cálculo do valor esperado.

Podemos usar a estrutura de valor esperado que acabamos de descrever para determinar as melhores decisões para cada modelo e, em seguida, usar o valor esperado de uma maneira diferente para comparar os modelos. Para calcular o lucro esperado para um modelo em seu conjunto, cada o_i na Equação 7-1 corresponderá a uma das possíveis combinações de classe previstas e à classe real. O objetivo é agregar todos os diferentes casos possíveis: de modo geral, quando decidimos buscar consumidores, qual é a probabilidade de eles responderem? Qual é a probabilidade de não responderem? E se não buscarmos os consumidores, eles teriam respondido? Felizmente, como você deve lembrar, já temos o cálculo necessário para tudo isso — na matriz de confusão. Cada o_i corresponde a uma célula da matriz de confusão. Por exemplo, qual é a probabilidade associada com uma combinação particular de se *prever a rotatividade* de um consumidor e ela *realmente não acontecer*? Isso seria estimado pelo número de consumidores do conjunto-teste que se enquadraram na célula da matriz de confusão (**S, n**), dividido pelo total de consumidores do conjunto-teste.

Veja o passo a passo de um cálculo do lucro esperado no nível agregado (modelo), no processo de cálculo dessas probabilidades. A Figura 7-2 mostra um diagrama esquemático do cálculo do valor esperado no contexto do modelo de indução e avaliação. No canto superior esquerdo do diagrama, uma porção de treinamento de um conjunto de dados é tomada como entrada por um algoritmo de indução, que produz o modelo a ser analisado. Esse modelo é aplicado a uma porção de retenção (teste) de dados, e a contagem para as diferentes células da matriz de confusão são registradas. Considere o exemplo concreto de um classificador da matriz de confusão na Tabela 7-4.

Tabela 7-4. Uma amostra da matriz de confusão com contagens.

	p	n
S	56	7
N	5	42

Taxas de Erro

Ao calcular os valores esperados para um problema de negócios, o analista costuma ser confrontado com a pergunta: de onde vieram essas probabilidades? Ao avaliar um modelo de dados de teste, a resposta é simples: essas probabilidades (de erros e decisões corretas) podem ser estimadas a partir dos registros na matriz de confusão, calculando as taxas de erros e as decisões corretas. Cada célula da matriz de confusão contém uma contagem do número de decisões que correspondem a combinação (prevista, real), que será expressada como *contagem(h,a)* (usamos h de "hipotético", já que p está sendo utilizado). Para o cálculo do valor esperado reduzimos essas contagens para taxas ou probabilidades estimadas, *p(h,a)*. Fazemos isso pela divisão de cada contagem do número total de exemplos:

$$p(h, a) = contagem(h, a) / T$$

Estes são os cálculos das taxas para cada uma das estatísticas brutas na matriz de confusão. Essas taxas são estimativas a partir das probabilidades usadas no cálculo do valor esperado na Equação 7-1.

T = 110
$p(\mathbf{Y},\mathbf{p}) = 56/110 = 0.51$ $p(\mathbf{Y},\mathbf{n}) = 7/110 = 0.06$
$p(\mathbf{N},\mathbf{p}) = 5/110 = 0.05$ $p(\mathbf{N},\mathbf{n}) = 42/110 = 0.38$

Custos e Benefícios

Para calcular o lucro esperado (Equação 7-1), também precisamos dos valores de custo e benefício que acompanham cada par de decisão. Eles formarão as entradas de uma matriz de custo-benefício com as mesmas dimensões (linhas e colunas) da matriz de confusão. No entanto, a matriz de custo-benefício especifica, para cada par (previsto, real), o custo ou benefício de se tomar essa decisão (Figura 7-3). Classificações corretas (verdadeiros positivos e verdadeiros negativos) correspondem aos benefícios $b(\mathbf{S}, \mathbf{p})$ e $b(\mathbf{N}, \mathbf{n})$, respectivamente. Classificações incorretas (falsos positivos e falsos negativos) correspondem ao "benefício" $b(\mathbf{S}, \mathbf{n})$ e $b(\mathbf{N}, \mathbf{p})$, respectivamente, que podem na verdade ser um custo (um benefício negativo), e muitas vezes são explicitamente referidos como custos $c(\mathbf{S}, \mathbf{n})$ e $c(\mathbf{N}, \mathbf{p})$.

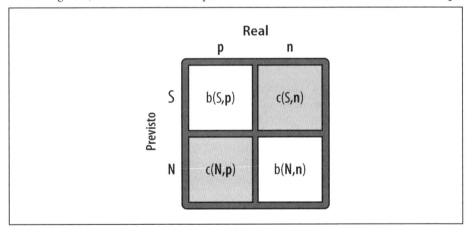

Figura 7-3. Uma matriz de custo-benefício.

Enquanto as probabilidades podem ser estimadas a partir dos dados, *os custos e benefícios, não*. Eles geralmente dependem de informações externas fornecidas por meio da análise das consequências das decisões no contexto de problemas de negócios específicos. De fato, especificar os custos e benefícios pode custar muito tempo e dedicação. Em muitos casos, eles não podem ser especificados exatamente, mas apenas como gamas aproximadas. O Capítulo 8 volta a abordar o que podemos fazer quando esses valores não são conhecidos. Por exemplo, em nosso problema de rotatividade, o quanto realmente vale a pena manter um cliente? O valor depende do uso futuro de telefone celular e, provavelmente, varia muito entre os clientes. Dados sobre o uso prévio dos clientes pode ser útil nessa estimativa. Em muitos casos, os custos e benefícios médios estimados são usados em vez de custos e benefícios individuais específicos, pela simplicidade de formulação e cálculo do problema. Portanto, vamos ignorar os cálculos de custo/benefício específicos do cliente para o resto do nosso exemplo, retornamos a eles no Capítulo 11.

Matematicamente, não há diferença entre um custo e um benefício, exceto pelo sinal. Para simplificar, a partir deste ponto, expressaremos todos os valores como **benefícios**, com custos sendo benefícios negativos. Só temos que especificar uma única função, que é b(previsto, real).

Então, voltando ao nosso exemplo de marketing direcionado. Quais são os custos e benefícios? Para simplificar, todos os números são expressos em reais.

- Um *falso positivo* ocorre quando classificamos um consumidor como provável de responder e, portanto, ele é direcionado, mas não responde. Já dissemos que os custos de preparar e enviar o material de marketing é fixo, de R$1,00 por consumidor. A vantagem, neste caso, é negativa: $b(\mathbf{S}, \mathbf{n}) = -1$.

- Um *falso negativo* é um consumidor que foi previsto como improvável de responder (por isso, não recebeu a oferta do produto), mas teria comprado, se recebesse a oferta. Neste caso, nenhum dinheiro foi gasto e nada foi adquirido, por isso $b(\mathbf{N}, \mathbf{p}) = 0$.

- Um *verdadeiro positivo* é um consumidor que recebeu uma oferta de produto e efetivou a compra. O benefício, neste caso, é o lucro a partir da receita (R$200,00) menos os custos relacionados ao produto (R$100,00) e as despesas de correio (R$1,00), de modo que $b(\mathbf{S}, \mathbf{p}) = 99$.

- Um *verdadeiro negativo* é um consumidor que não recebeu uma oferta e que não teria comprado, mesmo se a tivesse recebido. O benefício, neste caso, é zero (sem lucro, mas sem custo), portanto, $b(\mathbf{N}, \mathbf{n}) = 0$.

Essas estimativas de custo-benefício podem ser resumidas em uma matriz de custo-benefício de 2 x 2, como na Figura 7-4. Observe que as linhas e as colunas são as mesmas da nossa matriz de confusão, que é exatamente o que vamos precisar para calcular o valor esperado global para o modelo de classificação.

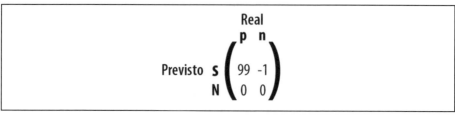

Figura 7-4. A matriz de custo-benefício para o exemplo de marketing direcionado.

Dada uma matriz de custos e benefícios, estes são multiplicados em forma de célula, contra a matriz de probabilidades, então, somados em um valor final que representa o lucro total esperado. O resultado é:

$$\text{Lucro esperado} = p(\mathbf{S,p}) \cdot b(\mathbf{S,p}) + p(\mathbf{N,p}) \cdot b(\mathbf{N,p}) + p(\mathbf{N,n}) \cdot b(\mathbf{N,n}) + p(\mathbf{S,n}) \cdot b(\mathbf{S,n})$$

Usando essa equação, podemos, agora, calcular e comparar os lucros esperados para vários modelos e outras estratégias de segmentação. Precisamos ser capazes de calcular as matrizes de confusão sobre um conjunto de exemplos de teste, de gerar a matriz de custo-benefício.

Essa equação é suficiente para comparar classificadores, mas vamos continuar um pouco mais por este caminho, porque um cálculo alternativo desta equação é frequentemente utilizado na prática. Essa visão alternativa está intimamente relacionada com algumas técnicas utilizadas para visualizar o desempenho classificador (Capítulo 8). Além disso, ao examinar a formulação alternativa, podemos ver exatamente como lidar com o problema do modelo de comparação apresentado no início do capítulo — no qual um analista relatou estatísticas de desempenho de uma população representativa (porém desequilibrada), e outro usou uma população de classe equilibrada.

Uma maneira comum de expressar lucro esperado é fatorar as probabilidades de conhecer cada classe, muitas vezes chamada de classe a priori. As classes a priori, $p(\mathbf{p})$ e $p(\mathbf{n})$, especificam a probabilidade de ocorrer exemplos positivos e negativos, respectivamente. Fatorar isso permite que separaremos a influência de desequilíbrio de classe do poder preditivo fundamental do modelo, como discutimos em mais detalhes no Capítulo 8.

Uma regra de probabilidade básica é:

$$p(x, y) = p(y) \cdot p(x \mid y)$$

Isso diz que a probabilidade de dois eventos diferentes ocorrerem é igual à probabilidade de um deles ocorrer vezes a probabilidade de outro ocorrer, se sabemos que o primeiro ocorre. Usando essa regra podemos expressar novamente nosso lucro esperado como:

$$\text{Lucro esperado} = p(\mathbf{S|p}) \cdot p(\mathbf{p}) \cdot b(\mathbf{S,p}) + p(\mathbf{N|p}) \cdot p(\mathbf{p}) \cdot b(\mathbf{N,p}) + p(\mathbf{N|n}) \cdot p(\mathbf{n}) \cdot b(\mathbf{N,n}) + p(\mathbf{S|n}) \cdot p(\mathbf{n}) \cdot b(\mathbf{S,n})$$

Fatorando os antecedentes de classe $p(\mathbf{p})$ e $p(\mathbf{n})$, obtemos a equação final:

Equação 7-2. Equação de lucro esperado com antecedentes $p(\mathbf{p})$ e $p(\mathbf{n})$ fatorados.

$$\text{Lucro esperado} = p(\mathbf{p}) \cdot [\,p(\mathbf{S|p}) \cdot b(\mathbf{S,p}) + p(\mathbf{N|p}) \cdot b(\mathbf{N,p})\,] + p(\mathbf{n}) \cdot [\,p(\mathbf{N|n}) \cdot b(\mathbf{N,n}) + p(\mathbf{S|n}) \cdot b(\mathbf{S,n})\,]$$

A partir dessa confusão, observe que, agora, temos um componente (o primeiro) correspondendo ao lucro esperado a partir dos exemplos positivos e outro (o segundo) correspondendo ao lucro esperado a partir dos exemplos negativos. Cada um deles é ponderado pela probabilidade de vermos esse tipo de exemplo. Assim, se os exemplos positivos são muito raros, sua contribuição para o lucro esperado global será correspondentemente pequeno. Nesta formulação alternativa, as quantidades de $p(\mathbf{S}|\mathbf{p})$, $p(\mathbf{S}|\mathbf{n})$ etc. correspondem diretamente à taxa de verdadeiros positivos, à taxa de falsos positivos etc., que também podem ser calculados diretamente a partir da matriz de confusão (veja "Quadro: Outras Métricas de Avaliação", na página 203).

Veja, novamente, nossa amostra de matriz de confusão da Tabela 7-5.

Tabela 7-5. Nossa amostra da matriz de confusão (contagens brutas)

	p	n
S	56	7
N	5	42

A Tabela 7-6 mostra os antecedentes de classe e várias taxas de erro que precisamos.

Tabela 7-6. Os antecedentes de classe e as taxas de verdadeiros positivos, falsos positivos, e assim por diante.

T = 110
P = 61   N = 49
$p(\mathbf{p}) = 0.55$ $p(\mathbf{n}) = 0.45$
tp rate = 56/61 = 0.92   fp rate = 7/49 = 0.14
fn rate = 5/61 = 0.08   tn rate = 42/49 = 0.86

Retornando ao exemplo de marketing direcionado, qual é o lucro esperado do modelo aprendido? Podemos calculá-lo usando a Equação 7-2:

$$\begin{aligned}
\text{lucro esperado} &= p(\mathbf{p}) \cdot [\, p(\mathbf{S}|\mathbf{p}) \cdot b(\mathbf{S},\mathbf{p}) + p(\mathbf{N}|\mathbf{p}) \cdot b(\mathbf{N},\mathbf{p})\,] + \\
&\quad p(\mathbf{n}) \cdot [\, p(\mathbf{N}|\mathbf{n}) \cdot b(\mathbf{N},\mathbf{n}) + p(\mathbf{S}|\mathbf{n}) \cdot b(\mathbf{S},\mathbf{n})\,] \\
&= 0.55 \cdot [0.92 \cdot b(\mathbf{S},\mathbf{p}) + 0.08 \cdot b(\mathbf{N},\mathbf{p})] + \\
&\quad 0.45 \cdot [0.86 \cdot b(\mathbf{N},\mathbf{n}) + 0.14 \cdot b(\mathbf{S},\mathbf{n})] \\
&= 0.55 \cdot [0.92 \cdot 99 + 0.08 \cdot 0] + \\
&\quad 0.45 \cdot [0.86 \cdot 0 + 0.14 \cdot -1] \\
&= 50.1 - 0.063 \\
&\approx \mathbf{R\$50.04}
\end{aligned}$$

Esse valor esperado significa que se aplicarmos esse modelo a uma população de potenciais clientes e enviarmos ofertas para aqueles que classificaram como positivo, podemos esperar lucrar uma média de R$50,00 por cliente.

Agora, podemos ver uma maneira de lidar com nosso exemplo de motivação do início do capítulo. Em vez de calcular as precisões para os modelos concorrentes, calculamos os valores esperados. Além disso, usando essa formulação alternativa, podemos comparar dois modelos, embora um analista tenha testado usando uma distribuição representativa e outro tenha testado usando uma distribuição equilibrada de classe. Em cada cálculo, podemos simplesmente substituir os valores a priori. Usar uma distribuição equilibrada corresponde a valores a priori de $p(\mathbf{p}) = 0,5$ e $p(\mathbf{n}) = 0,5$. O leitor com mais conhecimento de matemática deve se convencer de que outros fatores na equação não mudarão se os valores a priori do conjunto de teste mudarem.

Para concluir esta seção sobre lucro estimado, destacamos duas armadilhas comuns na formulação de matrizes de custo-benefício:

- É importante se certificar de que os sinais de quantidades na matriz de custo-benefício sejam consistentes. Neste livro, assumimos que benefícios são positivos e custos negativos. Em muitos estudos de mineração de dados, o foco é a minimização dos custos, em vez de maximizar o lucro, então, os sinais são invertidos. Matematicamente, não há diferença. No entanto, é importante escolher um ponto e ser consistente.

- Um erro fácil na formulação de matrizes de custo-benefício é a "contagem dupla", colocando um benefício em uma célula e um custo negativo *para a mesma coisa* em outra (ou vice-versa). Um teste prático e útil é calcular a *melhoria do benefício* de alterar a decisão em uma instância do exemplo teste.

Por exemplo, digamos que você construiu um modelo para prever quais contas foram defraudadas. Você determinou que um caso de fraude custa, em média, R$1.000,00. Se decidir que o benefício de descobrir a fraude é, portanto, em média, + R$1.000,00/caso, *e* o custo de deixar a fraude passar é -R$1.000,00/caso, então, qual seria uma *melhora no benefício* para a captura de um caso de fraude? Você poderia calcular:

$b(\mathbf{S},\mathbf{p}) - b(\mathbf{N},\mathbf{p}) = \$1000 - (-\$1000) = \$2000$

Mas sabe, intuitivamente, que esta melhoria deve ser de apenas cerca de $1.000, de modo que este erro indica contagem dupla. A solução é especificar se o benefício de descobrir a fraude é de $1.000 *ou* se o custo de deixar a fraude passar é de -$1.000, mas não ambos. Um deles deve ser zero.

Quadro: Outras Métricas de Avaliação

Há muitas métricas de avaliação que você provavelmente encontrará em data science. Todas elas são, fundamentalmente, resumos da matriz de confusão. Referindo-se às contagens na matriz de confusão, abreviaremos o número de verdadeiros positivos, falsos positivos, verdadeiros negativos e falsos negativos por *VP, FP, VN* e *FN*, respectivamente. Podemos descrever várias métricas de avaliação que utilizam essas contagens. A *taxa de verdadeiros positivos* e a *taxa de falsos negativos* referem-se à frequência de estar correto e incorreto, respectivamente, quando o exemplo é, na verdade, positivo: *VP/(VP + FN)* e *FN/(VP + FN)*. A *taxa de verdadeiro negativo* e a *taxa de falso positivo* são análogas para os exemplos que são realmente negativos. Essas são, muitas vezes, tomadas como estimativas da probabilidade de prever **S** quando o exemplo é, na verdade, **p**, ou seja, $p(S|p)$ etc. Continuaremos a explorar essas medidas no Capítulo 8.

As métricas *Precisão* e *Recuperação* costumam ser utilizadas, especialmente na classificação de textos e na recuperação da informação. A recuperação é a mesma que a taxa de verdadeiro positivo, enquanto a precisão é *VP/(VP + FP)*, que é a precisão ao longo dos casos previstos como positivos. A *medida-F* é a média harmônica de precisão e recuperação em determinado ponto, e é a seguinte:

$$\text{Medida-F} = 2 \cdot \frac{\text{precisão} \cdot \text{recuperação}}{\text{precisão} + \text{recuperação}}$$

Profissionais em muitos campos como estatística, reconhecimento de padrão e epidemiologia falam da sensibilidade e da especificidade de um classificador:

Sensibilidade = $TN/(TN + FP)$ = taxa de verdadeiro negativo = 1 - taxa de falso positivo

Especificidade = $TP/(TP + FN)$ = taxa de verdadeiro positivo

Você também pode ouvir sobre o *valor preditivo positivo*, que é o mesmo da precisão.

A precisão, como mencionado antes, é simplesmente a contagem das decisões corretas, divididas pelo número total de decisões, ou:

$$\text{Precisão} = \frac{TP + TN}{P + N}$$

Swets (1996) lista muitas outras métricas de avaliação e suas relações com a matriz de confusão.

Avaliação, Desempenho Base e Implicações para Investimentos em Dados

Até este ponto, falamos sobre a avaliação de modelo de forma isolada. Em alguns casos, apenas demonstrar que um modelo gera *algum* (diferente de zero) lucro, ou um retorno positivo no investimento, será informativo por si só. No entanto, outra noção fundamental em data science é: *é importante considerar cuidadosamente o que seria uma base razoável contra a qual comparar o desempenho do modelo.* Isso é importante para a equipe de data science, a fim de entender se ela realmente está melhorando o desempenho, e é igualmente importante demonstrar aos investidores que a mineração de dados tem acrescido valor. Então, qual é a base adequada para comparação?

A resposta, claro, depende da aplicação real, e a elaboração de bases adequadas é uma tarefa para a fase de compreensão do negócio no processo de mineração de dados. No entanto, existem alguns princípios gerais que podem ser muito úteis.

Para modelos de classificação, é fácil simular um modelo completamente aleatório e medir seu desempenho. As estruturas de visualização discutidas no Capítulo 8 têm bases naturais que mostram o que a classificação aleatória deve alcançar. Isso é útil para problemas muito difíceis ou explorações iniciais. Uma comparação com um modelo aleatório estabelece que existe alguma informação a ser extraída a partir dos dados.

No entanto, vencer um modelo aleatório pode ser fácil (ou parecer fácil), assim, demonstrar superioridade a ele pode não ser muito interessante ou informativo. Um cientista de dados, muitas vezes, precisa implementar um modelo alternativo, geralmente um que seja simples, mas não simplista, a fim de justificar a continuação do esforço de mineração de dados.

No livro de Nate Silver sobre previsão, *O Sinal e o Ruído* (2012), ele menciona o problema da base em relação à previsão do tempo:

> Existem dois testes básicos que qualquer previsão do tempo deve passar para demonstrar seu mérito: deve-se sair melhor do que aquilo que os meteorologistas chamam de persistência; a suposição de que o clima será o mesmo amanhã (e no dia seguinte), como foi hoje. Também deve vencer a climatologia, a média histórica de longo prazo de condições em uma data específica em uma área em particular.

Em outras palavras, os meteorologistas têm dois modelos de base simples — porém não simplistas — para fazerem as comparações. Um (persistência) prevê que o tempo amanhã será o que foi hoje. O outro (climatologia) prevê qual foi o clima médio histórico deste dia nos anos anteriores. Cada modelo tem desempenho consideravelmente melhor do que o palpite aleatório, e ambos são tão fáceis de calcular que formam bases naturais de comparação. Qualquer modelo novo e mais complexo deve superar estes.

Quais são algumas das orientações gerais para boas bases? Para tarefas de classificação, uma boa base é o *classificador majoritário*, um classificador novo que sempre escolhe a classe majoritária do conjunto de dados de treinamento (ver Observação: Taxa Base em "Dados de Retenção e Gráficos de Ajuste", página 113). Isso pode parecer um conselho tão óbvio que acaba sendo negligenciado, mas vale a pena gastar um pouco de tempo aqui. Há muitos casos em que pessoas analíticas e inteligentes fracassaram ao ignorar esta comparação básica. Por exemplo, um analista pode ver uma precisão de classificação de 94% em seu classificador e concluir que ele está indo muito bem — quando, na verdade, apenas 6% dos casos são positivos. Assim, o simples classificador de previsão majoritária também teria uma precisão de 94%. De fato, muitos estudantes de data science são surpreendidos ao descobrir que os modelos que construíram a partir dos dados simplesmente preveem tudo como sendo classe majoritária. Observe que isso pode fazer sentido se o procedimento de modelagem estiver configurado para construir modelos com precisão máxima — pode ser difícil vencer a precisão de 94%. A resposta, é claro, é aplicar a ideia central deste capítulo: considerar cuidadosamente o que é desejado dos resultados de mineração de dados. Maximizar a precisão da previsão simples geralmente não é um objetivo adequado. Se isso é o que nosso algoritmo está fazendo, estamos usando o algoritmo errado. Para problemas de regressão, temos uma linha de base diretamente análoga: prever o valor médio sobre a população (geralmente a média ou a mediana).

Em algumas aplicações, existem múltiplas médias simples que se pode querer combinar. Por exemplo, ao avaliar sistemas de recomendação que predizem internamente quantas "estrelas" determinado cliente daria a determinado filme, temos a média do número de estrelas que um filme recebe da população (quanto ele é aprovado) e o número médio de estrelas que determinado cliente dá aos filmes (qual é a propensão geral do cliente). Uma simples previsão com base nesses dois pode se sair substancialmente melhor do que utilizar um ou outro de forma isolada.

Indo além desses modelos simples de base, uma alternativa um pouco mais complexa é um modelo que considere apenas uma quantidade muito pequena de informações características. Por exemplo, no Capítulo 3, nosso primeiro exemplo de procedimento de mineração de dados: encontrar variáveis informativas. Se encontrarmos a variável que se correlaciona melhor com o alvo, podemos construir um modelo de classificação ou regressão que utilize apenas aquela variável, o que dá outra visão de desempenho base: o quão bom é o desempenho de um modelo "condicional" simples? Aqui, "condicional" significa que ele prevê bases diferentes, ou condiciona o valor das características(s). A média geral da população é, portanto, chamada de média "incondicional".

Um exemplo de mineração de modelos preditivos de característica única a partir dos dados é a utilização de indução de árvore de decisão para construir um "toco de decisão" — uma árvore de decisão com apenas um nó interno, o nó raiz. Uma árvore limitada a um nó interno significa simplesmente que a indução da árvore de decisão seleciona a única característica mais informativa para tomar uma decisão. Em um artigo bem conhecido sobre aprendizado de máquina, Robert Holte (1993) mostrou que tocos de decisão costumam produzir bases de desempenho muito boas em muitos dos conjuntos de dados de teste utilizados na pesquisa de aprendizado de máquina. Um toco de decisão é um exemplo da estratégia de se escolher a informação mais instrutiva disponível (Capítulo 3) e basear todas as decisões nela. Em alguns casos, a maior parte da otimização pode ser proveniente de uma única característica, e esse método avalia se e em que medida isso ocorre.

Essa ideia pode ser estendida para *fontes* de dados, e se relaciona com nosso princípio fundamental do Capítulo 1, que devemos considerar os dados como um ativo a ser investido. Se você está pensando em construir modelos que integram dados de várias fontes, deve comparar o resultado a modelos construídos a partir de fontes individuais. Muitas vezes, há custos substanciais para adquirir novas fontes de dados. Em alguns casos, são custos monetários reais; em outros, envolve comprometimento de tempo de funcionários para gerir as relações com os prestadores de dados e monitorar a alimentação de dados. Para ser completo, para cada fonte de dados a equipe de data science deve comparar um modelo que utiliza a fonte com um que não o faz. Tais comparações ajudam a justificar o custo de cada fonte quantificando seu valor. Se a contribuição é desprezível, a equipe pode ser capaz de reduzir os custos, eliminando-os.

Além de comparar modelos simples (e modelos de dados reduzidos), muitas vezes é útil implementar modelos simples e baratos com base no conhecimento de domínio ou na "sabedoria herdada" e avaliar seu desempenho. Por exemplo, em uma aplicação de detecção de fraude acreditava-se que a maioria das contas defraudadas vivenciaria um aumento repentino no uso e, assim, a verificação das contas em busca de aumentos súbitos no volume era suficiente para capturar uma grande proporção de fraudes. A implementação dessa ideia era simples e forneceu uma base útil para demonstrar o benefício do processo de mineração de dados (este, essencialmente, era um modelo preditivo de recurso único). Da mesma forma, uma equipe da IBM que usou mineração de dados para esforços de vendas diretas optou por implementar um modelo simples de vendas que priorizou os clientes existentes pelo tamanho da receita anterior e outras empresas pelas vendas anuais.[33] Eles foram capazes de demonstrar que a mineração de dados acrescentou valor significativo além dessa estratégia mais simples. O que quer que o grupo de mineração de dados escolha como base para comparação, deve ser algo que os investidores considerem informativo e persuasivo.

Resumo

Uma parte vital de data science é organizar modelos adequados de avaliação. Isso pode ser surpreendentemente difícil de acertar e, muitas vezes, requer múltiplas repetições. É tentador usar medidas simples, como precisão da classificação, uma vez que são simples

---

3 Isso é referido como modelos de Willy Sutton, em homenagem ao grande ladrão de bancos que dizia que os assaltava porque "é onde o dinheiro está".

de calcular, são usadas em muitos trabalhos de pesquisa, e podem ter sido aprendidas na escola. No entanto, nos domínios do mundo real, medidas simplistas raramente capturam o que é realmente importante para o problema em questão e, muitas vezes, enganam. Em vez disso, o cientista de dados deve refletir cuidadosamente a forma como o modelo será utilizado na prática e elaborar uma medida apropriada.

O cálculo do *valor esperado* é um bom quadro para organizar este pensamento. Ele ajudará a enquadrar a avaliação e, caso o modelo final implantado produza resultados inaceitáveis, ele ajudará a identificar o que está errado.

As características dos dados devem ser levadas em conta ao avaliar cuidadosamente os resultados de data science. Por exemplo, problemas reais de classificação, muitas vezes, apresentam dados com distribuições de classe muito assimétricas (ou seja, as classes não ocorrerão com a mesma prevalência). O ajuste de proporções de classe pode ser útil (ou mesmo necessário) para aprender um modelo a partir dos dados; no entanto, a avaliação deve usar a população original e realista, de modo que os resultados reflitam o que será realmente atingido.

Para calcular o valor esperado geral de um modelo, os custos e os benefícios das decisões devem ser especificados. Se possível, o cientista de dados deve calcular um custo estimado, por exemplo, para cada modelo, e escolher o modelo que produza o menor custo esperado ou o maior lucro.

Também é vital considerar contra o que se deve comparar um modelo orientado em dados, para julgar se seu desempenho é bom ou melhor. A resposta para esta questão está ligada à compreensão do negócio, mas há uma variedade de melhores práticas gerais que as equipes de data science devem seguir.

Ilustramos as ideias deste capítulo com aplicações dos conceitos apresentados nos capítulos que o precederam. Obviamente, os conceitos são mais gerais e se relacionam com nosso primeiro conceito fundamental: os dados devem ser considerados um ativo e precisamos pensar em como investir. Ilustramos este ponto discutindo, brevemente, que é possível não apenas comparar diferentes modelos e diferentes bases, mas também comparar resultados com diferentes fontes de dados. Diferentes fontes de dados podem ter diferentes custos associados, e uma avaliação cuidadosa pode mostrar qual pode ser escolhido para maximizar o retorno sobre o investimento.

Como ponto final do resumo, este capítulo discute números quantitativos individuais como resumos das estimativas de desempenho do modelo. Elas podem responder a perguntas como "Quanto lucro posso esperar?" e "Devo usar o modelo A ou o modelo B?" Tais respostas são úteis, mas fornecem apenas "valores de ponto único" que se mantêm sob um conjunto específico de suposições. Muitas vezes, é revelador visualizar o comportamento de um modelo sob uma ampla gama de condições. O próximo capítulo discute visualizações gráficas do comportamento do modelo que pode fazer exatamente isso.

CAPÍTULO 8
Visualização do Modelo de Desempenho

> **Conceitos Fundamentais:** *Visualização do modelo de desempenho em diferentes tipos de incerteza; Análise mais aprofundada do que é desejado dos resultados da mineração de dados.*
>
> **Técnicas Exemplares:** *Curvas de lucro; Curvas de resposta cumulativa; Curvas de elevação(lift); Curvas ROC.*

O capítulo anterior introduz questões básicas de avaliação de modelo e explora a questão do que faz um bom modelo. Desenvolvemos cálculos detalhados com base na estrutura de valor esperado. O capítulo foi muito mais matemático do que os anteriores, e se essa é sua primeira introdução a esse material você pode ter se sentido um tanto sobrecarregado por todas aquelas equações. Apesar de formarem a base do que vem a seguir, podem não ser muito intuitivas por si sós. Neste capítulo, adotamos uma visão diferente para aumentar nossa compreensão sobre o que elas têm a revelar.

O cálculo do lucro esperado da Equação 7-2 engloba um conjunto específico de condições e gera um único número, que representa o lucro esperado nesse cenário. Os investidores fora da equipe de data science podem ter pouca paciência para detalhes e, muitas vezes, vão querer uma visão de nível superior e mais intuitiva do desempenho do modelo. Mesmo os cientistas de dados, que já estão acostumados com equações e cálculos difíceis costumam considerar essas estimativas individuais muito pobres e não informativas, porque se baseiam em pressupostos muito rigorosos (por exemplo, do conhecimento preciso dos custos e benefícios, ou de que as estimativas de probabilidades dos modelos são precisas). Resumindo, muitas vezes é útil apresentar *visualizações* em vez de apenas cálculos, e este capítulo apresenta algumas técnicas úteis.

Avaliar em Vez de Classificar

"Uma Estrutura Analítica Chave: Valor Esperado" na página 194, discute como a pontuação atribuída por um modelo pode ser usada para calcular uma decisão para cada caso individual, com base no seu valor esperado. Uma estratégia diferente para a tomada de decisões é *avaliar* um conjunto de casos por intermédio dessas pontuações e, em seguida, agir nos casos no topo da lista avaliada. Em vez de decidir cada caso separadamente, podemos optar pelos primeiros *n* casos (ou, de forma equivalente, todos os casos com pontuação acima de determinado limite). Há várias razões práticas para isso.

Pode ser que o modelo dê uma pontuação que avalie casos por sua probabilidade de pertencer à classe de interesse, mas que não seja uma probabilidade verdadeira (lembre-se da nossa discussão no Capítulo 4, sobre a distância do limite de separação como uma pontuação classificadora). Mais importante ainda, por algum motivo, podemos não ser capazes de obter estimativas precisas de probabilidade a partir do classificador. Isso acontece, por exemplo, em aplicações de marketing direcionado, quando não se pode obter uma amostra de treino suficientemente representativa. As pontuações do classificador ainda podem ser muito úteis para decidir quais perspectivas são melhores que outras, mesmo que uma estimativa de probabilidade de 1% não corresponda exatamente a uma probabilidade de 1% de resposta.

Uma situação comum é quando temos um *orçamento* para ações, como um orçamento fixo de marketing para uma campanha e desejamos alcançar os candidatos mais promissores. Se alguém está visando os casos de maior valor esperado usando custos e benefícios constantes para cada classe, então, é suficiente avaliar casos pela probabilidade da classe alvo. Não há grande necessidade de se preocupar com as estimativas de probabilidade precisas. A única ressalva é que o orçamento seja pequeno o suficiente para que as ações não entrem em território de valor esperado negativo. Por enquanto, deixaremos isso como uma tarefa de compreensão do negócio.

Também pode ser que os custos e benefícios não possam ser especificados com precisão, mas independentemente disso gostaríamos de tomar algumas medidas (e ficaríamos felizes em fazê-lo nos casos de maior probabilidade). Voltaremos a essa situação na próxima seção.

Se casos *individuais* têm diferentes custos e benefícios, então, nossa discussão do valor esperado em "Uma Estrutura Analítica Chave: Valor Esperado" na página 194, deve deixar claro que simplesmente avaliar por estimativa de probabilidade não será suficiente.

Trabalhar com um classificador que atribui pontuações aos exemplos — em algumas situações as decisões do classificador devem ser muito conservadoras — dado o fato do classificador dever ter bastante certeza antes de partir para a ação positiva. Isso também corresponde ao uso de um limiar alto para a definição da pontuação. Por outro lado, em algumas situações, o classificador pode ser mais permissivo, o que corresponde à redução do limiar.[1]

---

[1] De fato, em algumas aplicações, as pontuações do mesmo modelo podem ser utilizadas em vários locais com diferentes limiares para se tomar diferentes decisões. Por exemplo, um modelo pode ser usado pela primeira vez em uma decisão para conceder ou negar crédito. O mesmo modelo pode ser usado mais tarde na criação de uma nova linha de crédito para clientes.

Isso introduz uma complicação para a qual precisamos ampliar nosso quadro analítico para avaliar e comparar modelos. "A Matriz de Confusão", na página 189, declara que um classificador produz uma matriz de confusão. Com um avaliador de classificação, um classificador *mais um limiar* produzem uma única matriz de confusão. Sempre que o limiar mudar, a matriz de confusão pode mudar também porque os números de verdadeiros positivos e falsos positivos mudam.

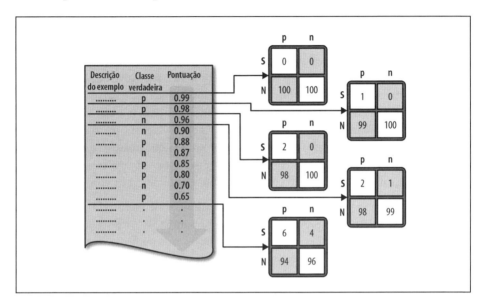

Figura 8-1. Limitando uma lista de exemplos classificados por pontuações. Aqui, um conjunto de exemplos de teste é pontuado por um modelo e classificado de forma decrescente por essas pontuações. Em seguida, aplicamos uma série de limiares (representados por cada uma das linhas horizontais) para classificar todos os exemplos acima deles como positivos, e aqueles abaixo como negativos. Cada limiar resulta em uma matriz de confusão específica.

A Figura 8-1 ilustra essa ideia básica. Conforme o limiar é reduzido, os exemplos sobem da linha **N** para a linha **S** da matriz de confusão: um exemplo que foi considerado negativo, agora é classificado como positivo, portanto, as contagens mudam. As contagens que mudam dependem da verdadeira classe dos exemplos. Se o exemplo foi positivo (na coluna "**p**") ele sobe e se torna um positivo verdadeiro (**S, p**). Se foi um negativo (**n**), torna-se um falso positivo (**S, n**). Tecnicamente, cada limiar diferente produz um classificador diferente, representado por sua própria matriz de confusão.

Isso nos deixa com duas perguntas: como podemos comparar *avaliações* diferentes? E, como escolhemos um limiar adequado? Se temos estimativas precisas de probabilidade e uma matriz de custo-benefício bem especificada, então, já respondemos a segunda pergunta em nossa discussão de valor esperado: determinamos o limiar onde nosso lucro esperado está acima de um nível desejado (geralmente zero). Vamos explorar e desenvolver mais essa ideia.

Curvas de Lucro

De "Uma Estrutura Analítica Chave: Valor Esperado", na página 194, sabemos como calcular o lucro esperado, e acabamos de introduzir a ideia de usar um modelo para classificar os exemplos. Podemos combinar essas ideias para a construção de várias visualizações de desempenho na forma de curvas. Cada curva se baseia na ideia de examinar o efeito de limitar o valor de um classificador em pontos sucessivos, dividindo implicitamente a lista de exemplos em muitos conjuntos sucessivos de exemplos positivos e negativos previstos. Conforme avançamos o limiar "para baixo" na avaliação, obtemos exemplos adicionais previstos como sendo positivos, não negativos. Cada limiar, ou seja, cada conjunto de pontos positivos e negativos previstos, terá uma matriz de confusão correspondente. O capítulo anterior mostra que uma vez que temos uma matriz de confusão, junto com o conhecimento dos custos e benefícios das decisões, podemos gerar um valor esperado correspondente a essa matriz de confusão.

Mais especificamente, com uma avaliação classificadora, podemos produzir uma lista de exemplos e suas pontuações previstas, avaliadas por pontuação decrescente e, em seguida, medir o lucro esperado que resultaria da escolha de cada ponto de corte sucessivo na lista. Conceitualmente, isso corresponde a classificar a lista de exemplos por pontuação da maior para a menor e descendo por ela, registrando o lucro esperado após cada exemplo. Em cada ponto de corte, registramos a porcentagem da lista prevista como positiva e o lucro estimado correspondente. A representação gráfica desses valores nos dá uma *curva de lucro*. Três curvas de lucro são mostradas na Figura 8-2.

Esse gráfico baseia-se em um conjunto de teste de 1.000 consumidores — digamos, uma pequena população aleatória de pessoas a quem você testou anteriormente (ao interpretar os resultados, normalmente falamos sobre percentuais de consumidores de modo a generalizar a população como um todo). Para cada curva, os consumidores são ordenados da maior para a menor probabilidade de aceitar uma oferta baseada em algum modelo. Para este exemplo, vamos supor que nossa margem de lucro seja pequena: cada oferta custa R$5,00 para ser feita e colocada no mercado, e cada oferta aceita ganha R$9,00, para um lucro de R$4,00. A matriz de custo é assim:

	p	n
S	R$4,00	-R$5,00
N	R$0,00	R$0,00

As curvas mostram que o lucro pode ficar negativo — nem sempre, mas, às vezes, sim, dependendo das despesas e da relação de classe. Em particular, isso acontecerá quando a margem de lucro for pequena e o número de respostas for pequeno, porque as curvas mostram você "entrando no vermelho", trabalhando muito abaixo da lista e fazendo ofertas para muitas pessoas que não respondem, gastando, assim, muito em custos de ofertas.[2]

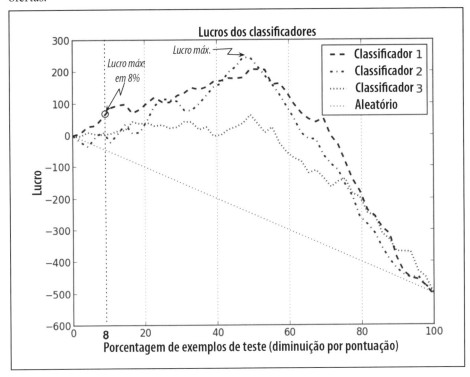

Figura 8-2. Curvas de lucro de três classificadores. Cada curva mostra o lucro acumulado esperado para aquele classificador conforme proporções cada vez maiores da base de consumidores são visadas.

Observe que todas as quatro curvas começam e terminam no mesmo ponto. Isso deve fazer sentido, porque, no lado esquerdo, quando nenhum cliente é visado, não há despesas e lucro zero; no lado direito todo mundo é visado, de modo que cada classificador é executado da mesma maneira. No meio, veremos algumas diferenças dependendo de como os classificadores ordenam os clientes. O classificador aleatório tem pior desempenho porque tem uma chance igual de escolher quem responderá ou não. Entre os classificadores testados aqui, o rotulado como Classificador 2 produz o lucro máximo de R$200, visando os primeiros 50% dos consumidores. Se o seu objetivo era apenas maximizar o lucro e você tinha recursos ilimitados, deveria escolher o Classificador 2, usá-lo para pontuar sua população de clientes e atingir a metade superior (50% maiores) de clientes na lista.

---

2 Para simplificar o exemplo, vamos ignorar o inventário e outras questões realistas que exigiriam um cálculo de lucro mais complicado.

Agora, considere uma situação um pouco diferente, mas muito comum, na qual você está limitado por um *orçamento*. Há uma quantidade fixa de dinheiro disponível e você deve planejar como gastá-lo antes de ver qualquer lucro. Isso é comum em situações como campanhas de marketing, por exemplo. Como antes, você ainda deseja atingir as pessoas mais bem avaliadas, mas agora tem uma restrição orçamentária[3] que pode afetar sua estratégia. Digamos que tenha 100.000 clientes no total e um orçamento de R$40.000,00 para a campanha de marketing. Você quer usar os resultados da modelagem (as curvas de lucro da Figura 8-2) para descobrir a melhor forma de gastar seu orçamento. O que fazer neste caso? Bem, primeiro, é preciso descobrir quantas ofertas pode bancar. Cada oferta custa $5, assim, poderá atingir, no máximo, R$40.000,00 / R$5,00 = 8.000 clientes. Como antes, você quer identificar os clientes mais propensos a responder, mas cada modelo avalia os clientes de forma diferente. Qual modelo deve ser usado para esta campanha? Oito mil clientes são 8% da sua base total de clientes, portanto, verifique as curvas de desempenho em x=8%. O modelo de melhor desempenho neste ponto é o Classificador 1. Você deve usá-lo para pontuar toda a população, em seguida, enviar ofertas para os 8.000 clientes com a melhor avaliação.

Em resumo, a partir desse cenário, vemos que a adição de um limite orçamentário provoca não só uma mudança no ponto operacional (visar 8% da população, em vez de 50%), mas também muda a escolha do classificador para fazer a avaliação.

Gráficos e Curvas ROC

Curvas de lucro são adequadas quando sabemos, com certeza, as condições em que um classificador será utilizado. Especificamente, existem duas condições críticas subjacentes ao cálculo de lucro:

1. As *classes a priori*; ou seja, a proporção de exemplos positivos e negativos na população alvo, também conhecida como *taxa de base* (geralmente referindo-se à proporção de positivos). Lembre-se de que a Equação 7-2 é sensível a $p(\mathbf{p})$ e $p(\mathbf{n})$.

2. Os *custos e benefícios*. O lucro esperado é especificamente sensível aos níveis relativos de custos e benefícios para as diferentes células da matriz de custo-benefício.

Se ambas as classes a priori e estimativas de custo-benefício são conhecidos e espera-se que sejam estáveis, as curvas de lucro podem ser uma boa escolha para a visualização do desempenho do modelo.

---

[3] Outra situação comum é ter uma restrição de força de trabalho. É a mesma ideia: você tem uma alocação fixa de recursos (dinheiro ou funcionários) disponível para resolver um problema e quer a maior "economia de recursos". Um exemplo pode ser uma força de trabalho fixa de analistas de fraude, e querer dar a eles os casos de potenciais fraudes com as melhores classificações para processar.

No entanto, em muitos domínios, essas condições são incertas ou instáveis. Em domínios de detecção de fraude, por exemplo, a quantidade de fraudes muda de um lugar para outro e de um mês para o outro (Leigh, 1995; Fawcett & Provost, 1997). A quantidade de fraudes influencia nos valores a priori. No caso da gestão de rotatividade em telefonia móvel, campanhas de marketing podem ter diferentes orçamentos e as ofertas podem ter diferentes custos, que mudarão os custos esperados.

Uma abordagem para lidar com condições incertas é gerar diferentes cálculos de lucro esperado para cada modelo. Isso pode não ser muito adequado: os conjuntos de modelos, conjuntos de classes a priori e conjuntos de custos de decisão multiplicam-se em complexidade. Isso costuma deixar o analista com uma grande pilha de gráficos de lucros difíceis de gerenciar, com implicações difíceis de entender e difíceis de explicar para um investidor.

Outra abordagem é a utilização de um método que pode acomodar a incerteza mostrando todo o espaço de possibilidades de desempenho. Tal método é o gráfico de Características do Receptor de Operação (ROC, do inglês *Receiver Operating Characteristics*) (Swets, 1988; Swets, Dawes & Monahan, 2000; Fawcett, 2006). Um gráfico ROC é uma representação bidimensional de um classificador com uma taxa de falso positivo no eixo *x* contra uma taxa de verdadeiro positivo sobre o eixo *y*. Como tal, um gráfico ROC representa relativas alternâncias que um classificador faz entre benefícios (verdadeiros positivos) e custos (falsos positivos). A Figura 8-3 mostra um gráfico ROC com cinco classificadores rotulados de **A** a **E**.

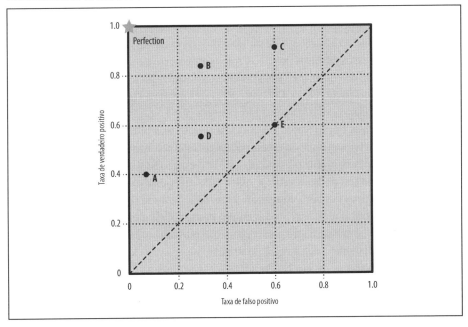

Figura 8-3. Espaço ROC e cinco classificadores diferentes (A-E) com seu desempenho mostrado.

Um classificador *discreto* é aquele que produz apenas uma classe de rótulo (ao contrário da avaliação). Como já discutimos, cada classificador produz uma matriz de confusão, que pode ser resumida por certas estatísticas com relação aos números e às taxas de verdadeiros positivos, falsos positivos, verdadeiros negativos e falsos negativos. Observe que, embora a matriz de confusão contenha quatro números, realmente só precisamos de duas taxas: a taxa de verdadeiro positivo ou a taxa de falso negativo, e a taxa de falso positivo ou taxa de verdadeiro negativo. Pegando uma de cada par, a outra pode ser derivada desde que a soma seja igual a um. É comum utilizar a taxa de verdadeiro positivo (*taxa vp*) e a taxa de falso positivo (*taxa fp*), e vamos manter essa convenção de modo que o gráfico ROC faça sentido. Cada classificador discreto produz um par (*taxa fp*, *taxa vp*) correspondente a um único ponto no espaço ROC. Os classificadores na Figura 8-3 são todos classificadores discretos. Importantes para o que segue, a *taxa vp* é calculada usando-se apenas os exemplos positivos reais, e a *taxa fp* é calculada usando-se apenas os exemplos negativos reais.

Lembrar exatamente a quais estatísticas a *taxa vp* e a *taxa fp* se referem pode ser confuso para quem não lida com essas coisas diariamente. Pode ser mais fácil de lembrar se usarmos nomes menos formais, porém mais intuitivos, para as estatísticas: a *taxa vp* é, muitas vezes, citada como a *taxa de acerto* — qual porcentagem dos positivos reais o classificador acerta. A *taxa fp* é, às vezes, citada como *taxa de falso alarme* — que porcentagem dos exemplos negativos reais o classificador erra (ou seja, prevê como sendo positivo).

São vários os pontos importantes para se observar no espaço ROC. O ponto inferior esquerdo (0, 0) representa a estratégia de nunca emitir uma classificação positiva; tal classificador não comete erros de falsos positivos, mas também não ganha verdadeiros positivos. A estratégia oposta, de emitir incondicionalmente classificações positivas, é representada pelo ponto superior direito (1, 1). O ponto (0, 1) representa a classificação perfeita, indicada por uma estrela. A linha diagonal que conecta (0, 0) a (1,1) representa a política de adivinhar uma classe. Por exemplo, se um classificador adivinha aleatoriamente a classe positiva metade do tempo, pode-se esperar obter corretamente metade dos positivos e metade dos negativos; isso produz o ponto (0,5; 0,5) no espaço ROC. Se ele adivinhar a classe positiva 90% das vezes, pode-se esperar obter 90% dos positivos corretamente, mas sua taxa de falsos positivos também aumentará para 90%, gerando (0,9; 0,9) no espaço ROC. Assim, um classificador aleatório produzirá um ponto ROC que se move para trás e para frente na diagonal, com base na frequência com que adivinha uma classe positiva. A fim de ficar longe dessa diagonal, para a região triangular superior, o classificador deve explorar algumas informações nos dados. Na Figura 8-3, o desempenho de **E** em (0,6; 0,6) é praticamente aleatório. Pode-se dizer que **E** está adivinhando a classe positiva 60% das vezes. Observe que nenhum classificador deve ficar no triângulo inferior direito de um gráfico ROC. Isso representa o desempenho que é pior do que da adivinhação aleatória.

Um ponto no espaço ROC é superior a outro se estiver a noroeste do primeiro (*taxa vp* é superior e *taxa fp* não é pior; *taxa fp* é mais baixa e *taxa vp* não é pior, ou ambas são melhores). Classificadores que aparecem no lado esquerdo do gráfico ROC, perto do eixo *x*, podem ser considerados "conservadores": eles acionam alarmes (fazem classificações positivas) somente com uma forte evidência, de modo que geram alguns erros de positivos falsos, mas, muitas vezes, eles também têm baixas taxas de verdadeiro positivo. Classificadores no lado superior direito do gráfico ROC podem ser considerados "permissivos": eles fazem classificações positivas com fracas evidências para que classifiquem corretamente quase todos os positivos, mas, muitas vezes, têm altas taxas de positivos falsos. Na Figura 8-3, **A** é mais conservador do que **B** que, por sua vez, é mais conservador do que **C**. Muitos domínios do mundo real são dominados por um grande número de exemplos negativos (veja a discussão em "Quadro: Positivos Ruins e Negativos Inofensivos" na página 188), por isso, o desempenho na parte mais à esquerda do gráfico ROC costuma ser mais interessante do que em outros lugares. Se existem muitos exemplos negativos, mesmo uma *taxa* de alarme falso moderado pode ser intratável. Um modelo de avaliação produz um conjunto de pontos (uma curva) no espaço ROC. Como discutido anteriormente, um modelo de avaliação pode ser usado com um limiar para produzir um classificador (binário) discreto: se o resultado do classificador estiver acima do limiar, o classificador produz um **S**, caso contrário um **N**. Cada valor de limiar produz um ponto diferente no espaço ROC, como mostrado na Figura 8-4.

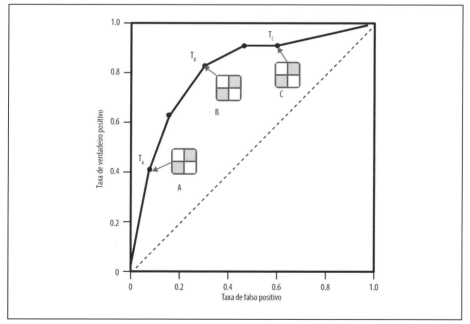

Figura 8-4. Cada ponto diferente do espaço ROC corresponde a uma matriz de confusão específica.

Conceitualmente, podemos imaginar a ordenação dos exemplos por pontuação e, variando de um limiar de -∞ para +∞, traçando uma curva pelo espaço ROC, como mostra a Figura 8-5. Sempre que passamos por um exemplo positivo, damos um passo para cima (aumento dos verdadeiros positivos); sempre que passarmos por um exemplo negativo, damos um passo para a direita (aumento dos falsos positivos). Assim, a "curva" é, na verdade, uma função de degrau para um único conjunto de teste, mas com exemplos suficientes ela parece suave.[4]

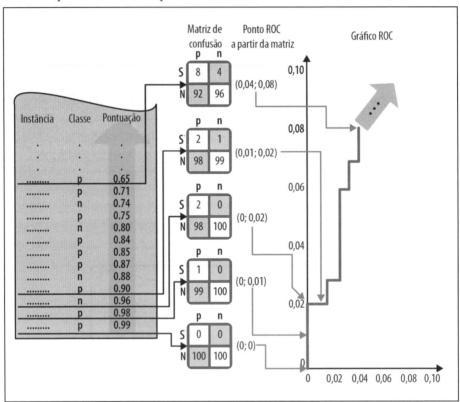

Figura 8-5. Uma ilustração de como uma "curva" ROC (na verdade, um gráfico passo a passo) é construído a partir de um conjunto de teste. O conjunto do exemplo, à esquerda, é composto por 100 positivos e 100 negativos. O modelo atribui uma pontuação para cada exemplo e eles são ordenados de forma decrescente da parte inferior para a superior. Para traçar a curva, comece na parte inferior com uma matriz de confusão inicial, onde tudo é classificado como N. Subindo, cada exemplo move uma contagem de 1 a partir da linha N para a linha S, resultando em uma nova matriz de confusão. Cada matriz de confusão mapeia para um par (taxa fp, taxa vp) no espaço ROC.

Uma vantagem dos gráficos ROC é que eles dissociam o desempenho do classificador a partir das condições sob as quais os classificadores serão utilizados. Especificamente,

---

4 Tecnicamente, se existem execuções de exemplos com a mesma pontuação, devemos contar os positivos e negativos ao longo de toda a execução e, assim, a curva ROC terá uma escada inclinada em vez de quadrada.

eles são independentes das proporções de classes, bem como os custos e benefícios. Um cientista de dados pode traçar o desempenho dos classificadores em um gráfico ROC conforme são gerados, sabendo que as posições e o desempenho relativo dos classificadores não mudarão. A(s) região(ões) no gráfico ROC que é (são) de interesse pode(m) mudar com custos, benefícios e mudanças de proporções de classe, mas as curvas em si não devem mudar.

Stein (2005) e Provost & Fawcett (1997, 2001) mostram como as condições de funcionamento do classificador (as classes a priori e os custos de erro) podem ser combinados para identificar a região de interesse em sua curva ROC. Resumidamente, o conhecimento sobre a gama de possíveis antecedentes de classe pode ser combinado com o conhecimento sobre os custos e benefícios das decisões; juntos, eles descrevem uma família de retas tangentes que podem identificar qual(is) classificador(es) deve(m) ser utilizado(s) sob essas condições. Stein (2005) apresenta um exemplo de financiamento (inadimplência de empréstimo) e mostra como esta técnica pode ser usada para escolher modelos.

A Área Sob a Curva ROC (AUC)

Um resumo estatístico importante é a *área sob a curva ROC* (AUC, do inglês *area under the ROC curve*). Como o nome indica, esta é simplesmente a área sob uma curva do classificador expressa como uma fração do unitário quadrado. Seu valor varia de zero a um. Embora uma curva ROC forneça mais informações do que sua área, a AUC é útil quando um único número é necessário para resumir o desempenho ou quando nada se sabe sobre as condições de funcionamento. Mais adiante, em "Exemplo: Análise de Desempenho para Modelo de Rotatividade", na página 223, mostramos uma utilização da estatística AUC. Por agora, é suficiente perceber que é uma boa estatística de resumo geral da previsão de um classificador.

Como uma observação técnica, a AUC é equivalente à medida Mann-Whitney-Wilcoxon, uma medida de ordenação bem conhecida em Estatística (Wilcoxon, 1945). Também é equivalente ao Coeficiente de Gini, com uma transformação algébrica menor (Adams & Hand, 1999; Stein, 2005). Ambos são equivalentes à probabilidade de que um exemplo positivo aleatoriamente escolhido seja classificado à frente de um exemplo negativo aleatoriamente escolhido.

Resposta Cumulativa e Curvas de Lift

Curvas ROC são uma ferramenta comum para a visualização do desempenho do modelo para a classificação, estimativa de probabilidade de classe e pontuação. No entanto, como você pode ter acabado de vivenciar, se é novo em tudo isso, as curvas ROC não são a visualização mais intuitiva para muitos investidores de negócios que realmente precisam entender os resultados. É importante que o cientista de dados perceba que a comunicação clara com os principais investidores não é apenas um objetivo principal de trabalho, mas também é essencial para fazer a modelagem correta (além de fazer de forma correta a modelagem). Portanto, pode ser útil também considerar estruturas de visualização que podem não ter todas as boas propriedades das curvas ROC, mas são mais intuitivas (é importante que o investidor de negócios perceba que as propriedades teóricas sacrificadas, por vezes, são importantes, por isso, pode ser necessário, em certas circunstâncias, apresentar as visualizações mais complexas).

Um dos exemplos mais comuns de utilização da visualização alternativa é o uso da "curva de resposta cumulativa" em vez da curva ROC. Elas estão relacionadas, mas a curva de resposta cumulativa é mais intuitiva. As curvas de respostas cumulativas traçam a taxa de acerto (taxa vp; eixo y), *ou seja, o percentual de positivos corretamente classificados*, como uma função da porcentagem da população alvo (eixo x). Assim, conceitualmente, conforme avançamos para baixo na lista de exemplos classificados pelo modelo, temos como alvo proporções cada vez maiores de todos os exemplos. Esperamos que, no processo, se o modelo for bom, quando chegarmos ao topo da lista teremos como alvo uma proporção maior dos pontos positivos reais do que negativos reais. Como acontece com curvas ROC, a linha diagonal $x=y$ representa desempenho aleatório. Neste caso, a intuição é clara: se direcionar 20% de todos os exemplos de forma completamente aleatória, você deve direcionar 20% dos pontos positivos também. Qualquer classificador acima da diagonal está fornecendo alguma vantagem.

Às vezes, a curva de resposta cumulativa é chamada de *curva de elevação*, porque pode-se ver o aumento em relação a simplesmente direcionar de forma aleatória, como quanto a linha que representa o desempenho do modelo é levantada sobre a diagonal do desempenho aleatório. Vamos chamar essas curvas de curvas de resposta cumulativa, porque "curva de elevação" também se refere a uma curva que especificamente traça uma ascensão numérica.

Intuitivamente, a elevação de um classificador representa a vantagem que ele oferece sobre a adivinhação aleatória. A elevação é o grau ao qual se "empurra" os exemplos positivos de uma lista acima dos negativos. Por exemplo, considere uma lista de 100 clientes, metade dos quais sofrem rotatividade (exemplos positivos) e metade não (exemplos negativos). Se você analisar a lista e parar no meio do caminho (o que representa direcionamento de 0,5), quantos pontos positivos são esperados na primeira metade? Se a lista fosse classificada aleatoriamente, você esperaria ter visto apenas metade dos positivos (0,5), dando um lift de 0,5/0,5 = 1. Se a lista foi ordenada por um classificador eficaz de avaliação, mais do que a metade dos positivos deve aparecer na metade superior da lista, produzindo um lift maior que 1. Se o classificador fosse *perfeito*, todos os positivos estariam no topo da lista, assim, no ponto intermediário teríamos visto todos eles (1,0), com um lift de 1,0/0,5 = 2.

A Figura 8-6 mostra quatro curvas de resposta de amostra cumulativa, e a Figura 8-7 mostra as curvas de elevação das quatro mesmas curvas.

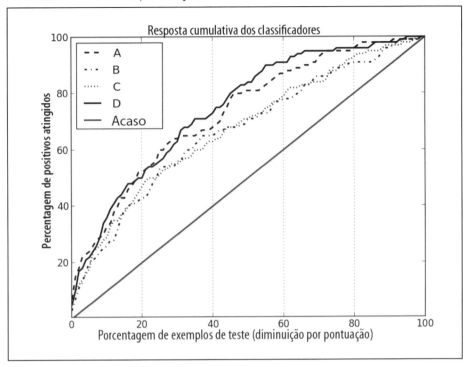

Figura 8-6. Classificadores de quatro exemplos (A-D) e suas curvas de respostas cumulativas.

A curva de elevação é, essencialmente, o valor da curva de resposta cumulativa em um dado ponto x dividido pelo valor da linha diagonal ($y=x$) nesse ponto. A linha diagonal de uma curva de resposta cumulativa torna-se uma linha horizontal em $y=1$ na curva de elevação.

Às vezes, você ouvirá afirmações como "nosso modelo dá uma elevação de duas vezes (ou 2X)"; isso significa que, no limite escolhido (muitas vezes não mencionado), a curva de elevação mostra que o direcionamento do modelo é duas vezes tão bom quanto os aleatórios. Na curva de resposta cumulativa, a *taxa vp* correspondente ao modelo será o dobro da *taxa vp* para a diagonal de desempenho aleatório (você também pode calcular uma versão de elevação com relação a alguma outra base). A curva de elevação traça essa elevação numérica no eixo y, contra o percentual da população alvo no eixo x (o mesmo eixo x da curva de resposta cumulativa).

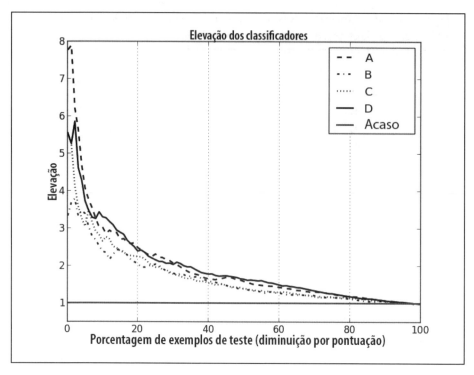

Figura 8-7. Os quatro classificadores (A-D) da Figura 8-6 e suas curvas de lift.

Ambas as curvas de elevação e as curvas de resposta cumulativa, devem ser usadas com cuidado se a proporção exata de positivos na população é desconhecida ou não está representada com precisão nos dados de teste. Ao contrário das curvas ROC, estas curvas assumem que o conjunto de teste tem exatamente os mesmos valores a priori de classe alvo que a população à qual o modelo foi aplicado. Esta é uma das suposições simplificadoras que mencionamos no início, que pode permitir que usemos uma visualização mais intuitiva.

Como exemplo, na publicidade online, a taxa base de resposta observada a um anúncio pode ser muito pequena. Um em cada dez milhões (1:10^7) não é incomum. Os modeladores podem não querer ter que gerenciar conjuntos de dados que têm dez milhões de pessoas que não respondem para cada uma que responde. Assim, eles diminuem a amostra dos que não respondem, e criam um conjunto de dados mais equilibrado para modelagem e avaliação. Ao visualizar o desempenho do classificador com curvas ROC, estes não terão nenhum efeito (porque, como mencionado anteriormente, cada eixo corresponde apenas às proporções de uma classe). No entanto, curvas de elevação e resposta cumulativa serão diferentes — as formas básicas das curvas ainda podem ser informativas, mas as relações entre os valores nos eixos não serão válidas.

Exemplo: Análise de Desempenho para Modelo de Rotatividade

Os últimos capítulos abordam bastante a avaliação. Introduzimos vários métodos e questões importantes na avaliação de modelos. Nesta seção, eles são amarrados com uma aplicação única de um estudo de caso para mostrar os resultados dos diferentes métodos de avaliação. O exemplo que usaremos é nosso domínio em andamento da rotatividade em telefonia celular. No entanto, nesta seção, usamos um conjunto de dados de rotatividade diferente (e mais difícil) do que o utilizado nos capítulos anteriores. É um conjunto de dados da competição de mineração de dados 2009 KDD Cup (*http:// www.kddcup-orange.com/* — conteúdo em inglês). Não utilizamos este conjunto de dados nos exemplos anteriores, como na Tabela 3-2 e na Figura 3-18, porque estes nomes e valores de atributos foram manipulados para preservar a privacidade do cliente. Isso deixa pouco significado nos atributos e seus valores, o que teria interferido com nossas discussões. No entanto, podemos demonstrar as análises de desempenho de modelo com dados depurados. Do site:

> A KDD Cup 2009 oferece a oportunidade de trabalhar em grandes bancos de dados de marketing da empresa francesa de telecomunicação Orange, para prever a propensão dos clientes mudarem de operadora (rotatividade), comprar novos produtos ou serviços (apetência) ou comprar atualizações ou acréscimos propostos a eles para tornar a venda mais lucrativa (produtos relacionados). A maneira mais prática, em um sistema CRM, para construir conhecimento sobre cliente é produzir pontuações.
>
> A pontuação (a saída de um modelo) é uma avaliação para todos os exemplos de uma variável alvo para explicar (ou seja, rotatividade, apetência ou produtos relacionados). As ferramentas que produzem pontuações permitem projetar, em dada população, informações quantificáveis. A pontuação é calculada utilizando variáveis de resultado que descrevem os exemplos. As pontuações são, então, utilizadas pelo sistema de informação (IS), por exemplo, para personalizar o relacionamento com o cliente.

Pouco do conjunto de dados vale a pena descrever, porque foi inteiramente depurado, mas vale a pena mencionar sua assimetria de classe. Existem cerca de 47 mil exemplos no total, dos quais, cerca de 7% são marcados como rotatividade (exemplos positivos) e os restantes 93% não são (negativos). Esta não é uma assimetria grave, mas vale a pena notar, por razões que se tornarão mais claras.

Enfatizamos que a intenção não é propor boas soluções para este problema, ou sugerir quais modelos podem funcionar bem, mas simplesmente usar o domínio como teste para ilustrar as ideias sobre a avaliação que temos desenvolvido. Poucos esforços foram feitos para ajustar o desempenho. Vamos treinar e testar vários modelos: uma árvore de classificação, uma equação de regressão logística e um modelo de vizinho mais próximo. Também usaremos um classificador Bayesiano simples chamado Naive Bayes, discutido no Capítulo 9. Para a finalidade desta seção, detalhes dos modelos não são importantes; todos os modelos são "caixas-pretas", com diferentes características de desempenho. Usamos as técnicas de avaliação e visualização introduzidas nos últimos capítulos para compreender suas características.

Começamos com uma avaliação muito simples. Treinamos no conjunto de dados completos e, em seguida, testamos no *mesmo* conjunto de dados em que treinamos. Também medimos a precisão da classificação simples. Os resultados são apresentados na Tabela 8-1.

Tabela 8-1. Valores de precisão de quatro classificadores treinados e testados no problema completo de rotatividade da KDD Cup 2009.

Modelo	Precisão
Árvore de classificação	95%
Regressão logística	93%
k-Vizinho mais próximo	100%
Naive Bayes	76%

Várias coisas são impressionantes aqui. Em primeiro lugar, parece haver uma grande variedade de desempenho — de 76% a 100%. Além disso, uma vez que o conjunto de dados tem uma taxa base de 93%, qualquer classificador deve ser capaz de atingir, pelo menos, esta precisão mínima. Isso faz com que o resultado Naive Bayes pareça estranho, uma vez que fica significativamente pior. Além disso, com 100% de precisão, o classificador *k*-vizinho mais próximo parece suspeitosamente bom.[5]

Mas este teste foi realizado no conjunto de treinamento e, até agora (depois de ler o Capítulo 5), você percebe que tais números não são confiáveis, para não dizer completamente sem sentido. Eles estão mais propensos a indicar o quão bem cada classificador pode memorizar (sobreajuste) o conjunto de treinamento do que qualquer outra coisa. Então, em vez de investigar ainda mais esses números, refazemos a avaliação utilizando corretamente conjuntos de treinamento e teste separados. Poderíamos simplesmente dividir o conjunto de dados pela metade, mas, em vez disso, usamos o procedimento de validação cruzada discutido em "Da Avaliação de Retenção à Validação Cruzada", na página 126. Isso não só garante a separação adequada de conjuntos de dados, mas também fornece uma medida de variação nos resultados. Os resultados são apresentados na Tabela 8-2.

---

[5] Otimismo pode ser uma coisa boa, mas, como regra prática em mineração de dados, deve-se suspeitar de qualquer resultado que apresente desempenho perfeito em problemas do mundo real.

Tabela 8-2. Precisão e valores da AUC de quatro classificadores sobre o problema de rotatividade da KDD Cup 2009. Estes valores são da validação cruzada de dez dobras.

Modelo	Precisão (%)	AUC
Árvore de Classificação	91,8 ± 0,0	0,614 ± 0,014
Regressão Logística	93,0 ± 0,1	0,574 ± 0,023
k-Vizinho Mais Próximo	93,0 ± 0,0	0,537 ± 0,015
Naive Bayes	76,5 ± 0,6	0,632 ± 0,019

Cada número é uma média de validação cruzada de dez dobras seguida por um sinal de "±" e o desvio padrão das medidas. Incluir um desvio padrão pode ser considerado uma espécie de "verificação de sanidade": um grande desvio padrão indica que os resultados do teste são muito irregulares, o que poderia ser fonte de diversos problemas, como o conjunto de dados sendo demasiado pequeno ou o modelo sendo um correspondente muito pobre para uma porção do problema.

Todos os números de precisão foram consideravelmente reduzidos, com exceção de Naive Bayes, que ainda está estranhamente baixo. Os desvios padrão são relativamente pequenos em comparação com as médias, de modo que não existe uma grande variação no desempenho nas dobras. Isso é bom.

Na extrema direita está um segundo valor, a Área Sob a Curva ROC (comumente abreviado AUC). Discutimos brevemente esta medida AUC em "A área sob a curva ROC (AUC)" na página 219, observando-a como uma boa estatística de resumo geral da previsão de um classificador. Ela varia de zero a um. Um valor de 0,5 corresponde à aleatoriedade (o classificador não consegue distinguir entre positivos e negativos) e um valor de um significa que ele é perfeito para distingui-los. Uma das razões da precisão ser uma métrica ruim é que ela é enganosa quando conjuntos de dados são assimétricos, que é o caso aqui (93% negativos e 7% positivos).

Lembre-se de que introduzimos curvas de ajuste em "Sobreajuste Analisado", na página 113, como uma maneira de detectar quando um modelo sofre sobreajuste. A Figura 8-8 mostra as curvas de ajuste para o modelo de árvore de classificação neste domínio de rotatividade. A ideia é que, conforme é permitido que o modelo fique mais e mais complexo, ele normalmente se ajusta cada vez melhor aos dados, mas, em algum momento, ele passa a simplesmente memorizar idiossincrasias do conjunto de treinamento particular estabelecido, em vez de aprender as características gerais da população. Uma curva de ajuste representa graficamente a complexidade de um modelo (neste caso, o número de nós na árvore) contra uma medida de desempenho (neste caso, AUC) utilizando dois conjuntos de dados: o conjunto em que foi treinado e um conjunto de retenção separado. Quando o desempenho no conjunto de retenção começa a diminuir, está ocorrendo sobreajuste e a Figura 8-8, de fato, segue esse padrão geral.[6] A árvore de classificação definitivamente *está* sofrendo sobreajuste e,

6 Observe que o eixo *x* é a escala log, assim, o lado direito do gráfico parece comprimido.

provavelmente, os outros modelos também estão. O "ponto ideal" onde o desempenho de retenção é máximo de cerca de 100 nós de árvore, além do qual o desempenho nos dados de retenção decai.

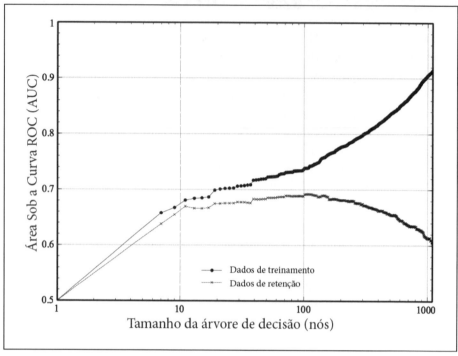

Figura 8-8. Curvas de ajuste para a árvore de classificação nos dados de rotatividade: a mudança na área sob a curva ROC (AUC) conforme aumentamos a complexidade permitida (tamanho) da árvore de decisão. O desempenho nos dados de treinamento (curva superior) continua a aumentar, enquanto que o desempenho dos dados de retenção atinge o máximo e depois diminui.

Voltando aos números de comparação de modelo na Tabela 8-2. Esses valores são obtidos a partir de uma avaliação razoavelmente cuidadosa que utiliza dados de retenção, por isso, são menos suspeitos. No entanto, eles levantam algumas questões. Duas coisas devem ser observadas sobre os valores da AUC. A primeira é que todos eles são bastante modestos. Isso não é surpreendente com domínios do mundo real: muitos conjuntos de dados simplesmente têm pouco sinal a ser explorado ou o problema de data science é formulado depois que os problemas mais fáceis já foram resolvidos. A rotatividade de cliente é um problema difícil, por isso, não ficaríamos surpresos com essas modestas pontuações AUC. Mesmo pontuações AUC modestas podem levar a bons resultados de negócios.

O segundo ponto interessante é que Naive Bayes, que tem a *menor* precisão do grupo, tem a *maior* pontuação AUC na Tabela 8-2. O que está acontecendo aqui? Vamos dar uma olhada em uma amostra de matriz de confusão de Naive Bayes, com o maior AUC e a menor precisão, e compará-la com a matriz de confusão de *k*-NN (menor AUC e maior precisão) no mesmo conjunto de dados. Esta é a matriz de confusão de Naive Bayes:

	p	n
S	127 (3%)	848 (18%)
N	200 (4%)	3518 (75%)

Esta é a matriz de confusão k-vizinhos mais próximos nos mesmos dados de teste:

	p	n
S	3 (0%)	15 (0%)
N	324 (7%)	4351 (93%)

Vemos, a partir da matriz k-NN, que ela raramente prevê rotatividade — a linha **S** está quase vazia. Em outras palavras, seu desemprenho é muito parecido com o classificador de taxa base, com uma precisão total de cerca de 93%. Por outro lado, o classificador Naive Bayes comete mais erros (assim, sua precisão é menor), mas ele identifica muito mais rotatividade. A Figura 8-9 mostra as curvas ROC de uma dobra típica do processo de validação cruzada. Observe que as curvas correspondentes a Naive Bayes (NB) e Árvore de Classificação (Árvore) são um pouco mais "curvadas" do que as outras, indicando sua superioridade preditiva.

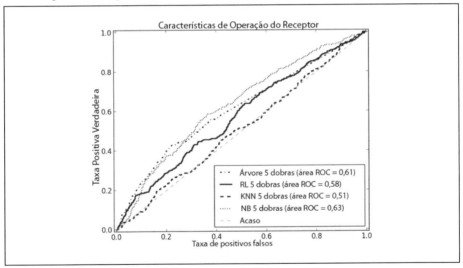

Figura 8-9. Curvas ROC dos classificadores em uma dobra de validação cruzada para o problema de rotatividade.

Como dissemos, curvas ROC têm uma série de boas propriedades técnicas, mas podem ser difíceis de ler. O grau de "curvatura" e a superioridade relativa de uma curva para outra pode ser difícil julgar apenas de olhar. Curvas de elevação e de lucro são, por vezes, preferíveis, por isso vamos examiná-las.

Curvas de elevação têm a vantagem de não demandarem de nós quaisquer custos, assim, começamos com elas, mostradas na Figura 8-10.

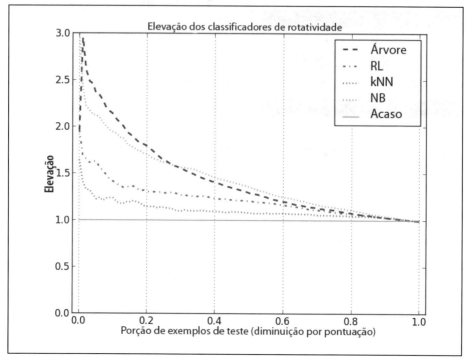

Figura 8-10. Curvas de lift para o domínio de rotatividade.

Calcula-se a média dessas curvas sobre os 10 conjuntos de teste da validação cruzada. Os classificadores geralmente atingem o pico muito cedo, então, diminuem para o desempenho ao acaso (*Lift* = 1). A Árvore (árvore de classificação) e NB (Naive Bayes) têm um desempenho muito bom. A árvore é superior até os primeiros 25% dos exemplos, depois disso, é dominada por NB. Regressão Logística (RL) e *k*-NN têm um desempenho ruim aqui e não possuem regiões de superioridade. Olhando para este gráfico, se você quisesse atingir os primeiros 25% ou menos dos clientes, escolheria o modelo da árvore de classificação; se quisesse ir mais adiante na lista, escolheria BS. Curvas de elevação são sensíveis às proporções de classe, por isso, se a proporção de rotatividade para não rotatividade mudasse, essas curvas mudariam também.

Uma observação sobre classificadores combinados

Olhando para essas curvas, você pode se perguntar: "*Se a Árvore é melhor para os primeiros 25%, e NB é melhor para o restante, por que não usamos os primeiros 25% da Árvore, depois, mudamos para lista de NB para o restante?*" É uma ideia inteligente, mas não necessariamente obterá o melhor de ambos os classificadores. A razão, em suma, é que as duas ordenações são diferentes e você não pode simplesmente escolher segmentos de cada uma e esperar que o resultado seja ideal. As curvas de avaliação só são válidas para cada modelo individualmente, e todas as apostas estão descartadas quando você começa a misturar as ordens de cada uma. Mas classificadores *podem* ser combinados com base em princípios, de modo que a combinação supere qualquer classificador individual. Tais combinações são chamadas conjunto, e elas são discutidas em "Problemas, Variância e Métodos de Conjunto", página 308.

Embora a curva de elevação mostre a vantagem relativa de cada modelo, ela *não* diz quanto lucro você deve esperar — ou mesmo se terá algum. Para esse propósito, usamos uma curva de lucro que incorpora suposições sobre custos e benefícios e apresenta valores esperados.

Vamos ignorar os detalhes reais da rotatividade na comunicação móvel por um momento (retomamos isso no Capítulo 11). Para tornar as coisas interessantes com este conjunto de dados, fazemos dois conjuntos de suposições sobre custos e benefícios. No primeiro cenário, supomos uma despesa de R$3,00 para cada oferta e um benefício bruto de R$30,00, portanto, um positivo verdadeiro nos dá um lucro líquido de R$27,00 e um positivo falso dá um prejuízo líquido de R$3,00. Esta é uma razão de lucro de 9 para 1. As curvas de lucro resultantes são mostradas na Figura 8-11. A árvore de classificação é superior aos limiares de corte mais altos, e Naive Bayes domina para o restante dos possíveis limiares de corte. O lucro máximo seria alcançado, neste cenário, visando aproximadamente os primeiros 20% da população.

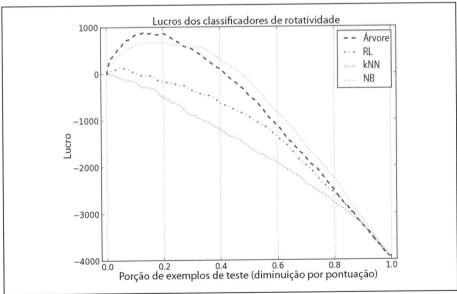

Figura 8-11. Curvas de lucro de quatro classificadores no domínio da rotatividade, assumindo uma proporção de 9 para 1 de benefício para custo.

No segundo cenário, assumimos o mesmo gasto de R$3,00 para cada oferta (por isso, o custo de falso positivo não muda), mas assumimos um benefício bruto superior (R$39,00), assim, um verdadeiro positivo agora nos rende um lucro líquido de R$36,00. Esta é uma razão de lucro de 12 para 1. As curvas são mostradas na Figura 8-12. Como você poderia esperar, este cenário tem um lucro máximo muito maior do que no cenário anterior. Mais importante, demonstra diferente *máxima* de lucro. Um pico é com a Árvore de Classificação em cerca de 20% da população e o segundo pico, um pouco maior, ocorre quando visamos os primeiros 35% da população com NB. O ponto de cruzamento entre a Árvore e a RL ocorre no mesmo lugar em ambos os gráficos, contudo: em cerca de 25% da população. Isso demonstra a sensibilidade dos gráficos de lucro às suposições específicas sobre custos e benefícios.

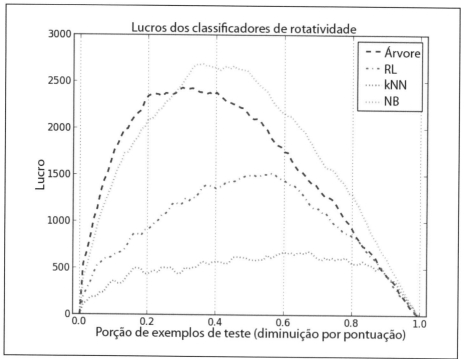

Figura 8-12. Curvas de lucro de quatro classificadores no domínio da rotatividade. Essas curvas assumem uma razão mais lucrativa de 12-a-1 (compare com Figura 8-11).

Concluímos esta seção reiterando que esses gráficos são voltados apenas para ilustrar as diferentes técnicas para avaliação do modelo. Pouco esforço foi feito para ajustar os métodos de indução do problema, e não se deve tirar conclusões gerais sobre os méritos relativos desses tipos de modelos ou sua adequação à previsão da rotatividade. Deliberadamente, produzimos uma gama de resultados de desempenho de classificador para ilustrar como os gráficos poderiam revelar suas diferenças.

Resumo

Uma parte crítica do trabalho do cientista de dados é organizar uma avaliação adequada dos modelos e transmitir essas informações aos investidores. É preciso ter experiência para fazer isso bem, mas é vital para reduzir surpresas e gerir expectativas entre todos os interessados. A visualização dos resultados é uma parte importante da tarefa de avaliação.

Quando se constrói um modelo a partir dos dados, ajustar a amostra de treinamento de várias formas pode ser útil ou até mesmo necessário; mas a avaliação deve utilizar uma amostra que reflita de modo realista a população original, de maneira que os resultados reflitam o que será realmente atingido.

Quando os custos e benefícios das decisões podem ser especificados, o cientista de dados pode calcular um custo estimado, por exemplo, para cada modelo e simplesmente escolher aquele que produz o melhor valor. Em alguns casos, um gráfico básico de *lucro* pode ser útil para comparar os modelos de interesse sob várias condições. Esses gráficos podem ser de fácil compreensão para os investidores que não são cientistas de dados, uma vez que reduzem o desempenho do modelo ao seu custo ou lucro básico "final".

A desvantagem de um gráfico de lucro é que ele requer que as condições de funcionamento sejam conhecidas e exatamente especificadas. Com muitos problemas do mundo real, as condições de funcionamento são imprecisas ou mudam ao longo do tempo, e o cientista de dados deve lidar com a incerteza. Em tais casos, outros gráficos podem ser mais úteis. Quando os custos e os benefícios não podem ser especificados com confiança, mas a mistura de classe provavelmente não mudará, uma *resposta cumulativa* ou gráfico de *elevação* é útil. Ambos mostram as vantagens relativas dos classificadores, independentemente do valor (monetário ou não) das vantagens.

Por fim, as curvas ROC são uma valiosa ferramenta de visualização para o cientista de dados. Embora exijam um pouco de prática para serem rapidamente interpretadas, elas separam o desempenho das condições de funcionamento. Ao fazer isso, transmitem o equilíbrio fundamental que cada modelo está obtendo.

Uma grande quantidade de trabalho nas comunidades de Aprendizado de Máquina e Mineração de Dados consiste em comparar classificadores, a fim de apoiar várias alegações sobre a superioridade do algoritmo de aprendizagem. Como resultado, muito tem sido escrito sobre a metodologia da comparação de classificadores. Para o leitor interessado, um bom lugar para começar é o artigo de Thomas Dietterich (1998) "Approximate Statistical Tests for Comparing Supervised Classification Learning Algorithms," e o livro *Evaluating Learning Algorithms: A Classification Perspective* (Japkowicz & Shah, 2011).

CAPÍTULO 9
Evidência e Probabilidades

Conceitos Fundamentais: *Combinação de evidências explícitas com o teorema de Bayes; Raciocínio probabilístico através de pressupostos de independência condicional.*

Técnicas Exemplares: *Classificação de Naive Bayes; Elevação de evidências.*

Até agora, examinamos vários métodos diferentes para usar dados para ajudar a tirar conclusões sobre algumas quantidades desconhecidas de um exemplo de dados, como sua classificação. Vamos examinar, agora, uma maneira diferente de olhar para a obtenção de tais conclusões. Poderíamos pensar nas coisas que conhecemos sobre um exemplo de dados como *evidência* a favor ou contra diferentes valores para o alvo. O que sabemos sobre o exemplo de dados é representado como as características do exemplo. Se soubéssemos a força da evidência dada por cada característica, poderíamos aplicar métodos baseados em princípios para a combinação de evidências de modo probabilístico, para chegar a uma conclusão sobre o valor do alvo. Vamos determinar a força de qualquer evidência a partir dos dados de treinamento.

Exemplo: Visando Consumidores Online com Anúncios

Para ilustrar, vamos considerar outro aplicativo de negócio de classificação: direcionar a exibição de anúncios online para consumidores, com base nas páginas da web que eles visitaram no passado. Como consumidores, estamos acostumados a receber uma grande quantidade de informações e serviços na web, aparentemente de forma gratuita. É claro que a parte "grátis" se deve, muitas vezes, à existência de promessa de rendimentos a partir da publicidade online, assim como a televisão aberta é "gratuita". Vamos considerar a *exibição de publicidade* — os anúncios que aparecem no topo, laterais e parte inferior de páginas cheias de conteúdo que estamos lendo ou consumindo.

A exibição de publicidade é diferente da publicidade de pesquisa (por exemplo, os anúncios que aparecem com os resultados de uma pesquisa no Google) de uma maneira importante: para a maioria das páginas da web, o usuário não digitou uma frase relacionada exatamente ao que ele está procurando. Portanto, o direcionamento de um anúncio para o usuário precisa ser baseado em outros tipos de inferências. Durante vários capítulos falamos sobre um tipo particular de inferência: pressupor o valor da variável alvo de um exemplo a partir dos valores das características de tal valor. Portanto, podemos aplicar as técnicas que já vimos para inferir se determinado usuário estaria interessado em um anúncio publicitário. Neste capítulo, vamos apresentar uma forma diferente de olhar para o problema, que tem ampla aplicabilidade e é bastante fácil de empregar.

Vamos definir nosso problema de direcionamento de anúncios de forma mais precisa. Qual será o exemplo? Qual será a variável alvo? Quais serão as características? Como obteremos os dados de treinamento?

Vamos supor que estamos trabalhando para um grande provedor de conteúdo (um "publicador"), que possui grande variedade de conteúdo, recebe muitos consumidores online e tem muitas oportunidades de exibir publicidade para esses consumidores. Por exemplo, o Yahoo! possui um grande número de diferentes "propriedades" de web suportadas por publicidade que podemos considerar como diferentes "peças de conteúdo". Além disso, recentemente (para esta escrita) o Yahoo! concordou em adquirir o site de blog Tumblr, que tem 50 bilhões de posts em mais de 100 milhões de blogs. Cada um desses também pode ser visto como uma "peça de conteúdo" que dá alguma visão sobre os interesses de um consumidor que o lê. Da mesma forma, o Facebook pode considerar cada "Curtida" de um consumidor como uma evidência de seus gostos, o que também pode ajudar a direcionar anúncios.

Para simplificar, vamos supor que temos uma campanha publicitária para a qual gostaríamos de apontar um subconjunto de consumidores online que visitam nossos sites. Esta campanha é para a cadeia de hotéis de luxo, Luxhote. O objetivo do Luxhote é que as pessoas reservem quartos. Já lançamos essa campanha no passado, selecionando aleatoriamente consumidores online. Agora, queremos lançar uma campanha direcionada, esperando conseguir mais reservas por dólar gasto com as impressões de anúncios.[1]

Portanto, vamos considerar um consumidor como sendo um exemplo. Nossa variável alvo será: o consumidor reservou/reservará um quarto no Luxhote até uma semana depois de ter visto o anúncio Luxhote? Utilizando-se da magia dos cookies do navegador,[2] em colaboração com o Luxhote podemos observar quais consumidores reservam quartos. Para treinamento, teremos um valor binário para essa variável alvo, para cada consumidor. De praxe, estimaremos a probabilidade de que um consumidor reserve um quarto depois de ter visto um anúncio e, então, conforme nosso orçamento permitir, visaremos algum subconjunto de consumidores de maior probabilidade.

Ficamos com uma pergunta chave: quais serão as características que usaremos para descrever os consumidores, para que possamos diferenciar aqueles que são mais ou menos

---

[1] Uma *impressão de anúncio* é quando um anúncio é exibido em algum lugar de uma página, independentemente de o usuário clicar nele.
[2] Um navegador troca pequenas quantidades de informação ("cookies") com os sites que são visitados e salva informações locais específicas que podem ser recuperadas mais tarde pelo mesmo site.

propensos a serem bons clientes para o Luxhote? Para este exemplo, vamos considerar um consumidor descrito pelo conjunto de peças de conteúdo que ele visualizou (ou curtiu) anteriormente, como registrado por meio de cookies do navegador ou outro mecanismo. Temos muitos tipos de conteúdo: finanças, esportes, entretenimento, blogs de culinária etc. Podemos pegar milhares de peças de conteúdo muito populares ou podemos considerar centenas de milhões. Acreditamos que alguns desses (por exemplo, blogs de finanças) têm mais chance de serem visitados por pessoas interessantes para o Luxhote, enquanto outros (por exemplo, página de fãs de competência de arrasto de peso por tratores - *Trekker Trek*) são mais improváveis.

No entanto, para este exercício, não queremos confiar em nossos pressupostos sobre tal conteúdo, nem temos os recursos para estimar, manualmente, o potencial das evidências para cada peça de conteúdo. Além disso, enquanto os seres humanos são muito bons em usar conhecimento e bom senso para reconhecer se a evidência será "a favor" ou "contra", são notoriamente ruins em estimar a *força* precisa da evidência. Gostaríamos que nossos dados históricos estimassem a direção e a força da evidência. A seguir, descreveremos uma estrutura amplamente aplicável para avaliar a evidência e para combiná-la com a estimativa da probabilidade resultante da associação de classe (aqui, a probabilidade de que um consumidor reservará um quarto, depois de ter visto o anúncio).

Acontece que existem outros problemas que se encaixam no molde do nosso exemplo: problemas de estimativa de probabilidade de classe/classificação, onde cada exemplo é descrito por um conjunto de peças de evidência, possivelmente retiradas de uma coleção muito grande de possíveis evidências totais. Por exemplo, a classificação de documentos de texto tem encaixe perfeito (discutimos isso a seguir, no Capítulo 10). Cada documento é uma coleção de palavras, a partir de um vocabulário total muito grande. Cada palavra pode, possivelmente, fornecer alguma evidência a favor ou contra a classificação, e gostaríamos de combinar as evidências. As técnicas que apresentamos a seguir são exatamente aquelas usadas em muitos sistemas de detecção de spam: um exemplo é uma mensagem de e-mail, as classes alvo são **spam** ou **não spam**, e as características são as palavras e símbolos na mensagem do e-mail.

Combinando Evidências de Forma Probabilística

À frente, mais de matemática do que de costume

Para discutir as ideias de combinar evidências de forma probabilística, precisamos introduzir alguma notação de probabilidade. Você não precisa ter aprendido (ou lembrar-se) da teoria da probabilidade — as noções são bastante intuitivas, e não vamos passar do básico. A notação permite que sejamos precisos. O que vem a seguir pode parecer muito matemático, mas você verá que é bastante simples.

Estamos interessados em quantidades, como a probabilidade de um consumidor reservar um quarto depois de ver um anúncio. Nós, na verdade, precisamos ser um pouco mais específicos: algum consumidor em particular? Ou qualquer consumidor? Vamos começar com qualquer consumidor: qual é a probabilidade de que, se você mostrar um anúncio a qualquer consumidor, ele reservar um quarto? Como essa é nossa classificação desejada, vamos chamá-la de quantidade C. Representaremos a probabilidade de um evento C como $p(C)$. Se dissermos $p(C) = 0,0001$, isso significa que, se exibíssemos anúncios, aleatoriamente, para consumidores, esperaríamos que cerca de 1 em cada 10.000 reservasse um quarto.[3]

Agora, estamos interessados na probabilidade de C dar alguma evidência E, como o conjunto de sites visitados por um consumidor em *particular*. A notação para esta quantidade é $p(C|E)$, que se lê como "probabilidade de C dado E" ou "a probabilidade de C condicionada a E". Este é um exemplo de uma probabilidade condicional e "|" é, às vezes, chamado de "barra de condicionamento". Esperamos que $p(C|E)$ seja diferente com base em diferentes compilações de evidências E — em nosso exemplo, diferentes conjuntos de sites visitados.

Como mencionado acima, gostaríamos de usar alguns dados rotulados, como os dados de nossa campanha aleatoriamente direcionada, para associar diferentes compilações de evidências E a diferentes probabilidades. Infelizmente, isso traz um problema chave. Para qualquer compilação de evidências E, provavelmente, não vimos casos suficientes, com exatamente a mesma compilação de evidências, para ser capaz de inferir a probabilidade de associação de classe com alguma confiança. Na verdade, podemos não ver essa compilação particular de evidências nunca! Em nosso exemplo, se estamos considerando milhares de sites diferentes, qual é a chance de que, em nossos dados de treinamento, virmos um consumidor com *exatamente* os mesmos padrões de visita como um consumidor que veremos no futuro? É infinitésimo. Portanto, o que faremos é considerar, separadamente, as diferentes evidências e, em seguida, combiná-las. Para discutir mais essa questão, precisamos de alguns fatos sobre probabilidades combinadas.

Probabilidade e Independência Conjuntas

Digamos que temos dois eventos, A e B. Se conhecemos $p(A)$ e $p(B)$, podemos dizer qual é a probabilidade de que ambos, A e B, ocorram? Vamos chamar isso de $p(AB)$. Isso é chamado de probabilidade *conjunta*.

Há um caso especial em que podemos: se os eventos A e B forem *independentes*. Sendo A e B independentes, significa que conhecer sobre um deles não lhe diz nada sobre a probabilidade do outro. O exemplo típico usado para ilustrar independência é jogar um dado sem vício; sabendo que o valor da primeira jogada não lhe diz nada sobre o valor

---

[3] Isso não é, necessariamente, uma taxa de resposta razoável para qualquer anúncio em particular, apenas um exemplo ilustrativo. Taxas de compra atribuíveis a anúncios online, em geral, parecem muito pequenas para aqueles que estão fora da indústria. É importante perceber que o custo da colocação de um anúncio também costuma ser muito pequeno.

da segunda. Se o evento A é "jogada 1 mostra um seis" e evento B é "jogada 2 mostra um seis", então p(A) = 1/6 e p(B) = 1/6 e mesmo que *saibamos* que a jogada 1 mostra um seis, ainda p(B) = 1/6. Neste caso, os eventos são independentes e, no caso de eventos independentes, p(AB) = p(A) · p(B) — podemos calcular a probabilidade do evento "conjunto" AB por meio da multiplicação das probabilidades dos eventos individuais. Em nosso exemplo, p(AB) = 1/36.

No entanto, não podemos, em geral, calcular probabilidades de eventos conjuntos desta maneira. Se isso não está claro, pense sobre o caso de jogar dados viciados. Em meu bolso, tenho seis dados viciados. Cada um possui um dos números de um a seis em todas as faces — todas elas mostram o mesmo número. Eu tiro um dado qualquer do meu bolso e, em seguida, jogo-o duas vezes. Neste caso, p(A) = p(B) = 1/6 (porque eu poderia ter pego qualquer um dos seis dados com igual probabilidade). No entanto, p(AB) = 1/6, também, porque os acontecimentos são completamente dependentes! Se a primeira jogada for um seis, também será a segunda (e vice-versa).

A fórmula geral para probabilidades combinadas que cuidam das dependências entre os eventos é:

Equação 9-1, Probabilidade conjunta usando probabilidade condicional

$$p(AB) = p(A) \cdot p(B \mid A)$$

Isso é lido como: a probabilidade de A e B é a probabilidade de A vezes a probabilidade B dado A. Em outras palavras, dado que você conhece A, qual é a probabilidade de B? Reserve um minuto para se certificar de que tenha absorvido.

Podemos ilustrar com nosso exemplo de dois dados. No caso independente, como conhecer A não nos diz nada sobre p(B), então, p(B|A) = p(B), e obtemos nossa fórmula anterior, na qual simplesmente multiplicamos as probabilidades individuais. No nosso caso dos dados viciados, p(B|A) = 1,0, uma vez que a primeira jogada foi um seis, então, a segunda é garantida que seja um seis. Assim, p(AB) = p(A) · 1,0 = p(A) = 1/6, conforme o esperado.

Em geral, os eventos podem ser completamente independentes, completamente dependentes ou em algum lugar no meio. Se os eventos não são completamente independentes, saber algo sobre um evento muda a probabilidade de outro. Em todos os casos, nossa fórmula p(AB) = p(A) . p(B|A) combina as probabilidades adequadamente.

Entramos nesse detalhe por uma razão muito importante. Essa fórmula é a base para uma das equações mais famosas em data science e, na verdade, na ciência em geral.

Teorema de Bayes

Observe que em $p(AB) = p(A)p(B|A)$ a ordem de A e B parece um tanto arbitrária — e é. Poderíamos muito bem ter escrito:

$$p(AB) = p(B) \cdot p(A \mid B)$$

Isso significa:

$$p(AB) = p(B) \cdot p(A \mid B)$$

Assim:

$$p(A) \cdot p(B \mid A) = p(B) \cdot p(A \mid B)$$

Se dividirmos ambos os lados por $p(A)$ obtemos:

$$p(B \mid A) = \frac{p(A \mid B) \cdot p(B)}{p(A)}$$

Agora, vamos considerar B como sendo alguma hipótese cuja probabilidade estamos interessados em avaliar, e A sendo alguma evidência de que temos observado. Renomeando com H para hipótese e E para evidência, temos:

$$p(H \mid E) = \frac{p(E \mid H) \cdot p(H)}{p(E)}$$

Este é o famoso *Teorema de Bayes*, em homenagem ao reverendo Thomas Bayes que derivou um caso especial do teorema no século XVIII. O Teorema de Bayes diz que podemos calcular a probabilidade de nossa hipótese H dada alguma evidência E, de modo alternativo, usando a probabilidade da evidência dada a hipótese, bem como as probabilidades incondicionais da hipótese e da evidência.

Observação: Os Métodos Bayesianos

O Teorema de Bayes, combinado com o princípio fundamental de se pensar cuidadosamente sobre a independências condicional, é o alicerce de uma grande quantidade de técnicas mais avançadas de data science que não abordamos neste livro. As técnicas incluem redes bayesianas, modelos relacionais probabilísticos, modelo escondido de Markov, campos aleatórios de Markov e outros.

É importante notar que as últimas três quantidades podem ser mais fáceis de determinar do que a quantidade de interesse final — ou seja, $p(H|E)$. Para ver isso, considere um exemplo (simplificado) de diagnóstico médico. Suponha que você seja um médico e um paciente chega com manchas vermelhas. Você supõe (hipótese) que o paciente tem sarampo. Gostaríamos de determinar a probabilidade de nosso diagnóstico hipotético (H = sarampo), dada a evidência (E = manchas vermelhas). Para estimar diretamente $p(\text{sarampo}|\text{manchas vermelhas})$ teríamos que pensar em todas as diferentes razões para uma pessoa apresentar manchas vermelhas e qual proporção delas seria sarampo. Isso provavelmente é impossível, mesmo para o médico mais experiente.

No entanto, em vez disso, considere a tarefa de estimar esta quantidade usando o lado direito do Teorema de Bayes.

- $p(E|H)$ é a probabilidade de uma pessoa ter manchas vermelhas considerando que tenha sarampo. Um especialista em doenças infecciosas pode muito bem saber disso ou ser capaz de estimar com relativa exatidão.

- $p(H)$ é simplesmente a probabilidade de que alguém tenha sarampo, sem considerar quaisquer evidências; essa é apenas a prevalência de sarampo na população.

- $p(E)$ é a probabilidade da evidência: qual é a probabilidade de que alguém tenha manchas vermelhas — mais uma vez, simplesmente a prevalência de manchas vermelhas na população, que não requer raciocínio complicado sobre as diferentes causas subjacentes, apenas observação e contagem.

O Teorema de Bayes facilita muito a estimativa de $p(H|E)$. Precisamos de três informações, mas elas são muito mais fáceis de estimar do que é o valor original.

Ainda pode ser difícil de calcular $p(E)$. Porém, em muitos casos, ela não precisa ser calculada, porque estamos interessados em comparar as probabilidades de diferentes hipóteses dada a mesma evidência. Veremos isso mais tarde.

Aplicando o Teorema de Bayes ao Data Science

Possivelmente é bastante óbvio agora que o Teorema de Bayes deve ser importante em data science. Na verdade, grande parte do processo de data science baseia-se em métodos "bayesianos" que possuem, em seu núcleo, raciocínio baseado no Teorema de Bayes. Descrever métodos bayesianos amplamente está muito além do escopo deste livro. Introduzimos as ideias mais fundamentais e, em seguida, mostramos como elas se aplicam às técnicas Bayesianas mais básicas — que são muito usadas. Mais uma vez, reescrevemos o Teorema de Bayes, porém, agora, retornamos à classificação. Por enquanto, vamos enfatizar a aplicação para a classificação, escrevendo "$C = c$" — o evento que uma variável alvo assume o valor particular c.

Equação 9-2. Teorema de Bayes para classificação

$$p(C = c \mid \mathbf{E}) = \frac{p(\mathbf{E} \mid C = c) \cdot p(C = c)}{p(\mathbf{E})}$$

Na Equação 9-2, temos quatro quantidades. No lado esquerdo está a quantidade que gostaríamos de estimar. No contexto de um problema de classificação, essa é a probabilidade de que a variável alvo C assuma a classe de interesse c *depois* de levar em consideração a evidência **E** (o **vetor** dos valores de característica). Isso é chamado de probabilidade *posterior*.

O Teorema de Bayes decompõe a probabilidade posterior em três quantidades que vemos no lado direito. Gostaríamos de ser capazes de calcular essas quantidades a partir dos dados:

1. $p(C = c)$ é a probabilidade *"anterior"* (a priori) da classe, ou seja, a probabilidade que atribuiríamos à classe antes de ver qualquer evidência. Geralmente, no raciocínio bayesiano ela poderia vir de vários lugares. Poderia ser (i) um antecedente "subjetivo", o que significa que é a crença de um tomador de decisão em particular, com base em todo seu conhecimento, experiência e opiniões; (ii) uma crença "anterior" com base em alguma(s) aplicação(ões) prévia(s) do Teorema de Bayes, com outras evidências ou (iii) uma probabilidade incondicional inferida a partir de dados. O método específico que introduzimos abaixo utiliza a abordagem (iii), utilizando como *classe a priori* a "taxa base" de c — a prevalência de c na população como um todo. Isso é facilmente calculado a partir dos dados como uma porcentagem de todos os exemplos que são da classe c.

2. $p(\mathbf{E}|C = c)$ é a *probabilidade* de ver a evidência **E** — as características particulares do exemplo sendo classificado — quando a classe $C = c$. Pode-se ver isso como uma questão "generativa": se o mundo (o "processo de geração de dados") gerou um exemplo de classe c, com que frequência se pareceria com **E**? Essa probabilidade pode ser calculada a partir dos dados como a percentagem de exemplos de classe c que possuem um vetor de característica **E**.

3. Por fim, $p(\mathbf{E})$ é a probabilidade da evidência: quão comum é a representação da característica **E** entre todos os exemplos? Isso pode ser calculado a partir dos dados como a porcentagem de ocorrência de **E** entre todos os exemplos.

Estimando esses três valores a partir de dados de treinamento, podemos calcular uma estimativa para $p(C = c|\mathbf{E})$ posterior para um exemplo particular em uso. Isso poderia ser utilizado diretamente como uma estimativa da probabilidade de classe, possivelmente em combinação com os custos e benefícios, como descrito no Capítulo 7. Alternativamente, $p(C = c|\mathbf{E})$ poderia ser usado como uma pontuação para classificar exemplos (por exemplo, estimar aqueles que são mais propensos a responder aos nossos anúncios). Ou, poderíamos escolher como classificação do $p(C = c|\mathbf{E})$ máximo entre diferentes valores de c.

Infelizmente, voltamos para a grande dificuldade que mencionamos acima, que impede que a Equação 9-2 seja usada diretamente em mineração de dados. Considere **E** como nosso vetor usual de valores de atributos $<e_1, e_2, ..., e_K>$, uma coleção possivelmente grande e específica de condições. Aplicar diretamente a Equação 9-2 exigiria saber $p(\mathbf{E}|c)$ como $p(e_1 \wedge e_2 \wedge \cdots \wedge e_k|c)$.[4] Isso é muito específico e muito difícil de medir. Podemos nunca ver um exemplo específico nos dados de treinamento que corresponda exatamente a determinado **E** em nossos dados de teste e, mesmo se víssemos, pode ser improvável que veríamos o suficiente para estimar a probabilidade com alguma confiança.

Métodos bayesianos para data science lidam com essa questão, fazendo suposições de independência probabilística. O método mais amplamente usado para lidar com essa complicação é fazer uma suposição particularmente forte de independência.

Independência Condicional e Naive Bayes

Lembre-se da noção anterior de independência: dois eventos são independentes se conhecer um não trouxer informações sobre a probabilidade do outro. Vamos estender essa noção ligeiramente.

A mesma noção serve para a independência condicional, exceto pela utilização de probabilidades condicionais. Para nossos propósitos, vamos nos concentrar na classe do exemplo como a condição (já que, na Equação 9-2, estamos olhando para a probabilidade da evidência *dada* a classe). A independência condicional é diretamente análoga à independência incondicional que discutimos antes. Especificamente, sem assumir independência, para combinar probabilidades precisamos usar a Equação 9-1, aumentada com a condição |C:

$$p(AB \mid C) = p(A \mid C) \cdot p(B \mid AC)$$

No entanto, como antes, se assumirmos que *A* e *B* são condicionalmente independentes dado *C*,[5] agora podemos combinar as probabilidades com muito mais facilidade:

$$p(AB \mid C) = p(A \mid C) \cdot p(B \mid C)$$

Isso faz muita diferença em nossa capacidade de calcular probabilidades a partir dos dados. Em particular, para a probabilidade condicional $p(\mathbf{E}|C = c)$ na Equação 9-2, vamos supor que os atributos sejam condicionalmente independentes, dada a classe. Em outras palavras, em $p(e_1 \wedge e_2 \wedge \cdots \wedge e_k|c)$, cada e_i é independente de todos os outros e_j dada a classe *c*. Para simplificar a apresentação, vamos substituir *C=c* por *c*, desde que não cause confusão.

$$\begin{aligned} p(\mathbf{E} \mid c) &= p(e_1 \wedge e_2 \wedge \cdots \wedge e_k \mid c) \\ &= p(e_1 \mid c) \cdot p(e_2 \mid c) \cdots p(e_k \mid c) \end{aligned}$$

Cada um dos termos p(ei|c) pode ser calculado diretamente a partir dos dados, já que agora simplesmente precisamos contar a proporção do tempo em que vemos a caracte-

---
4 O operador $\wedge$ significa "e".
5 A propósito, esta é uma hipótese mais fraca do que assumir independência incondicional.

rística individual ei nos exemplos da classe c, em vez de olhar para todo um vetor de característica correspondente. Existe a probabilidade de haver muitas ocorrências de ei.6 Combinando isso com a Equação 9-2, obtemos a equação Naive Bayes como mostrado na Equação 9-3.

Equação 9-3. Equação Naive Bayes

$$p(c \mid \mathbf{E}) = \frac{p(e_1 \mid c) \cdot p(e_2 \mid c) \ldots p(e_k \mid c) \cdot p(c)}{p(\mathbf{E})}$$

Essa é a base do *classificador Naive Bayes*. Ele classifica um novo exemplo por meio da estimativa da probabilidade de que o exemplo pertence a cada classe e relata aquela com maior probabilidade.

Se você permitir dois parágrafos sobre um detalhe técnico: a essa altura, você pode notar $p(\mathbf{E})$ no denominador da Equação 9-3 e dizer, espera aí — se compreendo, isso não será quase tão difícil quanto calcular como $p(\mathbf{E}|C)$? Acontece que, geralmente, $p(\mathbf{E})$ nunca precisa ser realmente calculado, por uma de duas razões. Primeira, se estamos interessados na classificação, o que mais importa é: das diferentes possíveis classes c, para qual $p(C|\mathbf{E})$ é maior? Neste caso, $\mathbf{E}$ é o mesmo para todas e podemos apenas olhar para ver qual numerador é maior.

Nos casos em que gostaríamos da estimativa real da probabilidade, ainda podemos dar a volta no cálculo de $p(\mathbf{E})$ no denominador. Isso porque as classes costumam ser mutuamente exclusivas e exaustivas, o que significa que cada instância pertencerá a uma e apenas uma classe. Em nosso exemplo do Luxhote, o consumidor reserva um quarto ou não. Informalmente, se vemos a evidência $\mathbf{E}$, ela pertence a c_0 ou c_1. Matematicamente:

$$\begin{aligned}p(\mathbf{E}) &= p(\mathbf{E} \wedge c_0) + p(\mathbf{E} \wedge c_1) \\ &= p(\mathbf{E} \mid c_0) \cdot p(c_0) + p(\mathbf{E} \mid c_1) \cdot p(c_1)\end{aligned}$$

Nossa suposição de independência permite que reescrevamos isso como:

$$\begin{aligned}p(\mathbf{E}) = \ & p(e_1 \mid c_0) \cdot p(e_2 \mid c_0) \ldots p(e_k \mid c_0) \cdot p(c_0) \\ &+ p(e_1 \mid c_1) \cdot p(e_2 \mid c_1) \ldots p(e_k \mid c_1) \cdot p(c_1)\end{aligned}$$

Combinando isso com a Equação 9-3, obtemos uma versão da equação Naive Bayes com a qual podemos calcular facilmente as probabilidades posteriores a partir dos dados:

$$p(c_0 \mid \mathbf{E}) = \frac{p(e_1 \mid c_0) \cdot p(e_2 \mid c_0) \ldots p(e_k \mid c_0) \cdot p(c_0)}{p(e_1 \mid c_0) \cdot p(e_2 \mid c_0) \ldots p(e_k \mid c_0) \cdot p(c_0) + p(e_1 \mid c_1) \cdot p(e_2 \mid c_1) \ldots p(e_k \mid c_1) \cdot p(c_1)}$$

---

6 E nos casos nos quais não podemos usar um método de correção estatística para pequenas contagens; consulte "Estimativa de Probabilidade" na página 71.

Embora ela possua muitos termos, cada um é uma evidência "ponderada" de alguma peça individual de evidências ou uma classe a priori.

Vantagens e Desvantagens do Classificador Naive Bayes

Naive Bayes é um classificador muito simples, ainda assim, ele leva em conta todas as evidências características. É muito eficiente em termos de espaço de armazenamento e tempo de cálculo. O treinamento consiste apenas em armazenar contagens de classes e ocorrências de características conforme cada exemplo é visto. Como mencionado, $p(c)$ pode ser estimado por meio da contagem da proporção de exemplos classe c entre todos os exemplos. $p(e_i|c)$ pode ser estimado pela proporção de exemplos na classe c para os quais aparece e_i.

Apesar de sua simplicidade e das estritas hipóteses de independência, o classificador Naive Bayes possui um desempenho surpreendentemente bom para classificação em muitas tarefas do mundo real. Isso porque a violação da suposição de independência tende a não prejudicar o desempenho de classificação, por uma razão intuitivamente satisfatória. Especificamente, considere que dois elementos de evidência sejam, na verdade, fortemente dependentes — o que isso significa? A grosso modo, isso significa que, quando vemos um, provavelmente veremos o outro. Agora, se os tratamos como sendo independentes, vamos ver um e dizer "há evidência para a classe" e veremos o outro e diremos "há mais evidências para a classe". Então, até certo ponto, estaremos dobrando a contagem das evidências. *Contudo*, desde que as evidências estejam, no geral, nos conduzindo na direção certa, para classificação, a dupla contagem não tende a prejudicar. Na verdade, ela tenderá a tornar as estimativas de probabilidade mais extremas na direção correta: a probabilidade será superestimada para a classe correta e subestimada para a(s) classe(s) incorreta(s). Mas, para a classificação, estamos escolhendo a classe com maior estimativa de probabilidade, assim, torná-las mais extremas na direção correta não tem problema.

Contudo, isso passa a ser um problema se vamos usar as estimativas de probabilidade em si — portanto, Naive Bayes deve ser usado com cautela para a tomada de decisão real, com custos e benefícios, como discutimos no Capítulo 7. Os profissionais usam Naive Bayes regularmente para classificação, onde os valores reais das probabilidades não são relevantes — apenas os valores relativos de exemplos nas diferentes classes.

Outra vantagem do Naive Bayes é que ele é, naturalmente, um "aprendiz incremental". Um aprendiz incremental é uma técnica de indução que pode atualizar seu modelo, um exemplo de treinamento por vez. Ele não precisa reprocessar todos os exemplos antigos de treinamento quando novos dados de treinamento surgirem.

A aprendizagem incremental é, especialmente, vantajosa nas aplicações onde os rótulos de treinamento são revelados no curso da aplicação, e gostaríamos que o modelo levasse em conta essa nova informação o mais rapidamente possível. Por exemplo, considere criar um classificador personalizado de e-mail não solicitado. Quando eu receber um e-mail não solicitado, posso clicar no botão "lixeira" no meu navegador. Além de remover este e-mail da minha caixa de entrada, isso também cria um ponto de dados de treinamento: um exemplo positivo de spam. Seria muito útil se o modelo pudesse ser atualizado imediatamente e, assim, começar a classificar e-mails semelhantes como spam. Naive Bayes é a base de muitos sistemas personalizados de detecção de spam, como o Thunderbird do Mozilla.

Quadro: Variantes de Naive Bayes

Existem, na verdade, classificadores levemente diferentes, mas todos são chamados de Naive Bayes. As diferenças são pequenas e costumam ser negligenciadas (exceto por este quadro, ignore-as neste capítulo); contudo, elas podem fazer diferença.

Resumindo, Naive Bayes (NB) se baseia em um modelo "generativo" — um modelo de como os dados são gerados. As diferentes versões do NB se baseiam nos diferentes modelos estatísticos generativos, dos quais todos compõem a principal suposição NB discutida (ou seja, que as características são geradas condicionalmente independentes para cada classe). Não discutiremos aqui os modelos estatísticos. Entretanto, é útil considerar uma diferença importante.

Você notará que o modelo NB descrito considera o valor de cada característica como evidência a favor e contra cada classe. E se houver muitas características: digamos, todas as palavras de um idioma ou cada página da web que alguém pode visitar? Em tais aplicações, as características costumam representar a presença ou a frequência dessas palavras, páginas etc. Acontece que, em tais aplicações, muitas vezes a maioria das palavras, páginas da web etc. simplesmente não ocorrem para qualquer exemplo em particular (documento, cliente online).

Acontece que existem alguns truques matemáticos para calcular as pontuações de Naive Bayes, o que permite que consideremos a evidência presente. O leitor interessado pode ler sobre eles e sobre os diferentes modelos de Naive Bayes de forma mais geral (McCallum & Nigam, 1998; Junqué de Fortuny et al., 2013). O resultado é que a prática comum em tais domínios esparsos é apenas considerar explicitamente as evidências presentes. Assim, por exemplo, em nosso exemplo publicitário anterior, devemos nos concentrar nos sites que o consumidor *visita* e não mencionar os diversos sites que o consumidor *não* visita. Este último é tratado implicitamente pela matemática e por alguns pressupostos de como os dados são realmente gerados. De forma semelhante, a seguir consideraremos apenas as evidências daqueles itens que um usuário do Facebook curte, mas não consideraremos explicitamente as evidências de todas as possíveis coisas que ele não curte.

Naive Bayes está incluído em quase todos os kits de ferramentas de mineração de dados e serve como um classificador base comum contra o qual métodos mais sofisticados podem ser comparados. Discutimos Naive Bayes usando atributos binários. A ideia básica apresentada aqui pode ser facilmente estendida para atributos categóricos de diversos valores, bem como para atributos numéricos, como você pode ler no quadro sobre algoritmos de mineração de dados.

Um Modelo de "Lift" de Evidências

"Resposta Cumulativa e Curvas de Elevação" na página 219, apresenta o conceito de elevação como uma métrica para avaliar um classificador. Ela mede quanto mais prevalente é a classe positiva na subpopulação selecionada sobre a prevalência na população como um todo. Se a prevalência de reservas de hotel em um conjunto de consumidores aleatoriamente direcionado é de 0,01% e, em nossa população selecionada, é de 0,02%, então, o classificador nos dá um *lift* de 2 — a população selecionada tem o dobro da taxa de reserva.

Com uma ligeira modificação, podemos adaptar nossa equação Naive Bayes para modelar os diferentes *lifts* atribuíveis às diferentes evidências. A menor modificação é para assumir independência completa das características, em vez de uma suposição mais fraca de independência condicional usada para Naive Bayes. Vamos chamar isso de Naive-Naive Bayes, uma vez que ele está fazendo suposições simplificadoras mais fortes sobre o mundo. Supondo característica de independência completa, a Equação 9-3 torna-se o seguinte para Naive-Naive Bayes:

$$p(c \mid \mathbf{E}) = \frac{p(e_1 \mid c) \cdot p(e_2 \mid c) \ldots p(e_k \mid c) \cdot p(c)}{p(e_1) \cdot p(e_2) \ldots p(e_k)}$$

Os termos nesta equação podem ser rearranjados para produzir:

Equação 9-4. Probabilidade como um produto de lift de evidência

$$p(c \mid \mathbf{E}) = p(c) \cdot \text{lift}_c(e_1) \cdot \text{lift}_c(e_2) \cdots$$

em que $\text{lift}_c(x)$ é definido como:

$$\text{lift}_c(x) = \frac{p(x \mid c)}{p(x)}$$

Pense em como esses *lifts* de evidência se aplicarão a um novo exemplo $\mathbf{E} = <e_1, e_2, \ldots, e_k>$. A partir da probabilidade anterior, cada evidência — cada característica e_i — aumenta ou diminui a probabilidade da classe por um fator igual ao *lift* da evidência (que pode ser inferior a um).

Conceitualmente, começamos com um número — chamado de z — definido como a probabilidade a priori da classe c. Analisamos nosso exemplo, e para cada nova evidência e_i multiplicamos z por $\text{lift}_c(e_i)$. Se o lift for maior que um, a probabilidade z está aumentada; se for inferior a um, z está diminuída.

No caso do nosso exemplo do Luxhote, z é a probabilidade de reserva e é inicializada em 0,0001 (a probabilidade a priori, antes de ver a evidência, de que um visitante do site reservará um quarto). Visitou um site sobre finanças? Multiplique a probabilidade de reserva por um fator de dois. Visitou um site de *Trekker Trek*? Multiplique a probabilidade por um fator de 0,25. E assim por diante. Após o processamento de todas as evidências e_i de **E**, o produto resultante (chamado que z_f) é a probabilidade final (crença) de que **E** é um membro da classe c — neste caso, que o visitante **E** reservará um quarto.[7]

Considerado desta forma, pode ficar mais claro o que a suposição de independência está fazendo. Estamos tratando cada evidência e_i como sendo independente das outras, para que possamos apenas multiplicar z por seus *lifts* individuais. Mas quaisquer dependências entre elas resultarão em alguma distorção do valor final, z_f. Isso acabará sendo maior ou menor do que deveria ser, adequadamente. Assim, os *lifts* de evidência e sua combinação são muito úteis para a compreensão dos dados, e para *comparar* pontuações de exemplos, mas o valor final real da probabilidade deve ser considerado com certa dose de incerteza.

Exemplo: *Lifts* de Evidência de "Curtidas" no Facebook

Vamos examinar alguns *lifts* de evidências a partir de dados reais. Para refrescar um pouco as coisas, vamos considerar um novo domínio de aplicação. Recentemente, os pesquisadores Michal Kosinski, David Stillwell, e Thore Graepel publicaram um artigo (Kosinski et al., 2013) na revista *Proceedings*, da *Academia Nacional de Ciências*, mostrando alguns resultados surpreendentes. O que as pessoas "curtem" na rede social Facebook[8] é bastante preditivo de todos os tipos de características que geralmente não são diretamente aparentes:

- Como pontuam em testes de inteligência
- Como pontuam em testes psicométricos (por exemplo, quão extrovertida ou conscienciosa são)
- Se são (abertamente) gays
- Se bebem álcool ou fumam
- Suas opiniões políticas e religiosas
- E muito mais.

---

[7] Tecnicamente, também precisamos considerar a evidência de não ter visitado outros sites, o que também pode ser resolvido com alguns truques de matemática; consulte "Quadro: Variantes de Naive Bayes" na página 244.

[8] Para aqueles não familiarizados com o Facebook, ele permite que as pessoas compartilhem uma grande variedade de informações sobre seus interesses e atividades e se conectem com "amigos". O Facebook também tem páginas dedicadas a interesses especiais, como programas de TV, filmes, bandas, passatempos e assim por diante. O importante aqui é que cada página tem um botão "Curtir", e os usuários podem declarar a si mesmos como fãs clicando nele. Tais "Curtidas" geralmente podem ser vistas pelos amigos. E se você "Curte" uma página, começará a ver postagens associadas a ela em seu *feed* (página inicial).

Sugerimos a leitura do artigo para entender seu projeto experimental. Você deve ser capaz de compreender a maior parte dos resultados, uma vez que leu este livro. (Por exemplo, para avaliar quão bem eles podem prever muitos dos traços binários e relatam a área sob a curva ROC, que agora você consegue interpretar corretamente.)

O que gostaríamos de fazer é analisar quais curtidas trazem fortes indícios de *lift* para "QI elevado" ou, mais especificamente, de atingir uma pontuação elevada em um teste de QI. Pegando uma amostra da população do Facebook, vamos definir nossa variável alvo como a variável binária *QI > 130*.

Então, vamos examinar as curtidas que dão os maiores *lift* de evidência...[9]

Tabela 9-1. Algumas "Curtidas" de páginas do Facebook e lifts correspondentes.

Curtida	Lift	Curtida	Lift
O Senhor dos Anéis	1,69	Wikileaks	1,59
One Manga	1,57	Beethoven	1,52
Ciência	1,49	NPR	1,48
Psicologia	1,46	A Viagem de Chihiro	1,45
The Big Bang Theory	1,43	Corrida	1,41
Paulo Coelho	1,41	Roger Federer	1,40
The Daily Show	1,40	Star Trek (Filme)	1,39
Lost	1,39	Filosofia	1,38
Lie to Me	1,37	The Onion	1,37
How I Met Your Mother	1,35	The Colbert Report	1,35
Doctor Who	1,34	Star Trek	1,32
Castelo Animado	1,31	Sheldon Cooper	1,30
Tron	1,28	Clube da Luta	1,26
Angry Birds	1,25	A Origem	1,25
O Poderoso Chefão	1,23	Weeds	1,22

Então, recordando a Equação 9-4 e as suposições de independência, podemos calcular a probabilidade de *lift* de que alguém tenha uma inteligência muito alta com base nas coisas que curte. No Facebook, a probabilidade de uma pessoa de QI elevado gostar do *Sheldon Cooper* é 30% maior que a probabilidade na população geral. A probabilidade de uma pessoa de QI elevado gostar de *O Senhor dos Anéis* é 69% maior que a da população geral.

Claro, também existem curtidas que diminuiriam a probabilidade de **QI Elevado**. Então, para não deprimi-lo, não vamos listá-las aqui.

---

[9] Agradecemos Wally Wang por sua ajuda generosa com a geração desses resultados.

Este exemplo também ilustra como é importante pensar com cuidado sobre exatamente o que significam os resultados diante do processo de coleta de dados. Eles não significam que curtir *O Senhor dos Anéis* é, necessariamente, um forte indício de QI elevado. Significam que clicar em "Curtir" na página do Facebook chamada **O Senhor dos Anéis** é um forte indício de que QI elevado. Essa diferença é importante: o ato de clicar em "Curtir" em uma página é diferente de simplesmente gostar, e os dados que temos representam a primeira instância, não a segunda.

Evidência em Ação: Direcionamento de Consumidores com Anúncios

Apesar da matemática que aparece neste capítulo, os cálculos são bastante simples de implementar — tão simples que podem ser implementados diretamente em uma planilha. Então, em vez de apresentar um exemplo estático, preparamos uma planilha com um exemplo numérico simples que ilustra Naive Bayes e lift de evidências em uma versão simplificada do exemplo de publicidade online. Você verá como é simples usar esses cálculos, porque envolvem apenas contar as coisas, calcular as proporções e multiplicar e dividir.

A planilha pode ser baixada aqui (*http://www.data-science-for-biz.com/NB-advertising.html* — conteúdo em inglês).

A planilha exibe toda a "evidência" (visitas ao site para vários visitantes) e mostra os cálculos intermediários e a probabilidade final de uma resposta publicitária fictícia. Você pode experimentar com a técnica refinando os números, adicionando ou excluindo visitantes e vendo como as probabilidades estimadas de resposta e os *lifts* de evidência se ajustam em resposta.

Resumo

Os capítulos anteriores apresentam técnicas de modelagem que, basicamente, fazem a pergunta: *"Qual é a melhor maneira de distinguir os valores alvo?"* em diferentes segmentos da população de exemplos. As árvores de classificação e as equações lineares criam modelos desta forma, tentando minimizar a perda ou entropia, que são funções discriminantes. Esses são denominados métodos *discriminativos*, já que tentam discriminar diretamente entre os diferentes alvos.

Este capítulo introduziu uma nova família de métodos que, essencialmente, invertem a pergunta: "Como diferentes segmentos alvo *geraram* valores de recurso?" Eles tentam modelar a forma como os dados foram gerados. Na fase de utilização, quando confrontados com um novo exemplo a ser classificado, eles usam os modelos para responder à pergunta: "Qual classe mais provável gerou esse exemplo?" Dessa maneira, em data science, essa abordagem à modelagem é chamada de *generativa*. A grande família de métodos populares, conhecidos como métodos *bayesianos*, porque dependem muito do Teorema de Bayes, costumam ser métodos generativos. A literatura sobre métodos bayesianos é ampla e profunda, e você vai encontrá-los com frequência em data science.

Este capítulo foca, principalmente, nos métodos bayesianos particularmente comuns e simples, porém muito úteis, chamados de classificadores Naive Bayes. Eles são "simples", no sentido de que modelam cada característica como sendo gerada de forma independente (para cada alvo), assim, o classificador resultante tende a contar duas vezes as evidências quando as características estão correlacionadas. Devido à sua simplicidade, é muito rápido e eficiente, e apesar disso é surpreendentemente (quase embaraçosamente) eficaz. Em data science é tão simples quanto ser um método base "comum" — um dos primeiros métodos a ser aplicado a qualquer novo problema.

Nós também discutimos como o raciocínio bayesiano, usando certas suposições de independência, pode nos permitir calcular "elevações de evidências" (*lifts*) para examinar grandes números de possíveis evidências a favor ou contra uma conclusão. Como exemplo, mostramos que cada probabilidade de "Curtir" *Clube da Luta*, *Star Trek* ou *Sheldon Cooper* no Facebook aumenta em cerca de 30% para pessoas com QI elevado do que para a população geral.

CAPÍTULO 10

Representação e Mineração de Texto

Conceitos Fundamentais: *A importância de se construir representações de dados de mineração fáceis; Representação de texto para mineração de dados.*

Técnicas Exemplares: *Representação bag of words; Cálculo TFIDF; N-gramas; Stemização; Extração de entidade nomeada; Modelos de tópicos.*

Até este ponto, ignoramos ou deixamos de lado uma etapa importante do processo de mineração de dados: a preparação dos dados. Nem sempre o mundo nos apresenta dados na representação de vetor de característica que a maioria dos métodos de mineração de dados utiliza como entrada. Os dados são representados de maneira natural para problemas a partir dos quais foram derivados. Se quisermos aplicar as muitas ferramentas de mineração de dados que temos à nossa disposição, devemos construir a representação dos dados para corresponder às ferramentas ou criar ferramentas novas para corresponder aos dados. Cientistas de dados de alto nível empregam essas duas estratégias. Geralmente, é mais simples primeiro tentar construir os dados para coincidir com as ferramentas existentes, uma vez que são bem compreendidas e numerosas.

Neste capítulo, focamos em um determinado tipo de dados que se tornou extremamente comum conforme a Internet tornou-se um canal onipresente de comunicação: dados de texto. Examinar dados de texto permite que ilustremos muitas complexidades reais de engenharia de dados e também nos ajuda a entender melhor um tipo muito importante de dados. No Capítulo 14 mostramos que, embora neste capítulo nos concentramos exclusivamente em dados de texto, os princípios fundamentais de fato generalizam para outros tipos importantes de dados.

Neste livro, já encontramos textos, no exemplo envolvendo agrupamento de notícias sobre a Apple Inc. ("Exemplo: Agrupamento de Notícias de Negócios"). Lá, nós, deliberadamente, evitamos uma discussão detalhada sobre como as notícias foram preparadas porque o foco era o agrupamento e a preparação do texto teria sido uma grande divagação. Este capítulo é dedicado às dificuldades e oportunidades de lidar com o texto.

Em princípio, o texto é apenas outra forma de dados, e o processamento de texto é apenas um caso especial de engenharia de representação. Na realidade, lidar com texto requer etapas dedicadas de pré-processamento e, às vezes, conhecimentos específicos por parte da equipe de data science.

Livros e conferências (e empresas) inteiros são dedicados à mineração de texto. Neste capítulo, só podemos arranhar a superfície, para dar uma visão geral das técnicas e questões envolvidas em aplicações típicas de negócios.

Primeiro, discutimos por que o texto é tão importante e por que é difícil.

Por Que o Texto É Importante

O texto está em todos os lugares. Muitos legados de aplicativos ainda produzem ou registram texto. Registros médicos, registros de reclamação do consumidor, dúvidas sobre produtos e registros de reparo ainda são destinados, principalmente, à comunicação entre as pessoas, e não computadores, por isso, ainda são "codificados" como texto. Explorar essa vasta quantidade de dados requer a sua conversão em uma forma significativa.

A Internet pode ser o lar das "novas mídias", mas muito disso tem a mesma forma da mídia antiga. Contém uma grande quantidade de texto na forma de páginas pessoais, feeds do Twitter, e-mail, atualizações de status no Facebook, descrições de produtos, comentários Reddit, postagens de blog — a lista é longa. Subjacente às ferramentas de busca (Google e Bing) que usamos todos os dias, estão enormes quantidades de texto orientado em data science. Música e vídeo podem ser responsáveis por grande quantidade do volume de tráfego, mas quando as pessoas se comunicam umas com as outras na internet, geralmente é via texto. Na verdade, a grande impulsão da Web 2.0 se deu por sites da Internet que permitem que os usuários interajam uns com os outros como uma comunidade, e gerem boa parte do conteúdo agregado de um site. Esse conteúdo e interação gerados pelo usuário normalmente assumem a forma de texto.

Nos negócios, a compreensão do feedback do cliente muitas vezes requer compreensão do texto. Este nem sempre é o caso; reconhecidamente, algumas atitudes importantes de consumo são representadas explicitamente como dados ou podem ser inferidas por meio de comportamentos, por exemplo, através de avaliações de cinco estrelas, padrões de cliques, taxas de conversão e assim por diante. Também podemos pagar para que alguém colete e quantifique os dados em grupos focais e pesquisa online. Mas, em muitos casos, se quisermos "ouvir o cliente" teremos que realmente ler o que ele está escrevendo — em análises de produtos, formulários de feedback do cliente, artigos de opinião e mensagens de e-mail.

Por Que o Texto É Difícil

O texto costuma ser chamado de dados "não estruturados". Isso se refere ao fato de que o texto não tem o tipo de estrutura que normalmente esperamos dos dados: tabelas de registros com campos com significados fixos (essencialmente, coleções de vetores de características), bem como ligações entre as tabelas. O texto, é claro, possui muitas estruturas, mas é uma estrutura *linguística* — destinada ao consumo humano, não para computadores.

As palavras podem ter diferentes extensões e campos de texto podem ter diferentes quantidades de palavras. Às vezes, a ordem das palavras é importante, às vezes, não.

Como dados, o texto é relativamente *sujo*. As pessoas escrevem de forma gramaticalmente incorreta, soletram errado, juntam palavras, abreviam de forma imprevisível e pontuam aleatoriamente. Mesmo quando o texto é perfeito, ele pode conter sinônimos (várias palavras com o mesmo significado) e homógrafos (uma ortografia compartilhada entre várias palavras com significados diferentes). Terminologia e abreviações em um domínio podem não ter sentido em outro — não devemos esperar que os registros médicos e de reparos de informática compartilhem termos em comum e, no pior cenário, entrariam em conflito.

Como o texto é destinado à comunicação entre as pessoas, o *contexto* é importante, muito mais do que com outras formas de dados. Considere este trecho de uma resenha de filme:

> "A primeira parte deste filme é muito melhor que a segunda. As atuações são ruins e ficam fora de controle no final, com o exagero de violência e um final incrível, mas, ainda assim, é divertido de assistir."

Considere se o sentimento geral é a favor ou contra o filme. A palavra *incrível* é positiva ou negativa? É difícil avaliar qualquer palavra ou frase aqui, sem levar em conta todo o contexto.

Por essas razões, o texto deve ser submetido a uma boa quantidade de pré-processamento antes que possa ser utilizado como entrada para um algoritmo de mineração de dados. Normalmente, quanto mais complexa a caracterização, mais aspectos do problema de texto podem ser incluídos. Este capítulo só pode descrever alguns dos métodos básicos envolvidos na preparação do texto para mineração de dados. As próximas subseções descrevem essas etapas.

Representação

Tendo discutido como o texto pode ser difícil, seguimos para as etapas básicas para transformar um texto em um conjunto de dados que pode ser alimentado em um algoritmo de mineração de dados. A estratégia geral de mineração de texto é usar a técnica mais simples (menos dispendiosa) que funcione. No entanto, essas ideias são a tecnologia chave por trás de boa parte das pesquisas na web, como Google e Bing. Mais adiante, um exemplo demonstra a recuperação básica de consulta.

Primeiro, um pouco de terminologia básica. A maior parte é emprestada do campo de Recuperação de Informação (IR, do inglês *Information Retrieval*). Um *documento* é um pedaço de texto, não importa seu tamanho. Um documento pode ser uma única frase ou um relatório de 100 páginas, ou qualquer coisa entre eles, como um comentário no YouTube ou uma postagem em um blog. Normalmente, todo o texto de um documento é considerado em conjunto e é recuperado como item individual quando combinado ou categorizado. Um documento é composto de *tokens* ou *termos* individuais. Por enquanto, pense em um símbolo ou termo apenas como uma palavra; conforme avançamos, mostramos como podem ser diferentes do que é habitualmente considerado como palavra. O conjunto de documentos é chamado de *corpus*.[1]

Bag of Words

É importante ter em mente o objetivo da tarefa de representação de texto. Em essência, tomamos um conjunto de documentos — dos quais, cada um é uma sequência de palavras de forma relativamente livre — e o transformamos em nosso familiar formulário de vetor de característica. Cada documento é um exemplo, mas não sabemos de antemão quais serão as características.

A abordagem introduzida primeiro é chamada de "bag of words", em português saco de palavras. Como o nome indica, a abordagem é tratar cada documento como uma coleção de palavras individuais. Essa abordagem ignora a gramática, a ordem das palavras, a estrutura da frase e (geralmente) a pontuação. Ela trata cada palavra em um documento como uma palavra-chave potencialmente importante. A representação é simples e barata de gerar, e tende a funcionar bem para muitas tarefas.

> **Observação: Conjuntos e Multiconjuntos**
>
> Os termos *conjunto* e multiconjunto ou *bag* (*saco*, em inglês) têm significados específicos na matemática, nenhum dos dois é exatamente o que queremos dizer aqui. Um conjunto permite apenas um exemplo de cada item, enquanto queremos levar em consideração o número de ocorrências das palavras. Na matemática, um *bag* é um *multiconjunto*, onde os membros podem aparecer mais de uma vez. Inicialmente, a representação do *bag of words* trata os documentos como *bags* — multiconjuntos — de palavras, ignorando, assim, sua ordem e outra estrutura linguística. No entanto, a representação utilizada para mineração de texto é, muitas vezes, mais complexa do que simplesmente contar o número de ocorrências.

---

1 A palavra latina para "corpo". O plural é *corpora*.

Então, se cada palavra é uma possível característica, qual será o valor da característica em determinado documento? Existem várias abordagens para isso. Na abordagem mais básica, cada palavra é um *token* e cada documento é representado por um (se o token estiver presente no documento) ou zero (o token não está presente no documento). Essa abordagem simplesmente reduz um documento ao conjunto de palavras contidas nele.

Frequência de Termo

A próxima etapa é usar a contagem de palavras (frequência) no documento, em vez de apenas um ou zero. Isso nos permite diferenciar quantas vezes uma palavra é usada; em algumas aplicações, a importância de um termo em um documento deve aumentar com o número de vezes que ele ocorre. Isso é chamado de representação de *frequência de termo*. Considere as três frases muito simples (documentos) apresentadas na Tabela 10-1.

Tabela 10-1. Três documentos simples.

d1	jazz tem um ritmo de swing
d2	swing é difícil de explicar
d3	ritmo de swing é um ritmo natural

Cada frase é considerada um documento separado. Uma simples abordagem de bag of words utilizando frequência de termo produziria uma tabela de contagem de termos apresentada na Tabela 10-2.

Tabela 10-2. Representação da contagem de termo.

	Um	explicar	difícil	tem	é	jazz	música	natural	ritmo	swing	para
d1	1	0	0	1	0	1	1	0	1	1	0
d2	0	1	1	0	1	0	0	0	0	1	1
d3	1	0	0	0	1	0	0	1	2	1	0

Geralmente, algum processamento básico é realizado nas palavras antes de colocá-las na tabela. Considere esta amostra de documento mais complexo:

> A Microsoft Corp e Skype Global anunciaram hoje que entraram em um acordo definitivo no qual a Microsoft comprará a Skype, a principal empresa de comunicação na Internet, por $8,5 bilhões de dólares em dinheiro de um grupo de investidores liderado pela Silver Lake. O acordo foi aprovado pelos conselhos de diretores da Microsoft e Skype.

A Tabela 10-3 mostra uma redução desse documento para uma representação frequência de termo.

Tabela 10-3. Termos após a normalização e stemização, por ordem de frequência

Termo	Contagem	Termo	Contagem	Termo	Contagem	Termo	Contagem
skype	3	microsoft	3	acordo	2	global	1
aprov	1	anunc	1	adquir	1	principal	1
definit	1	lake	1	comunic	1	internet	1
conselho	1	liderado	1	diretor	1	corp	1
empres	1	investidor	1	silver	1	bilhão	1

Para criar essa tabela a partir do documento da amostra, as seguintes etapas foram realizadas:

- Primeiro, as caixas foram normalizadas: cada termo está em caixa baixa. Isso foi feito para que palavras como Skype e SKYPE sejam contadas como a mesma coisa. Variações de caixa são muito comuns (considere iPhone, iphone e IPHONE), essa normalização da caixa costuma ser necessária.

- Em segundo lugar, muitas palavras foram *stemizadas*: seus sufixos removidos, para que verbos como *anuncia, anunciou* e *anunciando* fossem todos reduzidos ao termo anunc. De forma semelhante, a stemização transforma substantivos plurais para as formas singulares, é por isso que *diretores,* do texto, tornou-se diretor na lista de termos.

- Por fim, as *stop words* (palavras vazias) foram removidas. Uma stop word é uma palavra muito comum no idioma que está sendo analisado. As palavras *a, e, de,* e *em* são consideradas stop words, por isso, costumam ser removidas.

Observe que "$8,5, que aparece na história, foi completamente descartado. Deveria ter sido? Os números são comumente considerados detalhes sem importância para o processamento de texto, mas o propósito da representação é que deve decidir isso. Você pode imaginar contextos onde termos como "4TB" e "1Q13" não teriam sentido, e outros onde poderiam ser modificadores importantes.

Observação: Eliminação Negligente de Stop Words

Um aviso: a eliminação de stop words nem sempre é uma boa ideia. Em títulos, por exemplo, palavras comuns podem ser muito significativas. Por exemplo, *A Estrada*, história de Cormac McCarthy sobre um pai e um filho sobrevivendo em um mundo pós-apocalíptico, é muito diferente do famoso romance de John Kerouac *Na Estrada* —embora a remoção descuidada das stop words possa fazer com que sejam representados de forma idêntica. De modo semelhante, o recente filme de terror *Stoker* não deve ser confundido com a comédia de 1935, *The Stoker*.[2]

A Tabela 10-3 mostra contagens brutas de termos. Em vez de contagens brutas, alguns sistemas realizam uma etapa de normalização das frequências dos termos em relação ao tamanho do documento. O objetivo da frequência de termo é representar a relevância de um termo para um documento. Documentos longos geralmente têm mais palavras — e, portanto, mais ocorrências de palavras — do que os mais curtos. Isso não quer dizer que os documentos mais longos sejam, necessariamente, mais importantes ou relevantes do que os mais curtos. A fim de ajustar a extensão do documento, as frequências de termos brutos são normalizadas de algum modo, como pela divisão de cada um pelo número total de palavras do documento.

Medindo a Dispersão: Frequência Inversa de Documento

Assim, o termo *frequência* mede quão prevalente é um termo em um único documento. Nós também podemos nos preocupar, ao decidir a ponderação do termo, com o quão comum ele é em toda coleção que estamos minerando. Existem duas considerações opostas.

Primeiro, um termo não deve ser muito *raro*. Por exemplo, digamos que a palavra incomum *preênsil* ocorra em apenas um documento em sua coleção. É um termo importante? Isso pode depender da aplicação. Para recuperação, o termo pode ser importante uma vez que o usuário pode estar buscando por essa palavra exata. Para agrupamento, não há finalidade em manter um termo que ocorre apenas uma vez: ele nunca será a base de um agrupamento significativo. Por essa razão, os sistemas de processamento de texto geralmente impõem um pequeno limite (arbitrário) inferior para o número de documentos nos quais um termo deve ocorrer.

Outra consideração oposta é que um termo não deve ser muito *comum*. Um termo que ocorre em todos os documentos não é útil para classificação (não distingue nada) e não pode servir de base para um agrupamento (a coleção inteira sofreria agrupamento).

Termos excessivamente comuns costumam ser eliminados. Uma maneira de fazer isso é impor um limite máximo arbitrário ao número (ou fração) de documentos em que uma palavra pode ocorrer.

Além de impor limites superiores e inferiores na frequência de termo, muitos sistemas também levam em conta a distribuição do termo ao longo de um corpus. Quanto menos documentos o termo ocorrer, mais significativo ele é para aqueles em que ocorre. Essa escassez de um termo t é comumente medida por uma equação chamada *frequência inversa de documento* (IDF, do inglês *Inverse Document Frequency*), mostrada na Equação 10-1.

Equação 10-1. Frequência de documento inversa (IDF) de um termo

$$\text{IDF}(t) = 1 + \log\left(\frac{\text{número total de documentos}}{\text{número de documentos contendo } t}\right)$$

IDF pode ser considerada um incremento que um termo recebe por ser raro. A Figura 10-1 mostra um gráfico de IDF(t) como uma função do número de documentos em que *t* ocorre, em uma coleção de 100 documentos. Como você pode ver, quando o termo é muito raro (extrema esquerda), a IDF é bastante elevada. Ela diminui rapidamente conforme *t* se torna mais comum nos documentos, e se aproxima assintoticamente de 1,0. A maioria das stop words, devido à sua prevalência, terão uma IDF próxima de um.

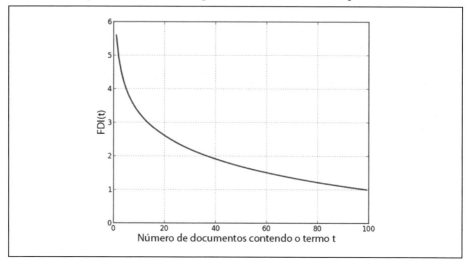

Figura 10-1. IDF de um termo t dentro de uma coleção de 100 documentos.

Combinando-os: TFIDF

Uma representação muito popular para o texto é o produto da Frequência do Termo (TF, do inglês *Term Frequency*) e da Frequência do Documento Inversa (IDF), comumente chamado de TFIDF. O valor TFIDF de um termo *t* em determinado documento *d* é:

$$\text{TFIDF}(t, d) = \text{TF}(t, d) \times \text{IDF}(t)$$

Note que o valor TFIDF é específico para um único documento (*d*), enquanto que IDF depende da coleção inteira (corpus). Tipicamente, sistemas que utilizam a representação de bag of words, passam por etapas de stemização e eliminação de stop words antes de fazer a contagem dos termos. Essa contagem nos documentos forma os valores TF para cada termo, e as contagens de documentos através da coleção forma os valores da IDF.

Assim, cada documento torna-se um vetor de característica, e o corpus é o conjunto desses vetores de característica. Esse conjunto pode, então, ser utilizado em um algoritmo de mineração de dados para a classificação, agrupamento ou recuperação.

Como existem muitos termos potenciais com representação de texto, a seleção de características costuma ser empregada. Sistemas fazem isso de várias maneiras, como pela imposição de limites máximos e mínimos de contagem de termos e, e/ou utilização de uma medida como ganho de informação[2] para classificar os termos segundo sua importância para que termos de ganho baixo possam ser eliminados.

A abordagem de representação de texto de bag of words trata cada palavra em um documento como uma palavra-chave potencial independente (característica) do documento, depois, atribui valores para cada documento com base na frequência e na raridade. TFIDF é uma representação de valor muito comum para termos, mas não é necessariamente ideal. Se alguém descreve a mineração de uma coleção de texto usando o bag of words, isso significa apenas que estão tratando cada palavra individualmente como uma característica. Seus valores podem ser binários, frequência de termo ou TFIDF, com ou sem normalização. Cientistas de dados desenvolvem intuições sobre a melhor forma de atacar determinado problema de texto, mas eles normalmente experimentam com diferentes representações para ver qual produz os melhores resultados.

Exemplo: Músicos de Jazz

Tendo introduzido alguns conceitos básicos, agora, vamos ilustrá-los com um exemplo concreto: representar músicos de jazz. Especificamente, analisaremos uma pequena coleção de 15 músicos proeminentes de jazz e trechos de suas biografias extraídos da Wikipédia. Veja trechos das biografias de alguns músicos de jazz:

Charlie Parker

> Charles "Charlie" Parker Jr., foi um saxofonista de jazz americano e compositor. Miles Davis disse certa vez, "Você pode contar a história do jazz em quatro palavras: Louis Armstrong. Charlie Parker." Parker adquiriu o apelido de "Yardbird" no início de sua carreira e a forma abreviada, "Bird", que continuou a ser usada pelo resto de sua vida, inspirou títulos de uma série de suas composições, [...]

Duke Ellington

> Edward Kennedy "Duke" Ellington foi um americano compositor, pianista e líder de banda. Ellington escreveu mais de 1.000 composições. Na opinião de Bob Blumenthal, do *The Boston Globe*, "no século desde seu nascimento, não houve compositor maior, americano ou não, que Edward Kennedy Ellington." Uma figura importante na história do jazz, a música de Ellington estendeu-se para vários outros gêneros, incluindo blues, gospel, trilhas sonoras de filmes, popular e clássicos. [...]

Miles Davis

> Miles Dewey Davis III foi um americano músico de jazz, trompetista, líder de banda e compositor. Amplamente considerado um dos músicos mais influentes

---

2 Veja "Exemplo: Seleção de Atributo com Ganho de Informação", página 56.

do século XX, Miles Davis estava, com seus grupos musicais, na vanguarda de vários desenvolvimentos importantes no jazz, incluindo bebop, cool jazz, hard bop, modal jazz e jazz fusion. [...]

Mesmo com essa coleção relativamente pequena de quinze documentos, a coleção e seu vocabulário são muito grandes para serem mostradas aqui (cerca de 2.000 características após stemização e remoção de stop words), assim, vamos apenas ilustrar com uma amostra. Considere a frase de amostra *"Famoso saxofonista de jazz nascido no Kansas que tocou bebop e latino"*. Nós poderíamos imaginá-la sendo digitada como uma consulta em uma ferramenta de busca. Como seria representada? É tratada e processada como um documento e passa por muitas das mesmas etapas.

Primeiro, é aplicada a stemização básica. Esses métodos não são perfeitos, e podem produzir termos como kansa e famo a partir de "Kansas" e "famoso". A perfeição na stemização de radicais geralmente não é importante, desde que seja consistente entre todos os documentos. O resultado é mostrado na Figura 10-2.

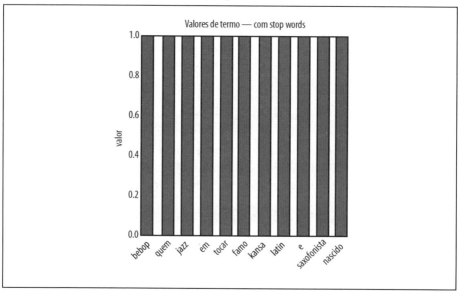

Figura 10-2. Representação da busca "Famoso saxofonista de jazz nascido no Kansas que tocou bebop e latino" após stemização.

Em seguida, as stop words (em e e) são removidas, e as palavras são normalizadas em relação à extensão do documento. O resultado é mostrado na Figura 10-3.

Esses valores, tipicamente, seriam utilizados como valores de características de Frequência de Termo (TF), se parássemos por aqui. Em vez disso, geraremos uma representação TFIDF completa, multiplicando o valor TF de cada termo por seu valor IDF. Como dissemos, isso incrementa as palavras raras.

Jazz e *tocar* são muito frequentes nesta coleção de biografias de músicos de jazz, de forma que não recebem incrementos de IDF. São quase stop words nesta coleção.

Os termos com os maiores valores TFIDF ("latino", "famoso" e "kansas") são os mais raros nesta coleção, de modo que acabam com as maiores ponderações dentre os termos na consulta. Por fim, os termos são renormalizados, produzindo as ponderações TFIDF finais mostradas na Figura 10-4. É a representação do vetor de característica dessa amostra de "documento" (a consulta).

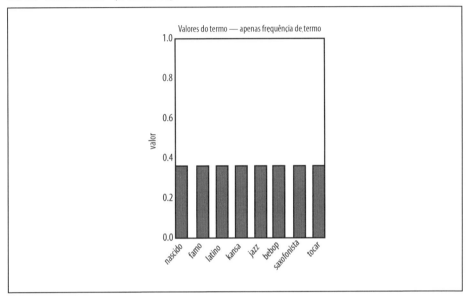

Figura 10-3. Representação da consulta "Famoso saxofonista de jazz nascido no Kansas que tocou bebop e latino", após a remoção das stop words e normalização da frequência de termo.

Tendo mostrado como este pequeno "documento" seria representado, vamos usá-lo para alguma coisa. No Capítulo 6, discutimos como fazer recuperações de vizinho mais próximo, utilizando uma métrica de distância, e mostramos como uísques semelhantes podem ser encontrados. Podemos fazer a mesma coisa aqui. Suponha que nossa frase de amostra *"Famoso saxofonista de jazz nascido no Kansas que tocou bebop e latino"* era uma consulta de pesquisa digitada por um usuário e estávamos implementando uma ferramenta de busca simples. Como poderia funcionar? Primeiro, traduziríamos a consulta para sua representação TFIDF, como mostrado graficamente na Figura 10-4. Já calculamos as representações TFIDF de cada um dos nossos documentos de biografias de músicos de jazz. Agora, tudo que precisamos fazer é calcular a semelhança do nosso termo de consulta com a biografia de cada músico e escolher a mais próxima!

Para fazer essa correspondência, usamos a função de Similaridade do Cosseno (Equação 6-5) discutida na seção marcada com asterisco "*Outras Funções de Distância", na página 158. A Similaridade do Cosseno é comumente usada na classificação de textos para medir a distância entre os documentos.

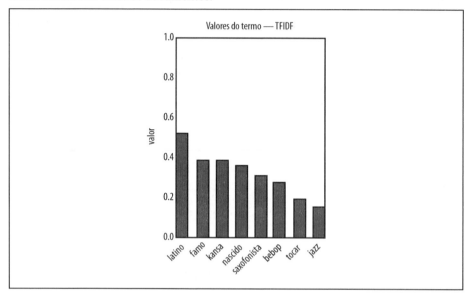

Figura 10-4. Representação TFIDF final da consulta "Famoso saxofonista de jazz nascido no Kansas que tocou bebop e latino".

Tabela 10-4. Similaridade do texto de cada músico para a consulta "Famoso saxofonista de jazz nascido no Kansas que tocou bebop e latino", ordenada similaridade decrescente.

Músico	Similaridade	Músico	Similaridade
Charlie Parker	0,135	Count Basie	0,119
Dizzie Gillespie	0,086	John Coltrane	0,079
Art Tatum	0,050	Miles Davis	0,050
Clark Terry	0,047	Sun Ra	0,030
Dave Brubeck	0,027	Nina Simone	0,026
Thelonius Monk	0,025	Fats Waller	0,020
Charles Mingus	0,019	Duke Ellington	0,017
Benny Goodman	0,016	Louis Armstrong	0,012

Como você pode ver, o documento correspondente mais próximo é Charlie Parker — que era, na verdade, um saxofonista nascido no Kansas e que tocou o estilo bebop de jazz. Ele às vezes combinou outros gêneros, incluindo Latino, fato que é mencionado em sua biografia.

*A Relação de IDF com a Entropia

Detalhes técnicos à frente

De volta à "Seleção de Atributos Informativos" na página 49, introduzimos a medida de entropia quando começamos a discutir modelagem preditiva. O leitor curioso (com uma boa memória) pode perceber que a Frequência de Documento Inversa e a entropia são um pouco semelhantes — ambas parecem medir quão "misto" é o conjunto com relação à propriedade. Existe alguma relação entre os dois? Talvez sejam o mesmo? Eles não são idênticos, mas estão relacionados, e esta seção vai mostrar a relação. Se não está curioso sobre isso, pode pular esta seção.

A Figura 10-5 mostra alguns gráficos relacionados às equações sobre as quais falamos. Para começar, considere um termo t em um conjunto de documentos. Qual é a probabilidade de um termo t ocorrer em um conjunto de documentos? Podemos estimá-la como:

$$p(t) = \frac{\text{Número de documentos que contêm } t}{\text{Número total de documentos}}$$

Para simplificar, a partir de agora vamos nos referir a essa estimativa $p(t)$ simplesmente como p. Lembre-se de que a definição de IDF de algum termo t é:

$$\text{IDF}(t) = 1 + \log\left(\frac{\text{Número total de documentos}}{\text{Número de documentos que contêm } t}\right)$$

O 1 é apenas uma constante, por isso, vamos descartá-lo. Então, percebemos que IDF(t) é, basicamente, $log(1/p)$. Você deve se lembrar de álgebra que $log(1/p)$ é igual a $-log(p)$.

Considere novamente o conjunto de documento em relação a um termo t. Cada documento contém t (com probabilidade p) ou não o contém (com probabilidade $1-p$). Vamos criar um pseudotermo de imagem espelhada *não_t* que, por definição, ocorre em cada documento que *não* contém t. Qual é o IDF desse novo termo? Ele é:

$$\text{IDF}(not\_T) = \log 1/(1-p) = -\log(1-p)$$

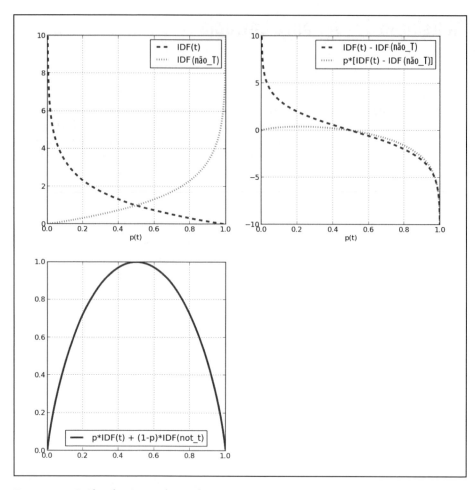

Figura 10-5. Gráfico de vários valores relativos ao IDF(t) e IDF(não_t).

Veja o gráfico superior esquerdo da Figura 10-5. Os dois gráficos são imagens espelhadas uma da outra, como seria de se esperar. Agora, lembre-se da definição de entropia da Equação 3-1. Para um termo binário, onde $p_2 = 1-p_1$, a entropia torna-se:

entropia = $- p_1 \log(p_1) - p_2 \log(p_2)$

No nosso caso, temos um termo binário t que ocorre (com probabilidade p) ou não (com probabilidade $1-p$). Assim, a definição de entropia de um conjunto dividido por t se reduz a:

entropia$(t) = - p \log(p) - (1 - p) \log(1 - p)$

Agora, dadas as nossas definições de IDF(*t*) e IDF (*não_t*), podemos começar a substituir e simplificar (para referência, várias dessas sub-expressões são representadas no gráfico superior direito da Figura 10-5).

$$\begin{aligned}
\text{entropia}(t) &= -p \log(p) - (1-p)\log(1-p) \\
&= p \cdot \text{IDF}(t) - (1-p)[-\text{IDF}(not\_t)] \\
&= p \cdot \text{IDF}(t) + (1-p)[\text{IDF}(not\_t)]
\end{aligned}$$

Observe que, agora, ele está sob a forma de um cálculo do *valor esperado*! Podemos expressar a entropia como o valor esperado de IDF(*t*) e IDF(*não_t*) com base na probabilidade de sua ocorrência na coleção. Seu gráfico na parte inferior esquerda da Figura 10-5 coincide com a curva de entropia da Figura 3-3, no Capítulo 3.

Além do Bag of Words

A abordagem básica do bag of words é relativamente simples e tem muitas recomendações. Ela não requer capacidade de análise sofisticada ou outra análise linguística. Ela tem um desempenho surpreendentemente bom em uma variedade de tarefas, e geralmente é a primeira escolha dos cientistas de dados para um novo problema de mineração de texto.

Ainda assim, existem aplicações para as quais a representação do bag of words não é boa o suficiente e técnicas mais sofisticadas devem ser aplicadas. Aqui, discutimos brevemente algumas delas.

Sequências N-gramas

Conforme apresentado, a representação do bag of words trata cada palavra individual como um termo, descartando inteiramente sua ordem. Em alguns casos, a ordem das palavras é importante e você quer preservar algumas informações sobre ela na representação. Uma próxima etapa em complexidade é incluir *sequências* de palavras adjacentes como termos. Por exemplo, poderíamos incluir pares de palavras adjacentes, de modo que, se um documento contém a frase "*A ligeira raposa marrom salta.*", será transformado no conjunto das palavras que a constituem {ligeira, marrom, raposa, salta}, além dos símbolos `ligeira_raposa`, `raposa_marrom` e `marrom_salta`.

Essa tática de representação geral é chamada *n-gramas*. Pares adjacentes são comumente chamados de bi-gramas. Se já ouviu um cientista de dados mencionar a representação do texto como "multiconjunto de n-gramas até três", simplesmente significa que ele está representando cada documento utilizando como características suas palavras individuais, pares de palavras adjacentes e trios de palavras adjacentes.

N-gramas são úteis quando frases específicas são significativas, mas suas palavras componentes podem não ser. Em uma notícia de negócios, a aparência do tri-grama `excedeu_expectativa_analista` é mais significativo do que simplesmente saber que as palavras individuais `analista`, `expectativa` e `excedeu` aparecem em algum lugar da história. Uma vantagem da utilização de n-gramas é que eles são fáceis de gerar; não requerem conhecimento linguístico ou algoritmo de análise complexa.

A principal desvantagem dos n-gramas é que eles aumentam significativamente o tamanho do conjunto de características. Existem muitos pares de palavras adjacentes e ainda mais trios de palavras adjacentes. O número de características geradas pode sair de controle rapidamente, e muitas delas serão raras, ocorrendo apenas uma vez na coleção. A utilização de n-gramas na mineração de dados quase sempre precisa de alguma atenção especial para lidar com grandes números de características, como uma etapa de seleção ou consideração especial ao espaço de armazenamento computacional.

Extração de Entidade Nomeada

Às vezes, queremos ainda mais sofisticação na extração da frase. Queremos ser capazes de reconhecer as entidades de nomes comuns em documentos. *Silicon Valley*, *New York Mets*, *Ministério do Interior* e *Game of Thrones* são frases significativas. As palavras que as compõem significam uma coisa, e podem não ser significativas, mas na sequência nomeiam entidades únicas, com identidades interessantes. A representação básica do bag of words (ou até mesmo n-gramas) pode não capturar isso, e queremos um componente de pré-processamento que sabe quando as sequências de palavras constituem nomes próprios.

Muitos kits de ferramentas de processamento de texto incluem um extrator de entidade nomeada de algum tipo. Normalmente, isso pode processar texto bruto e extrair frases comentadas com termos como pessoa ou organização. Em alguns casos, a normalização é feita de modo que, por exemplo, frases como "HP", "H-P" e "Hewlett-Packard" sejam relacionadas com alguma representação comum da Hewlett-Packard Corporation.

Ao contrário do bag of words e n-gramas, que se baseiam na segmentação do texto a partir de espaços em branco e pontuação, extratores de entidades nomeadas são de conhecimento mais profundo. Para funcionar bem, precisam ser treinados em uma grande coleção ou codificados à mão com amplo conhecimento de tais nomes. Não há princípio linguístico determinando que a frase "*oakland raiders*" deve referir-se ao time de futebol profissional Oakland Raiders, em vez de, digamos, um grupo de investidores agressivos da Califórnia. Esse conhecimento precisa ser aprendido ou codificado à mão. A qualidade do reconhecimento de entidade pode variar, e alguns extratores podem ter áreas específicas de especialização, como indústria, governo ou cultura popular.

Modelos de Tópicos

Até agora lidamos com modelos criados diretamente a partir de palavras (ou entidades nomeadas) que aparecem a partir de um documento. O modelo resultante — seja lá qual for — refere-se diretamente às palavras. Aprender tais modelos diretos é relativamente eficiente, mas nem sempre é ideal. Devido à complexidade da linguagem e aos documentos, às vezes queremos uma camada adicional entre os documentos e o modelo. No contexto do texto, chamamos isso de camada de *tópico* (Figura 10-6).

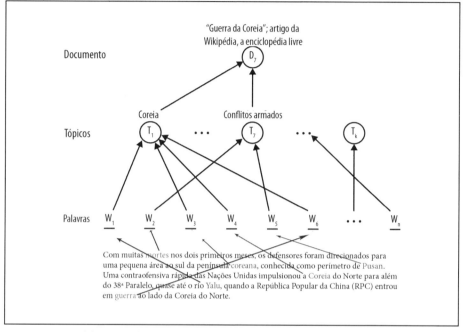

Figura 10-6. Modelagem de documentos com uma camada de tópicos.

A ideia principal de uma camada de tópicos é, primeiro, modelar separadamente o conjunto de tópicos em um corpus. Como antes, cada documento constitui uma sequência de palavras, mas, em vez de as palavras serem usadas diretamente pelo classificador final, elas mapeiam para um ou mais tópicos. Os assuntos também são aprendidos a partir dos dados (muitas vezes pela Mineração de Dados sem supervisão). O classificador final é definido em termos desses tópicos intermediários em vez de palavras. Uma vantagem é que em uma ferramenta de busca, por exemplo, uma consulta pode usar termos que não correspondem exatamente às palavras específicas de um documento; se eles são mapeados para o(s) tópico(s) correto(s), o documento ainda será considerado relevante para a pesquisa.

Métodos gerais para a criação de modelos de tópicos incluem métodos de fatoração de matriz, como Indexação Semântica Latente e Modelos de Assuntos Probabilísticos, como Alocação Latente de Dirichlet. A matemática dessas abordagens está além do escopo deste livro, mas podemos pensar na camada de tópicos como sendo um agrupamento de palavras. Na modelagem de tópicos, os termos associados e quaisquer ponderações de termos são *aprendidos* pelo processo de modelagem de tópicos. Como acontece com agrupamentos, os tópicos emergem a partir de regularidades estatísticas nos dados. Como tal, eles não são necessariamente inteligíveis, e não há garantia de que correspondam a assuntos que as pessoas conheçam, embora, em muitos casos, isso aconteça.

Observação: Tópicos como Informações Latentes

Modelos de tópicos são um tipo de modelo de *informação latente*, discutida um pouco mais no Capítulo 12 (junto com um exemplo de recomendação de filme). Você pode pensar em informações latentes como uma espécie de camada intermediária não observada de informações inseridas entre as entradas e as saídas. As técnicas são, essencialmente, as mesmas para encontrar tópicos latentes no texto e para encontrar dimensões latentes de "gosto" dos expectadores de filmes. No caso do texto, as palavras mapeiam os tópicos (não observados) e os tópicos mapeiam os documentos. Isso torna o modelo inteiro mais complexo e mais caro de aprender, mas pode render melhor desempenho. Além disso, a informação latente é, muitas vezes, interessante e útil em seu próprio direito (como vemos novamente no exemplo de recomendação de filme no Capítulo 12).

Exemplo: Mineração de Notícias para Prever o Movimento do Preço das Ações

Para ilustrar algumas questões em mineração de texto, introduzimos uma nova tarefa de mineração preditiva: a previsão de flutuações dos preços de ações com base nos textos de notícias. Grosseiramente falando, vamos "prever o mercado de ações", com base em histórias que aparecem nos noticiários. Este projeto contém muitos elementos comuns de processamento de texto e formulação de problema.

A Tarefa

Todo dia de negociação tem atividade no mercado de ações. Empresas tomam e anunciam decisões — fusões, novos produtos, projeções de rendimentos e assim por diante — e o setor de notícias financeiras relata sobre elas. Os investidores leem essas notícias, possivelmente mudam suas crenças sobre perspectivas das empresas envolvidas e negociam ações de acordo com essas análises. Isso resulta em mudanças nos preços das ações. Por exemplo, anúncios de aquisições, rendimentos, alterações regulamentares e assim por diante, podem afetar o preço de uma ação, seja porque afeta diretamente o lucro potencial ou porque afeta o que os acionistas acreditam que outros provavelmente pagarão pela ação.

Essa é uma visão muito simplificada dos mercados financeiros, é claro, mas é o suficiente para dispor uma tarefa básica. Queremos prever mudanças nos preços das ações com base nas notícias financeiras. Existem muitas maneiras de abordar isso com base no objetivo final do projeto. Se quiséssemos fazer *negócios* com base nas notícias financeiras, de maneira ideal, gostaríamos de prever — com antecedência e precisão — a mudança no preço das ações de uma empresa com base no fluxo de notícias. Na realidade, existem muitos fatores complexos envolvidos nas mudanças de preços das ações, muitos dos quais não são veiculados nas notícias.

Em vez disso, vamos explorar as notícias em busca de um propósito mais modesto, o de *recomendação de notícias*. A partir desse ponto de vista, há um enorme fluxo de notícias do mercado — algumas interessantes, a maioria não. Gostaríamos que uma mineração de textos preditiva recomendasse notícias interessantes às quais deveríamos prestar atenção. O que é uma notícia interessante? Aqui, vamos defini-la como *notícias que provavelmente resultarão em uma mudança significativa no preço de uma ação*.

Temos que simplificar ainda mais o problema para torná-lo tratável (na verdade, essa tarefa é um bom exemplo de formulação de problema e de mineração de texto). Estes são alguns dos problemas e suposições simplificadoras:

1. É difícil prever o efeito das notícias com muita antecedência. Com muitas ações, as notícias chegam com bastante frequência e o mercado responde rapidamente. Não é realista, por exemplo, prever que preço uma ação terá daqui uma semana com base nas notícias de hoje. Portanto, tentaremos prever o efeito que uma notícia terá sobre o preço das ações no *mesmo dia*.

2. É difícil prever exatamente qual será o preço das ações. Em vez disso, ficaremos satisfeitos com a *direção* do movimento: para cima, para baixo ou nenhuma mudança. Na verdade, simplificaremos ainda mais em **mudança** e **sem mudança**. Isso funciona bem para nosso exemplo de aplicação: ao recomendar uma notícia parece que ela desencadeará, ou indicará, uma alteração subsequente no preço das ações.

3. É difícil prever pequenas mudanças nos preços das ações, de modo que, em vez disso, preveremos mudanças *relativamente grandes*. Isso deixará o sinal um pouco mais claro à custa de produzir menos eventos. Nós, deliberadamente, ignoramos as sutilezas das pequenas flutuações.

4. É difícil associar uma notícia específica com uma mudança de preço. Em princípio, qualquer notícia pode afetar qualquer ação. Se aceitássemos essa ideia, ela nos deixaria com um grande problema de atribuição de crédito: como decidir qual das milhares de notícias de hoje são relevantes? Precisamos estreitar o "raio causal".

   Vamos supor que apenas as notícias que citam uma ação específica afetarão o preço daquela ação. Isso é impreciso, é claro — as empresas são afetadas pelas ações de seus concorrentes, consumidores e clientes, e é raro que uma notícia mencione todos eles. Mas, para começar, esta é uma hipótese simplificadora aceitável.

Ainda temos que definir isso melhor. Considere o problema dois. O que é uma mudança "relativamente grande"? Podemos (arbitrariamente) colocar um limite de 5%. Se o preço de uma ação aumentar em cinco por cento ou mais, chamaremos isso de **pico**; se cair cinco por cento ou mais, chamaremos de **queda**. E se mudar em algum valor entre os dois? Poderíamos chamar qualquer valor intermediário de **estável**, mas isso fica um pouco próximo — uma mudança de 4,9% e uma de 5% não deveriam ser classes distintas. Em vez disso, vamos designar algumas "zonas cinzentas" para tornar as classes ainda mais distinguíveis (Figura 10-7). Somente se o preço de uma ação ficar entre 2,5% e -2,5%, será chamado **estável**. Caso contrário, para as zonas entre 2,5% a 5% e -2,5% a -5%, vamos nos recusar a rotulá-las.

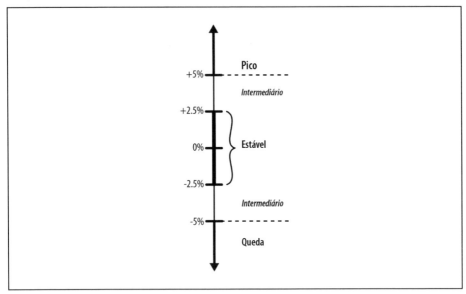

Figura 10-7. Variação de percentual no preço e rótulo correspondente.

Para o propósito deste exemplo, criamos um problema de duas classes pela fusão de pico e queda em uma única classe, **mudança**. Ela é a classe positiva, e **estável** (**sem mudança**) é a classe negativa.

Os Dados

Os dados usados compreendem duas séries separadas de tempo: o fluxo de notícias (documentos de texto), e o fluxo correspondente de preços diários das ações. A Internet tem muitas fontes de dados financeiros, como Google Finance e Yahoo! Finance. Por exemplo, para ver quais notícias estão disponíveis sobre a Apple Computer, Inc., consulte a página Yahoo! Finance correspondente (*http://finance.yahoo.com/q?s=AAPL* — conteúdo em inglês). Yahoo! agrega notícias a partir de uma variedade de fontes, como Reuters, PR Web e Forbes. Os preços históricos das ações podem ser adquiridos a partir de muitas fontes, como Google Finance (https://www.google.com/finance — conteúdo em inglês).

Os dados a serem explorados são dados históricos, a partir de 1999, das ações listadas na Bolsa de Valores de Nova York e NASDAQ. Esses dados foram usados em um estudo prévio (Fawcett & Provost, 1999). Temos preços de abertura e fechamento para as ações nas principais bolsas de valores, e um grande compêndio de notícias financeiras ao longo do ano — quase 36.000 notícias juntas. Eis uma amostra de notícias da coleção:

```
30-03-1999 14:45:00
WALTHAM, Mass.-- (BUSINESS WIRE) — 30 de Março de 1999 — Summit Technology,
Inc. (NASDAQ: BEAM) e Autonomous Technologies Corporation (NASDAQ: ATCI)
anunciaram hoje que a Procuração Conjunta/Prospecto para aquisição da Sum-
mit da Autonomous foi declarada eficaz pelas Comissões de Ações e Operações
Cambiais. Cópias do documento foram enviadas para os acionistas de ambas as
empresas. "Estamos felizes por estes materiais de procuração serem conside-
rados eficazes e estamos ansiosos pela reunião de acionistas, agendada para
29 de abril", disse Robert Palmisano, Diretor Executivo da Summit.
```

Como acontece com muitas fontes de texto, há uma grande quantidade de material, uma vez que é destinado a leitores humanos e não a máquinas de análise (veja "Quadro: As Notícias São Confusas" na página 272, para obter mais detalhes). A história inclui data e hora, a fonte da notícia (Reuters), os símbolos das ações e a conexão (NASDAQ:BEAM), bem como material de apoio não estritamente pertinente à notícia. Cada notícia é marcada com a ação mencionada.

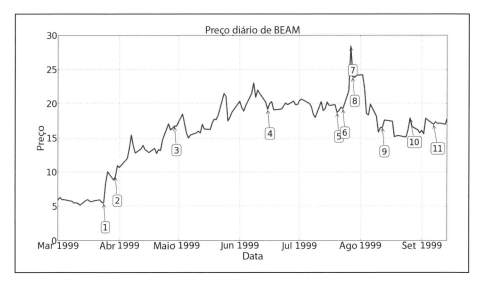

Figura 10-8. Gráfico do preço das ações da Summit Technologies, Inc., (NASDAQ:BEAM) comentado com resumos das notícias.

Quadro: As Notícias São Confusas

A coleção de notícias financeiras é realmente muito mais confusa do que a história implica, por várias razões.

Primeiro, as notícias financeiras compreendem uma grande variedade de histórias, incluindo anúncios de rendimento, avaliações dos analistas ("Estamos reiterando nossa classificação de Compra na Apple"), comentários de mercado ("Outras ações apresentadas no MarketMovers nesta manhã incluem Lycos Inc. e Staples Inc."), arquivos SEC, balanços financeiros e assim por diante. As empresas são mencionadas por diferentes razões e um único documento ("história") pode, na verdade, compreender múltiplas notícias independentes do dia.

Em segundo lugar, as histórias vêm em diferentes formatos, algumas com dados tabulares, algumas no formato "principais histórias do dia" de vários parágrafos e assim por diante. Grande parte do significado é conferido pelo contexto. Nosso processamento de texto não detectará isso.

Por fim, a marcação de ações não é perfeita. Ela precisa ser excessivamente permissiva, de forma que as histórias sejam incluídas no *feed* de notícias de ações que não foram, de fato, mencionadas na história. Como um exemplo extremo, o blogueiro americano Perez Hilton usa a expressão "cray cray" para indicar homens loucos ou repugnantes, e algumas de suas postagens acabam no feed da Cray Computer Corporation.

Em suma, a relevância de uma ação para um documento pode não ficar clara sem uma leitura cuidadosa. Com análise profunda (ou, pelo menos, segmentação da história), poderíamos eliminar parte da interferência, mas com o bag of words (ou extração de entidade nomeada), não podemos esperar remover tudo.

1. A Summit Tech anuncia receita para os três meses, que terminou em 31 de dezembro de 1998, foi de $22,4 milhões, um aumento de 13%.
2. A Summit Tech e a Autonomous Technologies Corporation anunciaram que a Procuração Conjunta/Prospecto para aquisição da Summit da Autonomous foi declarada eficaz pela SEC.
3. A Summit Tech disse que seu volume de procedimento alcançou novos níveis no primeiro trimestre e havia concluído sua aquisição da Autonomous Technologies Corporation.
4. Anúncio da reunião anual dos acionistas.
5. A Summit Tech anuncia que apresentou uma declaração de registro junto à SEC para vender 4.000.000 partes de suas ações ordinárias.
6. O painel da US FDA apoia o uso do laser Summit Tech, em procedimentos de LASIK, para corrigir a miopia com ou sem astigmatismo.
7. Summit sobe 1-1/8 em 27-3/8.

8. A Summit Tech disse hoje que suas receitas para os três meses, que terminou em 30 de junho de 1999, aumentou 14%...

9. A Summit Tech anuncia a oferta pública de 3.500,000 partes de suas ações ordinárias ao preço de $16/ação.

10. A Summit anuncia acordo com Sterling Vision, Inc. para a compra de até seis das inovações da Summit, Apex, APix Plus Laser Systems.

11. A Capital Markets, Inc. preferida inicia cobertura da Summit Technology Inc. com uma classificação Strong Buy e um preço alvo de 12-16 meses de $22,50.

A Figura 10-8 mostra o tipo de dados com que temos de trabalhar. Eles são, basicamente, duas séries de tempo ligadas. Na parte superior está um gráfico do preço das ações da Summit Technologies, Inc., fabricante de sistemas do Excimer Laser para uso na correção da visão. Alguns pontos no gráfico são anotados com números de histórias na data em que foi lançada. Abaixo do gráfico estão resumos de cada história.

Pré-processamento de Dados

Como mencionamos, temos duas correntes de dados. Cada ação tem um preço de abertura e um de fechamento, medida às 9:30 EST e 16:00 EST, respectivamente. A partir desses valores, podemos calcular facilmente a variação percentual. Existe uma pequena complicação. Estamos tentando prever histórias que produzem uma mudança substancial no valor das ações. Muitos eventos ocorrem fora do horário de negociação, e flutuações perto da abertura das negociações podem ser erráticas. Por essa razão, em vez de medir o preço de abertura no toque de abertura (09:30 EST) medimos às 10:00 horas, e rastreamos as diferenças entre os preços do dia às 16:00 e às 10:00. Divididos pelo preço de fechamento das ações, torna-se a mudança percentual diária.

As histórias requerem muito mais cuidado. Elas são pré-marcadas com ações, que são, em sua maioria, precisas (O "Quadro: As Notícias São Confusas, na página 272, entra em alguns detalhes sobre por que isso é um problema difícil de mineração de texto). Quase todas as histórias têm selo de data e hora (as que não têm são descartadas), para que possamos alinhá-las com o dia correto e a janela de negociação. Como queremos uma associação bastante próxima de uma história com a(s) ação(ões) que ela pode afetar, rejeitamos quaisquer histórias que citam mais de duas ações. Isso descarta muitas histórias que são apenas resumos e agregações de notícias.

As etapas básicas esboçadas em "Bag of Words" na página 254, foram aplicadas para reduzir cada história a uma representação TFIDF. Em particular, as palavras sofreram uniformização de baixa e eram stemizadas, e as stop words eram removidas. Por fim, criamos n-gramas de até dois, de modo que cada termo individual e par de termos adjacentes foram usados para representar cada história.

Sujeito a esta preparação, cada história é rotulada (**mudança** ou **sem mudança**) com base no movimento do preço da(s) ação(ões) associada(s), conforme ilustrado na Figura 10-7. Isso resulta em cerca de 16.000 histórias utilizáveis rotuladas. Para referência, a repartição das histórias foi cerca de 75% sem mudança, 13% pico e 12% queda. As histórias de pico e queda foram fundidas para formar a **mudança**, assim, 25% das histórias foram seguidas por uma mudança significativa de preços para as ações envolvidas e 75% não foram.

Resultados

Uma pequena divagação antes de analisarmos os resultados.

Os capítulos anteriores (em especial o Capítulo 7), salientam a importância de se pensar cuidadosamente sobre o problema de negócios que está sendo resolvido, a fim de formular a avaliação. Com este exemplo, não fizemos uma especificação tão cuidadosa. Se o propósito desta tarefa fosse acionar negociações de ações, poderíamos propor uma estratégia de negociação global envolvendo limiares, prazos e custos de transações, a partir dos quais poderíamos produzir uma análise completa de custo-benefício.[3] Mas o objetivo é a recomendação de notícia (respondendo "que história leva a mudanças substanciais no preço das ações?") e nós deixamos isso muito aberto, por isso, não especificaremos os custos e benefícios exatos das decisões. Por essa razão, os cálculos do valor esperado e os gráficos de lucro não são realmente apropriados aqui.

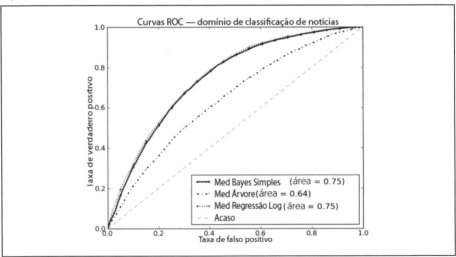

Figura 10-9. Curvas ROC para a tarefa de classificação de notícias sobre ações.

Em vez disso, olharemos para a previsibilidade, só para ter uma noção de quão bem este problema pode ser resolvido. A Figura 10-9 mostra as curvas ROC dos três classificadores de amostras: Regressão Logística, Bayes Simples e Árvore de Classificação, bem como

---

3 Alguns pesquisadores têm feito isso, avaliando seus sistemas por meio da simulação de operações com ações e calculando o retorno sobre o investimento. Veja, por exemplo, o trabalho de Schumaker & Chen (2010) sobre AZFinText.

a linha de classificação ao acaso. A média dessas curvas é obtida pela validação cruzada de dez dobras, usando **mudança** como classe positiva e **sem mudança** como classe negativa. Várias coisas são aparentes. Primeiro, há uma "inclinação" significativa das curvas se afastando da linha diagonal (Acaso) e as áreas da curva ROC (AUCs) estão todas substancialmente acima de 0,5, assim, *existe* um sinal preditivo nas notícias. Em segundo lugar, regressão logística e Bayes Simples funcionam de forma semelhante, enquanto que a árvore de classificação (Árvore) é consideravelmente pior. Por fim, não existe uma região evidente de superioridade (ou deformidade) nas curvas. Protuberâncias ou concavidades podem, às vezes, revelar características do problema ou falhas na representação de dados, mas não vemos nenhum aqui.

A Figura 10-10 mostra as curvas de lift correspondentes desses três classificadores, novamente com média obtida a partir da validação cruzada de dez dobras. Lembre-se de que uma em cada quatro (25%) histórias em nossa população é positiva, (ou seja, é seguida por uma mudança significativa no preço das ações). Cada curva mostra o *lift* na precisão[4] que obteríamos se utilizássemos o modelo de pontuar e ordenar as notícias. Por exemplo, considere o ponto em $x=0,2$, onde os lifts de Regressão Logística e Bayes Simples estão em torno de 2,0. Isso significa que, se você fosse pontuar todas as notícias e pegar as primeiras 20% ($x=0,2$), você teria o *dobro* da precisão (lift de dois) para encontrar uma história positiva naquele grupo do que na população como um todo. Portanto, entre as primeiras 20% das histórias como classificadas pelo modelo, *metade* são significativas.

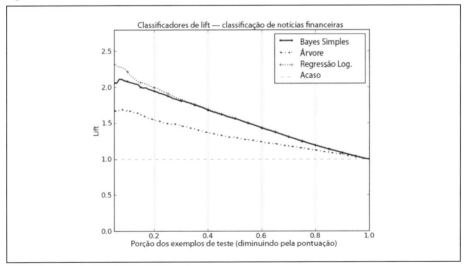

Figura 10-10. Curvas de lift para a tarefa previsão de notícias sobre ações.

---

4 Lembre-se do Capítulo 7, precisão é a porcentagem dos casos que estão acima do limiar de classificação que são, na verdade, exemplos positivos, e o lift é quantas vezes mais isso é, do que você esperaria ao acaso.

Antes de concluir este exemplo, vamos ver alguns termos importantes encontrados nesta tarefa. O objetivo deste exemplo não é criar regras inteligíveis a partir dos dados, mas em um trabalho prévio sobre a mesma coleção, Macskassy et al. (2001) fez exatamente isso. Eis uma lista de termos com elevado ganho de informação[5] tirado de seu trabalho. Cada termo é uma palavra ou radical seguido de sufixos entre parênteses:

```
alert(s,ed), architecture, auction(s,ed,ing,eers), average(s,d), award(s,ed), bond(s), brokerage, climb(ed,s,ing), close(d,s), comment(ator,ed,ing,s), commerce(s), corporate, crack(s,ed,ing), cumulative, deal(s), dealing(s), deflect(ed,ing), delays, depart(s,ed), department(s), design(ers,ing), economy, econtent, edesign, eoperate, esource, event(s), exchange(s), extens(ion,ive), facilit(y,ies), gain(ed,s,ing), higher, hit(s), imbalance(s), index, issue(s,d), late(ly), law(s,ful), lead(s,ing), legal(ity,ly), lose, majority, merg(ing,ed,es), move(s,d), online, outperform(s,ance,ed), partner(s), payments, percent, pharmaceutical(s), price(d), primary, recover(ed,s), redirect(ed,ion), stakeholder(s), stock(s), violat(ing,ion,ors)
```

Muitos desses são sugestivos de anúncios significativos de boas ou más notícias para uma empresa ou preço de suas ações. Alguns (`econtent`, `edesign`, `eoperate`) são também sugestivos da "Bolha da Internet" da década de 1990, a partir do qual esta coleção foi obtida, quando o prefixo "e-" estava em voga.

Embora este exemplo seja um dos mais complexos apresentados neste livro, ainda é uma abordagem bastante simples de mineração de notícias sobre finanças. Existem muitas maneiras pelas quais este projeto poderia ser estendido e refinado. A representação do bag of words é primitiva para esta tarefa; o reconhecimento de entidade nomeada poderia ser usado para melhor extrair os nomes das empresas e das pessoas envolvidas. Melhor ainda, a análise de evento deve fornecer uma vantagem real, já que as notícias costumam relatar eventos em vez de fatos estáticos sobre as empresas. Não está claro a partir de palavras individuais, quem são os sujeitos e os objetos dos eventos, e modificadores importantes, como *não*, *apesar de* e *exceto* podem não ser adjacentes às frases que modificam, assim, a representação do bag of words está em desvantagem. Por fim, para calcular mudanças nos preços, consideramos apenas os preços das ações na abertura e fechamento diários, em vez de variações de preços de hora em hora ou instantâneas ("nível tick"). O mercado responde rapidamente às notícias, e se quiséssemos negociar as informações, precisaríamos ter selos refinados e confiáveis de data e hora nos preços das ações e nas notícias.

---

5 Lembre-se do Capítulo 3.

> ## Quadro: Trabalho Prévio Sobre Previsão de Preço de Ações da Financial News
>
> O problema de relacionar notícias financeiras com a atividade do mercado foi abordado por muitas pessoas nos últimos 15 anos. Seus autores até fizeram alguns trabalhos inicias na tarefa (Fawcett & Provost, 1999). A maior parte do trabalho anterior foi publicada fora da literatura de mineração de dados, para que a comunidade de mineração de dados permanecesse alheia a respeito da tarefa e do trabalho. Citamos alguns artigos aqui para qualquer um interessado em aprofundar o tema.
>
> Uma pesquisa feita por Mittermayer e Knolmayer (2006) é um bom lugar para começar, embora seja um pouco antiga. Ela fornece uma boa visão geral das abordagens até aquele ponto.
>
> A maioria dos pesquisadores vê o problema como uma previsão do mercado de ações a partir das notícias. Neste capítulo, adotamos uma visão inversa de recomendar notícias com base em seus efeitos futuros. Essa tarefa foi denominada *triagem de informações*, por Macskassy et al. (2001).
>
> Os primeiros trabalhos analisaram o efeito das notícias financeiras na mídia atual. Trabalhos posteriores levam em conta as opiniões e sentimentos de outras fontes na Internet, como atualizações do Twitter, postagens de blogs e tendências de ferramentas de busca. Um artigo de Mao et al. (2011) oferece uma boa análise e comparação do efeito dessas fontes adicionais.
>
> Por fim, embora não seja mineração de texto propriamente dita, citamos o artigo "Legislating Stock Prices" por Cohen, Diether e Malloy (2012). Esses pesquisadores examinaram a relação de políticos, legislação e empresas afetadas pela legislação. Obviamente, esses três grupos estão interligados e devem afetar um ao outro, porém, surpreendentemente, a relação não foi explorada por Wall Street. A partir de dados publicamente disponíveis, os pesquisadores descobriram um "impacto simples, mas não detectado anteriormente, nos preços das ações de empresas" que eles relatam ser capazes de negociar de forma lucrativa. Isso sugere que existem relações não descobertas a serem exploradas.

Resumo

Nossos problemas nem sempre nos apresentam dados em uma representação clara de vetor de característica que a maioria dos métodos de mineração de dados utiliza como entrada. Muitas vezes, os problemas do mundo real requerem alguma forma de engenharia de representação dos dados para que se tornem passíveis de mineração. Geralmente, é mais simples primeiro tentar construir os dados para combinarem com as ferramentas existentes. Os dados na forma de texto, imagens, som, vídeo e informação espacial geralmente requerem pré-processamento especial — e, às vezes, conhecimento especial por parte da equipe de data science.

Neste capítulo, discutimos um tipo especialmente prevalente de dados que requer pré-processamento: texto. Uma maneira comum de transformar texto em vetor de característica é quebrar cada documento em palavras individuais (sua representação de "bag of words") e atribuir valores a cada termo usando a fórmula TFIDF. Essa abordagem é relativamente simples, barata e versátil, e requer pouco conhecimento do domínio, pelo menos inicialmente. Apesar de sua simplicidade, seu desempenho é surpreendentemente bom em uma variedade de tarefas. Na verdade, revisitamos essas ideias de uma forma completamente diferente e não textual no Capítulo 14.

CAPÍTULO 11
Decisão do Pensamento Analítico II: Rumo à Engenharia Analítica

Conceito Fundamental: *Resolver problemas de negócios com data science começa com engenharia analítica: projetando uma solução analítica baseada em dados, ferramentas e técnicas disponíveis.*

Técnica Exemplar: *Valor esperado como estrutura para projeto de solução de data science.*

Em última análise, data science sobre a extração de informações ou conhecimento a partir de dados, baseada em técnicas baseadas em princípios. No entanto, como já discutimos ao longo do livro, raramente o mundo nos apresenta problemas de negócios importantes perfeitamente alinhados com essas técnicas, ou com dados representados de forma que as técnicas possam ser aplicadas diretamente. Ironicamente, este fato costuma ser melhor aceito pelos usuários de negócios (para quem, muitas vezes, é óbvio) do que pelos cientistas de dados de nível de entrada — porque programas acadêmicos em estatística, aprendizado de máquina e mineração de dados frequentemente apresentam aos alunos problemas prontos para a aplicação das ferramentas ensinadas pelos programas.

A realidade é muito mais confusa. Problemas de negócio raramente são problemas de classificação, de regressão ou de agrupamento. Eles são apenas problemas de negócios. Lembre-se do mini-ciclo nos primeiros estágios do processo de mineração de dados, no qual devemos nos concentrar na compreensão do negócio e dos dados. Nessas fases, devemos *projetar* ou *construir* uma solução para o problema de negócio. Como acontece com a engenharia de forma mais ampla, a equipe de data science considera as necessidades do negócio, bem como as ferramentas que podem ser exercidas para resolver o problema.

Neste capítulo ilustramos essa *engenharia analítica* com dois estudos de caso. Neles, vemos a aplicação dos princípios fundamentais apresentados ao longo do livro, bem como algumas das técnicas específicas introduzidas. Um tema comum que atravessa esses estudos de caso é a forma como nossa estrutura de valor esperado (Capítulo 7) ajuda a decompor cada um dos problemas de negócios em subproblemas, de forma que estes possam ser atacados com técnicas testadas e verdadeiras de data science. Em seguida, a estrutura de valor esperado orienta a recombinação dos resultados para uma solução para o problema original.

Direcionamento das Melhores Perspectivas para Mala Direta de Caridade

Um problema clássico de negócios para a aplicação de princípios e técnicas de data science é o marketing direcionado. Ele é um ótimo estudo de caso por duas razões. Primeiro, um grande número de negócios tem problemas que parecem semelhantes aos problemas de marketing direcionado — marketing direcionado (base de dados) tradicional, ofertas de cupons específicos ao cliente, direcionamento de anúncios online, e assim por diante. Em segundo lugar, a estrutura fundamental do problema ocorre também com muitos outros problemas, como nosso exemplo recorrente do problema da gestão da rotatividade.

Para este estudo de caso, consideramos um exemplo real de marketing direcionado: visar as melhores perspectivas para mala direta de caridade. Organizações de angariação de fundos (incluindo as de universidades) precisam gerenciar seus orçamentos e a paciência de seus potenciais doadores. Em qualquer segmento de campanha, elas gostariam de solicitar a partir de um "bom" subconjunto de doadores. Esse pode ser um subconjunto muito grande para uma campanha pouco frequente e barata ou um subconjunto menor para uma campanha focada que inclui um pacote de incentivos não tão baratos.

A Estrutura do Valor Esperado: Decompondo o Problema de Negócios e Recompondo as Partes da Solução

Gostaríamos de "construir" uma solução analítica para o problema e nossos conceitos fundamentais nos proporcionarão a estrutura para fazê-lo. Para ajustar nosso pensamento analítico de dados, começamos usando o processo de mineração de dados (Capítulo 2) para fornecer uma estrutura para a análise global: começamos com a compreensão do negócio e dos dados. Mais especificamente, precisamos nos concentrar em utilizar um dos nossos princípios fundamentais: qual é exatamente o problema de negócios que gostaríamos de resolver (Capítulo 7)?

Então, vamos especificar. Um minerador de dados pode pensar, imediatamente: queremos modelar a probabilidade de que cada cliente em potencial, neste caso, um potencial doador vai responder à oferta. No entanto, ao pensar cuidadosamente sobre o problema de negócio nos damos conta que a resposta pode variar — algumas pessoas podem doar R$100,00, enquanto outras podem doar R$1,00. Precisamos levar isso em consideração.

Gostaríamos de maximizar a quantidade total de doações? (A quantidade poderia ser nesta campanha em particular ou para perspectivas vitalícias dos doadores; para simplificar, vamos escolher o primeiro). E se fizéssemos isso visando um grande número de pessoas, e cada uma doasse apenas R$1,00, e nossos custos fossem de cerca de R$1,00 por pessoa? Ganharíamos quase nenhum dinheiro. Por isso, vamos rever nosso pensamento.

Concentrar-se no problema de negócios que queremos resolver pode ter nos dado a resposta de imediato, porque para uma pessoa experiente nos negócios pode parecer bastante óbvia: gostaríamos de maximizar nosso *lucro* com doação — ou seja, o valor líquido depois de descontados os custos. No entanto, enquanto temos métodos para estimar a probabilidade de resposta (que é uma aplicação clara de estimativa de probabilidade de classe sobre um resultado binário), não está claro se temos métodos para estimar o lucro.

Mais uma vez, nossos conceitos fundamentais permitem que estruturemos nosso pensamento e projetemos uma solução analítica de dados. Aplicando outra de nossas noções fundamentais, podemos estruturar essa análise de dados usando a estrutura do valor esperado. Podemos aplicar os conceitos introduzidos no Capítulo 7 para nossa formulação do problema: usamos o valor esperado como uma estrutura para nossa abordagem para construir uma solução para o problema. Lembre-se de nossa formulação do benefício (ou custo) esperado de direcionamento de cliente **x**:

$$\text{Benefício esperado do direcionamento} = p(R \mid \mathbf{x}) \cdot v_R + [1 - p(R \mid \mathbf{x})] \cdot v_{NR}$$

em que $(p(R|\mathbf{x}))$ é a probabilidade de resposta de determinado consumidor **x**, v_R é o valor que obtemos de uma resposta e v_{NR} é o valor que obtemos de nenhuma resposta. Já que todo mundo vai responder ou não, nossa estimativa da probabilidade de não responder é apenas $((1 - p(R|\mathbf{x}))$. Como discutimos no Capítulo 7, podemos modelar as probabilidades de mineração de dados históricos usando uma das muitas técnicas discutidas neste livro.

No entanto, a estrutura de valor esperado nos ajuda a perceber que este problema de negócios é um pouco diferente dos problemas considerados até aqui. Neste caso, o valor varia de um consumidor para outro, e não sabemos o valor da doação que qualquer consumidor em particular vai dar até que ele seja avaliado! Vamos modificar nossa formulação para tornar isso explícito:

$$\text{Benefício esperado do direcionamento} = p(R \mid \mathbf{x}) \cdot v_R(\mathbf{x}) + [1 - p(R \mid \mathbf{x})] \cdot v_{NR}(\mathbf{x})$$

em que $v_R(\mathbf{x})$ é o valor que obtemos a partir de uma resposta do consumidor **x** e $v_{NR}(\mathbf{x})$ é o valor que obtemos se o consumidor **x** não responder. O valor de uma resposta, $v_R(\mathbf{x})$, seria a doação dos clientes menos o custo da solicitação. O valor da ausência de resposta, $v_{NR}(\mathbf{x})$, nesta aplicação seria zero menos o custo da solicitação. Para ser completo, queremos também estimar o benefício do *não* direcionamento e, então, comparar os dois para tomar a decisão de direcionar ou não. O benefício esperado de não direcionar é simplesmente zero — nesta aplicação, não esperamos que os consumidores doem espontaneamente sem uma solicitação. Esse nem sempre pode ser o caso, mas vamos supor isto aqui.

Por que exatamente o quadro valor esperado nos ajuda? Porque podemos ser capazes de estimar $v_R(\mathbf{x})$ e/ou $v_{NR}(\mathbf{x})$ a partir dos dados também. O modelo de regressão estima tais valores. Olhando para os dados históricos sobre os consumidores que foram alvo, podemos usar o modelo de regressão para estimar quanto o consumidor vai responder. Além disso, o quadro do valor esperado nos dá uma direção ainda mais precisa: $v_R(\mathbf{x})$ é o valor que poderíamos prever conseguir *se um cliente respondesse* — isso seria estimado pelo uso de um modelo treinado apenas nos consumidores que responderam. Geralmente, esse acaba sendo um problema de previsão mais útil do que o problema de estimar a resposta de um consumidor alvo, porque nesta aplicação a grande maioria dos consumidores nem sequer responde e, assim, o modelo de regressão precisaria ser diferenciado, de algum modo, entre os casos em que o valor é zero por causa da ausência de resposta ou o valor é pequeno, devido às características do consumidor.

Uma pequena pausa, este exemplo ilustra por que a estrutura do valor esperado é tão útil para a decomposição de problemas de negócios: como discutimos no Capítulo 7, o valor esperado é um somatório de produtos de probabilidades e valores, e o data science nos dá os métodos para estimar probabilidades e valores. Para ser claro, podemos não precisar estimar algumas dessas quantidades (como $v_{NR}(\mathbf{x})$ que, neste exemplo, que assumimos ser sempre zero) e estimá-las bem pode ser uma tentativa não trivial. A questão é que a estrutura de valor esperado fornece uma decomposição útil de problemas de negócios possivelmente complicados em subproblemas que, agora, entendemos melhor como resolver. A estrutura também mostra exatamente como juntar as peças. Para nosso exemplo de problema (escolhido por sua derivação direta), a resposta funciona para o resultado intuitivamente satisfatório: enviar correspondência para aquelas pessoas cujas doações estimadas sejam maiores do que o custo associado ao envio! Matematicamente, simplesmente buscamos aqueles cujo benefício esperado seja maior do que zero, e simplificamos a desigualdade usando a álgebra. Deixe $d_R(\mathbf{x})$ ser a doação estimada se o consumidor $\mathbf{x}$ responder e c será o custo de envio. Então:

$$\text{Benefício esperado do direcionamento} = p(R \mid \mathbf{x}) \cdot v_R(\mathbf{x}) + [1 - p(R \mid \mathbf{x})] \cdot v_{NR}(\mathbf{x})$$

Queremos que esse benefício seja sempre maior do que zero, então:

$$p(R \mid \mathbf{x}) \cdot (d_R(\mathbf{x}) - c) + [1 - p(R \mid \mathbf{x})] \cdot (-c) > 0$$
$$p(R \mid \mathbf{x}) \cdot d_R(\mathbf{x}) - p(R \mid \mathbf{x}) \cdot c - c + p(R \mid \mathbf{x}) \cdot c > 0$$
$$p(R \mid \mathbf{x}) \cdot d_R(\mathbf{x}) > c$$

Ou seja, a doação esperada (lado esquerdo) deve ser maior do que o custo da solicitação (lado direito).

Uma Breve Digressão Sobre Problemas de Seleção

Este exemplo traz à tona uma importante questão de data science cujo tratamento detalhado está além do escopo deste livro, contudo, é importante discutir brevemente. Para modelar a doação prevista, note que os dados podem muito bem ser tendenciosos — o que significa que eles não são uma amostra aleatória da população de todos os doadores. Por quê? Porque os dados são de doações passadas — de indivíduos que *responderam* no passado. Isso é semelhante à ideia de modelar a aprovação de crédito com base na experiência com clientes de crédito anteriores: provavelmente são pessoas as quais você considerou serem dignas de crédito no passado! No entanto, a intenção é aplicar o modelo à população geral para descobrir boas perspectivas. Por que aqueles que foram selecionados no passado são uma boa amostra a partir da qual modelar a população geral? Esse é um exemplo de problema de seleção — os dados não foram aleatoriamente selecionados a partir da população em que você pretende aplicar o modelo, mas, em vez disso, foram viciados, de alguma forma (por quem doou e, talvez, por aqueles que foram alvo utilizando métodos passados; por quem recebeu crédito no passado).

Uma pergunta importante para o cientista de dados é: você espera que o procedimento de seleção, que vicia os dados, também exerça influência sobre o valor da variável alvo? Na modelagem de crédito, a resposta é certamente *sim* — os clientes antigos foram selecionados precisamente porque foram previstos como sendo dignos de crédito. O caso de doação não é tão simples, mas parece razoável esperar que as pessoas que doam grandes quantias não o fazem com frequência. Por exemplo, algumas pessoas podem doar R$10,00 sempre que forem solicitadas. Outras podem dar R$100,00 e, em seguida, sentir que não precisam doar por um tempo, ignorando muitas campanhas subsequentes. O resultado seria que aqueles que doaram em alguma campanha anterior estarão inclinados a doar *menos*.

Felizmente, existem técnicas de data science para ajudar os modeladores a lidar com problema de seleção. Elas estão fora do escopo deste livro, mas o leitor interessado pode começar lendo (Zadrozny & Elkan, 2001; Zadrozny, 2004) para uma ilustração de como lidar com problema de seleção neste exato estudo de caso sobre solicitação de doação.

Nosso Exemplo de Rotatividade Revisitado com Ainda Mais Sofisticação

Vamos voltar ao nosso exemplo de rotatividade e aplicar o que aprendemos para examinar os dados analiticamente. Em nossas incursões anteriores, não tratamos o problema de forma tão abrangente quanto poderíamos. Isso foi a título de projeto, é claro, porque ainda não havíamos aprendido tudo o que precisávamos e as tentativas intermediárias eram ilustrativas. Mas, agora, vamos examinar o problema de forma mais detalhada, aplicando os mesmos conceitos fundamentais de data science como acabamos de aplicar ao caso de solicitação de doações.

A Estrutura de Valor Esperado: Estruturação de um Problema de Negócios Mais Complicado

Primeiro, o que é exatamente o problema de negócios que gostaríamos de resolver? Vamos manter nossa configuração básica de exemplo de problema: estamos tendo sérios problemas com rotatividade em nosso negócio de comunicação móvel. O marketing projetou uma oferta especial de retenção. Nossa tarefa é direcionar a oferta para algum subconjunto adequado de nossa base de clientes.

Inicialmente, havíamos decidido que tentaríamos usar nossos dados para determinar quais seriam os clientes com maior probabilidade de cancelar o serviço após seus contratos vencerem. Vamos continuar nos concentrando no conjunto de clientes cujos contratos estão prestes a vencer, porque é onde ocorre a maior parte da rotatividade. Contudo, nós realmente queremos direcionar nossa oferta para aqueles que têm maior probabilidade de cancelar o serviço?

Precisamos voltar ao nosso conceito fundamental: qual é exatamente o problema de negócios que queremos resolver. Por que a rotatividade é um problema? Porque nos faz perder dinheiro. O verdadeiro problema de negócio é perder dinheiro. Se um cliente fosse caro para nós, em vez de rentável, não nos importaríamos em perdê-lo. Gostaríamos de limitar a quantidade de dinheiro que estamos perdendo — não simplesmente manter a maioria dos clientes. Portanto, no problema de doação, queremos levar em consideração o *valor* do cliente. Nossa estrutura de valor esperada nos ajuda a enquadrar essa análise, semelhante à forma como fizemos anteriormente. No caso da rotatividade, o valor de um indivíduo pode ser muito mais fácil de estimar: estes são nossos clientes, e como temos seus registros de faturamento, provavelmente, podemos prever muito bem seu valor futuro (dependente deles permanecerem com a empresa) com uma simples extrapolação de seu valor passado. No entanto, neste caso, não resolvemos completamente nosso problema, e ajustar a análise utilizando o valor esperado mostra o porquê.

Vamos aplicar nossa estrutura de valor esperado para realmente aprofundar a compreensão de negócio/segmento de compreensão dos dados do processo de mineração de dados. Existe algum problema em tratar este caso, exatamente como fizemos com o caso de doação? Como aconteceu com o estudo de caso de doação, podemos representar o benefício esperado de direcionamento de um cliente com uma oferta especial como:

$$\text{Benefício esperado do direcionamento} = p(S \mid \mathbf{x}) \cdot v_S(\mathbf{x}) + \lceil 1 - p(S \mid \mathbf{x}) \rceil \cdot v_{NS}(\mathbf{x})$$

em que $(p(S \mid \mathbf{x}))$ é a probabilidade de que o cliente ficará com a empresa depois de ser direcionado, $v_S(\mathbf{x})$ é o valor que obtemos se o consumidor $\mathbf{x}$ permanecer e $v_{NS}(\mathbf{x})$ é o valor que obtemos se o consumidor $\mathbf{x}$ não ficar (cancelamentos ou rotatividade).

Podemos usar isso para direcionar clientes com a oferta especial? Se o restante for igual, visar aqueles com o valor mais alto parece que simplesmente visa aqueles com maior probabilidade de *ficar*, em vez de maior probabilidade de sair! Para ver isso vamos simplificar, assumindo que o valor se o cliente não ficar é zero. Então, nosso valor esperado torna-se:

$$\text{Benefício esperado do direcionamento} = p(S \mid \mathbf{x}) \cdot v_s(\mathbf{x})$$

Isso não combina com a nossa intuição prévia de que queremos atingir aqueles que têm a maior probabilidade de sair. O que está errado? Nossa estrutura de valor esperado nos diz exatamente — vamos ter mais cuidado. Não queremos simplesmente aplicar o que fizemos no problema de doação, mas pensar cuidadosamente sobre este problema. Não queremos direcionar aqueles com valor mais alto, se forem ficar. Queremos atingir aqueles dos quais perderíamos mais caso cancelassem o serviço. Isso é complicado, mas nossa estrutura de valor esperado pode nos ajudar a trabalhar com o pensamento sistematicamente e, como veremos, encontraremos uma solução. Lembre-se de que no exemplo de doação dissemos: "Para ser completo, também gostaríamos de avaliar o benefício esperado do não direcionamento e, então, comparar os dois para tomar a decisão de direcionar ou não". Nós nos permitimos ignorar isso no caso da doação porque partimos do princípio de que os clientes não doariam espontaneamente sem uma solicitação. No entanto, na fase de compreensão do negócio, precisamos pensar nas especificidades de cada problema de negócio em particular.

Vamos pensar sobre o caso de "não direcionamento" do problema de rotatividade. Se não direcionarmos, o valor é zero? Não, não necessariamente. Se não direcionarmos e o cliente permanecer mesmo assim, então, atingimos um valor maior porque não gastamos o custo do incentivo!

Avaliando a Influência do Incentivo

Vamos aprofundar mais, calculando o benefício de direcionamento de um cliente com o incentivo e o não direcionamento, e deixando explícito o custo do incentivo. Vamos chamar $u_S(\mathbf{x})$ o lucro do cliente $\mathbf{x}$ se ele ficar, não incluindo o custo do incentivo; e $u_{NS}(\mathbf{x})$ o lucro do cliente $\mathbf{x}$, se ele sair, não incluindo o custo do incentivo. Além disso, para simplificar, vamos supor que incorrer o custo do incentivo c não importa se o cliente fica ou sai.

Para rotatividade, isso não é completamente realista, uma vez que os incentivos geralmente incluem um grande componente de custo que depende da permanência, como um novo telefone. É simples ampliar a análise para incluir essa pequena complicação, e chegaríamos às mesmas conclusões qualitativas. Experimente.

Então, vamos calcular separadamente o benefício esperado se direcionarmos ou não. Ao fazê-lo, é preciso esclarecer que haverá (esperamos) diferentes probabilidades estimadas de ficar e sofrer rotatividade dependendo se direcionamos (ou seja, o incentivo realmente surte efeito), o que indicamos pelo condicionamento da probabilidade de ficar nas duas possibilidades (alvo, T, ou não alvo, notT). O benefício esperado do direcionamento é:

$$EB_T(\mathbf{x}) = p(S \mid \mathbf{x}, T) \cdot (u_s(\mathbf{x}) - c) + [1 - p(S \mid \mathbf{x}, T)] \cdot (u_{NS}(\mathbf{x}) - c)$$

O benefício esperado do não direcionamento é:

$$EB_{notT}(\mathbf{x}) = p(S \mid \mathbf{x}, notT) \cdot u_s(\mathbf{x}) + [1 - p(S \mid \mathbf{x}, notT)] \cdot u_{NS}(\mathbf{x})$$

Então, agora, para completar nossa formulação do problema de negócios, gostaríamos de direcionar os clientes para os quais veríamos o maior benefício esperado *a partir de seu direcionamento*. Esses são, especificamente, os clientes para os quais $ET_T(x)-EB_{notT}(x)$ é x maior. Essa é uma formulação de problema substancialmente mais complexa do que vimos antes — mas a estrutura de valor esperado fundamenta nosso pensamento para que possamos raciocinar de forma sistemática e projetar nossa análise com foco no objetivo.

A estrutura de valor esperado também permite que vejamos o que é diferente sobre esse problema com relação ao que consideramos no passado. Especificamente, precisamos considerar o que aconteceria se *não direcionássemos* (olhando para EB_T e $EB_{nãoT}$), bem como qual é a real *influência* do incentivo (tomando a diferença de EB_T e $EB_{nãoT}$).[1]

Vamos para outra divagação matemática breve para ilustrar. Considere as condições em que esse "valor de direcionamento", $VT = EB_T(\mathbf{x}) - EB_{notT}(\mathbf{x})$, seria o maior. Vamos expandir a equação para *VT*, mas, ao mesmo tempo, vamos simplificar supondo que não obtemos nenhum valor de um cliente se ele não ficar.

Equação 11-1. Decomposição VT

$$\begin{aligned}VT &= p(S \mid \mathbf{x}, T) \cdot u_S(\mathbf{x}) - p(S \mid \mathbf{x}, notT) \cdot u_S(\mathbf{x}) - c \\ &= [p(S \mid \mathbf{x}, T) - p(S \mid \mathbf{x}, notT)] \cdot u_S(\mathbf{x}) - c \\ &= \Delta(p) \cdot u_S(\mathbf{x}) - c\end{aligned}$$

em que ($\Delta(p)$) é a diferença nas probabilidades previstas de permanecer, dependendo se o cliente é direcionado ou não. Novamente, vemos um resultado intuitivo: queremos

---

[1] Este é também um ponto de partida essencial para análise causal: criar a chamada situação contrafactual, avaliando a diferença de valores esperados entre duas configurações idênticas. Essas configurações costumam ser chamadas casos "tratados" e "não tratados", em analogia à inferência médica, onde muitas vezes se quer avaliar a influência causal do tratamento. As diferentes estruturas para análise causal, de experimentação randomizada até análise causal baseada em regressão, para abordagens mais modernas de modelagem causal, todas têm essa diferença de valores esperados em seu cerne. Discutiremos análise causal de dados em mais detalhes no Capítulo 12.

direcionar os clientes com a maior mudança em sua probabilidade de ficar, moderada por seu valor caso fiquem! Em outras palavras, visar aqueles com a maior mudança em seu valor esperado como resultado do direcionamento. (O -c é o mesmo para todos em nosso cenário e inclui-lo aqui simplesmente garante que não se espera que *VT* seja uma perda monetária).

É importante não perder o controle: isso tudo foi trabalhado na fase de Compreensão do Negócio. Vamos voltar às implicações para o resto do processo de mineração de dados.

De uma Decomposição de Valor Esperada a uma Solução de Data Science

A discussão anterior e, especificamente, a decomposição em destaque na Equação 11-1 nos guiaram na compreensão e formulação dos dados, modelagem e avaliação. Em particular, a partir da decomposição podemos ver exatamente o que os modelos vão querer construir: modelos para estimar (p(S | x, T)) e (p(S | x, nãoT)) a probabilidade de que um cliente ficará caso direcionado e a probabilidade de que um cliente ficará de qualquer maneira, mesmo não direcionado. Ao contrário de nossas soluções anteriores de mineração de dados, aqui queremos construir dois modelos separados de estimativa de probabilidade. Uma vez que esses modelos são construídos, podemos usá-los para calcular o valor esperado do direcionamento.

É importante ressaltar que a decomposição do valor esperado concentra-se em nossos esforços de Compreensão dos Dados. De quais dados precisamos para construir esses modelos? Em ambos os casos, precisamos de amostras de clientes que tenham atingido o vencimento do contrato. Na verdade, precisamos de amostras de clientes que foram além do vencimento do contrato e que possamos concluir que definitivamente "ficaram" ou "partiram". Para o primeiro modelo, precisamos de uma amostra de clientes que foram alvo de uma oferta. Para o segundo modelo, precisamos de uma amostra de clientes que *não* foram alvo de uma oferta. Esperamos que seja uma amostra representativa da base de clientes a qual o modelo foi aplicado (veja a discussão anterior sobre problema de seleção). Para desenvolver nossa Compreensão dos Dados, vamos pensar mais profundamente sobre cada um desses aspectos.

Como podemos obter uma amostra de tais clientes que não foram alvo da oferta? Em primeiro lugar, devemos nos assegurar de que nada de substancial mudou no ambiente de negócios, que questionaria a utilização de dados históricos para previsão de rotatividade (por exemplo, a introdução do iPhone só para clientes da AT&T seria um evento desse tipo para outras empresas de telefonia). Supondo que não houve tal evento, reunir os dados necessários deve ser relativamente simples: a empresa de telefonia mantém dados substanciais sobre os clientes durante muitos meses, para faturamento, detecção de fraude e outros fins. Considerando que esta é uma nova oferta, nenhum deles foi alvo dela. É melhor verificar novamente se nenhum dos nossos clientes recebeu outra oferta que afetaria a probabilidade de rotatividade.

A situação com a modelagem ($p(S \mid \mathbf{x}, T)$) é bastante diferente e, novamente, destaca como a estrutura de valor esperado pode concentrar nosso pensamento inicial, destacando questões e desafios que enfrentamos. Qual é o desafio aqui? Esta é uma nova oferta. Ninguém a viu antes. Não temos os dados para construir um modelo para estimar ($p(S \mid \mathbf{x}, T)$)!

No entanto, exigências de negócios podem nos forçar a prosseguir. Precisamos reduzir a rotatividade; o marketing tem confiança nesta oferta, e certamente temos alguns dados que podem nos informar sobre como proceder. Esta não é uma situação incomum na aplicação de data science para resolver um problema real de negócios. A decomposição do valor esperado pode nos levar a uma formulação complexa que nos ajuda a compreender o problema, mas para o qual não estamos dispostos ou capazes de abordar a complexidade total. Pode ser que simplesmente não tenhamos os recursos (dados, pessoas ou computação). Em nosso exemplo de rotatividade, não temos os dados necessários.

Um cenário diferente pode ser o de não acreditarmos que a complexidade adicional da formulação completa aumentará substancialmente nossa eficácia. Por exemplo, podemos concluir: "*Sim, a formulação da Equação 11-1 ajuda a compreender o que eu deveria fazer, mas acredito que vá me sair tão bem quanto com uma formulação mais simples ou mais barata.*" Por exemplo, e se supormos que, quando dada a oferta, todo mundo ficaria com certeza, ($p(S \mid \mathbf{x}, T) = 1$)? Esta, obviamente, é uma simplificação excessiva, mas pode nos permitir agir — e, nos negócios, precisamos estar prontos para agir, mesmo sem informações ideais. Você poderia verificar com a Equação 11-1 que o resultado da aplicação desse pressuposto seria simplesmente para atingir aqueles clientes com o maior $1 - p(S \mid \mathbf{x}, notT) \cdot u_S(\mathbf{x})$ — ou seja, os clientes com maior perda esperada se cancelassem o serviço. Isso faz muito sentido se não tivermos dados sobre o efeito diferencial real da oferta.

Considere um curso alternativo de ação em um caso como este, em que dados suficientes não estão disponíveis em um alvo de modelagem. Em vez disso, pode-se rotular os dados com um "substituto" para o rótulo alvo de interesse. Por exemplo, talvez o marketing tenha bolado uma oferta semelhante, porém não idêntica, no passado. Se essa oferta foi feita para os clientes em uma situação semelhante (e recorde a preocupação de problema de seleção discutida anteriormente), pode ser útil construir um modelo usando o rótulo substituto.[2]

---

[2] Para algumas aplicações, rótulos substitutos podem vir de eventos completamente diferentes daquele em que o rótulo alvo é baseado. Por exemplo, para a construção de modelos para prever quem vai comprar depois de ter sido direcionado com um anúncio, dados sobre conversas reais são escassos. É surpreendentemente eficaz usar visitas ao site das campanhas da marca como um substituto de modelagem para compra (Dalessandro, Hook, Perlich & Provost, 2012).

A decomposição do valor esperado destaca ainda outra opção. O que precisamos fazer para modelar (p(S | x, T))? Precisamos obter dados. Especificamente, precisamos obter dados para clientes-alvo. Isso significa que temos que direcionar os clientes. No entanto, isso implicaria em custo. E se direcionarmos mal e desperdiçarmos dinheiro visando clientes com menor probabilidade de responder? Essa situação refere-se ao nosso primeiro princípio fundamental de data science: os dados devem ser tratados como um ativo. Precisamos pensar não só em tirar aproveito dos ativos que já temos, mas também em investir em ativos de dados a partir do qual podemos gerar retornos importantes. Lembre-se do Capítulo 1, a situação que o Signet Bank enfrentou em "Capacidade de Dados e Data Science como um Ativo Estratégico", na página 9. Eles não tinham dados sobre a resposta diferencial dos clientes para vários novos tipos de ofertas que haviam projetado. Então, investiram em dados, assumindo perdas por meio de ofertas mais amplas, e os ativos de dados que adquiriram são considerados a razão pela qual se tornaram o bem-sucedido Capital One. Nossa situação pode não ser tão grande, em termos uma única oferta, e em fazer uma oferta em que não é provável que a perda de dinheiro seja a mesma sofrida pelo Signet Bank quando seus clientes se tornaram inadimplentes. Contudo, a lição é a mesma: se estamos dispostos a investir em dados sobre como as pessoas responderão a esta oferta, seremos capazes de orientar melhor a oferta para futuros clientes.

Vale a pena reiterar a importância da compreensão profunda dos negócios. Dependendo da estrutura da oferta, podemos não perder muito se ela não for aceita, de modo que a formulação mais simples acima pode ser muito satisfatória.

Observe que este investimento em dados pode ser gerido com cuidado, também aplicando ferramentas conceituais desenvolvidas ao longo do livro. Lembre-se da noção de visualizar o desempenho pela curva de aprendizado, no Capítulo 8. A curva de aprendizado nos ajuda a compreender a relação entre a quantidade de dados — neste caso, a quantidade de investimento em dados até agora — e a melhora resultante no desempenho de generalização. Podemos ampliar facilmente a noção de desempenho de generalização para incluir a melhoria no desempenho em relação à base (lembre-se de nosso conceito fundamental: pense cuidadosamente no objeto de comparação). Essa base pode ser nosso modelo alternativo de rotatividade simples. Assim, investiríamos lentamente em dados, analisando se aumentar nossos dados significa melhorar nosso desempenho, e se extrapolar a curva indica que mais melhorias estão por vir. Se esta análise sugere que se o investimento não vale a pena, ela pode ser cancelada.

É importante ressaltar que isso não significa que o investimento foi um desperdício. Investimos em informações: aqui, informações sobre se os dados adicionais valeriam a pena para nossa tarefa final de redução do custo-benefício da rotatividade.

Além disso, estruturar o problema usando o valor esperado permite que as extensões da formulação proporcionem uma forma estruturada de abordar a questão de: *qual é a oferta certa a se fazer*. Podemos expandir a formulação para incluir várias ofertas e julgar quais dão o melhor valor para qualquer cliente em particular. Ou podemos parametrizar as ofertas (por exemplo, com um valor de desconto variável) e, em seguida, trabalhar para otimizar o que esse desconto produzirá como o melhor valor esperado. Isso provavelmente envolveria investimento adicional em dados, realizando experimentos para avaliar probabilidades de diferentes clientes ficarem ou saírem com diferentes níveis de ofertas — mais uma vez, semelhante ao que o Signet Bank fez ao se tornar o Capital One.

Resumo

Ao seguir os exemplos de doação e rotatividade, vimos como a estrutura de valor esperado pode ajudar a articular o problema real de negócios e o(s) papel(is) que a mineração de dados desempenhará em sua solução.

É possível manter a elaboração do problema de negócios cada vez mais detalhada, revelando complexidade adicional no problema (e maiores exigências sobre sua solução). Você pode se perguntar: *"Onde é que isso tudo acaba? Não posso seguir empurrando a análise para sempre?"* Em princípio, sim, mas a modelagem sempre envolve fazer algumas suposições simplificadas para manter o problema tratável. Sempre haverá pontos na engenharia analítica em que você deve concluir:

- Não podemos obter dados sobre este evento,
- Seria muito caro modelar este aspecto com precisão,
- Este evento é tão improvável que vamos ignorá-lo, ou
- Esta formulação parece ser suficiente para o momento, e devemos continuar com ela.

A questão da engenharia analítica não é desenvolver soluções complexas, abordando todas as contingências possíveis. Pelo contrário, o objetivo é promover pensamento sobre os problemas de dados de forma analítica, de modo que o papel da mineração de dados seja claro, as restrições, os custos e os benefícios do negócio sejam considerados e quaisquer hipóteses simplificadas sejam feitas de forma consciente e explícita. Isso aumenta a chance de sucesso do projeto e reduz o risco de ser surpreendido por problemas durante a implantação.

CAPÍTULO 12
Outras Tarefas e Técnicas de Data Science

Conceitos Fundamentais: *Nossos conceitos fundamentais como a base de muitas técnicas comuns de data science; A importância da familiaridade com os módulos de data science.*

Técnica Exemplar: *Associação e coocorrências; Perfil de comportamento; Previsão de ligação; Redução de dados; Mineração de informação latente; Recomendação de filme; Decomposição de erro de variação de problemas; Conjunto de modelos; Raciocínio causal a partir dos dados.*

Como discutimos no capítulo anterior, uma forma útil de pensar em uma equipe que aborda um problema de negócios de forma analítica de dados é que ela enfrenta um problema de *engenharia* — não engenharia mecânica nem engenharia de software, mas *engenharia analítica*. O problema de negócios em si fornece tanto a meta quanto as restrições de sua solução. O conhecimento dos dados e do domínio oferecem a matéria-prima. E o data science, as estruturas para decompor o problema em subproblemas, bem como ferramentas e técnicas para resolvê-lo. Discutimos alguns dos marcos conceituais mais valiosos e alguns dos módulos mais comuns para soluções. No entanto, o data science é um campo vasto, com programas inteiros de graduação dedicados a ele, portanto, não podemos esperar esgotar o assunto em um livro como este. Felizmente, os princípios fundamentais que temos discutido sustentam maior parte do data science.

Como acontece com outros problemas de engenharia, muitas vezes é mais eficiente lançar um novo problema em um conjunto de problemas para os quais já temos boas ferramentas, em vez de tentar criar uma solução personalizada completamente do zero. Engenharia analítica não é diferente: data science nos oferece uma abundância de ferramentas para resolver tarefas comuns. Assim, ilustramos os princípios fundamentais com algumas das ferramentas mais comuns, métodos para encontrar correlações/encontrar variáveis informativas, encontrar entidades semelhantes, classificação, estimativa de probabilidade de classe, regressão e agrupamento.

Estas são ferramentas para as tarefas mais comuns de data science, mas, como descrito no Capítulo 2, também existem outras. Felizmente, os mesmos conceitos fundamentais que sustentam as tarefas que temos utilizado para ilustração também sustentam essas outras. Então, depois de conhecer o básico, discutimos brevemente algumas das outras tarefas e técnicas ainda não apresentadas.

Coocorrências e Associações: Encontrando Itens que Combinam

O agrupamento de coocorrência ou a *descoberta de associação* tentam encontrar associações entre entidades com base nas transações que as envolvem. Por que encontrar essas coocorrências? Existem muitas aplicações. Considere um aplicativo voltado para o consumidor. Digamos que comandamos um varejista online. Com base em dados do carrinho de compras, podemos dizer a um cliente, "Clientes que compraram o novo eWatch também compraram o alto-falante eBracelet Bluetooth." Se as associações realmente captarem as preferências verdadeiras dos consumidores, isso pode aumentar a receita de vendas cruzadas. Também pode aumentar a experiência do consumidor (neste caso, permitindo ouvir música estéreo a partir do eWatch de outra forma monofônico) e, assim, alavancar nosso ativo de dados para criar fidelidade adicional do cliente.

Considere uma aplicação de operações em que enviamos os produtos para os clientes online a partir de muitos centros de distribuição em todo o mundo. Nem todo centro de distribuição estoca todos os produtos. Na verdade, os centros de distribuição regionais menores só estocam os produtos comprados com mais frequência. Construímos esses centros regionais para reduzir despesas com envio, mas, na prática, vemos que há muitos pedidos que acabam sendo enviados do centro principal ou que acabamos tendo de fazer diversas entregas em muitos pedidos. O motivo é que, mesmo quando as pessoas encomendam os itens populares, costumam incluir itens menos populares também. Este é um problema de negócio que podemos tentar resolver por associações de mineração a partir de nossos dados. Se houver itens menos populares que coocorrem com frequência junto com os itens mais populares, esses também poderiam ser estocados nos centros de distribuição regional, obtendo uma redução substancial nos custos de envio.

O agrupamento de coocorrência é simplesmente uma busca pelos dados por combinações de itens cujas estatísticas sejam "interessantes". Existem diferentes maneiras de estruturar uma tarefa, mas vamos pensar na coocorrência como regra: "*Se A ocorre, então, B provavelmente ocorre também*". Assim, *A* pode ser a venda de um eWatch, e *B* a venda do eBracelet.[1] As estatísticas sobre "interessante" geralmente seguem nossos princípios fundamentais.

---

[1] A e B também podem ser vários itens. Por enquanto, vamos supor que são itens individuais. O exemplo das curtidas no Facebook generaliza para vários itens.

Primeiro, precisamos considerar o controle de complexidade: provavelmente deve haver um número enorme de coocorrências, muitas das quais podem ser simplesmente aleatórias, e não um padrão generalizado. Uma forma simples de controlar a complexidade é colocar uma restrição de que essas regras devem se aplicar a um percentual mínimo dos dados — vamos dizer que exigimos que as regras se apliquem a, pelo menos, 0,01% de todas as transações. Isso é chamado *suporte* da associação.

Também temos a noção de "provável" na associação. Se um cliente compra o eWatch, então, é provável que compre o eBracelet. Mais uma vez, precisamos exigir certo grau mínimo de probabilidade para as associações que encontramos. Podemos quantificar essa noção novamente usando as mesmas noções já vistas. A probabilidade de que B ocorra quando A ocorre, que já vimos antes; é $p(B|A)$ que na mineração de associação é chamado de *confiança* ou *força* da regra. Vamos chamar de "força", para que não seja confundido com confiança estatística. Assim, poderíamos dizer que necessitamos que a força esteja acima de certo limiar, como 5% (de modo que em 5% ou mais das vezes, um comprador de A também compre B).

Medindo a Surpresa: Lift e Alavancagem

Por fim, gostaríamos que a associação fosse, de certa forma, "surpreendente". Muitas noções de surpresa foram buscadas em mineração de dados, mas, infelizmente, a maioria envolve combinar o conhecimento descoberto ao nosso conhecimento prévio, intuição e bom senso. Em outras palavras, uma associação surpreende caso contradiga algo que já se sabia ou acreditava. Pesquisadores estudam como enfrentar essa dificuldade de codificar o conhecimento, mas conseguir lidar com essa dificuldade de forma automática não é prática comum. Em vez disso, os cientistas de dados e os usuários de negócios debruçam-se sobre longas listas de associações, descartando aquelas pouco surpreendentes.

No entanto, há uma noção de surpresa mais fraca, porém intuitiva, que pode ser calculada apenas a partir dos dados, e que já encontramos em outros contextos: **lift** — com quanto mais frequência essa associação ocorre em comparação ao esperado, pelo acaso? Se as associações de dados do carrinho de compras revelassem que o pão e o leite costumam ser comprados juntos, podemos dizer: "É claro." Muitas pessoas compram leite e muitas pessoas compram pão. Por isso, pode-se esperar que ocorram juntos apenas por acaso. Ficaríamos mais surpresos se encontrássemos associações que ocorrem com muito mais frequência do que o acaso determinaria. Lift é calculado simplesmente pela aplicação de noções básicas de probabilidade.

Equação 12-1. Lift

$$\text{Lift}(A,\ B) = \frac{p(A,\ B)}{p(A)p(B)}$$

Lift da coocorrência de *A* e *B* é a probabilidade de que os dois ocorram juntos, em comparação à probabilidade de que os dois ocorram juntos se não fossem relacionados (independentes) entre si. Como acontece com outros usos do lift que já vimos, um lift maior que um é o fator em que a ocorrência de *A* "potencializa" a probabilidade de que *B* também ocorra.

Este é apenas um caminho possível para calcular o quanto mais provável é uma descoberta de associação em comparação ao acaso. Uma alternativa é olhar para a diferença dessas quantidades em vez de sua relação. Essa medida é chamada de **alavancagem**.

Equação 12-2. Alavancagem

$$\text{Alavancagem}(A, B) = p(B, A) - p(A)p(B)$$

Reserve um minuto para se convencer de que um desses seria melhor para as associações bem pouco prováveis de ocorrer ao acaso, e uma melhor para aquelas com maior probabilidade de ocorrer ao acaso.

Exemplo: Cerveja e Bilhetes de Loteria

Como já vimos com o exemplo "eWatch e eBracelet", a descoberta de associação costuma ser usada em análise de cesta de compras para encontrar e analisar coocorrências de itens comprados. Vamos analisar um exemplo concreto.

Suponha que administramos uma pequena loja de conveniência onde as pessoas compram mantimentos, bebidas alcoólicas, bilhetes de loteria e assim por diante. Digamos que analisamos todas as nossas operações ao longo de um ano. Descobrimos que as pessoas costumam comprar bilhetes de loteria e cerveja juntos. No entanto, sabemos que, em nossa loja, as pessoas compram cerveja e bilhetes de loteria com frequência. Vamos dizer que descobrimos que 30% de todas as transações envolvem cerveja e 20% incluem bilhetes de loteria e cerveja! Essa coocorrência é interessante? Ou simplesmente acontece em razão da semelhança dessas duas compras? A estatística de associação pode nos ajudar.

Primeiro, vamos declarar uma regra de associação que representa essa crença: "Os clientes que compram cerveja também estão propensos a comprar bilhetes de loteria"; ou mais concisamente, "bilhetes de loteria => cerveja". Em seguida, vamos calcular o lift dessa associação. Já conhecemos um valor de que precisamos: *p*(cerveja) = 0,3. Digamos que bilhetes de loteria também são muito populares: *p*(bilhetes de loteria) = 0,4. Se esses dois itens fossem completamente alheios (independentes), a chance de que seriam comprados juntos seria o produto destes dois: *p*(cerveja) x *p*(bilhetes de loteria) = 0,12.

Também temos a probabilidade real (frequência nos dados) de pessoas que compram os dois itens juntos, *p*(bilhetes de loteria, cerveja), que encontramos ao analisar os dados dos cupons fiscais, verificando todas as operações, incluindo bilhetes de loteria e cerveja. Conforme mencionado, 20% das operações incluem ambos, e esta é a nossa probabilidade: p(bilhetes de loteria, cerveja) = 0,2. Assim, o lift é 0,2/0,12, que é de cerca de 1,67. Isso significa que a probabilidade de se comprar bilhetes de loteria e cerveja juntos é cerca de 1 2/3 maior do que seria esperado ao acaso. Podemos concluir que há alguma relação ali, mas grande parte da coocorrência é devido ao fato de que cada um desses itens é muito popular.

E quanto a alavancagem? Que é p(bilhetes de loteria, cerveja) — p(bilhetes de loteria) x p(cerveja), que é 0,2 – 0,12 ou 0,08. O que quer que esteja direcionando os resultados de coocorrência em oito pontos percentuais aumenta a probabilidade de compra dos dois itens juntos em relação ao que poderíamos esperar, simplesmente por serem itens populares.

Existem outras duas estatísticas significativas que também devemos calcular: o apoio e a força. O *apoio* da associação é apenas a prevalência nos dados de compras dos dois itens juntos, p(bilhetes de loteria, cerveja), que é 20%. A *força* é a probabilidade condicional, p(bilhetes de loteria|cerveja), que é 67%.

Associações Entre Curtidas no Facebook

Embora encontrar associações costume ser usado com dados de cestas de compras — e, por vezes, é até chamado de *análise de cesta de compras* — a técnica é muito mais geral. Podemos usar nosso exemplo do Capítulo 9 de "curtidas" no Facebook para ilustrar. Lembre-se de que temos dados sobre as coisas que foram "curtidas" por um grande grupo de usuários do Facebook (Kosinski, Stillwell & Graepel, 2013). Por analogia aos dados da cesta de compras, podemos considerar que cada um desses usuários tem uma "cesta" de curtidas, ao agregar todas as curtidas de cada usuário. Agora, podemos perguntar, determinadas curtidas tendem a coocorrer com mais frequência do que seria esperado ao acaso? Usaremos isso simplesmente como um exemplo interessante para ilustrar como encontrar associação, mas o processo poderia realmente ter uma aplicação de negócios importante. Se você é um comerciante buscando entender os consumidores em determinado mercado, pode estar interessado em encontrar padrões de coisas que as pessoas curtem. Se estiver pensando de forma analítica de dados, aplicará exatamente o tipo de pensamento que temos ilustrado até agora neste capítulo: vai querer saber quais coisas coocorrem com mais frequência do que seria esperado ao acaso.

Antes de chegar à mineração dos dados, introduzimos mais uma ideia útil para encontrar associações. Como estamos utilizando a cesta de compras como analogia, neste ponto, devemos considerar uma ampliação do nosso pensamento do que poderia ser um item. Por que não podemos colocar em nossa "cesta" qualquer coisa para as quais possamos estar interessados em encontrar associações? Por exemplo, podemos colocar a localização de um usuário na cesta e, então, analisar as associações entre Curtidas e localizações. Dados assim inseridos numa cesta de compras são, às vezes, chamados de itens *virtuais*, para distingui-

-los dos itens reais que as pessoas colocam em sua cesta em uma loja. Para nossos dados do Facebook, lembre-se de que podemos obter dados psicométricos sobre muitos consumidores, como seu grau de extroversão e aceitabilidade ou sua pontuação em um teste de QI. Pode ser interessante permitir a associação de busca para encontrar associações com essas características psicométricas também.

Observação: Supervisionado Versus Não Supervisionado?

Devemos ter em mente nossa distinção entre mineração de dados supervisionada e não supervisionada. Se quisermos, especificamente, compreender o que correlaciona mais com a aceitação ou com Curtidas de nossa marca, devemos formular isso como um problema supervisionado, com a variável alvo correspondente. Foi o que fizemos ao analisar as evidências de lift no Capítulo 9, e na segmentação supervisionada ao longo do livro. Se quisermos explorar os dados sem um objetivo tão específico, então encontrar associação pode ser mais adequado. Veja a discussão no Capítulo 6 sobre as diferenças entre mineração supervisionada e não supervisionada — no contexto de agrupamento, mas os conceitos fundamentais também se aplicam à mineração de associação.

Certo, então, vamos ver que associações obtemos entre curtidas no Facebook.[2] Essas associações foram encontradas por meio do uso do popular sistema de mineração de associação Magnum Opus.[3] Ele permite que busquemos associações que dão o maior lift ou maior alavancagem enquanto filtra associações que cobrem poucos casos, para serem interessantes. A lista abaixo mostra algumas das maiores associações de lift entre curtidas no Facebook com a restrição de que deve abranger, pelo menos, 1% dos usuários no conjunto de dados. Será que essas associações fazem sentido? Será que elas representam as relações entre os gostos dos usuários? Observe que os lifts estão todos acima de 20, o que significa que todas as associações são, pelo menos, 20 *vezes mais propensas* a ocorrer do que seria de se esperar ao acaso:

```
Family Guy & The Daily Show -> The Colbert Report
Suporte = 0,010; Força = 0,793; Lift = 31,32; Alavancagem = 0,0099

A Viagem de Chihiro -> O Castelo Animado
Suporte = 0,011; Força = 0,556; Lift = 30,57; Alavancagem = 0,0108

Selena Gomez -> Demi Lovato
Suporte = 0,010; Força = 0,419; Lift = 27,59; Alavancagem = 0,0100

Eu realmente odeio computadores lentos & Risadas aleatórias ao lembrar alguma
coisa -> Encontrar dinheiro no bolso
Suporte = 0,010; Força = 0,726; Lift = 25,80; Alavancagem = 0,0099

Skittles & Glowsticks -> Being Hyper!
Suporte = 0,011; Força = 0,529; Lift = 25,53; Alavancagem = 0,0106
```

---

2 Agradecemos Wally Wang pela ajuda com isto.
3 Consulte esta página (*http://www.giwebb.com/* — conteúdo em inglês)

Linkin Park & Disturbed & System of a Down & Korn -> Slipknot
Suporte = 0,011; Força = 0,862; Lift = 25,50; Alavancagem = 0,0107

Lil Wayne & Rihanna -> Drake.
Suporte = 0,011; Força = 0,619; Lift = 25,33; Alavancagem = 0,0104

Skittles & Mountain Dew -> Gatorade
Suporte = 0,010; Força = 0,519; Lift = 25,23; Alavancagem = 0,0100

Bob Esponja Calça Quadrada & Converse -> Patrick
Suporte = 0,010; Força = 0,654; Lift = 24,94; Alavancagem = 0,0097

Rihanna & Taylor Swift -> Miley Cyrus
Suporte = 0,010; Força = 0,490; Lift = 24,90; Alavancagem = 0,0100

Disturbed & Three Days Grace -> Breaking Benjamin
Suporte = 0,012; Força = 0,701; Lift = 24,64; Alavancagem = 0,0117

Eminem & Lil Wayne -> Drake
Suporte = 0,014; Força = 0,594; Lift = 24,30; Alavancagem = 0,0131

Adam Sandler & System of a Down & Korn -> Slipknot
Suporte = 0,010; Força = 0,819; Lift = 24,23; Alavancagem = 0,0097

Pink Floyd & Slipknot & System of a Down -> Korn
Suporte = 0,010; Força = 0,810; Lift = 24,05; Alavancagem = 0,0097

Música & Anime -> Mangá
Suporte = 0,011; Força = 0,675; Lift = 23,99; Alavancagem = 0,0110

QI mediano & minhocas azedinhas de goma -> Eu amo massa de biscoito
Suporte = 0,012; Força = 0,568; Lift = 23,86; Alavancagem = 0,0118

Rihanna e Drake -> Lil Wayne
Suporte = 0,011; Força = 0,849; Lift = 23,55; Alavancagem = 0,0104

Eu amo massa de biscoito -> Minhocas azedinhas de goma
Suporte = 0,014; Força = 0,569; Lift = 23,28; Alavancagem = 0,0130

Rir até doer e não conseguir respirar! & Eu realmente odeio computadores lentos -> Encontrar dinheiro no bolso
Suporte = 0,010; Força = 0,651; Lift = 23,12; Alavancagem = 0,0098

Evanescence & Three Days Grace -> Breaking Benjamin
Suporte = 0,012; Força = 0,656; Lift = 23,06; Alavancagem = 0,0117

Disney & Disneyland -> Walt Disney World
Suporte = 0,011; Força = 0,615; Lift = 22,95; Alavancagem = 0,0103

Eu finalmente parei de rir... olhei para você e comecei tudo de novo -> Aquele momento constrangedor quando você olha para alguém encarando para você.
Suporte = 0,011; Força = 0,451; Lift = 22,92; Alavancagem = 0,0104

Selena Gomez -> Miley Cyrus
Suporte = 0,011; Força = 0,443; Lift = 22,54; Alavancagem = 0,0105

Reese & Starburst -> Kelloggs Pop-Tarts
Suporte = 0,011; Força = 0,493; Lift = 22,52; Alavancagem = 0,0102

```
Skittles & Bob Esponja Calça Quadrada -> Patrick
Suporte = 0,012; Força = 0,590; Lift = 22,49; Alavancagem = 0,0112

Disney & DORY & Toy Story -> Procurando Nemo
Suporte = 0,011; Força = 0,777; Lift = 22,47; Alavancagem = 0,0104

Katy Perry & Taylor Swift -> Miley Cyrus
Suporte = 0,011; Força = 0,441; Lift = 22,43; Alavancagem = 0,0101

AKON & Black Eyed Peas -> Usher
Suporte = 0,010; Força = 0,731; Lift = 22,42; Alavancagem = 0,0097

Eminem & Drake -> Lil Wayne
Suporte = 0,014; Força = 0,807; Lift = 22,39; Alavancagem = 0,0131
```

A maioria dos exemplos de mineração de associação usam domínios (como curtidas do Facebook) onde os leitores já têm um bom conhecimento do domínio. Isso porque, do contrário, como a mineração não é supervisionada, a avaliação depende de forma muito mais crítica da validação do conhecimento de domínio (lembre-se da discussão no Capítulo 6) — não temos uma tarefa alvo bem definida para uma avaliação objetiva. No entanto, uma utilização prática interessante da mineração de associação é explorar dados que não entendemos muito bem. Considere entrar em um novo emprego. Explorar os dados de transações dos clientes da empresa e analisar as fortes coocorrências pode rapidamente proporcionar uma visão ampla das relações de gosto na base de clientes. Então, com isso em mente, olhe para as coocorrências anteriores de curtidas no Facebook e finja que isso não era um domínio da cultura popular: essas e outras iguais (há um grande número dessas associações) daria a você uma visão muito ampla dos gostos relacionados dos consumidores.

Perfis: Encontrando Um Comportamento Típico

Ao traçar perfis, tenta-se caracterizar o comportamento típico de um indivíduo, grupo ou população. Um exemplo de pergunta de perfil poderia ser: *Qual é o uso típico de cartão de crédito do segmento deste cliente?* Esta poderia ser uma simples média dos gastos, mas uma descrição tão simples pode não representar bem o comportamento para nossa tarefa de negócios. Por exemplo, a detecção de fraude costuma usar perfis para caracterizar o comportamento normal e, em seguida, analisar os exemplos que se desviam substancialmente do comportamento normal — especialmente em formas que, anteriormente, foram indicativas de fraude (Fawcett & Provost, 1997; Bolton e Hand, 2002). O perfil de uso de cartão de crédito para detecção de fraude pode exigir uma descrição complexa de médias dos dias da semana e finais de semana, uso internacional, o uso em comércios e categorias de produto, uso em comércios suspeitos e assim por diante. O comportamento pode ser descrito geralmente sobre uma população inteira, em pequenos grupos ou até mesmo para cada indivíduo. Por exemplo, podemos traçar o perfil de cada usuário de cartão de crédito com relação ao seu uso internacional, de modo a não criar falsos alarmes para um indivíduo que comumente viaja para o exterior.

Perfis combinam conceitos discutidos anteriormente. Eles podem, essencialmente, envolver agrupamento, se existem subgrupos da população com diferentes comportamentos. Muitos métodos de criação de perfil parecem complicados, mas, em sua essência, são simplesmente instâncias do conceito fundamental apresentado no Capítulo 4: definir uma função numérica com alguns parâmetros, definir uma meta ou objetivo e encontrar os parâmetros que melhor atendam ao objetivo.

Então, vamos considerar um exemplo simples de gerenciamento de operações de negócios. As empresas gostariam de utilizar os dados para ajudar a compreender a qualidade de atendimento aos clientes de seus call centers.[4] Um dos aspectos do bom atendimento ao cliente é não deixá-los esperando por longos períodos de tempo. Então, como podemos traçar o perfil do tempo de espera típico dos nossos clientes que ligam para a central de atendimento? Podemos calcular a média e o desvio padrão do tempo de espera.

Parece ser exatamente o que faria um gerente com formação estatística básica — acaba sendo um simples exemplo de ajuste do modelo. Eis o motivo. Vamos supor que o tempo de espera de um cliente siga uma distribuição Normal ou Gaussiana. Dizer essas coisas pode fazer com que uma pessoa leiga em matemática tema o que está por vir, mas isso só significa que a distribuição segue uma curva em forma de sino com algumas propriedades particularmente boas. É importante saber que um "perfil" dos tempos de espera que (neste caso) têm apenas dois parâmetros importantes: a média e o desvio padrão. Quando calculamos a média e o desvio padrão, estamos buscando o "melhor" perfil ou modelo de tempo de espera sob o pressuposto de que é Normalmente distribuído. Neste caso, "melhor" é a mesma noção discutida na regressão logística, por exemplo, a média calculada a partir do gasto nos dá a média da distribuição Gaussiana, que tem mais probabilidade de ter gerado os dados (o modelo de "probabilidade máxima").

Este ponto de vista ilustra por que a perspectiva da data science pode ajudar, mesmo em cenários simples: agora, fica muito mais claro o que estamos fazendo quando calculamos as médias e os desvios padrão, mesmo que nossa memória dos detalhes das classes estatísticas seja nebuloso. Também precisamos ter em mente os princípios fundamentais introduzidos no Capítulo 4 e aprofundados no Capítulo 7: precisamos considerar cuidadosamente o que desejamos de nossos resultados de data science. Aqui, queremos traçar o perfil do tempo de espera "normal" de nossos clientes. Se representarmos graficamente os dados e eles não parecerem vir de uma Gaussiana (a curva do sino simétrica que vai a zero rapidamente nas "caudas"), devemos reconsiderar simplesmente relatar a média e o desvio padrão. Em vez disso, podemos relatar a mediana, que não é tão sensível à distorção ou, possivelmente, ainda melhor, encaixar uma distribuição diferente (talvez depois de falar com um cientista de dados orientados a estatística sobre o que poderia ser adequado).

---

4 Incentivamos que o leitor interessado leia Brown et al. (2005) para um tratamento técnico e detalhes sobre esta aplicação.

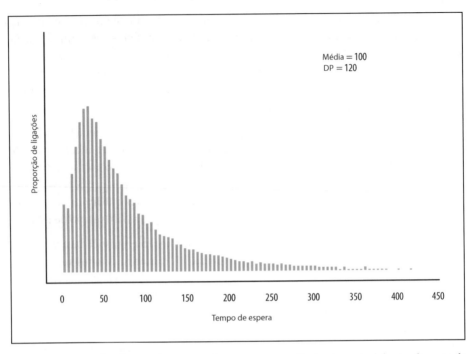

Figura 12-1. Uma distribuição dos tempos de espera para os clientes da central de atendimento de um banco.

Para ilustrar como o gerente que compreende data science pode prosseguir, vamos olhar para uma distribuição dos tempos de espera para os clientes na central de atendimento de um banco ao longo de alguns meses. A Figura 12-1 mostra tal distribuição. O importante é saber como a visualização da distribuição deve provocar a emissão de um alerta em nosso radar de data science. A distribuição *não* é uma curva em forma de sino simétrica. Devemos nos preocupar sobre simplesmente traçar perfis dos tempos de espera por intermédio do relato da média e do desvio padrão. Por exemplo, a média (100) não parece satisfazer nosso desejo de traçar o perfil de quanto tempo nossos clientes normalmente esperam; parece muito grande. Tecnicamente, a "cauda" longa da distribuição distorce a média para cima, assim, isso não representa fielmente onde a maioria dos dados realmente estão. Ela não representa fielmente o tempo normal de espera de nossos clientes.

Para dar mais profundidade ao que nosso gerente experiente em data science pode fazer, vamos um pouco mais longe. Não entramos em detalhes aqui, mas um truque comum para lidar com dados distorcidos dessa forma é usar o logaritmo (log) dos tempos de espera. A Figura 12-2 mostra a mesma distribuição da Figura 12-1, mas usando os logaritmos dos tempos de espera. Agora, vemos que após uma transformação simples os tempos de espera se parecem muito com a curva em forma de sino clássica.

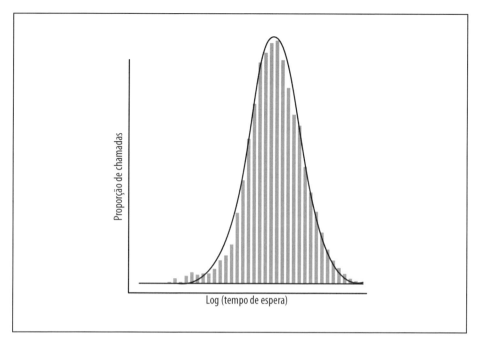

Figura 12-2. A distribuição dos tempos de espera para clientes da central de atendimento de um banco após uma rápida redefinição dos dados.

De fato, a Figura 12-2 também mostra uma distribuição Gaussiana real (curva campanular) ajustada à distribuição em formato de sino, como descrito acima. Ela se encaixa muito bem e, portanto, temos uma justificativa para relatar a média e o desvio padrão como estatísticas resumidas do perfil de (log) tempos de espera.[5]

Este exemplo simples pode se adequar muito bem para situações mais complexas. Em outro contexto, digamos que queremos criar um perfil do comportamento do cliente em termos de seus gastos e de sua permanência em nosso site. Acreditamos que estejam correlacionados, mas não perfeitamente, como com os pontos representados graficamente na Figura 12-3. Mais uma vez, uma aderência muito comum é aplicar a noção fundamental do Capítulo 4: escolher uma função numérica parametrizada e um objetivo, e encontrar parâmetros que maximizam o objetivo. Por exemplo, podemos escolher uma Gaussiana bidimensional, que é, essencialmente, um sino *oval* em vez de uma curva em forma de sino — uma bolha de forma oval muito densa no centro e se dissipa em direção às bordas. Isso é representado pelas linhas de contorno na Figura 12-3.

---

5 Um cientista de dados estatisticamente treinado deve ter notado imediatamente o formato da distribuição dos dados originais mostrada na Figura 12-1. Essa é a chamada distribuição log normal, que significa apenas que os logs das quantidades em questão são normalmente distribuídos.

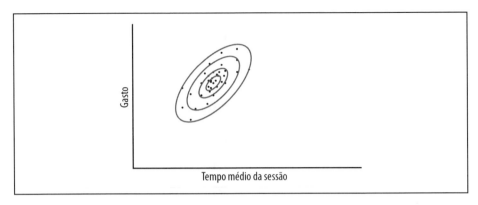

Figura 12-3. Um perfil de nossos clientes com relação a seus gastos e do tempo que passam em nosso web site, representado por um ajuste Gaussiano bidimensional aos dados.

Podemos seguir estendendo a ideia para traçar perfis cada vez mais sofisticados. E se acreditarmos que existem diferentes subgrupos de clientes com diferentes comportamentos? Podemos não estar dispostos a simplesmente ajustar uma distribuição Gaussiana ao comportamento. No entanto, talvez estejamos confortáveis assumindo que existem k grupos de clientes, cujo comportamento é normalmente distribuído. Podemos ajustar um modelo com várias Gaussianas, chamado de *Modelo de Mistura Gaussiana* (GMM, do inglês *Gaussian Mixture Model*). Aplicando novamente nosso conceito fundamental, encontrar os parâmetros de probabilidade máxima identifica as Gaussianas k que melhor se ajustam aos dados (com relação a esta função objetiva em particular). Vemos um exemplo com $k = 2$ na Figura 12-4. Ela mostra como o processo de ajuste identifica dois grupos diferentes de clientes, cada um modelado por uma distribuição Gaussiana bidimensional.

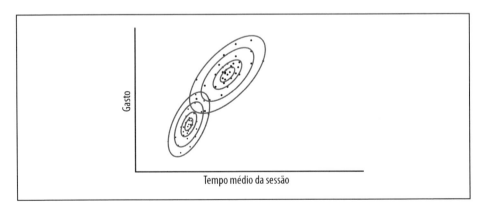

Figura 12-4. Um perfil de nossos clientes com relação a seus gastos e ao tempo que passam em nosso web site, representado como um Modelo de Mistura Gaussiana (GMM), com 2 ajustes Gaussianos bidimensionais aos dados. O GMM oferece um agrupamento "suave" de nossos clientes ao longo dessas duas dimensões.

Agora, temos um perfil bastante sofisticado que pode ser compreendido como uma aplicação surpreendentemente simples de nossos princípios fundamentais. Uma observação interessante é que este GMM produziu um agrupamento, mas de uma maneira diferente dos agrupamentos apresentados no Capítulo 6. Isso ilustra como princípios fundamentais, e não as tarefas ou os algoritmos específicos, é que formam a base da data science. Neste caso, o agrupamento pode ser feito de diferentes maneiras, assim como a classificação e a regressão.

Observação: Agrupamento "Suave"

Consequentemente, você pode notar que agrupamentos no GMM se sobrepõem uns aos outros. O GMM oferece o que é chamado de agrupamento "suave" ou probabilístico. Cada ponto não pertence estritamente a um único agrupamento, mas, em vez disso, possui um grau ou probabilidade de participação em cada agrupamento. Neste agrupamento em particular, podemos pensar que um ponto tem maior probabilidade de ter vindo de alguns agrupamentos do que outros. No entanto, ainda existe uma possibilidade, talvez remota, de que o ponto possa ter vindo de qualquer um deles.

Previsão de Ligação e Recomendação Social

Às vezes, em vez de prever uma propriedade (valor alvo) de um item de dados, é mais útil prever *conexões* entre itens de dados. Um exemplo comum disso é prever que deve existir uma ligação entre dois indivíduos. A previsão de ligação é comum em sistemas de redes sociais: *Como você e Karen compartilham 10 amigos, talvez você gostaria de ser amigo de Karen?* Previsão de ligação também pode estimar a força de uma ligação. Por exemplo, para a recomendação de filmes para os clientes pode-se pensar em um gráfico entre os clientes e os filmes que eles assistiram ou classificaram. Dentro do gráfico, podemos buscar ligações que *não* existem entre clientes e filmes, mas que previmos que deveriam existir e devem ser fortes. Essas ligações são a base para as recomendações.

Existem muitas abordagens para a previsão de ligação, e mesmo um capítulo inteiro deste livro não faria justiça. No entanto, podemos entender uma grande variedade de abordagens que utilizam nossos conceitos fundamentais de data science. Vamos considerar o caso da rede social. Sabendo o que sabe agora, se tivesse que prever a presença ou a força de um vínculo entre dois indivíduos, como enquadraria o problema? Temos várias alternativas. Podemos supor que as ligações devem estar entre indivíduos semelhantes. Sabemos, então, que precisamos definir uma medida de similaridade que leva em conta aspectos importantes de nossa aplicação.

Podemos definir uma medida de similaridade entre dois indivíduos que indicaria que gostariam de ser amigos? (Ou de que já sejam amigos, dependendo da aplicação.) Claro. Usando diretamente o exemplo acima, podemos considerar a similaridade como sendo o número de amigos compartilhados. É claro que a medida de similaridade poderia ser mais sofisticada: podemos ponderar os amigos pela quantidade de comunicação, proximidade geográfica ou algum outro fator e, em seguida, encontrar ou desenvolver uma função de similaridade que leva esses pontos fortes em consideração. Podemos usar essa força de amigos como um aspecto da semelhança e, ao mesmo tempo, incluir outras (desde o Capítulo 6 já estamos familiarizados com similaridade multivariada), como interesses compartilhados, demografia compartilhada etc. Essencialmente, podemos aplicar o conhecimento de "encontrar itens de dados semelhantes" para as pessoas, considerando as diferentes formas em que podem ser representadas como dados.

Essa é uma maneira de atacar o problema de previsão de ligação. Vamos considerar outra, só para continuar a ilustrar como os princípios fundamentais se aplicam a outras tarefas. Como queremos *prever* a existência (ou força) de uma ligação, podemos muito bem decidir lançar a tarefa como um problema de modelagem preditiva. Assim, podemos aplicar nossa estrutura para pensar sobre problemas de modelagem preditiva. Como sempre, começamos com as empresas e a compreensão de dados. O que consideraríamos ser um exemplo? A princípio, poderíamos pensar: espere um minuto — aqui estamos olhando para a *relação* entre dois exemplos. Nossa estrutura conceitual é muito útil: vamos nos manter firmes em nossas convicções e definir um exemplo para previsão. O que exatamente queremos prever? Queremos prever a existência de uma relação (ou sua força, mas vamos apenas considerar a existência aqui) entre duas pessoas. Assim, um exemplo seria um par de pessoas!

Depois de definir um exemplo como sendo um par de pessoas, podemos prosseguir sem problemas. Em seguida, qual seria a variável alvo? A relação existe ou seria formada caso recomendada. Essa seria uma tarefa supervisionada? Sim, podemos obter dados de treinamento onde existam ligações ou não, ou ainda, se quisermos ser mais cuidadosos, podemos investir na aquisição de rótulos especificamente para a tarefa de recomendação (seria necessário passar um pouco mais de tempo aqui para definir a semântica exata da ligação). Quais seriam as características? Seriam características do *par de pessoas*, por exemplo, quantos amigos em comum dois indivíduos têm, qual é a semelhança de seus interesses e assim por diante. Agora que lançamos o problema sob a forma de uma tarefa de modelagem preditiva, podemos começar a perguntar que tipo de modelos serão aplicados e como vamos avaliá-los. Esse é o mesmo procedimento conceitual pelo qual passamos em qualquer tarefa de modelagem preditiva.

Redução de Dados, Informações Latentes e Recomendação de Filmes

Para alguns problemas de negócios, precisamos pegar um grande conjunto de dados e substituí-lo por um conjunto menor que preserve mais informações importantes do conjunto maior. O conjunto de dados menor pode ser mais fácil de tratar ou processar.

Além disso, ele pode revelar melhor as informações contidas nele. Por exemplo, um grande conjunto de dados sobre as preferências de filmes dos consumidores pode ser reduzido a um conjunto de dados muito menor revelando as preferências de gostos latentes nos dados de visualização (por exemplo, as preferências de visualização para um gênero de filme). Tal redução de dados geralmente envolve sacrificar algumas informações, mas o importante é o equilíbrio entre a perspectiva ou capacidade de gerenciamento obtida contra as informações perdidas. Costuma ser uma troca que vale a pena.

Como acontece com a previsão de ligação, a redução de dados é uma tarefa geral, não uma técnica específica. Existem muitas técnicas, e podemos usar nossos princípios fundamentais para compreendê-las. Analisamos uma técnica popular como exemplo.

Vamos continuar falando sobre recomendações de filmes. Em um contexto famoso (pelo menos nos círculos de data science), a empresa de aluguel de filmes Netflix™ ofereceu um milhão de dólares para o indivíduo ou a equipe que melhor pudesse prever como os consumidores avaliariam filmes. Especificamente, eles estabeleceram uma meta de previsão de desempenho em um conjunto de dados de retenção e entregaram o prêmio para a equipe que primeiro atingisse essa meta.[6] A Netflix disponibilizou dados históricos sobre as classificações dos filmes, atribuídas por seus clientes. A equipe vencedora[7] produziu uma técnica extremamente complicada, mas grande parte do sucesso é atribuído a dois aspectos da solução: (i) a utilização de conjuntos de modelos, que discutimos em "Problemas, Variância e Métodos de Conjunto" na página 308, e (ii) a redução dos dados. A principal técnica de redução de dados usada pelos vencedores pode ser facilmente descrita usando nossos conceitos fundamentais.

O problema a ser resolvido era, essencialmente, um problema de previsão de ligação, em que o objetivo, especificamente, era prever a força da ligação entre um usuário e um filme — a força representando quanto o usuário gostaria do filme. Como acabamos de discutir, isso pode ser lançado como um problema de modelagem preditiva. No entanto, quais seriam as características para a relação entre um usuário e um filme?

Uma das abordagens mais populares para fornecer recomendações, descrita em detalhes em um artigo muito bom escrito por vários dos vencedores do concurso Netflix (Koren, Bell & Volinsky, 2009), é basear o modelo em dimensões *latentes* subjacentes às preferências. O termo "latente", em data science, significa "relevante, mas não observado explicitamente nos dados". O Capítulo 10 discute modelos de tópicos, outra forma de modelo latente, onde a informação latente é o conjunto de tópicos nos documentos. Aqui, as dimensões latentes de preferência de filmes incluem possíveis caracterizações como sério versus fantasia, comédia versus drama, voltado para crianças ou com orientação de gênero. Mesmo que esses não sejam explicitamente representados nos dados, eles po-

---

[6] Existem alguns aspectos técnicos das regras do Desafio Netflix que você pode encontrar na página da Wikipédia (http://en.wikipedia.org/wiki/Netflix_Prize — conteúdo em inglês).

[7] A equipe vencedora, Pragmatic Chaos de Bellkor, tinha sete membros. A história do concurso e da evolução da equipe é complicada e fascinante. Consulte esta página da Wikipédia (http://en.wikipedia.org/wiki/Netflix_Prize — conteúdo em inglês) sobre o Prêmio Netflix.

dem ser importantes para julgar se determinado usuário gostará do filme. As dimensões latentes também podem incluir coisas possivelmente mal definidas, como a profundidade do desenvolvimento do personagem ou estranheza, bem como dimensões nunca explicitamente articuladas, uma vez que as dimensões latentes surgirão a partir dos dados.

Mais uma vez, podemos entender essa abordagem avançada de data science como uma combinação de conceitos fundamentais. A ideia das abordagens de dimensão latente para recomendação é representar cada filme como um vetor de característica usando as dimensões latentes e também representar as preferências de cada usuário como um vetor de característica utilizando as dimensões latentes. Em seguida, é fácil encontrar filmes para recomendar a qualquer usuário: calcule a pontuação de similaridade entre ele e todos os filmes; os filmes que melhor correspondem às preferências dos usuários serão os filmes mais semelhantes ao usuário, quando ambos são representados pelas mesmas dimensões latentes.

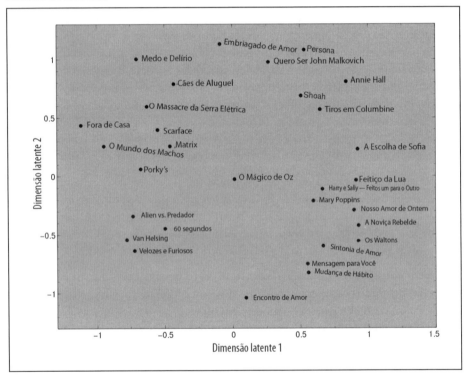

Figura 12-5. Uma coleção de filmes colocada em um "espaço de gosto" definido por duas dimensões latentes fortes extraídas dos dados do Desafio Netflix. Consulte o texto para uma discussão detalhada. Um cliente também seria colocado em algum lugar no espaço, com base nos filmes que já assistiu ou classificou. Uma abordagem de recomendação baseada em similaridade sugeriria os filmes mais próximos do cliente como recomendações candidatas.

A Figura 12-5 mostra um espaço latente bidimensional extraído a partir dos dados de filme do Netflix,[8] bem como um conjunto de filmes representados neste novo espaço. A interpretação dessas dimensões latentes extraídas dos dados devem ser inferidas pelos cientistas de dados ou usuários de negócios. A forma mais comum é observar como as dimensões separam os filmes e, em seguida, aplicar o conhecimento de domínio.

Na Figura 12-5, a dimensão latente representada pelo eixo horizontal parece separar os filmes em drama, à direita, e ação, à esquerda. Na extrema direita, vemos filmes sentimentais, como *A Noviça Rebelde, Feitiço da Lua* e *Harry e Sally — Feitos um para o Outro*. Na extrema esquerda, vemos tudo que é oposto aos filmes sentimentais (filmes viscerais?), incluindo aqueles que se encaixam no gosto estereotipado de homens e meninos adolescentes (*O Mundo dos Machos, Porky's*), assassinato (*O Massacre da Serra Elétrica, Cães de Aluguel*), velocidade (*Velozes e Furiosos*) e caça a monstros (*Van Helsing*). A dimensão latente, representada pelo eixo vertical, parece separar os filmes de apelo intelectual versus apelo emocional, com filmes como *Quero Ser John Malkovich, Medo e Delírio* e *Annie Hall* em um extremo, e *Encontro de Amor, Velozes e Furiosos* e *Mensagem para Você* no outro. Sinta-se livre para discordar dessas interpretações das dimensões — elas são completamente subjetivas. Porém, uma coisa está clara: *O Mágico de Oz* captura um equilíbrio incomum de quaisquer gostos representados pelas dimensões latentes.

Para utilizar esse espaço latente para recomendação, um cliente também seria colocado em algum lugar no espaço, com base nos filmes que alugou ou classificou. Os filmes mais próximos da posição do cliente seriam bons candidatos a serem recomendados. Observe que, para fazer isso, precisamos sempre voltar para nossa compreensão do negócio. Por exemplo, diferentes filmes têm diferentes margens de lucro, por isso, podemos querer combinar esse conhecimento com o conhecimento dos filmes mais semelhantes.

Mas como *encontrar* as dimensões latentes nos dados? Aplicamos o conceito fundamental apresentado no Capítulo 4: representamos o cálculo de similaridade entre um usuário e um filme como uma fórmula matemática usando algum número d para dimensões latentes ainda desconhecidas. Cada dimensão seria representada por um conjunto de pesos (os coeficientes) de cada filme e um conjunto de pesos em cada cliente. Um peso alto significaria que essa dimensão está fortemente associada com o filme ou cliente. O significado da dimensão estaria puramente implícito nos pesos dos filmes e dos clientes. Por exemplo, podemos olhar para os filmes com peso alto em alguma dimensão versus filmes com peso baixo e decidir, "os filmes com melhor classificação são todos 'peculiares'". Nesse caso, poderíamos pensar na dimensão como o grau de *peculiaridade* do filme, embora seja importante ter em mente que essa interpretação da dimensão foi imposta por nós. A dimensão é simplesmente alguma forma em que os filmes agrupam os dados sobre como os clientes os classificaram.

---

8 Agradecemos a um dos membros da equipe vencedora, Chris Volinsky, por sua ajuda aqui.

Lembre-se que para ajustar um modelo de função numérica aos dados, encontramos o melhor conjunto de parâmetros para a função numérica. Inicialmente, as dimensões d são puramente uma abstração matemática; somente depois que os parâmetros são selecionados para ajustar os dados é que podemos tentar formular uma interpretação do significado das dimensões latentes (e, por vezes, esse esforço é infrutífero). Aqui, os parâmetros da função seriam pesos (desconhecidos) para cada cliente e para cada filme ao longo dessas dimensões. Intuitivamente, a mineração de dados determina simultaneamente (i) quão peculiar é o filme e (ii) quanto este espectador gosta de filmes peculiares.

Precisamos também de uma função objetiva para determinar o que é um bom ajuste. Definimos nossa função objetiva para treinamento com base no conjunto de classificações de filmes que temos observado. Encontramos um conjunto de pesos que caracteriza os usuários e os filmes ao longo dessas dimensões. Existem diferentes funções objetivas utilizadas para o problema de recomendação de filmes. Por exemplo, podemos escolher os pesos que nos permitem prever melhor as classificações observadas nos dados de treinamento (sujeito a regularização, conforme discutido no Capítulo 4). Alternativamente, podemos escolher as dimensões que melhor explicam a variação das classificações observadas. Isso costuma ser chamado de "fatoração de matriz", e o leitor interessado pode começar com o artigo sobre o Desafio Netflix (Koren, Bell & Volinsky, 2009).

O resultado é que temos para cada filme uma representação junto com algum conjunto reduzido de dimensões — talvez quão peculiar ele é ou se é um "filme que faz chorar" ou um "filme de homem", ou qualquer coisa — as melhores dimensões d latentes que o treinamento encontrar. Também temos uma representação de cada usuário em termos de suas preferências ao longo dessas dimensões. Agora, podemos olhar para a Figura 12-5 e a discussão associada. Essas são duas dimensões latentes que melhor se ajustam aos dados, ou seja, as dimensões que resultam do ajuste dos dados com d = 2.

Problemas, Variância e Métodos de Conjunto (Ensemble)

Na competição Netflix, os vencedores também se aproveitaram de uma outra técnica comum de data science: construíram vários modelos diferentes de recomendação e os combinaram em um supermodelo. Na linguagem de mineração de dados, isso é chamado de criar um modelo de *conjunto*. Conjuntos têm demonstrado melhorar o desempenho da generalização em muitas situações — não apenas para recomendações, mas amplamente por meio de classificação, regressão, estimativa de probabilidade de classe e muito mais.

Por que uma coleção de modelos costuma ser melhor do que um único modelo? Se considerarmos cada modelo como uma espécie de "especialista" em uma tarefa de previsão alvo, podemos pensar em um conjunto como uma coleção de especialistas. Em vez de apenas perguntar a um especialista, encontramos um grupo deles e, em seguida, combinamos suas previsões. Por exemplo, podemos fazer com que votem em uma classificação ou podemos obter a média de suas previsões numéricas. Perceba que esta é uma generalização do método introduzido no Capítulo 6 para transformar cálculos de similaridade em modelos preditivos de "vizinho mais próximo". Para fazer uma previsão k-NN, encontramos um grupo de exemplos semelhantes (especialistas muito simples) e, em seguida, aplicamos alguma função para combinar suas previsões individuais. Assim, um modelo de k-vizinho mais próximo é um método de conjunto simples. Geralmente, os métodos de conjunto utilizam modelos preditivos mais complexos como seus "especialistas"; por exemplo, podem construir um grupo de árvores de classificação e, então, informar uma média (ou média ponderada) das previsões.

Quando podemos esperar que os conjuntos melhorem nosso desempenho? Certamente, se cada especialista soubesse exatamente as *mesmas* coisas, todos dariam as mesmas previsões, e o conjunto não apresentaria nenhuma vantagem. Por outro lado, se cada um fosse instruído em um aspecto ligeiramente diferente do problema, ele poderia fazer previsões complementares, e o conjunto inteiro forneceria mais informações do que qualquer especialista individual. Tecnicamente, gostaríamos que os especialistas cometessem diferentes tipos de *erros* e que seus erros fossem os mais sem conexão possível e, idealmente, que fossem completamente independentes. Então, ao obter a média das previsões, os erros tenderiam a se anular, as previsões de fato seriam complementares e o conjunto seria melhor do que usar qualquer especialista.

Métodos de conjunto possuem um longo histórico e são uma área ativa de pesquisa em data science. Muito tem sido escrito sobre eles. O leitor interessado pode querer começar com o artigo de revisão de Dietterich (2000).

Uma maneira de compreender por que os conjuntos funcionam é entender que os erros cometidos por um modelo podem ser caracterizados por três fatores:

1. Aleatoriedade inerente,
2. Polarização, e
3. Variância.

O primeiro, aleatoriedade inerente, simplesmente abrange os casos em que a previsão não é "determinista" (ou seja, nem sempre obtemos o mesmo valor para a variável alvo toda vez que vemos o mesmo conjunto de características). Por exemplo, os clientes descritos por determinado conjunto de características nem sempre comprarão ou não comprarão nosso produto. A previsão pode, simplesmente, ser inerentemente probabilística dada a informação que temos. Assim, uma porção do "erro" observado na previsão se deve simplesmente à natureza probabilística inerente do problema. Podemos discutir se um processo específico de geração de dados é realmente probabilístico — em oposição a simplesmente não vermos toda a informação necessária — mas esse debate é bastante acadêmico,[9] porque o processo pode ser essencialmente probabilístico com base nos dados que temos disponíveis. Vamos continuar supondo que reduzimos a aleatoriedade o máximo possível e que simplesmente temos a precisão teórica máxima que pode ser atingida para este problema. Essa precisão é chamada de *taxa de Bayes*, e costuma ser desconhecida. No restante desta seção, consideramos a taxa de Bayes como sendo a precisão "perfeita".

Além da aleatoriedade inerente, modelos cometem erros por duas outras razões. O processo de modelagem pode estar "polarizado". O que isso significa pode ser entendido melhor em referência às curvas de aprendizagem ("Curvas de Aprendizagem" na página 130). Especificamente, um procedimento de modelagem está polarizado se, não importa quantos dados de treinamento fornecermos, a curva de aprendizado nunca chegará à precisão perfeita (a taxa de Bayes). Por exemplo, aprendemos uma regressão logística (linear) para prever a resposta a uma campanha publicitária. Se a resposta verdadeira realmente é mais complexa do que o modelo linear pode representar, o modelo nunca atingirá a precisão perfeita.

A outra fonte de erro se deve ao fato de que não temos uma quantidade infinita de dados de treinamento; temos algumas amostras finitas que queremos explorar. Procedimentos de modelagem, geralmente, dão diferentes modelos de amostras até mesmo para amostras muito pouco diferentes. Esses diferentes modelos tendem a ter diferentes precisões. O quanto a precisão tende a variar entre os diferentes conjuntos de treinamento (digamos, do mesmo tamanho) é chamado de variância de procedimento de modelagem. Procedimentos com mais variância tendem a produzir modelos com erros maiores, mantido todo o resto.

Podemos ver que precisamos de um procedimento de modelagem que não tenha polarização e nem variância ou, pelo menos, tenha baixa polarização e baixa variância. Infelizmente (e intuitivamente), normalmente há um equilíbrio entre os dois. Modelos de baixa variância tendem a ter uma polarização maior e vice-versa. Como um exemplo muito simples, podemos decidir que queremos estimar a resposta a nossa campanha de publicidade simplesmente ignorando todas as características do cliente e prevendo a taxa de compra (média). Esse será um modelo de variância muito baixa porque tendemos a obter a mesma média a partir de diferentes conjuntos de dados do mesmo tamanho. No entanto, não temos esperança de obter perfeita exatidão se existem diferenças específicas do cliente na propensão a comprar. Por outro lado, podemos decidir modelar clientes com base em mil variáveis detalhadas. Agora, temos a oportunidade de obter uma precisão muito melhor, mas esperamos que haja maior variância nos modelos obtidos com base em conjuntos de treinamento ligeiramente diferentes. Assim, não va-

---

[9] Às vezes, o debate pode dar frutos. Por exemplo, pensar se temos todas as informações necessárias pode revelar um novo atributo que poderia ser obtido que aumentaria a previsibilidade possível.

mos, necessariamente, esperar que o modelo de mil variáveis seja melhor; não sabemos exatamente qual fonte de erro (polarização ou variância) vai dominar.

Você pode estar pensando: *Claro. Como vimos no Capítulo 5, o modelo de mil variáveis sofrerá sobreajuste. Devemos aplicar algum tipo de controle de complexidade, como selecionar um subconjunto de variáveis a serem usadas.* Isso está correto. Mais complexidade geralmente nos dá menos polarização, mas maior variância. O controle de complexidade geralmente tenta gerenciar o equilíbrio (que costuma ser desconhecido) entre polarização e variância, para encontrar um "ponto ideal" onde a combinação dos erros de cada um seja menor. Então, podemos aplicar a seleção de variável para o nosso problema de mil variáveis. Se realmente existem diferenças específicas do cliente na taxa de compra, e temos dados de treinamento suficientes, esperamos que a seleção de variáveis não jogue fora todas as variáveis, o que nos deixaria apenas com a média da população. Esperamos que, em vez disso, obtenhamos um modelo com um subconjunto de variáveis que nos permitam prever o melhor possível, levando em conta os dados de treinamento disponíveis.

Tecnicamente, as precisões discutidas nesta seção são os valores esperados das precisões dos modelos. Omitimos essa qualificação porque, do contrário, a discussão se tornaria tecnicamente muito rebuscada. O leitor interessado em compreender polarização, variância e o equilíbrio entre eles pode começar com o artigo técnico, porém, de leitura bastante agradável, de Friedman (1997).

Agora podemos ver por que técnicas de conjunto podem funcionar. Se temos um método de modelagem com alta variância, a média sobre múltiplas previsões reduz a variância nas previsões. De fato, os métodos de conjunto tendem a melhorar a capacidade preditiva mais para métodos de maior variância, como nos casos em que você esperaria mais sobreajuste (Perlich, Provost & Simonoff, 2003). Métodos de conjunto são, muitas vezes, usados com indução de árvore de decisão, já que árvores de classificação e regressão tendem a ter alta variância. Nessa área, você pode ouvir sobre florestas, bagging e boosting aleatórios. Esses são todos métodos populares de conjunto com árvores de indução (os dois últimos são mais gerais). Confira a Wikipédia para saber mais sobre eles.

Explicação Causal Orientada por Dados e um Exemplo de Marketing Viral

Um tópico importante mencionado neste livro (Capítulos 2 e 11) é a *explicação causal* dos dados. A modelagem preditiva é extremamente útil para muitos problemas de negócios. No entanto, o tipo de modelagem preditiva discutida até agora é baseado em correlações e não em conhecimento de causa. Muitas vezes, queremos olhar mais profundamente para um fenômeno e perguntar o que influencia o quê. Podemos querer fazer isso simplesmente para entender melhor nosso negócio ou para usar os dados para melhorar as decisões sobre como intervir para causar um resultado desejado.

Considere um exemplo detalhado. Recentemente, tem sido dada muita atenção ao marketing "viral". Uma interpretação comum do marketing viral é que pode-se ajudar os consumidores a influenciar uns aos outros para comprar um produto e, assim, um comerciante pode obter benefícios significativos ao "semear" certos consumidores (por exemplo, dando-lhes o produto de graça) e eles, então, passarão a ser "influenciadores" — causarão aumento na probabilidade de que as pessoas que os conheçam adquiram o produto. O Santo Graal do marketing viral é ser capaz de criar campanhas que se espalham como uma epidemia, mas o pressuposto fundamental por trás da "viralidade" é o de que os consumidores realmente se influenciem. Quanto? Cientistas de dados trabalham para medir essa influência, por meio da observação dos dados, se uma vez que o consumidor tem o produto, seus vizinhos de rede social de fato têm maior probabilidade de adquiri-lo.

Infelizmente, uma análise simples dos dados pode ser extremamente enganosa. Por razões sociológicas importantes (McPherson, Smith-Lovin & Cook, 2001), as pessoas tendem a se agrupar nas redes sociais com pessoas semelhantes. Por que isso é importante? Isso significa que vizinhos de redes sociais são suscetíveis a ter preferências de produtos similares e é de se esperar que vizinhos de pessoas que escolhem ou gostam de um produto também escolham ou gostem dele, *mesmo na ausência de qualquer influência causal* entre os consumidores! De fato, com base na aplicação cuidadosa da análise causal, *Processos da Academia Nacional de Ciências* (Aral, Muchnik & Sundararajan, 2009) demonstrou que os métodos tradicionais para estimar a influência na análise de marketing viral sobrestimaram a influência em, pelo menos, 700%!

Existem vários métodos para explicação causal cuidadosa a partir dos dados, e todos podem ser entendidos dentro de uma estrutura comum de data science. A finalidade dessa discussão aqui, no final do livro, é a de compreender que essas técnicas sofisticadas requerem uma compreensão dos princípios fundamentais apresentados até agora. A análise de dados causal e cuidadosa requer uma compreensão dos investimentos na aquisição dos dados, de medidas de similaridade, de cálculos do valor esperado, de correlação e de se encontrar variáveis informativas, do ajuste das equações aos dados e muito mais.

O Capítulo 11 introduz essa análise causal mais sofisticada quando trata do problema de rotatividade em telecomunicações e pergunta: não deveríamos visar os clientes a quem a oferta especial tem maior probabilidade de influenciar? Isso ilustra o papel fundamental da estrutura de valor esperado, junto com vários outros conceitos. Existem outras técnicas para compreensão causal que usam correspondência de similaridade (Capítulo 6) para simular o "contrafactual" que alguém pode receber um "tratamento" (por exemplo, um incentivo para ficar) e não receber um tratamento. Ainda assim, outros métodos de análise causal ajustam as funções numéricas aos dados e interpretam os coeficientes das funções.[10]

O ponto é que não podemos compreender data science causal sem primeiro compreender os princípios fundamentais. A análise de dados causal é apenas um exemplo disso; o mesmo se aplica a outros métodos mais sofisticados que poderá encontrar.

Resumo

Existem muitas técnicas específicas usadas em data science. Para conseguir um entendimento sólido do campo, é importante voltar às especificidades e pensar sobre os tipos de tarefas às quais são aplicadas as técnicas. Neste livro, focamos em um conjunto de tarefas mais comuns (encontrar correlações e atributos informativos, encontrar itens semelhantes de dados, classificação, estimativa de probabilidade, regressão, agrupamento), mostrando que os conceitos de data science fornecem uma base sólida para a compreensão das tarefas e dos métodos para resolvê-las. Neste capítulo, apresentamos várias outras tarefas e técnicas importantes de data science, e ilustramos que elas também podem ser entendidas com base nos fundamentos fornecidos por nossos conceitos fundamentais.

Especificamente, discutimos como encontrar coocorrências ou associações interessantes entre os itens, como compras; traçar o perfil do comportamento típico, como uso do cartão de crédito ou tempo de espera do cliente; prever ligações entre itens de dados, como as potenciais conexões sociais entre as pessoas; reduzir nossos dados para torná-lo mais fáceis de gerir ou para revelar informações ocultas, como preferências latentes de filmes; combinar modelos como se fossem especialistas em diferentes áreas, por exemplo, para melhorar as recomendações de filmes; e tirar conclusões causais a partir de dados, como se e em que medida o fato de pessoas socialmente conectadas comprarem os mesmos produtos é, na verdade, porque influenciam umas às outras (necessário para campanhas virais) ou simplesmente porque pessoas socialmente conectadas têm gostos muito semelhantes (que é bem conhecido em sociologia). Uma sólida compreensão dos princípios básicos ajuda a entender técnicas mais complexas como exemplos ou combinações dos mesmos.

---

10 Está fora do escopo deste livro explicar as condições sob as quais isso pode receber uma interpretação causal. Mas se alguém lhe apresentar uma equação de regressão com uma interpretação causal dos parâmetros da equação, pergunte o que significam exatamente os coeficientes e por que é possível interpretá-los causalmente, até que esteja satisfeito. Para essas análises, a compreensão pelos tomadores de decisão é fundamental; persista até que você compreenda esses resultados.

CAPÍTULO 13
Data Science e Estratégia de Negócios

Conceitos Fundamentais: *Nossos princípios como base do sucesso de um negócio orientado em dados; Adquirir e manter uma vantagem competitiva por meio de data science; A importância de uma curadoria cuidadosa da capacidade de data science.*

Neste capítulo discutimos a interação entre data science e a estratégia de negócios, incluindo uma perspectiva de alto nível sobre a escolha de problemas a serem resolvidos com data science. Vemos que os conceitos fundamentais de data science nos permitem pensar com clareza sobre questões estratégicas. Também mostramos como, tomado como um todo, o conjunto de conceitos é útil para pensar sobre decisões táticas de negócios, como avaliação de propostas para projetos de data science a partir de consultores ou equipes internas . Também discutimos em detalhes a curadoria da capacidade de data science.

Cada vez mais vemos histórias na imprensa sobre como outro aspecto do negócio foi abordado com uma solução baseada em data science. Como discutimos no Capítulo 1, uma confluência de fatores tem levado empresas contemporâneas a serem estritamente ricas em dados, comparadas a seus antecessores. Mas a disponibilidade dos dados por si só não garante a tomada de decisões bem-sucedida com base nos dados. Como uma empresa pode garantir obter o melhor da riqueza de dados? A resposta, claro, é múltipla, mas dois fatores importantes são: (i) a gestão da empresa deve pensar nos dados de forma analítica e (ii) a gestão deve criar uma cultura na qual data science e cientistas de dados prosperem.

Pensando em Dados de Forma Analítica, Redução

O critério (i) não significa que os gerentes precisam ser cientistas de dados. No entanto, eles precisam compreender os princípios fundamentais bem o suficiente para prever e/ou apreciar oportunidades de data science, para aplicar os recursos adequados para as equipes de data science e estarem dispostos a investir em dados e experimentação. Além disso, a não ser que a empresa tenha em sua equipe de gestão um cientista de dados prático e experiente, muitas vezes, a gestão deve orientar cuidadosamente a equipe de data science para ter certeza de que a equipe permanecerá no caminho certo em direção a uma solução de negócios que acabará sendo útil. Isso é muito difícil se os gestores não entendem os princípios. Eles precisam ser capazes de fazer perguntas investigativas de um cientista de dados, que, muitas vezes, pode se perder nos detalhes técnicos. Precisamos aceitar que cada um de nós tem pontos fortes e fracos, e como projetos de data science abrangem grande parte de um negócio, uma equipe diversificada é essencial. Assim como não podemos esperar que um gestor, necessariamente, tenha profundo conhecimento sobre data science, não podemos esperar que um cientista de dados, *necessariamente*, tenha profunda experiência em soluções de negócios. No entanto, uma equipe eficaz de data science envolve a colaboração entre os dois, e cada um precisa ter alguma compreensão do básico da área de responsabilidade do outro. Assim como seria um trabalho extenuante e infindável gerenciar uma equipe de data science sem compreensão dos conceitos básicos de negócios, é também extremamente frustrante, na melhor das hipóteses e, muitas vezes, um desperdício tremendo, que cientistas de dados tenham que trabalhar sob a égide de uma gestão que não entende os princípios básicos.

Por exemplo, não é incomum que cientistas de dados se empenhem para trabalhar sob uma gestão que (às vezes vagamente) consiga enxergar o potencial benefício da modelagem preditiva, mas que não valoriza o processo o suficiente para investir em dados adequados de treinamento ou em procedimentos adequados de avaliação. Tal empresa pode "ter sucesso" em construir um modelo preditivo o bastante para gerar um produto ou serviço viável, mas estará em grande desvantagem com um concorrente que investe em técnicas de data science bem executadas.

Uma base sólida nos fundamentos de data science tem muito mais implicações estratégicas de longo alcance. Não conhecemos nenhum estudo científico sistemático, mas a experiência tem mostrado que, conforme executivos, gestores e investidores aumentam sua exposição a projetos de data science, surgem mais e mais oportunidades. Vemos casos extremos em empresas como Google e Amazon (há uma grande quantidade de data science subjacente em buscas na web, bem como nas recomendações de produtos na Amazon e outras ofertas). Ambas empresas acabaram por desenvolver — produtos subsequentes oferecendo para outras empresas serviços relacionados com "big data" e data science. Muitas, talvez a maioria, das iniciativas orientadas em dados usam os serviços de processamento e armazenamento em nuvem da Amazon para algumas tarefas. O "Prediction API" do Google vem crescendo em sofisticação e utilidade (não sabemos quão amplamente utilizado é).

Esses são casos extremos, mas o padrão básico é visto em quase todas as empresas ricas em dados. Uma vez que a capacidade da data science é desenvolvida para uma aplicação, outras aplicações em toda a empresa se tornam evidentes. Louis Pasteur escreveu, "A sorte favorece a mente preparada." O pensamento moderno sobre a criatividade se concentra na justaposição de uma nova maneira de pensar e uma mente "saturada" com um problema específico. Trabalhar com esses estudos de casos (na teoria ou na prática) de aplicações de data science ajuda a preparar a mente para ver oportunidades e conexões para novos problemas que possam se beneficiar da data science.

Por exemplo, no final da década de 1980 e início de 1990, uma das maiores empresas de telefonia havia aplicado modelagem preditiva — usando as técnicas descritas neste livro — para o problema de redução do custo de reparação de problemas na rede de telefonia e para projetar sistemas de reconhecimento de fala. Com a crescente compreensão do uso de data science para ajudar a resolver problemas de negócios, a empresa, posteriormente, aplicou ideias semelhantes às decisões sobre como alocar um grande investimento de capital para melhorar sua rede, e como reduzir a fraude em seu negócio de telefonia móvel em expansão. Os avanços continuaram. Projetos de data science para redução de fraude descobriram que incorporar recursos com base em conexões nas redes sociais (por meio de dados sobre quem-liga-para-quem) em modelos de previsão de fraude melhorou substancialmente a capacidade de descobrir a fraude. No início dos anos 2000, as empresas de telecomunicações produziram as primeiras soluções usando essas conexões sociais para melhorar a comercialização — e conseguiram, demonstrando enormes aumentos de desempenho em relação ao marketing direcionado tradicional baseado em dados de compras sociodemográficos, demográficos e prévios. Em seguida, nas telecomunicações, tais características sociais foram adicionadas aos modelos de previsão de rotatividade, com resultados igualmente benéficos. As ideias se difundiram para a indústria de publicidade online e uma nova onda de desenvolvimento surgiu, baseada na incorporação de dados sobre conexões sociais online (no Facebook e outras empresas do ecossistema da publicidade online).

Esse progresso foi impulsionado tanto por cientistas de dados experientes tentando lidar com problemas de negócios, quanto por gestores e empresários, experientes em data science, que viram novas oportunidades para o avanço de data science na literatura acadêmica e empresarial.

Conseguir Vantagem Competitiva com Data Science

Cada vez mais, as empresas estão considerando se e como podem obter vantagem competitiva a partir de seus dados e/ou de sua capacidade de data science. Esse é um importante pensamento estratégico que não deve ser negligenciado, então, passamos a analisá-lo.

A capacidade de dados e data science são ativos estratégicos (complementares). Sob quais condições uma empresa alcança vantagem competitiva a partir de tal ativo? Em primeiro lugar, o ativo tem de ser valioso para a empresa. Isso parece óbvio, mas note que o valor de um ativo para uma empresa depende das outras decisões estratégicas que a empresa tem tomado. Fora do contexto de data science, na indústria de computadores pessoais na década de 1990, a Dell obteve uma vantagem competitiva inicial substancial sobre o líder da indústria Compaq, a partir da utilização de sistemas baseados em web para permitir que os clientes configurassem computadores para suas necessidades e gostos pessoais. A Compaq não conseguiu obter o mesmo valor a partir de sistemas baseados na web. A razão principal foi que a Dell e a Compaq implementaram estratégias diferentes: a Dell já era uma varejista de computadores direcionados ao cliente, vendidos via catálogo; sistemas baseados na web tinham grande valor dada a estratégia. A Compaq vendia computadores principalmente em lojas de varejo; sistemas baseados em web não eram tão valiosos dada essa estratégia alternativa. Quando a Compaq tentou reproduzir a estratégia baseada em web da Dell, enfrentou uma grave rejeição por seus varejistas. O resultado é que o valor do novo ativo (sistemas baseados em web) era dependente das decisões estratégicas de cada empresa.

A lição é que precisamos pensar cuidadosamente na fase de compreensão do negócio como a forma como os dados e data science podem oferecer valor no contexto de nossa estratégia de negócios, e ainda se pode fazer o mesmo no contexto das estratégias dos nossos concorrentes. Isso pode identificar possíveis oportunidades e potenciais ameaças. Uma analogia direta de data science do exemplo Dell-Compaq é a Amazon versus Borders. Mesmo muito cedo, dados da Amazon sobre a compra de livros dos clientes permitiu recomendações personalizadas enquanto faziam compras online. Mesmo se a Borders fosse capaz de explorar seus dados sobre quem comprou os livros, sua estratégia de varejo em loja física não permitiria a mesma entrega perfeita de recomendações baseadas em data science.

Então, um pré-requisito para a vantagem competitiva é que o ativo seja valioso no contexto da nossa estratégia. Já começamos a falar sobre o segundo conjunto de critérios: a fim de obter vantagem competitiva, os concorrentes não devem possuir o ativo ou não devem ser capazes de obter o mesmo valor a partir dele. Devemos pensar tanto sobre o(s) ativo(s) de dados(s) e a capacidade de data science. Temos um ativo de dados único? Caso negativo, temos um ativo cuja utilização esteja mais alinhada com nossa estratégia do que com a estratégia de nossos concorrentes? Ou somos mais capazes de tirar proveito dos ativos de dados devido a nossa melhor capacidade de data science?

O outro lado da questão sobre a obtenção de vantagem competitiva com dados e data science é perguntar se estamos em desvantagem competitiva. Pode ser que as respostas às questões anteriores sejam positivas para nossos concorrentes e negativas para nós. A seguir, supomos que estamos buscando alcançar uma vantagem competitiva, mas os argumentos se aplicam de forma simétrica, ao tentarmos alcançar igualdade com um concorrente experiente em dados.

Mantendo uma Vantagem Competitiva com Data Science

A próxima pergunta é: mesmo que possamos alcançar uma vantagem competitiva, será que podemos *sustentá-la*? Se nossos concorrentes podem facilmente duplicar nossos ativos e capacidades, nossa vantagem pode ter curta duração. Essa é uma questão especialmente importante se nossos concorrentes têm mais recursos do que nós: por meio da adoção de nossa estratégia, eles podem nos superar caso tenham mais recursos.

Uma estratégia para competir com base em data science é planejar sempre estar um passo à frente da concorrência: estar sempre investindo em novos ativos de dados e sempre desenvolvendo novas técnicas e capacidades. Tal estratégia pode oferecer um negócio emocionante e, possivelmente, de rápido crescimento, mas, em geral, poucas empresas são capazes de executá-las. Por exemplo, é preciso ter certeza de contar com uma das melhores equipes de data science, uma vez que a eficácia dos cientistas de dados pode variar muito, o melhor deles é sempre muito mais talentoso que a média. Se você tem uma ótima equipe, pode apostar que vai conseguir se manter à frente da concorrência. Discutimos equipes de data science mais adiante.

A alternativa de se manter sempre um passo à frente da concorrência é alcançar uma vantagem competitiva sustentável, em razão da incapacidade dos concorrentes de fazerem o mesmo ou do elevado custo de replicarem seu ativo de dados ou seus recursos em data science. Existem vários caminhos para essa sustentabilidade.

Formidável Vantagem Histórica

As circunstâncias históricas podem ter colocado nossa empresa em uma posição vantajosa, e pode ser muito caro para os concorrentes chegarem à mesma posição. Novamente, a Amazon é um excelente exemplo. Na "Bolha da Internet" da década de 1990, a Amazon foi capaz de vender livros abaixo do custo, e os investidores continuaram a recompensar a empresa. Isso permitiu que a Amazon acumulasse enormes ativos de dados (como grande quantidade de dados sobre as preferências de compras online e análises de produtos dos consumidores) o que lhe permitiu criar produtos valiosos baseados em dados (como recomendações e avaliações de produto). Essas circunstâncias históricas desapareceram: hoje, é pouco provável que os investidores ofereçam o mesmo nível de apoio a um concorrente que tentasse replicar os ativos de dados da Amazon com a venda de livros abaixo do custo por anos a fio (sem mencionar que a Amazon expandiu seus negócios para além dos livros).

Este exemplo também ilustra como os próprios produtos de dados podem aumentar o custo de replicação do ativo de dados pelos concorrentes. Os consumidores valorizam as recomendações orientadas em dados e as análises/classificações de produtos que a Amazon oferece. Isso cria custos de mudança: os concorrentes teriam que fornecer valor adicional aos clientes da Amazon para seduzi-los a comprar em outro lugar — seja com preços mais baixos ou com algum outro produto ou serviço valioso que a Amazon não ofereça. Assim, quando a aquisição de dados está diretamente ligada ao valor fornecido pelos dados, o ciclo virtuoso resultante cria uma missão impossível para os concorrentes: eles precisam dos clientes para obter os dados necessários, mas precisam dos dados para fornecer serviços equivalentes para atrair os clientes.

Os empresários e investidores podem inverter essa consideração estratégica: quais circunstâncias históricas existem agora que podem não continuar indefinidamente, e que podem conceder acesso ou construir um ativo de dados mais barato do que será possível no futuro? Ou que me permitirá construir uma equipe de data science mais cara (ou impossível) de construir no futuro?

Propriedade Intelectual Exclusiva

Nossa empresa pode ter propriedade intelectual exclusiva. Propriedade intelectual de data science pode incluir novas técnicas de mineração de dados ou para utilização dos resultados. Elas podem ser patenteadas ou podem ser apenas segredos comerciais. No primeiro caso, um concorrente não será capaz de duplicar (legalmente) a solução ou terá um custo adicional ao fazê-lo, seja por meio do licenciamento de nossa tecnologia ou pelo desenvolvimento de novas tecnologias para evitar a infração da patente. No caso de um segredo comercial, pode ser que o concorrente simplesmente não saiba como implementar nossa solução. Com soluções de data science, o verdadeiro mecanismo está, muitas vezes, escondido; apenas o resultado é visível.

Ativos Colaterais Intangíveis Únicos

Nossos concorrentes podem não ser capazes de descobrir como aplicar nossa solução na prática. Com soluções bem-sucedidas de data science, a fonte real de um bom desempenho (por exemplo, com modelagem preditiva eficaz) pode não ser clara. A eficácia de uma solução de modelagem preditiva pode depender principalmente do problema de engenharia, dos atributos criados, da combinação de diferentes modelos e assim por diante. Muitas vezes, não está claro para um concorrente como o desempenho é alcançado na prática. Mesmo que nossos algoritmos sejam publicados em detalhes, muitos detalhes de implementação podem ser importantes para fazer com que uma solução que funciona no laboratório funcione na produção.

Além disso, o sucesso pode ser baseado em ativos intangíveis, como a cultura empresarial, que seja particularmente adequada para a implantação de soluções de data science. Por exemplo, uma cultura que engloba a experimentação de negócios e o apoio (rigoroso) de reivindicações com base em dados será, naturalmente, um lugar mais fácil para que soluções de data science sejam bem-sucedidas. Alternativamente, se encorajados a compreender data science, os desenvolvedores são menos propensos a arruinar uma solução de alta qualidade. Lembre do nosso lema: *Seu modelo não é o que o cientista de dados projeta, é o que seus engenheiros implementam.*

Cientistas de Dados Superiores

Talvez nossos cientistas de dados simplesmente sejam muito melhores do que os de nossos concorrentes. Há uma enorme variação na qualidade e na capacidade dos cientistas de dados. Mesmo entre cientistas de dados bem treinados, é notório na comunidade de data science que certos indivíduos têm a combinação de criatividade inata, perspicácia analítica, sentido para negócios e perseverança que lhes permite criar soluções notavelmente melhores do que seus semelhantes.

Essa grande diferença na capacidade é ilustrada pelos resultados ano após ano na competição de mineração de dados KDD Cup. Anualmente, a sociedade profissional dos melhores cientistas de dados, a ACM SIGKDD (*http://www.sigkdd.org/* — conteúdo em inglês), realiza sua conferência anual (a Conferência Internacional da ACM SIGKDD sobre Descoberta de Conhecimento e Mineração de Dados). A cada ano, a conferência tem um concurso de mineração de dados. Alguns cientistas de dados gostam de competir, e existem muitas competições. A competição Netflix, discutida no Capítulo 12, é uma das mais famosas, e tais competições foram transformadas em um negócio de crowdsourcing (Kaggle (*http://www.kaggle.com* — conteúdo em inglês)). A KDD Cup (*http://www.sigkdd.org/kddcup/index.php* — conteúdo em inglês) é a avó das competições de mineração de dados e é realizada anualmente desde 1997. Por que isso é relevante? Alguns dos melhores cientistas de dados do mundo participam dessas competições. Dependendo do ano e da tarefa, centenas ou milhares de concorrentes tentam resolver o problema. Se os talentos de data science fossem uniformemente distribuídos, então, alguém poderia pensar que é improvável ver as mesmas pessoas repetidamente vencendo as competições. Mas isso é exatamente o que vemos. Existem indivíduos que estiveram repetidamente em equipes vencedoras, às vezes vários anos seguidos e para diversas tarefas a cada ano (às vezes, a competição tem mais de uma tarefa).[1] A questão é que existe uma variação substancial na capacidade até mesmo dos melhores cientistas de dados, e isso é ilustrado pelos resultados "objetivos" das competições KDD Cup. O resultado é que, devido à grande variação na habilidade, os melhores cientistas de dados podem escolher as oportunidades de emprego que melhor se adéquem aos seus desejos em relação ao salário, cultura, oportunidades de progresso e assim por diante.

A variação na qualidade de cientistas de dados é amplificada pelo simples fato de que os melhores têm grande demanda no mercado. Qualquer um pode se considerar um cientista de dados, e poucas empresas podem realmente avaliar bem os cientistas de dados como potenciais contratações. Isso leva a outro problema: você precisa de, pelo menos, um cientista de dados de alto nível para verdadeiramente avaliar a qualidade das possíveis contratações. Assim, se a nossa empresa conseguiu construir uma forte capacidade de data science, temos uma vantagem substancial e sustentada sobre os concorrentes que enfrentam problemas para contratar cientistas de dados. Além disso, os cientistas de dados de alto nível gostam de trabalhar com outros cientistas de dados de alto nível, o que aumenta nossa vantagem.

Também temos que aceitar o fato de que a data science é, em parte, uma arte. A experiência analítica leva tempo para ser adquirida, e todos os grandes livros e aulas em vídeo por si só não transformam alguém em um mestre. A arte é aprendida na experiência. O caminho de aprendizagem mais eficaz se assemelha ao das negociações clássicas: aspirantes a cientistas de dados trabalham como aprendizes de mestres. Isso pode ocorrer

---

1 Isso não quer dizer que se deve olhar para os vencedores da KDD Cup como, necessariamente, os melhores mineradores de dados do mundo. Muitos cientistas de dados de alto nível nunca participaram de tal competição; alguns competiram uma vez e, depois, concentraram seus esforços em outras coisas.

em um programa de graduação com um bom professor orientado em aplicações, em um programa de pós-doutorado ou na indústria trabalhando com um dos melhores cientistas de dados industriais. Em algum momento, o aprendiz é qualificado o suficiente para se tornar um "artífice" e, em seguida, trabalhará de forma mais independente em uma equipe ou até mesmo liderando projetos por conta própria. Muitos cientistas de dados de alta qualidade trabalham com satisfação nesta capacidade para suas carreiras. Alguns pequenos subconjuntos tornam-se mestres, por causa de uma combinação de seu talento em reconhecer o potencial de novas oportunidades de data science (mais sobre isso logo adiante) e seu domínio da teoria e da técnica. Alguns deles, então, arranjam aprendizes. Compreender esse caminho de aprendizagem pode ajudar a focar nos esforços de contratação, à procura de cientistas de dados que tenham sido aprendizes de excelentes mestres. Isso também pode ser utilizado de forma tática, de uma maneira menos óbvia: se você pode contratar um cientista de dados mestre, excelentes aspirantes a cientistas de dados podem se tornar seus aprendizes.

Além de tudo isso, um cientista de dados de alto nível precisa ter uma forte rede profissional. Não queremos dizer uma rede no sentido da que se poderia encontrar em um sistema de rede profissional online; um cientista de dados eficaz precisa ter profundas ligações com outros cientistas de dados na comunidade de data science. A razão é simplesmente que o campo de data science é imenso e existem diversos temas para qualquer indivíduo dominar. Um cientista de dados de alto nível é mestre em alguma área de conhecimento técnico, e está familiarizado com muitas outras (cuidado com quem "tenta um pouco de tudo e consegue muito de nada"). No entanto, não queremos que o domínio do cientista de dados, de alguma área de conhecimento técnico, seja a única ferramenta para solução de todos os problemas. Um cientista de dados de alto nível extrairá os conhecimentos necessários para o problema em questão. Isso é enormemente facilitado por contatos profissionais fortes e profundos. Os cientistas buscam a ajuda de colegas para ajudar na orientação para as soluções certas. Quanto melhor for a rede profissional, melhor será a solução. E os melhores cientistas de dados têm as melhores conexões.

Gerenciamento Superior de Data Science

Possivelmente ainda mais crítico para o sucesso de data science no negócio é ter uma boa *gestão* da equipe de data science. Bons gestores são difíceis de encontrar. Eles precisam entender bem os fundamentos de data science, possivelmente, até mesmo sendo, eles próprios, competentes cientistas de dados. Bons gestores também devem possuir um conjunto de outras habilidades raras em um único indivíduo:

- Precisam realmente entender e apreciar as necessidades de negócios. Além do mais, devem ser capazes de antecipar as necessidades do negócio, de modo que possam interagir com suas contrapartes de outras áreas funcionais para desenvolver ideias para novos produtos e serviços de data science.

- Precisam ser capazes de se comunicar bem com "técnicos" e "executivos" e serem respeitados por eles; muitas vezes, isso significa traduzir os jargões de data science (que tentamos minimizar neste livro) em jargões de negócios e vice-versa.
- Precisam coordenar atividades tecnicamente complexas, como integração de vários modelos ou procedimentos com restrições de negócios e custos. Frequentemente, é necessário compreender as arquiteturas técnicas do negócio, como sistemas de dados ou sistemas de produção de software, a fim de assegurar que as soluções produzidas pela equipe sejam realmente úteis na prática.
- Eles precisam ser capazes de antecipar resultados de projetos de data science. Como já discutimos, data science é mais semelhante a R&D do que a qualquer outra atividade de negócios. Se um projeto de data science em particular produzirá resultados positivos é altamente incerto no início e, possivelmente, ainda será durante o projeto. Em outra parte, discutimos como é importante produzir rapidamente estudos de validação do conceito, mas nem resultados positivos ou negativos de tais estudos são altamente preditivos para o sucesso ou fracasso do projeto maior. Eles apenas dão orientações aos investimentos no próximo ciclo do processo de mineração de dados (Capítulo 2). Se olharmos para a gestão R&D em busca de pistas sobre gerenciamento de data science, descobrimos que há apenas um indicador confiável do sucesso de um projeto de pesquisa, e ele é *altamente* preditivo: o sucesso anterior do investigador. Observamos uma situação semelhante com projetos de data science. Existem indivíduos que parecem ter um senso intuitivo de quais projetos serão bem-sucedidos. Não conhecemos uma análise mais cuidadosa do porquê isso ocorre, mas a experiência mostra que é assim. Como acontece com competições de data science, nas quais vemos notáveis desempenhos repetidos pelos mesmos indivíduos, também vemos indivíduos repetidamente prevendo novas oportunidades de data science e as gerenciando com grande sucesso — e isto é particularmente impressionante já que muitos gestores de data science não conseguem sequer um projeto de grande êxito.
- Precisam fazer tudo isso dentro da cultura de determinada empresa.

Por fim, nossa capacidade de data science pode ser difícil ou cara para um concorrente duplicar porque *podemos contratar melhores cientistas de dados e gestores de data science.* Isso pode ocorrer devido à nossa reputação e apelo de marca com cientistas de dados — um cientista de dados pode preferir trabalhar para uma empresa conhecida por valorizar a data science e os cientistas de dados. Ou nossa empresa pode ter um apelo mais sutil. Assim, examinamos com um pouco mais de detalhes o que é preciso para atrair cientistas de dados de alto nível.

Atraindo e Estimulando Cientistas de Dados e suas Equipes

No início do capítulo, observamos que os dois fatores mais importantes para garantir que nossa empresa obtenha o máximo de seus ativos de dados são: (i) a administração da empresa deve pensar nos dados de forma analítica e (ii) a administração da empresa deve criar uma cultura na qual tanto data science quanto os cientistas de dados possam prosperar. Como mencionado acima, pode haver uma enorme diferença entre a eficácia de um grande cientista de dados e um mediano, e entre uma grande equipe de data science e um grande cientista de dados individualmente. Mas como se pode empregar cientistas de dados de alto nível de forma confiável? Como podemos criar grandes equipes?

Esta é uma pergunta muito difícil de responder na prática. No momento em que este livro foi escrito, a oferta de cientistas de dados de alto nível é muito pequena, resultando em um mercado muito competitivo para eles. As melhores empresas na contratação de cientistas de dados são IBM, Microsoft e Google, que demonstram claramente o valor que atribuem a data science pela remuneração, vantagens e/ou benefícios intangíveis, como um fator particular que não deve ser interpretado inconsequentemente: cientistas de dados gostam de estar com outros cientistas de dados de alto nível. Pode-se argumentar que eles *precisam* estar com outros cientistas de dados de alto nível, não só para desfrutar de seu dia a dia de trabalho, mas também porque o campo é vasto e a mente coletiva de um grupo de cientistas de dados pode aplicar técnicas muito mais amplas de soluções específicas.

No entanto, só porque o mercado é difícil não significa que tudo está perdido. Muitos cientistas de dados querem ter influência mais individual do que teriam em um gigante corporativo. Muitos querem mais responsabilidade (e a experiência concomitante) com o processo mais amplo de produção de uma solução de data science. Alguns aspiram tornarem-se o Cientista Chefe de uma empresa, e entendem que o caminho para isso pode ser melhor pavimentado com projetos em empresas menores e mais variadas. Alguns têm planos de se tornarem empresários e compreendem que ser um cientista de dados para uma empresa iniciante pode lhes dar uma experiência inestimável. E alguns simplesmente desfrutam da emoção de fazer parte de uma empresa de rápido crescimento: trabalhar em uma empresa que cresce a 20% ou 50% ao ano é muito diferente de trabalhar em uma empresa que cresce 5% ou 10% ao ano (ou que não cresce nada).

Em todos esses casos, as empresas que têm uma vantagem na contratação são aquelas que criam um ambiente estimulante para data science e para cientistas de dados. Se você não tem uma massa crítica de cientistas de dados, seja criativo. Incentive seus cientistas de dados a se tornarem parte das comunidades técnicas locais de data science e comunidades acadêmicas globais de data science.

Uma Observação Sobre Publicação

A ciência é um empreendimento social e os melhores cientistas de dados muitas vezes querem estar envolvidos na comunidade pela publicação de seus avanços. As empresas, às vezes, têm problemas com essa ideia, achando que estão "entregando o ouro" ou revelando aos concorrentes o que estão fazendo. Por outro lado, se não o fizerem, podem não ser capazes de contratar ou manter os melhores. A publicação também apresenta algumas vantagens para a empresa, como aumento da publicidade, exposição, validação externa de ideias e assim por diante. Não há uma resposta simples, mas a questão deve ser analisada com cuidado. Algumas empresas registram agressivamente patentes sobre suas ideias de data science, depois disso, a publicação acadêmica é natural, se a ideia for realmente nova e importante.

A presença de data science de uma empresa pode ser reforçada pelo envolvimento de cientistas de dados acadêmicos. Existem várias maneiras de fazer isso. Para os acadêmicos interessados em aplicações práticas de seu trabalho, pode ser possível financiar seus programas de pesquisa. Nossos dois autores, quando trabalhavam na indústria, financiaram programas acadêmicos e, basicamente, ampliaram a equipe de cientistas de dados trabalhando e interagindo para soluções dos problemas. O melhor arranjo (segundo nossa experiência) é uma combinação de dados, dinheiro e um problema de negócio interessante; se o projeto acaba sendo parte de uma tese de doutorado de um estudante em um programa de alto nível, o benefício para a empresa pode superar muito o custo. Financiar um estudante de doutorado pode custar a uma empresa uma estimativa de $50 mil/ano, o que é uma fração do custo total de um ótimo cientista de dados. O segredo é compreender o bastante sobre data science para selecionar o professor certo — aquele com os conhecimentos adequados para o problema em questão.

Outra tática que pode ser muito rentável é levar em conta um ou mais cientistas de dados de alto nível como conselheiros científicos. Se a relação é estruturada de forma que os conselheiros interajam verdadeiramente sobre as soluções para os problemas, as empresas que não têm os recursos ou poder para contratar os melhores cientistas de dados podem aumentar substancialmente a qualidade das eventuais soluções. Tais conselheiros podem ser cientistas de dados em empresas parceiras, cientistas de dados de empresas que compartilham investidores ou membros do conselho ou acadêmicos que possuem algum tempo para consultoria.

Um rumo completamente diferente é contratar terceiros para conduzir data science. Existem vários provedores terceirizados, que vão desde grandes empresas especializadas em análise de negócios (como a IBM) até empresas de consultoria específica de data science (como Elder Research), para selecionar empresas que adotam um número muito pequeno de clientes para ajudá-los a desenvolver suas capacidades como Data Scientists, LLC.[2] Você pode encontrar uma grande lista de empresas de serviços de data science, bem como uma grande variedade de outros recursos, em KDnuggets (*http://kdnuggets.com* — conteúdo em inglês). Uma advertência sobre envolver-se com empresas de consultoria em data science é que seus interesses nem sempre estão bem alinhados com os

---

2 Aviso legal: os autores têm relação profissional com a empresa Data Scientists, LLC.

interesses de seus clientes; isso é óbvio para usuários temporários de consultores, mas não para todos.

Os gerentes astutos empregam esses recursos taticamente. Um cientista-chefe ou gerente com poderes muitas vezes pode montar, para um projeto, uma equipe substancialmente mais poderosa e diversificada do que a maioria das empresas consegue contratar.

Examinar Estudos de Caso de Data Science

Além de construir uma equipe sólida, como um gerente pode garantir que sua empresa esteja melhor posicionada para aproveitar as oportunidades de aplicação de data science? Certifique-se de que há entendimento e apreço pelos princípios fundamentais de data science. Funcionários capacitados em toda a empresa costumam visualizar novas aplicações.

Depois de dominar os princípios fundamentais de data science, a melhor maneira de se posicionar para o sucesso é trabalhando por muitos exemplos de aplicação para problemas de negócios. Leia estudos de caso que realmente descrevam o processo de mineração de dados. Formule seus próprios estudos de caso. Na verdade, a mineração de dados é útil, mas ainda mais importante é trabalhar na conexão entre o problema de negócio e as possíveis soluções de data science. Quanto mais problemas diferentes você analisar, melhor será sua habilidade de reconhecer e aproveitar as oportunidades para usar a informação e o conhecimento "armazenados" nos dados — muitas vezes, a mesma formulação para um problema pode ser aplicada, por analogia, a outro, com pequenas alterações.

É importante ter em mente que os exemplos apresentados neste livro foram escolhidos ou concebidos para ilustração. Na realidade, a equipe de data science de negócios deve estar preparada para todo o tipo de confusão e restrições, e deve ser flexível para lidar com elas. Às vezes, há uma riqueza de dados e técnicas disponíveis para serem aplicadas. Outras vezes, a situação se parece mais com a cena crítica do filme *Apollo 13*. No filme, o mau funcionamento e explosão do módulo de comando deixa os astronautas presos a um quarto de milhão de quilômetros da Terra, com níveis de CO_2 aumentando rápido demais para que conseguissem sobreviver à viagem de volta. Em poucas palavras, por causa das restrições apresentadas pelo que os astronautas tinham à disposição, os engenheiros precisaram descobrir como usar um grande filtro cúbico no lugar de um filtro cilíndrico mais estreito (literalmente tentar colocar um pino quadrado em um buraco redondo). Na cena chave, o engenheiro chefe despeja sobre uma mesa todas as "coisas" que estão no módulo de comando e diz a sua equipe: "OK, pessoal... Precisamos descobrir uma maneira de fazer *isto* entrar *neste* orifício, usando nada além *disto*." Problemas reais de data science parecem mais com a situação do Apollo 13 do que com uma situação de livro didático.

Por exemplo, Perlich et al. (2013) descrevem um estudo de tal caso. Para direcionar consumidores com anúncios de exibição online, a obtenção de uma oferta adequada de dados de treinamento ideal teria sido proibitivamente cara. No entanto, os dados estavam disponíveis a um custo muito menor a partir de várias outras distribuições e para outras variáveis-alvo. Sua solução muito eficaz remendou modelos construídos a partir desses dados substitutos, e "transferiu" esses modelos para que fossem usados na tarefa desejada. O uso desses dados substitutos lhes permitiu operar com um investimento substancialmente reduzido em dados a partir da distribuição ideal (e cara) de treinamento.

Esteja Pronto para Aceitar Ideias Criativas de Qualquer Fonte

Uma vez que diferentes pessoas compreendem os princípios fundamentais de data science, ideias criativas para novas soluções podem surgir de qualquer lugar — como de executivos examinando potenciais novas linhas de negócios, a partir de diretores que lidam com lucros e perdas de responsabilidade, de gestores que analisam criticamente um processo de negócio e a partir de funcionários com conhecimento detalhado de como exatamente determinado processo de negócios funciona. Deve-se encorajar cientistas de dados a interagir com funcionários de todas as áreas do negócio, e parte de sua avaliação de desempenho deve ser baseada no quanto produzem boas ideias para melhorar o negócio com data science. Aliás, isso pode compensar de formas inesperadas: as habilidades de processamento de dados possuídas pelos cientistas de dados, muitas vezes podem ser aplicadas de maneiras não tão sofisticadas, no entanto, podem ajudar outros funcionários sem essas habilidades. Muitas vezes, um gerente pode não ter ideia de que determinados dados podem ser obtidos — dados que podem ajudar diretamente o gerente, sem data science sofisticada.

Estar Pronto para Avaliar Propostas para Projetos de Data Science

Ideias para melhorar as decisões de negócios por intermédio de data science podem vir de qualquer direção. Gerentes, investidores e funcionários devem ser capazes de formular tais ideias com clareza, e os tomadores de decisão devem estar preparados para avaliá-las. Essencialmente, precisamos ser capazes de formular e avaliar propostas sólidas.

O processo de mineração de dados, descrito no Capítulo 2, fornece uma estrutura para direcionar isso. Cada fase do processo revela perguntas que devem ser feitas na formulação de propostas para projetos e na avaliação deles:

- O problema de negócios está bem especificado? A solução de data science resolveu o problema?
- Está claro como avaliaríamos uma solução?
- Poderíamos ver evidência de sucesso antes de fazer um grande investimento de implantação?
- Será que a empresa tem os ativos de dados de que necessita? Por exemplo, para modelagem supervisionada, existem dados de treinamento rotulados? A empresa está pronta para investir em ativos que ainda não possui?

O Apêndice A traz uma lista inicial de perguntas para avaliar propostas de data science, organizadas pelo processo de mineração de dados. Analisamos, agora, um exemplo ilustrativo (no Apêndice B você encontrará outro exemplo de proposta para avaliar, concentrando-se em nosso problema recorrente de rotatividade).

Exemplo de Proposta de Mineração de Dados

Sua empresa tem uma base de usuários instalada de 900.000 usuários atuais do seu widget Whiz-bang®. Agora, você desenvolveu o Whiz-bang˚ 2.0, que tem custos operacionais substancialmente menores que o original. Idealmente, você gostaria de converter ("migrar") toda sua base de usuários para a versão 2.0; no entanto, usar 2.0 requer que os usuários dominem a nova interface, e há um sério risco de que, na tentativa de fazê-lo, eles fiquem frustrados e não façam a conversão, fiquem menos satisfeitos com a empresa ou, no pior caso, mudem para o popular widget Boppo˚ do seu concorrente. O marketing projetou um novo plano de incentivo de migração que custará $250 por cliente selecionado. Não há garantia de que um cliente optará por migrar mesmo que receba esse incentivo.

Uma empresa externa, Big Red Consulting, está propondo um plano para direcionar cuidadosamente os clientes para Whiz-bang˚ 2.0 e, dada sua fluência comprovada com os fundamentos de data science, você é chamado para ajudar a avaliar a proposta da Big Red. As escolhas da Big Red parecem corretas?

> **Direcionamento da Migração de Clientes Whiz-Bang — preparado por Big Red Consulting, Inc.**
>
> Vamos desenvolver um modelo preditivo utilizando tecnologia moderna de mineração de dados. Como discutido em nosso último encontro, assumimos um orçamento de $5.000.000 para esta fase da migração de clientes; ajustar o plano para outros orçamentos é simples. Assim, podemos atingir 20.000 clientes com esse orçamento. Vamos selecioná-los desta forma:
>
> Usaremos dados para construir um modelo para saber se um cliente vai migrar ou não, dado o incentivo. O conjunto de dados será composto por um conjunto de atributos de clientes, como o número e tipo de interações prévias de atendimento ao cliente, nível de uso do widget, localização do cliente, sofisticação técnica prevista, estabilidade com a empresa e outros indicadores de fidelidade, como número de outros produtos e serviços em uso da empresa. A meta será se o cliente migrará ou não para o novo widget se ele receber o incentivo. Usando esses dados, construiremos uma regressão linear para estimar a variável alvo. O modelo será avaliado com base na precisão desses dados; em particular, queremos garantir que a precisão seja substancialmente maior do que se direcionássemos aleatoriamente.

Para usar o modelo: para cada cliente, aplicaremos o modelo de regressão para estimar a variável alvo. Se a estimativa for maior do que 0,5, prevemos que o cliente migrará; caso contrário, diremos que o cliente não migrará. Em seguida, selecionaremos aleatoriamente 20.000 clientes a partir daqueles previstos para migrar e esses 20.000 serão os alvos recomendados.

Falhas na Proposta da Big Red

Podemos usar nossa compreensão dos princípios fundamentais e outros conceitos básicos de data science para identificar falhas na proposta. O Apêndice A traz um guia inicial para a revisão de tais propostas, com algumas das principais perguntas a serem feitas. No entanto, este livro, como um todo, pode realmente ser visto como um guia de avaliação de proposta. Aqui estão algumas das falhas mais evidentes na proposta da Big Data:

Compreensão do negócio

- A definição de variável alvo é imprecisa. Por exemplo, em que período de tempo deve ocorrer a migração? (Capítulo 3)
- A formulação do problema de mineração de dados poderia ser melhor alinhada com o problema de negócios. Por exemplo, e se determinados clientes (ou qualquer um) estivesse propenso a migrar de qualquer maneira (sem o incentivo)? Então, estaríamos desperdiçando o custo do incentivo ao direcioná-los. (Capítulos 2 e 11)

Compreensão/preparação dos dados

- Não existem dados de treinamento rotulados! Este é um incentivo novo. Devemos investir parte do nosso orçamento na obtenção de rótulos para alguns exemplos. Isso pode ser feito pelo direcionamento (aleatório) de um subconjunto selecionado de clientes com o incentivo. Também podemos propor uma abordagem mais sofisticada (Capítulos 2, 3 e 11).
- Se estamos preocupados com o desperdício do incentivo em clientes que estão propensos a migrar sem ele, também devemos observar um "grupo de controle" durante o período em que estamos obtendo os dados de treinamento. Isso deve ser fácil, já que todos que nós não direcionamos para reunir rótulos seriam um "controle". Podemos construir um modelo separado para migrar ou não dado nenhum incentivo, e combinar os modelos em uma estrutura de valor esperado. (Capítulo 11)

Modelagem

- A regressão linear não é uma boa escolha para modelagem de uma variável alvo categórica. Em vez disso devemos utilizar um método de classificação, como indução de árvore de decisão, regressão logística, k-NN e assim por diante. Ainda melhor, por que não tentar vários métodos e avaliá-los de forma experimental para ver qual tem o melhor desempenho? (Capítulos 2, 3, 4, 5, 6, 7 e 8)

Avaliação

- A avaliação não deve ser dos dados de treinamento. Algum tipo de abordagem de retenção deve ser utilizada (por exemplo, validação cruzada e/ou uma abordagem por etapas como discutido anteriormente). (Capítulo 5)
- Haverá qualquer validação do modelo de domínio de conhecimento? E se ele estiver capturando alguma peculiaridade do processo de coleta de dados? (Capítulos 7, 11 e 14)

Implantação

- A ideia de selecionar aleatoriamente clientes com pontuações de regressão superiores a 0,5 não é bem considerada. Primeiro, não está claro que uma pontuação de regressão de 0,5 realmente corresponda a uma probabilidade de migração de 0,5. Em segundo lugar, 0,5 é arbitrário em qualquer caso. Em terceiro lugar, uma vez que nosso modelo está fornecendo uma classificação (por exemplo, pela probabilidade de migração, ou pelo valor esperado, se usarmos a formulação mais complexa), devemos usar o ranking para guiar nosso direcionamento: escolher os candidatos mais bem classificados, como o orçamento permitir. (Capítulos 2, 3, 7, 8 e 11)

Claro, esse é apenas um exemplo com um determinado conjunto de falhas. Um conjunto diferente de conceitos pode precisar ser executado por uma proposta diferente, que é falha por razões maneiras.

A Maturidade de Data Science de uma Empresa

Para uma empresa planejar de forma realista esforços de data science ela deve avaliar, de forma franca e racional, sua própria *maturidade* em termos de capacidade de data science. Está além do escopo deste livro fornecer um guia de autoavaliação, mas algumas palavras sobre o tema são importantes.

As empresas variam muito em seus recursos de data science ao longo de muitas dimensões. Uma dimensão muito importante para o planejamento estratégico é a "maturidade" da empresa, especificamente, o quanto os processos utilizados para orientar projetos de data science da empresa são sistemáticos e bem fundamentados.[3]

---

3 Incentivamos que o leitor interessado nessa noção de maturidade das capacidades da empresa leia sobre o Modelo de Capacidade de Maturidade (http://en.wikipedia.org/wiki/Capability_Maturity_Model — conteúdo em inglês) para a engenharia de software, que é a inspiração para esta discussão.

Em uma extremidade do espectro de maturidades, os processos das empresas são completamente pontuais. Em muitas empresas, os funcionários envolvidos em data science e na análise de negócios não têm nenhum treinamento formal nessas áreas e os gestores envolvidos têm pouca compreensão dos princípios fundamentais da data science e do pensamento analítico de dados.

Uma Observação Sobre as Empresas "Imaturas"

Ser "imaturo" *não* significa que a empresa está destinada ao fracasso. Significa que o sucesso é altamente variável e depende muito mais da sorte do que da maturidade da empresa. O sucesso do projeto dependerá dos esforços heroicos de indivíduos que possuem uma acuidade natural para pensamento analítico de dados. Uma empresa imatura pode implementar soluções não tão sofisticadas de data science em grande escala ou pode implementar soluções sofisticadas em pequena escala. Raramente, porém, uma empresa imatura implementará soluções sofisticadas em grande escala.

Uma empresa com um nível médio de maturidade emprega cientistas de dados bem treinados, bem como gerentes de negócios e outros investidores que entendem os princípios fundamentais de data science. Ambos os lados podem pensar com clareza sobre como resolver problemas de negócios com data science e ambos os lados participam na concepção e implementação de soluções que tratam diretamente dos problemas do negócio.

Na extremidade da maturidade estão as empresas que trabalham continuamente para melhorar seus *processos* de data science (e não apenas as soluções). Executivos de tais empresas continuamente desafiam a equipe para impor processos que melhor alinhem suas soluções com os problemas de negócios. Ao mesmo tempo, eles percebem que equilíbrio pragmático pode favorecer a escolha de uma solução insuficiente que pode ser realizada hoje sobre uma solução teoricamente muito melhor que não estará pronta até o próximo ano. Cientistas de dados em uma empresa desse tipo devem ter a confiança de que quando propõem um investimento para melhorar os processos de data science, as suas sugestões serão atendidas com mentes abertas e informadas. Isso não quer dizer que todos os pedidos dessa natureza sejam aprovados, mas que a proposta será avaliada pelos seus próprios méritos no contexto do negócio.

Observação: Data science não é operação nem engenharia.

Existe um certo perigo em fazer uma analogia com o Modelo de Capacidade de Maturidade a partir da engenharia de software — perigo de que a analogia seja levada ao pé da letra. Tentar aplicar o mesmo tipo de processos que funcionam para a engenharia de software, ou pior, para fabricação ou operações, será um fracasso para data science. Além disso, as tentativas equivocadas de fazê-lo expulsarão os melhores cientistas de dados da empresa antes que o gestor saiba o que aconteceu. O segredo é compreender os *processos de data science* e como aplicá-los bem, e trabalhar para estabelecer coerência e apoio. Lembre-se de que data science é mais como R&D de como engenharia ou fabricação. Como exemplo concreto, a gestão deve disponibilizar consistentemente os recursos necessários para uma avaliação sólida, antecipada e frequente, de projetos de data science. Às vezes, isso envolve investir em dados que não teriam sido obtidos de outra forma. Muitas vezes, isso envolve a atribuição de recursos de engenharia para apoiar a equipe de cientistas de dados. A equipe de data science deve, por sua vez, trabalhar para fornecer gerenciamento com avaliações que estejam o mais alinhadas possível com o(s) atual(is) problema(s) de negócio(s).

Como exemplo concreto, considere mais uma vez nosso problema de rotatividade em telecomunicações e como as empresas com maturidades variadas podem abordá-lo:

- Uma empresa imatura terá (esperamos) funcionários analiticamente adeptos da implementação de soluções espontâneas com base em suas intuições sobre como gerenciar a rotatividade. Isso pode ou não funcionar bem. Em uma empresa imatura, será difícil para a gerência avaliar essas escolhas em relação às alternativas ou determinar quando já implementaram uma solução quase ideal.

- Uma empresa de maturidade média terá implementado uma estrutura bem definida para testar diferentes soluções alternativas. Eles testarão sob condições que imitam o mais próximo possível o caso real definição de negócios — por exemplo, executar os últimos dados de produção por meio de uma plataforma de teste que compara como diferentes métodos "teriam se saído", e considerar cuidadosamente os custos e benefícios envolvidos.

- A organização muito madura pode ter implantado os mesmos métodos de uma empresa de maturidade média para a identificação de clientes com a maior probabilidade de sair ou mesmo a maior perda esperada se sofressem rotatividade. Eles também poderiam estar trabalhando para implementar os processos, e reunir os dados necessários para julgar também o efeito dos incentivos e, assim, trabalhar no sentido de encontrar esses indivíduos para os quais os incentivos produzirão o maior aumento de valor esperado (em relação a não dar o incentivo). Tal empresa também pode estar trabalhando para integrar esse procedimento em uma experimentação e/ou estrutura de otimização para avaliar diferentes propostas ou diferentes parâmetros (como o nível de desconto) para determinada oferta.

Uma autoavaliação sincera da maturidade de data science é difícil, mas é essencial para extrair o melhor das atuais capacidades e para melhorá-las.

CAPÍTULO 14
Conclusão

Se você não consegue explicar de forma simples, você não entende bem o suficiente.

— Albert Einstein

A prática de data science pode ser melhor descrita como uma combinação de engenharia analítica e exploração. O negócio apresenta um problema que gostaríamos de resolver. Raramente, o problema de negócio é, de modo direto, uma de nossas tarefas básicas de mineração de dados. Decompomos o problema em subtarefas que achamos que podemos resolver, geralmente, começando com as ferramentas existentes. Para algumas dessas tarefas podemos não saber o quão *bem* podemos resolvê-las, por isso, temos que explorar os dados e fazer uma avaliação para verificar. Se isso não for possível, poderemos ter de tentar algo completamente diferente. No processo, podemos descobrir o conhecimento que vai nos ajudar a resolver o problema que queremos ou podemos descobrir algo inesperado que nos leva a outros sucessos importantes.

Nem a engenharia analítica, nem a exploração deve ser omitida quando se considera a aplicação de métodos de data science para resolver um problema de negócios. A omissão do aspecto da engenharia, geralmente, torna menos provável que os resultados de mineração de dados realmente resolvam o problema de negócios. A omissão da compreensão do processo como sendo de exploração e descoberta muitas vezes impede que uma organização implemente a gestão, os incentivos e os investimentos adequados para que o projeto seja bem-sucedido.

Os Conceitos Fundamentais de Data Science

Tanto a engenharia analítica quanto a exploração e descoberta são feitas de forma mais sistemática e, assim, têm mais chances de sucesso pela compreensão e abrangência dos conceitos fundamentais de data science. Neste livro, introduzimos um conjunto de conceitos fundamentais mais importantes. Alguns desses conceitos, transformamos em títulos dos capítulos, e outros foram introduzidos mais naturalmente pelas discussões (e não necessariamente rotulados como conceitos fundamentais). Esses conceitos abrangem todo o processo, desde imaginar como a data science pode melhorar as decisões de negócios, para a aplicação das técnicas de data science e para a implantação dos resultados para melhorar a tomada de decisões. Os conceitos também embasam uma grande variedade de análise de negócios.

De maneira simplificada, podemos agrupar nossos conceitos fundamentais em três tipos:

1. Conceitos gerais sobre como data science se encaixa na organização e no cenário competitivo, incluindo formas de atrair, estruturar e estimular equipes, maneiras de pensar sobre como data science leva à vantagem competitiva, formas que a vantagem competitiva pode ser sustentada e princípios táticos para se sair bem com projetos de data science.

2. Maneiras gerais do pensamento analítico de dados, que nos ajudam a coletar dados apropriados e considerar métodos adequados. Os conceitos incluem o *processo de mineração de dados*, a coleta de diferentes tarefas de *alto nível de data science*, bem como princípios como os seguintes:

    - *A equipe de data science deve ter em mente o problema a ser resolvido e utilizar o cenário ao longo do processo de mineração de dados*

    - *Os dados devem ser considerados um ativo e, portanto, devemos pensar cuidadosamente sobre quais investimentos devemos fazer para obter as melhores vantagens do nosso ativo*

    - *A estrutura de valor esperado pode nos ajudar a estruturar os problemas de negócio para que possamos ver os problemas de componentes de mineração de dados, bem como o tecido de conexão dos custos, benefícios e restrições impostas pelo ambiente de negócios*

    - *Generalização e sobreajuste: se olharmos com atenção para os dados, vamos encontrar padrões; buscamos por padrões que generalizem os dados que ainda não vimos*

    - *Aplicar data science para um problema bem estruturado versus mineração de dados exploratório exige diferentes níveis de esforço em diferentes fases do processo de mineração de dados*

3. Conceitos gerais para realmente extrair conhecimento a partir de dados, que sustentam a vasta gama de técnicas de data science. Estes incluem conceitos como:

    - *Identificação de atributos informativos — aqueles que se correlacionam ou que nos trazem informação sobre uma quantidade desconhecida de interesse*

    - *Ajuste de um modelo de função numérica aos dados, escolhendo um objetivo e encontrando um conjunto de parâmetros com base nesse objetivo*

- *O controle da complexidade é necessário para encontrar um bom equilíbrio entre generalização e sobreajuste*
- *Cálculo de similaridade entre objetos descritos por dados*

Uma vez que pensamos em data science em termos de seus conceitos fundamentais, vemos os mesmos conceitos subjacentes a muitas estratégias, tarefas, algoritmos e processos diferentes. Como ilustramos ao longo do livro, esses princípios não só nos permitem compreender a teoria e a prática de data science de forma muito mais profunda, como também nos permitem compreender os métodos e técnicas de forma muito ampla, porque os mesmos costumam ser simples exemplificações particulares de um ou mais princípios fundamentais.

Em nível mais avançado, vimos como a construção de problemas de negócios utilizando a estrutura do valor esperado nos permite decompor problemas em tarefas de data science que conseguimos entender melhor como resolver e isso se aplica em muitos tipos diferentes de problemas de negócios.

Para extrair conhecimento a partir dos dados, vimos que nosso conceito fundamental da determinação da similaridade de dois objetos descritos por dados é usado diretamente, por exemplo, para encontrar clientes semelhantes aos nossos melhores clientes. É usado para a classificação e para regressão, por meio de métodos de vizinho mais próximo. É a base para o agrupamento, o grupo não supervisionado de objetos de dados. É a base para encontrar quais documentos estão mais relacionados a uma consulta de pesquisa. E é a base para mais de um método comum para fazer recomendações, por exemplo, lançando os clientes e os filmes no mesmo "espaço de gosto" e, em seguida, encontrando filmes mais semelhantes a determinado cliente.

Quando se trata de medidas, vemos a noção de *lift* — que determina quão mais provável é um padrão do que seria esperado ao acaso — aparecendo amplamente em toda data science, ao se avaliar diferentes tipos de padrões. Podemos avaliar algoritmos para direcionamento de anúncios calculando o lift que se obtém da população alvo. Calcular o lift para julgar a ponderação das evidências a favor ou contra uma conclusão. Calcular o lift para ajudar a julgar se uma coocorrência repetida é interessante, em vez de ser simplesmente uma consequência natural da popularidade.

Compreender os conceitos fundamentais também facilita a comunicação entre os investidores e os cientistas de dados, não só por causa do vocabulário compartilhado, mas porque ambos os lados realmente entendem melhor. Em vez de deixar passar completamente aspectos importantes de uma discussão, podemos fazer perguntas que revelarão pontos importantes que, de outra forma, não teriam sido descobertos.

Por exemplo, digamos que a sua empresa de empreendimento está pensando em investir em uma empresa baseada em data science produzindo um serviço de notícias personalizado online. Você pergunta como exatamente estão personalizando as notícias. Eles dizem que usam máquinas de vetores de suporte. Vamos fingir que não, mesmo se fingirmos que não falamos sobre máquinas de vetores de suporte neste livro. Agora, você deve se sentir confiante o suficiente sobre seu conhecimento em data science para não dizer simplesmente "Ah, OK". Você deve ser capaz de perguntar com confiança: "O que é isso exatamente?" Se eles realmente sabem do que estão falando, devem lhe dar alguma explicação baseada em nossos princípios fundamentais (como fizemos no Capítulo 4). Agora, você também está preparado para perguntar: "Quais são exatamente os dados de treinamento que você pretende usar?" Isso não só pode impressionar os cientistas de dados em sua equipe, mas é, na verdade, uma pergunta importante a ser feita para ver se eles estão fazendo algo convincente ou simplesmente usando o "data science" como uma cortina de fumaça para se esconder. Você pode seguir em frente e pensar se realmente acredita que a construção de qualquer modelo de previsão a partir desses dados — independentemente do tipo de modelo — seria capaz de resolver o problema de negócio que estão atacando. Você deve estar pronto para perguntar se realmente acha que eles terão rótulos confiáveis de treinamento para tal tarefa. E assim por diante.

Aplicando Nossos Conceitos Fundamentais para um Novo Problema: Mineração de Dados de Dispositivos Móveis

Como já enfatizamos repetidamente, uma vez que pensarmos sobre data science como um conjunto de conceitos, princípios e métodos gerais, teremos muito mais sucesso tanto na compreensão mais ampla das atividades de data science, como também na sua aplicação em novos problemas de negócios. Vamos considerar um exemplo novo.

Recentemente (em relação ao momento que escrevemos este livro), tem havido uma mudança acentuada na atividade online dos consumidores a partir de computadores tradicionais para uma ampla variedade de dispositivos móveis. As empresas ainda devem trabalhar para entender como atingir consumidores em seus computadores, e agora ainda têm que se esforçar para entender como atingir os consumidores em seus dispositivos móveis: smartphones, tablets e o crescente número de computadores portáteis, conforme o acesso Wi-Fi se torna onipresente. Não falaremos sobre a maior parte da complexidade desse problema, mas, a partir da nossa perspectiva, o pensador analítico de dados pode notar que os dispositivos móveis fornecem um novo tipo de dados a partir do qual muito poucos benefícios já foram obtidos. Em especial, os dispositivos móveis são associados a dados referentes à localização.

Por exemplo, no ecossistema de publicidade móvel, dependendo das minhas configurações de privacidade, meu dispositivo móvel pode transmitir minha localização GPS exata para aquelas entidades que gostariam de me enviar propagandas, promoções diárias e outras ofertas. A Figura 14-1 mostra um diagrama de dispersão de uma pequena amostra de locais que um potencial anunciante pode visualizar, com uma amostragem executada a partir do ecossistema de publicidade móvel. Mesmo que eu não transmita minha localização GPS, meu dispositivo transmite o endereço IP da rede que está usando no momento, o que, muitas vezes, transmite informações de localização.

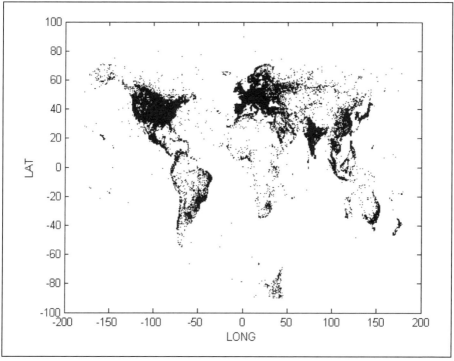

Figura 14-1. Um diagrama de dispersão de uma amostra de localizações GPS capturadas a partir de dispositivos móveis.

 Como um ponto interessante, esse é apenas um diagrama de dispersão da latitude e da longitude transmitidas por dispositivos móveis; *não existe nenhum mapa*! Ele fornece uma representação impressionante da densidade populacional em todo o mundo. E nos faz pensar sobre o que está acontecendo com os dispositivos móveis na Antártica.

Como podemos usar esses dados? Vamos aplicar nossos conceitos fundamentais. Se quisermos ir além da análise exploratória de dados (como iniciamos com a visualização na Figura 14-1), precisamos pensar em um problema concreto de negócios. Determinada empresa pode ter alguns problemas a serem resolvidos, e se concentrar em um ou dois. Um empreendedor ou investidor pode analisar diferentes potenciais problemas enfrentados pelas empresas ou consumidores no momento. Vamos escolher um relacionado a esses dados.

Os anunciantes enfrentam o problema que, neste novo mundo, temos uma variedade de dispositivos e o comportamento de determinados consumidores pode estar fragmentado em diversos deles. No mundo dos computadores, uma vez que os anunciantes identificam uma boa perspectiva, talvez por meio de um cookie no navegador de determinado consumidor ou ID de dispositivo, podem, então, começar a agir de acordo; por exemplo, apresentando anúncios direcionados. No ecossistema móvel, esta atividade do consumidor é fragmentada em todos os dispositivos. Mesmo que seja encontrada uma boa perspectiva em um dispositivo, como podemos direcioná-la para os outros?

Uma possibilidade é usar dados de localização para selecionar o espaço de outros possíveis dispositivos que possam pertencer a esse cenário. A Figura 14-1 sugere que uma grande parte do espaço de possíveis alternativas seria eliminado se pudéssemos traçar o perfil do comportamento de visitação de um dispositivo móvel. Presumivelmente, o comportamento de localização em meu smartphone será bastante semelhante ao meu comportamento de localização em meu laptop, especialmente se estou considerando os locais de WiFi que uso.[1] Então, posso querer extrair o que sei sobre a avaliação da similaridade dos dados (Capítulo 6).

Em nossa fase de compreensão dos dados, precisamos decidir como exatamente vamos representar os dispositivos e suas localizações. Assim que formos capazes de nos afastar dos detalhes dos algoritmos e das aplicações, e pensar no básico, podemos perceber que as ideias discutidas no exemplo da formulação do problema de mineração de texto (Capítulo 10) aplica-se muito bem aqui — embora este exemplo não tenha nada a ver com o texto. Quando se minera dados em documentos, muitas vezes ignoramos grande parte da estrutura do texto, como sequência. Para muitos problemas, podemos simplesmente tratar cada documento como uma coleção de palavras de um vocabulário potencialmente grande. O mesmo raciocínio se aplica aqui. Obviamente, há uma estrutura considerável para os locais que uma pessoa visita, como a sequência em que são visitados, mas para a mineração de dados uma primeira estratégia mais simples costuma ser a melhor. Vamos apenas considerar cada dispositivo como um "saco de localizações", em analogia à representação do saco de palavras discutida no Capítulo 10.

Se estamos tentando encontrar outros exemplos do mesmo usuário, também podemos aplicar, de forma rentável, as ideias de TFIDF para o texto em nossas localizações. Locais muito populares de WiFi (como uma loja da Starbucks) provavelmente não são tão informativos em um cálculo de similaridade focado em encontrar o mesmo usuário em diferentes dispositivos. Tal localização teria uma baixa pontuação IDF (pense no "D" como sendo "**D**ispositivo" em vez de "Documento"). Na outra extremidade do espectro, para muitas pessoas, suas redes WiFi domésticas teriam poucos dispositivos diferentes e, assim, seriam bastante distintas. TFIDF na localização ampliaria a importância desses

---

[1] Que, consequentemente, pode ser anônimo se eu estou preocupado com minha privacidade. Mais sobre isso depois.

locais em um cálculo de similaridade. Entre esses dois, a distinção pode ser uma rede de WiFi de escritório, que poderia obter uma pontuação IDF mediana.

Agora, se nosso perfil de dispositivo é uma representação TFIDF baseada em nosso saco de localizações, como com o uso da similaridade na formulação TFIDF para a nossa consulta de pesquisa para o exemplo do músico de jazz, no Capítulo 10, podemos olhar para os dispositivos mais semelhantes ao que tínhamos identificado como uma boa previsão. Vamos dizer que meu laptop foi o dispositivo identificado como uma boa perspectiva. Meu laptop é observado na minha rede WiFi doméstica e de trabalho. Os únicos outros dispositivos observados são meu telefone, meu tablet e, possivelmente, os dispositivos móveis da minha esposa e alguns amigos e colegas (mas observe que esses receberão pontuações TF baixas em um ou outro local, em comparação com meus dispositivos). Assim, é provável que meu telefone e tablet sejam muito semelhantes — possivelmente os mais semelhantes — ao identificado como perspectiva. Se o anunciante havia identificado meu laptop como uma boa perspectiva para determinado anúncio essa formulação também identificaria meu telefone e meu tablet como boas perspectivas para a mesma propaganda.

Este exemplo não pretende ser uma solução definitiva para o problema de encontrar usuários correspondentes em diferentes dispositivos móveis;[2] ele mostra como ter um kit de ferramentas conceituais pode ser útil para pensar sobre um problema novo em folha. Depois de conceituadas as ideias, os cientistas de dados descobririam o que realmente funciona e como a esclarecer e ampliar as ideias, aplicando muitos dos conceitos que discutimos (como a maneira de avaliar opções alternativas de implementação).

Mudando a Maneira como Pensamos Sobre Soluções para os Problemas de Negócios

O exemplo também fornece uma ilustração concreta de outro conceito fundamental importante (ainda não os esgotamos, mesmo depois de muitas páginas de um livro detalhado). É bastante comum que, no subciclo de compreensão do negócio/compreensão dos dados do processo de mineração de dados, nossa noção de *qual é o problema* mude para se ajustar ao que realmente podemos fazer com os dados. Muitas vezes, a mudança é sutil, mas é muito importante (tentar) notar quando isso acontece. Por quê? Porque todos os investidores não estão envolvidos com a formulação do problema de data science. Se nos esquecermos de que mudamos o problema, especialmente se a mudança é sutil, podemos encontrar resistência no final do processo. E ela pode ocorrer puramente por causa de mal-entendidos! O que é pior, pode ser percebida como consequência de teimosia, o que pode levar a ressentimentos entre as partes, ameaçando o sucesso do projeto.

---

[2] No entanto, é a essência de uma solução do mundo real para o problema implementado por uma das mais avançadas empresas de publicidade móvel.

Vamos voltar ao exemplo de direcionamento móvel. O leitor astuto pode dizer: *Espere um pouco*. Começamos dizendo que encontraremos os mesmos usuários em diferentes dispositivos. O que fizemos foi encontrar usuários muito semelhantes em termos de informações de localização. Posso estar disposto a concordar que o conjunto desses usuários semelhantes provavelmente contém o mesmo usuário — mais provável do que qualquer alternativa em que eu possa pensar — mas isso não é igual a encontrar o mesmo usuário em diferentes dispositivos. Esse leitor estaria correto. Ao trabalhar em nossa formulação do problema, o problema mudou um pouco. Agora, identificamos a mesma probabilística do usuário: pode haver uma probabilidade muito elevada de que o subconjunto de dispositivos com perfis de localização muito semelhantes conterá outros exemplos do mesmo usuário, mas isso não é garantido. Isso precisa ficar claro em nossas mentes e deve ser esclarecido aos investidores.

Acontece que, para direcionar anúncios ou ofertas, essa mudança provavelmente será aceitável para todos os investidores. Recordando da nossa estrutura de custo/benefício para avaliar as soluções de mineração de dados (Capítulo 7), fica muito claro que muitas ofertas que visam algum falso positivo terão um custo relativamente baixo em comparação ao benefício de atingir mais verdadeiros positivos. Além do mais, para muitas ofertas, quem direciona pode ficar realmente feliz se "perder", se isso constituir atingir outras pessoas com interesses semelhantes. E minha esposa e amigos próximos e colegas terão muito em comum com meus gostos e interesses![3]

O que os Dados Não Podem Fazer: Seres Humanos no Circuito, Revisado

Este livro se concentra em como, por que e quando podemos obter valor de negócios a partir de data science, melhorando a tomada de decisões com base nos dados. Também é importante considerar os limites da data science e da tomada de decisões baseada em dados.

Existem coisas em que os computadores são bons e coisas que as pessoas são boas, mas, muitas vezes, essas não são as mesmas coisas. Por exemplo, os seres humanos são muito melhores em identificar — dentre todas as coisas que existem no mundo — pequenos conjuntos de aspectos relevantes do mundo a partir do qual recolhem dados em apoio a determinada tarefa. Computadores são muito melhores em peneirar uma grande compilação de dados, incluindo um grande número de (possivelmente) variáveis relevantes, e quantificar a relevância das variáveis para prever um alvo.

---

3 Em um artigo na revista Proceedings of National Academy of Sciences, Crandall et al. (2010) mostram que coocorrências geográficas entre os indivíduos são muito preditivas de que esses indivíduos sejam amigos: "O conhecimento de que duas pessoas estavam próximos em alguns locais distintos, mais ou menos ao mesmo tempo, pode indicar uma alta probabilidade condicional de que elas estão diretamente ligadas na rede social subjacente". Isso significa que mesmo as "perdas", devido à similaridade da localização ainda podem conter alguma vantagem de direcionamento da rede social — que tem se mostrado extremamente eficaz para marketing (Hill et al., 2006).

O colunista Op-Ed do *New York Times*, David Brooks, escreveu um excelente artigo intitulado "O que os dados não podem fazer" (Brooks, 2013). Você deve lê-lo se estiver considerando a aplicação mágica da data science para resolver seus problemas.

Data science envolve a integração criteriosa do conhecimento humano e das técnicas baseadas em computação para alcançar o que nenhum deles conseguiria sozinho (cuidado com qualquer fornecedor de ferramentas que sugira o contrário!). O processo de mineração de dados introduzido no Capítulo 2 ajuda a direcionar a combinação de seres humanos e computadores. A estrutura imposta pelo processo enfatiza a interação dos seres humanos, para garantir que a aplicação de métodos de data science esteja focada nas tarefas certas. Examinar o processo de mineração de dados também revela que a tarefa de seleção e especificação não é o único lugar onde a interação humana é crítica. Conforme discutimos no Capítulo 2, um dos locais onde a criatividade humana, conhecimento e bom senso agregam valor é na seleção dos dados corretos para mineração — que costuma ser negligenciada nas discussões sobre mineração de dados, especialmente considerando sua importância.

A interação humana também é importante na fase de avaliação do processo. A combinação de técnicas de dados e data science corretos é excelente em encontrar modelos que otimizam algum critério objetivo. Somente seres humanos podem dizer qual é o melhor critério objetivo para otimizar um problema em particular. Isso envolve julgamento humano subjetivo substancial, porque, muitas vezes, o verdadeiro critério para ser otimizado não pode ser medido, assim, os seres humanos precisam escolher o melhor representante, ou representantes, possíveis — e ter essas decisões em mente como fontes de risco quando os modelos são implementados. Então, precisamos ter cuidado e, por vezes, ser criativos, prestando atenção para saber se os modelos ou padrões resultantes realmente ajudam a resolver o problema.

Também precisamos ter em mente que os dados aos quais aplicamos as técnicas de data science são o produto de algum processo que envolveu decisões humanas. Não devemos ser vítimas do pensamento de que os dados representam a verdade objetiva.[4] Os dados incorporam crenças, propósitos, preconceitos e pragmatismo daqueles que projetaram os sistemas de coleta de dados. O significado dos dados é formulado por nossas próprias crenças.

Considere o seguinte exemplo simples. Muitos anos atrás, os autores trabalharam juntos como cientistas de dados de uma das maiores empresas de telefonia. Houve um problema terrível com fraude no negócio sem fio, e aplicamos métodos de data science para grandes quantidades de dados sobre o uso do telefone celular, padrões de ligações sociais, locais visitados etc. (Fawcett & Provost, 1996, 1997). Um com-

---

4 A pessoa com inclinações filosóficas pode ler a tese clássica de V.W.O. Quine (1951) "Two Dogmas of Empiricism", em que ele apresenta uma crítica mordaz da noção comum de que existe uma dicotomia entre o empírico e analítico.

ponente de um modelo para detecção de fraude , aparentemente com bom desempenho, indicou que "ligar a partir da torre de transmissão de celular número zero oferece risco substancialmente maior de fraude". Isso foi verificado por meio de avaliação cuidadosa de retenção. Felizmente (neste caso), seguimos uma boa prática de data science e, na fase de avaliação, trabalhamos para garantir a validação do domínio de conhecimento do modelo. Tivemos dificuldade para entender esse modelo componente em particular. Havia muitas torres de transmissão de celular que indicavam probabilidade elevada de fraude,[5] mas a torre de transmissão número zero se destacava. Além disso, as outras torres de transmissão de celular faziam sentido porque ao analisarmos suas localizações, pelo menos, havia uma boa história — por exemplo, a torre estar situada em uma área de alta criminalidade. A análise da torre de transmissão número zero resultava em absolutamente nada. Ela não constava nas listas de torres de transmissão de celular. Procuramos o principal guru de dados para conjecturar a resposta. De fato, *não havia torre de transmissão de celular número zero*. Mas, claramente, os dados tinham muitas ligações fraudulentas originadas da torre de transmissão número zero!

Para encurtar a história, nossa compreensão dos dados estava errada. Resumidamente, quando a fraude era determinada na conta de um cliente, demorava um tempo considerável entre a data da impressão, envio e recebimento da conta e a abertura, leitura e contestação dos dados pelo cliente. Durante esse tempo, a atividade fraudulenta continuava. Depois de detectada a fraude, essas ligações não deveriam aparecer na próxima fatura do cliente, assim, elas eram removidas do sistema de faturamento. Não foram descartadas, mas (felizmente para os esforços de mineração de dados) foram mantidas em outro banco de dados. Infelizmente, quem projetou esse banco de dados decidiu que não era importante manter certos campos. Um deles foi a informação sobre a torre de transmissão de celular. Assim, quando as equipes de data science solicitaram os dados de todas as ligações fraudulentas a fim de construir conjuntos de treinamento e de teste, essas chamadas foram incluídas. Como elas não tinham a informação sobre a torre de transmissão, outra decisão de projeto (consciente ou não) fez com que os campos fossem preenchidos com zeros. Assim, muitas das ligações fraudulentas pareciam ter sido feitas a partir da torre de transmissão zero!

Esse é o "vazamento", introduzido no Capítulo 2. Pode parecer que seria fácil ser detectado. Não foi, por várias razões. Considere quantas ligações são feitas por *dezenas de milhões* de clientes ao longo de muitos meses e, para cada uma delas, havia um número muito grande de possíveis atributos descritivos. Não havia possibilidade de examinar manualmente os dados. Além disso, as chamadas foram agrupadas por cliente, por isso não havia um monte de ligações provenientes da torre de transmis-

---

5 Tecnicamente, os modelos seriam mais úteis se houvesse uma mudança significativa no comportamento de mais ligações feitas a partir dessas estações rádio base. Se você está interessado, há artigos descrevendo isso com detalhes.

são número zero; elas foram intercaladas com outras ligações de cada cliente. Por fim, e possivelmente mais importante, como parte da preparação de dados, foram validadas para melhorar a qualidade da variável alvo. Algumas ligações que foram creditadas como fraude em uma conta não eram realmente fraudulentas. Muitas delas, por sua vez, poderiam ter sido identificadas ao se verificar o histórico de ligações do cliente em um período anterior, em que não houve fraude. O resultado foi que as ligações da torre de transmissão número zero tinham uma probabilidade elevada de fraude, mas não eram um prognosticador perfeito de fraude (o que teria sido uma bandeira vermelha).

A finalidade deste pequeno estudo de caso é ilustrar que "o que são os dados" é uma interpretação determinada por nós. Esta, muitas vezes, muda através do processo de mineração de dados, e precisamos adotar essa maleabilidade. Nosso exemplo de detecção de fraudes mostrou uma mudança na interpretação de um item de dados. Muitas vezes, também mudamos nossa compreensão de como os dados foram amostrados quando descobrimos as inclinações no processo de coleta de dados. Por exemplo, se quisermos modelar o comportamento do consumidor, a fim de projetar ou entregar uma campanha de marketing, é essencial compreender exatamente qual foi a base de consumidores a partir da qual os dados foram coletados. Isso, novamente, parece óbvio na teoria, porém, na prática, pode envolver uma análise profunda dos sistemas e das empresas que forneceram os dados.

Por fim, precisamos ser sagazes quanto *aos tipos de problemas para os quais a data science, mesmo com a integração dos seres humanos, poderá agregar valor*. Devemos perguntar: existem realmente dados suficientes sobre a decisão em questão? Muitas decisões estratégicas de alto nível podem ser colocadas em um contexto único. A análise dos dados, bem como as simulações teóricas, podem oferecer perspectivas, mas, muitas vezes, para as decisões de nível mais alto, os tomadores de decisão devem confiar em sua experiência, conhecimento e intuição. Isso certamente se aplica a decisões estratégicas, como a possibilidade de adquirir determinada empresa: análise de dados pode apoiar a decisão, porém, em última análise, cada situação é única e será necessário o julgamento de um estrategista experiente.

Essa ideia de situações únicas deve ser levada adiante. Em um extremo, podemos pensar na famosa declaração de Steve Jobs: "É muito difícil projetar produtos em grupos. Muitas vezes, as pessoas não sabem o que querem até que você mostre a elas... Isso não significa que não ouvimos os clientes, mas é difícil para eles dizerem o que querem quando nunca viram nada remotamente parecido." Quando olhamos para o futuro, podemos esperar que, com a crescente capacidade de fazer uma experimentação automatizada e cuidadosa podemos deixar de perguntar às pessoas o que elas gostariam ou considerariam útil para observar do que gostam ou consideram útil. Para fazer isso bem, precisamos seguir nosso princípio fundamental: considerar os dados como um ativo, em que podemos precisar investir. Nosso caso do Capital One, no Capítulo 1, é um exemplo de criação de muitos produtos e investimento em dados e data science para determinar o que as pessoas gostariam e, quais pessoas seriam clientes adequados para cada produto (ou seja, rentáveis).

Privacidade, Ética e Mineração de Dados Sobre Indivíduos

A mineração de dados, especialmente dados sobre indivíduos, levanta importantes questões éticas que não devem ser ignoradas. Recentemente, tem havido considerável discussão na imprensa e nas agências governamentais sobre a privacidade e os dados (especialmente dados online), mas os problemas são muito mais abrangentes. A maioria das grandes empresas voltadas ao consumidor coletam ou adquirem dados detalhados sobre todos nós. Esses dados são diretamente utilizados para tomar decisões sobre muitas das aplicações de negócios discutidas ao longo deste livro: devemos receber crédito? Em caso positivo, qual deve ser nossa linha de crédito? Devemos ser alvo de uma oferta? Que conteúdo gostaríamos de ver em um site? Que produtos nos devem ser recomendados? Estamos propensos a abandonar um concorrente? Existe fraude em nossa conta?

A tensão entre a privacidade e o aprimoramento das decisões de negócios é intensa porque parece haver uma relação direta entre o aumento da utilização de dados pessoais e o aumento da eficácia das decisões de negócios associadas. Por exemplo, um estudo realizado por pesquisadores da Universidade de Toronto e MIT mostrou que depois que uma rigorosa proteção de privacidade foi decretada na Europa, a publicidade online tornou-se significativamente menos eficaz. Em particular, "a diferença na declaração de intenção de compra entre aqueles que foram expostos a anúncios e aqueles que não foram caiu cerca de 65%. Tal mudança não ocorreu em países fora da Europa" (Goldfarb & Tucker, 2011).[6] Esse fenômeno não está restrito a publicidade online: adicionar dados minuciosos das redes sociais (por exemplo, quem se comunica com quem) aos dados mais tradicionais sobre indivíduos aumenta substancialmente a eficácia da detecção de fraude (Fawcett & Provost, 1997) e de marketing direcionado (Hill et al., 2006). Em geral, quanto mais dados minuciosos você recolher sobre os indivíduos, melhor poderá prever coisas sobre eles que são importantes para a tomada de decisão de negócios. Essa aparente relação direta entre a diminuição da privacidade e aumento do desempenho nos negócios induz a sentimentos fortes da perspectiva da privacidade e dos negócios (às vezes na mesma pessoa).

Está muito além do escopo deste livro resolver esse problema, e as questões são extremamente complicadas (por exemplo, que tipo de "anonimato" seria suficiente?) e diversificadas. Possivelmente, o maior impedimento para a consideração justificada de projetos de data science que respeitassem a privacidade é que é difícil até mesmo definir o que

---

6 Consulte o website de Mayer e Narayanan (*http://donottrack.us/bib/#sec_economics* — conteúdo em inglês) para uma crítica a esta e outras reivindicações de pesquisa sobre o valor da publicidade online direcionada por comportamento.

é privacidade. Daniel Solove é uma autoridade mundial em privacidade. Seu artigo "A Taxonomy of Privacy" (2006) começa com:

> A privacidade é um conceito em desordem. Ninguém pode articular o que ela significa. Como alguém já observou, a privacidade sofre de "uma abundância de significados".

O artigo de Solove estende-se por 80 páginas sobre a taxonomia de privacidade. Helen Nissenbaum é outra autoridade mundial em matéria de privacidade, que, recentemente, tem se concentrado especificamente na relação de privacidade e grandes bases de dados (e sua mineração). Seu livro sobre o tema, *Privacy in Context*, tem mais de 300 páginas (e vale a pena a leitura). Mencionamos isso para enfatizar que as preocupações com a privacidade não são questões de fácil compreensão ou fáceis de se lidar que podem ser rapidamente resolvidas ou mesmo relatadas em uma seção ou capítulo de um livro de data science. Se você é um cientista de dados ou investidor de projetos de data science, deve se preocupar com questões de privacidade e precisará investir tempo para pensar cuidadosamente sobre elas.

O Que Mais Existe em Data Science?

Embora este livro seja bastante espesso, tentamos escolher os conceitos fundamentais mais relevantes para ajudar o cientista de dados e o investidor de negócios a compreender data science e a se comunicar bem. Naturalmente, não abordamos todos os conceitos fundamentais de data science, e qualquer cientista de dados pode contestar se incluímos exatamente os mais adequados. Mas todos devem concordar que estes são alguns dos conceitos mais importantes e que são a base de uma grande parte da ciência.

Existe a questão de temas avançados e intimamente relacionados que foram construídos sobre os fundamentos apresentados aqui. Não tentaremos enumerá-los — se você tiver interesse, procure os programas recentes de conferências sobre pesquisas em mineração de dados, como a *ACM SIGKDD International Conference on Data Mining and Knowledge Discovery* ou a *IEEE International Conference on Data Mining*. Ambas têm excelentes Industry Tracks, bem como foco em aplicações de data science para problemas empresariais e governamentais.

Vamos dar apenas mais um exemplo concreto sobre o tipo de tema que se pode encontrar ao se dedicar a explorar ainda mais. Lembre-se do nosso primeiro princípio da data science: dados (e capacidade de data science) devem ser considerados ativos, e devem ser candidatos a investimentos. Ao longo deste livro, discutimos o aumento da complexidade da noção de investimento em dados. Se aplicarmos nossa estrutura geral de considerar, explicitamente, os custos e os benefícios em projetos de data science, isso nos leva a um novo pensamento sobre investimento em dados.

Exemplo Final: de Crowd-Sourcing para Cloud-Sourcing

A conectividade entre as empresas e os "consumidores" trazida pela internet mudou a economia do trabalho. Sistemas baseados em web, como o Mechanical Turk da Amazon e oDesk (entre outros), facilitam um tipo de crowd-sourcing que poderia ser chamado de "trabalho na nuvem" — aproveitamento, via Internet, de um vasto conjunto de fornecedores independentes. Uma espécie de trabalho na nuvem que é particularmente relevante para data science é a "microterceirização": a terceirização de um grande número de pequenas tarefas, bem definidas. Microterceirização é particularmente relevante, porque muda a economia, bem como as viabilidades, de se investir em dados.[7]

Como exemplo, lembre dos requisitos para aplicação de modelagem supervisionada (Capítulo 2). Precisamos especificar uma variável alvo com precisão e precisamos ter valores para a variável alvo ("rótulos") para um conjunto de dados de treinamento. Às vezes, podemos especificar a variável alvo com precisão, mas descobrimos que não temos nenhum dado rotulado. Em certos casos, pode-se utilizar sistemas de microterceirização como Mechanical Turk para rotular dados.

Por exemplo, os anunciantes gostariam de manter seus anúncios fora de páginas com conteúdo reprovável da web, como aquelas que contêm discurso de ódio. No entanto, com bilhões de páginas onde colocar seus anúncios, como saber quais são reprováveis? Seria muito caro ter funcionários para analisar todas elas. Podemos reconhecer isso imediatamente como um possível candidato para classificação de texto (Capítulo 10): podemos obter o texto da página, representá-lo como vetores de característica, como já discutimos, e construir um classificador de discurso de ódio. Infelizmente, não temos nenhuma amostra representativa de páginas com discurso de ódio para usar como dados de treinamento. No entanto, se esse problema é importante o suficiente,[8] então, devemos considerar investir em dados rotulados de treinamento para ver se podemos construir um modelo para identificar as páginas que contenham discursos de ódio.

O trabalho na nuvem muda a economia de investir em dados em nosso exemplo de obter dados rotulados de treinamento. Podemos assumir trabalhos muito baratos via internet para investir em dados de várias maneiras. Por exemplo, podemos ter funcionários no Amazon Mechanical Turk rotulando páginas como reprováveis ou não, proporcionando-nos rótulos alvos, o que é muito mais barato do que contratar até mesmo os estagiários.

A taxa de conclusão, quando feita por um estagiário treinado, foi de 250 sites por hora, com um custo de $15/hora. Quando postado no Amazon Mechanical Turk, a

---

[7] O leitor interessado pode acessar Google Scholar e consultar "data mining mechanical turk" ou, mais amplamente, "computação humana" para encontrar artigos sobre o assunto, e seguir os links de citação ("Cited by") para descobrir mais.
[8] Na verdade, o problema de anúncios que aparecem em páginas censuráveis foi relatado como sendo um problema de $2 bilhões (Winterberry Group, 2010).

taxa de rotulagem subiu para 2.500 websites por hora e o custo geral permaneceu o mesmo. (Ipeirotis et al., 2010)

O problema é que você recebe pelo que paga e baixo custo, às vezes, significa baixa qualidade. Tem havido uma onda de pesquisas na última meia década sobre os problemas de se manter a qualidade usando as vantagens do trabalho na nuvem. Observe que rotulação de página é apenas um exemplo de melhorar data science com o trabalho na nuvem. Mesmo neste estudo de caso, existem outras opções, como o uso de trabalho na nuvem para *procurar* exemplos positivos de discursos de ódio, em vez de rotular as páginas que fornecemos (Attenberg & Provost, 2010), ou funcionários de nuvem podem ser desafiados, em um sistema semelhante a um jogo, para encontrar casos em que o modelo atual cometa erros — para "vencer a máquina" (Attenberg et al., 2011).

Últimas Palavras

Os autores têm trabalhado na aplicação de data science para problemas reais de negócios durante mais de duas décadas. Você poderia pensar que tudo vira hábito. É impressionante o quão útil pode ser, até mesmo para nós, ter esse conjunto de conceitos fundamentais explícitos à disposição. Nas diversas vezes em que você chega a um aparente impasse de pensamento, extrair conceitos fundamentais deixa tudo mais claro. "Bem, vamos voltar para a nossa compreensão de negócios e dados... Qual é exatamente o problema que estamos tentando resolver?" pode solucionar muitos problemas, se decidirmos seguir em frente com as implicações da estrutura do valor esperado ou pensar mais cuidadosamente sobre como os dados são reunidos ou se os custos e benefícios estão bem especificados ou se é preciso investir mais em dados ou para considerar se a variável alvo foi definida de forma adequada para o problema a ser resolvido etc. Saber quais são os diferentes tipos de atividades de data science ajuda a impedir que o cientista de dados trate todos os problemas de negócios como pregos para determinados martelos que ele conhece bem. Pensar cuidadosamente sobre o que é importante para o problema de negócios, quando se considera a avaliação e as "bases" para a comparação, gera interações vitalícias com os investidores. (Compare isso com o efeito inibidor de relatar alguma estatística como erro quadrado médio quando é insignificante para o problema em questão). Essa facilitação do pensamento analítico de dados não se aplica apenas aos cientistas de dados, mas a todos os envolvidos.

Se você é um investidor de negócios, e não um cientista de dados, não deixe que os cientistas de dados lhe enganem com jargões: os conceitos deste livro mais o conhecimento de seu próprio sistema de dados devem permitir que você compreenda 80% ou mais de data science, em um nível razoável o suficiente para que seja produtivo para seu negócio. Depois de ter lido este livro, se não entender o que um cientista de dados está falando, seja cauteloso. Existem, é claro, muitos outros conceitos complexos em data science, mas um bom cientista de dados deve ser capaz de descrever o básico do problema e sua solução ao nível e nos termos deste livro.

Se você é um cientista de dados, encare isso como um desafio: reflita profundamente sobre exatamente por que seu trabalho é relevante para ajudar o negócio e ser capaz de apresentá-lo como tal.

APÊNDICE A
Proposta de Guia de Análise

O pensamento analítico de dados eficaz permitirá a você avaliar potenciais projetos de mineração de dados de forma sistemática. O material deste livro fornecerá a base necessária para avaliar projetos de mineração de dados propostos e para descobrir potenciais falhas nas propostas. Essa habilidade pode ser aplicada como uma autoavaliação para suas próprias propostas e como ajuda na avaliação de propostas de equipes internas de data science ou consultores externos.

A seguir, apresentamos um conjunto de perguntas que se deve ter em mente quando se analisa um projeto de mineração de dados. As perguntas são elaboradas de acordo com o processo discutido em detalhes no Capítulo 2 e utilizado como estrutura conceitual ao longo do livro. Depois de ler este livro, você deve ser capaz de aplicá-las conceitualmente para um novo problema de negócio. A lista que se segue não pretende ser exaustiva (em geral, o livro não pretende ser exaustivo). No entanto, ela contém uma seleção de algumas das perguntas mais importantes a serem feitas.

Ao longo do livro, nos concentramos em projetos de data science, onde o foco é explorar algumas regularidades, padrões ou modelos a partir dos dados. A proposta de guia de análise reflete isso. Pode haver projetos de data science em uma organização onde essas regularidades não são tão explicitamente definidas. Por exemplo, muitos projetos de visualização de dados, inicialmente, não têm objetivos definidos para modelagem. No entanto, o processo de mineração de dados pode ajudar a estruturar o pensamento analítico de dados sobre tais projetos — eles simplesmente se assemelham à mineração de dados sem supervisão mais do que à mineração de dados supervisionada.

Negócios e Compreensão dos Dados

- Qual é exatamente o problema a ser resolvido?
- A solução de data science foi adequadamente formulada para resolver este problema de negócio?
  NB: às vezes temos que fazer aproximações criteriosas.

- A qual entidade de negócios o exemplo corresponde?
- O problema é supervisionado ou não supervisionado?
  — Caso supervisionado,
    — Tem uma variável *alvo* definida?
    — Caso positivo, é definida com precisão?
    — Pense sobre os valores que pode adotar.
- Os atributos são definidos com precisão?
  — Pense sobre os valores que pode adotar.
- Para problemas supervisionados: modelar esta variável alvo melhorará o problema de negócios? Um subproblema importante? No último caso, o restante do problema de negócios foi abordado?
- Dispor o problema em termos de valor esperado ajuda a estruturar as subtarefas que precisam ser resolvidas?
- Caso não supervisionado, existe um caminho de "análise exploratória de dados" bem definido? (Ou seja, *onde está indo a análise?*)

Preparação dos Dados

- Será prático obter valores para atributos, criar vetores de características e colocá-los em uma única tabela?
- Em caso negativo, um formato de dados alternativo foi definido com clareza e precisão? Isso é levado em conta nas fases posteriores do projeto? (Muitos dos métodos posteriores assumem que o conjunto de dados está no formato de vetor de característica).
- Se a modelagem será supervisionada, a variável alvo está bem definida? Está claro como obter valores para a variável alvo (para treinamento e teste) e colocá-los na tabela?
- Como exatamente os valores para a variável alvo são adquiridos? Existem custos envolvidos? Caso positivo, os custos são levados em consideração na proposta?
- Os dados estão sendo extraídos de uma população semelhante em que o modelo será aplicado? Se houver discrepâncias, alguma tendência de seleção foi claramente observada? Existe um plano para saber como compensá-las?

Modelagem

- A escolha do modelo é adequada para a escolha da variável alvo?
  - Classificação, estimativa de probabilidade de classe, avaliação, regressão, agrupamento, etc.
- A técnica de modelo/modelagem atende a outros requisitos da tarefa?
  - Desempenho de generalização, compreensão, velocidade de aprendizagem, velocidade de aplicação, quantidade de dados necessários, tipo de dados, valores faltando?
  - A escolha da técnica de modelagem é compatível com o conhecimento prévio do problema (por exemplo, um modelo linear está sendo proposto para um problema definitivamente não linear)?
- Vários modelos precisam ser testados e comparados (na avaliação)?
- Para agrupamento, existe uma métrica de semelhança definida? Ela faz sentido para o problema de negócios?

Avaliação e Implantação

- Existe um plano para validação do domínio de conhecimento?
  - Especialistas no domínio ou investidores querem vetar o modelo antes da implantação? Em caso positivo, o modelo estará em um formato que eles podem compreender?
- A configuração e a métrica de avaliação são adequadas para a tarefa de negócios? Lembre-se da formulação original.
  - Os custos de negócios e os benefícios são levados em consideração?
  - Para classificação, como os limiares de classificação são escolhidos?
  - As estimativas de probabilidade são diretamente usadas?
  - A classificação é a mais adequada (por exemplo, para um orçamento fixo)?
  - Para regressão, como você avaliará a qualidade das previsões numéricas? Por que este é o caminho certo no contexto do problema?
- A avaliação usa dados de retenção?
  - Validação cruzada é uma técnica.
- Contra quais bases os resultados serão comparados?

— Por que isso faz sentido no contexto do problema real a ser resolvido?

— Existe um plano para avaliar os métodos de base também de forma objetiva?

- Para agrupamento, como ele será entendido?
- A implantação conforme o planejado vai realmente resolver (melhor) o problema de negócios declarado?
- Se a despesa de projeto tem que ser justificada para os investidores, qual é o plano para medir o impacto de negócio final (implantado)?

APÊNDICE B
Outra Amostra de Proposta

O Apêndice A apresenta um conjunto de orientações e perguntas úteis para avaliar as propostas de data science. O Capítulo 13 contém uma amostra de proposta ("Exemplo Proposta de Mineração de Dados", na página 327) para uma campanha de "migração de cliente" e uma crítica aos seus pontos fracos ("Falhas na Proposta da Big Red", na página 328).

Usamos os problemas de rotatividade em telecomunicação como exemplo recorrente ao longo deste livro. Aqui, apresentamos uma segunda amostra e crítica de proposta, com base no problema de rotatividade.

Cenário e Proposta

Você conseguiu um ótimo emprego na Green Giant Consulting (GGC), gerenciando uma equipe de análise que está construindo seu conjunto de habilidades de data science. A GGC está propondo um projeto de data science com a TelCo, o segundo maior fornecedor de serviços de comunicação sem fio do país, para ajudar a resolver seu problema de rotatividade de clientes. Sua equipe de analistas produziu a seguinte proposta, e você precisa revisá-la antes de apresentar o plano proposto para a TelCo. Você encontra alguma falha no plano? Tem alguma sugestão de como melhorá-lo?

> **Redução de Rotatividade Via Incentivos Direcionados — Uma Proposta GGC**
>
> Propomos que a TelCo teste sua capacidade de controlar a rotatividade de clientes por meio de uma análise da previsão da mesma. A ideia principal é que a TelCo possa usar dados sobre o comportamento dos consumidores para prever quando eles cancelarão o serviço e, em seguida, poder direcionar esses clientes com incentivos especiais para permanecerem na TelCo. Propomos o seguinte problema de modelagem, que pode utilizar os dados que a TelCo já possui.

Vamos modelar a probabilidade de que um cliente cancelará (ou não) o serviço no prazo de 90 dias do vencimento do contrato, com o entendimento de que existe um problema distinto no que se refere à retenção de clientes que continuam a utilizar o serviço em sistema mensal, muito tempo depois do vencimento do contrato. Acreditamos que prever a rotatividade nessa janela de 90 dias é um ponto de partida adequado e as lições aprendidas podem ser aplicadas também a outros casos de previsão de rotatividade. O modelo será construído sobre uma base de dados de casos históricos de clientes que deixaram a empresa. A probabilidade de rotatividade será prevista com base em dados dos 45 dias anteriores ao vencimento do contrato, para que a TelCo tenha tempo suficiente para alterar o comportamento do cliente com uma oferta de incentivo. Vamos modelar a probabilidade de rotatividade pela construção do conjunto de um modelo de árvore de decisão (floresta aleatória), que é conhecido por ter alta precisão para uma ampla variedade de problemas de estimativa.

Estimamos que seremos capazes de identificar 70% dos clientes que abandonarão o serviço dentro de 90 dias. Vamos verificar isso executando o modelo na base de dados para verificar se, de fato, o modelo pode atingir esse nível de precisão. Por meio de interações com os investidores da TelCo, entendemos que é muito importante que o vice-presidente de Retenção de Clientes aprove quaisquer novos procedimentos de retenção de clientes e que tenha sinalizado que suas decisões serão baseadas na sua própria avaliação de que o processo de identificação de clientes faz sentido e nas opiniões sobre o procedimento de especialistas da empresa selecionada na retenção de clientes. Portanto, daremos acesso ao modelo ao vice-presidente e aos peritos, de modo que possam verificar se ele vai operar de forma eficaz e adequada. Propomos que a cada semana, o modelo seja executado para estimar as probabilidades de rotatividade de clientes cujos contratos vencerão em 45 dias (uma semana a mais ou a menos). Os clientes serão classificados com base nessas probabilidades, e a parte superior N será selecionada para receber o incentivo atual, com N baseado no custo do incentivo e no orçamento semanal de retenção.

Falhas na Proposta GGC

Podemos usar nossa compreensão dos princípios fundamentais e de outros conceitos básicos de data science para identificar falhas na proposta. O Apêndice A fornece um "guia" inicial para a revisão de tais propostas, com algumas das principais perguntas a serem feitas. No entanto, este livro, como um todo, pode realmente ser visto como uma proposta de guia de análise. Estas são algumas das falhas mais notórias da proposta Green Giant:

1. Atualmente, a proposta menciona apenas uma modelagem baseada em "clientes que abandonaram a empresa". Para treinamento (e teste), também vamos querer clientes que não o fizeram, para que a modelagem encontre informações discriminativas. (Capítulos 2, 3, 4 e 7)

2. Por que classificar os clientes pela maior probabilidade de rotatividade? Por que não classificá-los pela perda esperada, utilizando um cálculo de valor esperado padrão? (Capítulos 7 e 11)

3. Ainda melhor, não deveríamos tentar modelar os clientes que têm maior probabilidade de serem influenciados (positivamente) pelo incentivo? (Capítulos 11 e 12)

4. Se vamos proceder como indicado no item (3), existe o problema de não termos os dados de treinamento que necessitamos. Precisaremos investir na obtenção de dados de treinamento. (Capítulos 3 e 11)

Observe que a proposta atual pode muito bem ser apenas a primeira etapa em direção à meta de negócios, mas isso precisa ser explicitamente definido: *ver se podemos estimar bem as probabilidades*. Em caso positivo, então, faz sentido continuar. Do contrário, pode ser necessário repensar nosso investimento neste projeto.

5. A proposta não diz nada sobre a avaliação do desempenho de *generalização* (ou seja, fazer uma avaliação de retenção). Parece que será testada no conjunto de treinamento ("...executar o modelo na base de dados..."). (Capítulo 5)

6. A proposta não define (nem sequer menciona) quais atributos serão usados! Será isso apenas uma omissão? Por que a equipe nem pensou sobre o assunto? Qual é o plano? (Capítulos 2 e 3)

7. Como a equipe estima que o modelo será capaz de identificar 70% dos clientes que cancelarão o serviço? Não há menção de que qualquer estudo piloto já foi realizado, nem que foram produzidas curvas de aprendizagem em amostras de dados, nem qualquer outro tipo de apoio para essa afirmação. Parece um palpite. (Capítulos 2, 5 e 7)

8. Além disso, sem discutir a taxa de erro ou a noção de falsos positivos e falsos negativos, não fica claro o que realmente significa "identificar 70% dos clientes que cancelarão o serviço". Se eu não disser nada sobre a taxa de falso positivo, posso identificar 100% deles simplesmente dizendo que todos cancelarão o serviço. Assim, falar sobre a taxa de positivos verdadeiros só faz sentido se você também falar sobre taxa de falsos positivos. (Capítulos 7 e 8)

9. Por que escolher um modelo em particular? Com kits de ferramentas modernas, podemos facilmente comparar vários modelos com os mesmos dados. (Capítulos 4, 7 e 8)

10. O vice-presidente de Retenção de Clientes deve autorizar o procedimento e já sinalizou que analisará o processo para ver se faz sentido (validação de domínio de conhecimento). No entanto, conjuntos de árvores são modelos caixa-preta. A proposta não diz nada sobre como ele compreenderá como o procedimento toma as decisões. Dado seu desejo, seria melhor sacrificar alguma precisão para construir um modelo mais abrangente. Depois que ele estiver "a bordo", pode ser possível usar técnicas menos abrangentes para atingir maior precisão. (Capítulos 3, 7 e 12).

Glossário

Observação: Este glossário é uma extensão para um compilado por Ron Kohavi e Foster Provost (1998), usado com permissão de Springer Science and Business Media.

A priori

A priori é um termo emprestado da filosofia que significa "antes de experimentar". Em data science, uma crença *a priori* é aquela trazida para o problema como o conhecimento de suporte, em oposição a uma crença de que é formada após análise dos dados. Por exemplo, você pode dizer: "*A priori*, não há uma razão para acreditar que essa relação é linear." Depois de examinar os dados você pode decidir que duas variáveis têm uma relação linear (e, assim, a regressão linear funcionaria razoavelmente bem), mas não havia nenhuma razão para acreditar, a partir do conhecimento prévio, que elas deveriam estar relacionadas. O oposto de *a priori* é *a posteriori*.

Precisão (taxa de erro)

A taxa de previsões corretas (incorretas) feitas pelo modelo ao longo de um conjunto de dados (cf. cobertura). A precisão geralmente é estimada usando-se um conjunto de dados independente (retenção) que não foi utilizado a qualquer momento durante o processo de aprendizagem. Técnicas de estimativa de precisão mais complexas, como validação cruzada e recursos próprios, são comumente usadas, especialmente com conjuntos de dados contendo um pequeno número de exemplos.

Mineração de associação

Técnicas que encontram regras de implicação conjuntiva da forma "X e Y → A e B" (associações) que satisfazem determinados critérios.

Atributo (campo, variável, característica)

Uma quantidade descrevendo um exemplo. Um atributo possui um domínio definido pelo tipo de atributo, que denota os valores que podem ser tomados pelo tipo do atributo. Os seguintes tipos de domínio são comuns:

- **Categórico (simbólico)**: Um número finito de valores discretos. O tipo *nominal* indica que não há ordem entre os valores, como sobrenomes e cores. O tipo *ordinal* indica que existe uma ordem, como em um atributo que assume valores baixos, médios ou altos.

- **Contínuo (quantitativo)**: Comumente, subconjunto dos números reais, onde há uma diferença mensurável entre os possíveis valores. Inteiros geralmente são tratados como contínuo em problemas práticos.

Neste livro, não diferenciamos, mas, muitas vezes, é feita a distinção de que uma característica é a especificação de um atributo e seu valor. Por exemplo, a cor é um atributo. "A cor é azul" é a característica de um exemplo. Muitas transformações para o conjunto atributo deixam o conjunto de características inalterado (por exemplo, reagrupar valores de atributos ou transformar atributos de múltiplos valores para atributos binários). Neste livro, seguimos a prática de muitos autores e profissionais e usamos característica como um sinônimo para atributo.

Classe (rótulo)

Um dos grupos de rótulos pequenos e mutuamente exclusivos usados como possíveis valores para a variável alvo em um problema de classificação. Dados rotulados têm um rótulo de classe atribuído a cada exemplo. Por exemplo, em problema de classificação com uma nota de dólar, as classes poderiam ser *legítimas* e *falsificadas*. Em uma tarefa de avaliação de ações, as classes podem ser *ganharão substancialmente*, *perderão substancialmente* e *manterão seu valor*.

Classificador

Um mapeamento de casos não rotulados para classes (discretas). Classificadores têm uma forma (por exemplo, árvore de classificação), mais um procedimento de interpretação (incluindo como lidar com valores desconhecidos etc.). A maioria dos classificadores também pode fornecer estimativas de probabilidade (ou outras pontuações de semelhança), que podem ser limitadas para produzir uma decisão discreta de classe, levando em consideração uma função de custo/benefício ou utilidade.

Matriz de confusão

Uma matriz mostrando as classificações previstas e reais. A matriz de confusão é do tamanho *l* x *l*, onde *l* é o número de diferentes valores de rótulo. Uma variedade de métricas de avaliação de classificador são definidas com base no conteúdo da matriz de confusão, incluindo *precisão, taxa de verdadeiro positivo, taxa de falso positivo,* *taxa de negativo verdadeiro, taxa de falso negativo, precisão, revogação, sensibilidade, especificidade, valor positivo preditivo e valor negativo preditivo.*

Cobertura

A proporção de um conjunto de dados para o qual um classificador faz uma previsão. Se um classificador não classifica todos os exemplos, pode ser importante conhecer seu desempenho no conjunto de casos para os quais é confiável o bastante para fazer uma previsão.

Custo (utilidade/perda/retribuição)

Uma medida do custo para a tarefa de desempenho (e/ou benefício) de fazer uma previsão $\hat{y}$ quando o rótulo verdadeiro é y. O uso de precisão para avaliar um modelo assume custos uniformes de erros e benefícios uniformes de classificações corretas.

Validação cruzada

Um método para estimar a exatidão (ou erro) de um indutor, dividindo os dados em k subconjuntos mutuamente exclusivos (as "dobras") de tamanho aproximadamente igual. O indutor é treinado e testado k vezes. Toda vez ele é treinado por um conjunto de dados menos uma das dobras e testado naquela dobra. A estimativa de precisão é a média para as k dobras ou a precisão nas dobras de teste combinadas ("combinação").

Limpeza/purificação dos dados

O processo de melhorar a qualidade dos dados, alterando sua forma ou conteúdo, por exemplo, removendo ou corrigindo os valores de dados incorretos. Esta etapa geralmente precede a etapa de modelagem, apesar de uma passagem pelo processo de mineração de dados poder indicar que uma limpeza adicional é desejada e possa sugerir formas de melhorar a qualidade dos dados.

Mineração de Dados

O termo mineração de dados é um pouco sobrecarregado. Às vezes, refere-se a todo o processo de mineração de dados e, outras, a uma aplicação específica de técnicas de modelagem para os dados, a fim de construir modelos ou encontrar outros padrões/regularidades.

Conjunto de dados

Um esquema e um conjunto de exemplos correspondendo ao esquema. Geralmente, não é assumida nenhuma ordem nos exemplos. A maioria dos trabalhos de mineração de dados utiliza uma tabela única de formato fixo ou coleção de vetores de características.

Dimensão

Um ou vários atributos que juntos descrevem uma propriedade. Por exemplo, uma dimensão geográfica pode incluir três atributos: país, estado, cidade. Uma dimensão de tempo pode incluir 5 atributos: ano, mês, dia, hora, minuto.

Taxa de erro

Ver *Precisão (taxa de erro)*.

Exemplo

Ver *Exemplo (instância, caso, registro)*.

Característica

Ver *Atributo (campo, variável, característica)*.

Vetor de característica (registro, tupla)

Uma lista de características que descreve um exemplo.

Campo

Ver *Atributo*.

Amostra i.i.d.

Um conjunto de exemplos independentes e identicamente distribuídos.

Indução

A indução é o processo de criação de um modelo geral (como uma árvore de classificação ou uma equação) a partir de um conjunto de dados. A indução pode ser contrastada com a dedução: a dedução começa com uma regra ou modelo geral e um ou mais fatos, e cria outros fatos específicos a partir deles. A indução vai em outras direções: ela assume uma coleção de fatos e cria uma regra ou modelo geral. No contexto deste livro, indução modelo é sinônimo de *aprendizagem* ou *mineração* de um modelo e as regras ou modelos são geralmente de natureza estatística.

Exemplo (instância, caso, registro)

Um único objeto do mundo a partir do qual um modelo será aprendido ou sobre o qual o modelo será usado (*por exemplo*, para previsão). Na maior parte do trabalho da data science, os exemplos são descritos por vetores de características; alguns trabalhos utilizam representações mais complexas (*por exemplo*, contendo as relações entre exemplos ou entre partes deles).

KDD

Originalmente, era uma abreviação para Knowledge Discovery from Databases (conhecimento e descoberta a partir de bases de dados). Agora, é usada para abranger amplamente a descoberta de conhecimento a partir de dados e, muitas vezes, é usado como sinônimo de mineração de dados.

Descoberta de conhecimento

O processo não trivial de identificação de padrões válidos, novos, potencialmente úteis e, em última análise, compreensíveis aos dados. Essa é a definição utilizada em "Advances in Knowledge Discovery and Mineração de dados", de Fayyad, Piatetsky-Shapiro & Smyth (1996).

Perda

Ver *Custo (utilidade/perda/retribuição)*.

Aprendizagem de máquina

Em data science, a aprendizagem de máquina é mais comumente usada para significar a aplicação de algoritmos de indução aos dados. O termo é frequentemente usado como sinônimo da etapa de modelagem do processo de mineração de dados. A aprendizagem de máquina é o campo de estudo científico que se concentra em algoritmos de indução e outros algoritmos que podem ser ditos a aprendidos.

Valor ausente

A situação em que o valor de um atributo não é conhecido ou não existe. Há várias razões possíveis para um valor estar faltando como: não foi medido; houve mal funcionamento do instrumento; o atributo não se aplica ou o valor do atributo não pode ser conhecido. Alguns algoritmos têm problemas em lidar com valores ausentes.

Modelo

A estrutura e a interpretação correspondente que resumem, ou parcialmente resumem, um conjunto de dados, para descrição ou previsão. A maioria dos algoritmos de indução gera modelos que podem, então, ser usados como classificadores, como regressores, como padrões para consumo humano e/ou como entrada para etapas subsequentes no processo de mineração de dados.

Implementação do modelo

A utilização de um modelo aprendido para resolver um problema do mundo real. Ela costuma ser usada especificamente para contrastar com o "uso" de um modelo na fase de Avaliação do processo de mineração de dados. Neste último caso, a implantação costuma ser simulada em dados onde a verdadeira resposta é conhecida.

OLAP (MOLAP, ROLAP)

Online Analytical Processing (Processamento Analítico Online). Normalmente sinônimo de MOLAP (OLAP multidimensional). Ferramentas OLAP facilitam a exploração dos dados em várias dimensões (pré-determinadas). OLAP utiliza comumente estruturas de dados intermediários para armazenar resultados pré-calculados em dados multidimensionais, permitindo cálculos rápidos. ROLAP (OLAP relacional) refere-se à realização de OLAP utilizando bancos de dados relacionais.

Registro

Ver *Vetor de característica (registro, tupla)*.

Esquema

Uma descrição dos atributos de um conjunto de dados e suas propriedades.

Sensibilidade

Taxa de verdadeiro positivo (ver *Matriz de confusão*).

Especificidade

Taxa de verdadeiro negativo (ver *Matriz de confusão*).

Aprendizagem supervisionada

Técnicas utilizadas para aprender a relação entre atributos independentes e um atributo independente designado (rótulo). A maioria dos algoritmos de indução cai na categoria de aprendizagem supervisionada.

Tupla

Ver *Vetor de característica (registro, tupla)*.

Aprendizagem não supervisionada

Técnicas de aprendizagem que agrupam exemplos sem um atributo alvo predeterminado. Algoritmos de agrupamento costumam ser supervisionados.

Utilidade

Ver *Custo (utilidade/perda/retribuição)*.

Bibliografia

Aamodt, A., & Plaza, E. (1994). Case-based reasoning: Foundational issues, methodological variations and system approaches. *Artificial Intelligence Communications*, 7(1), 39-59. Disponível em: *http://www.iiia.csic.es/~enric/AICom_ToC.html* — conteúdo em inglês.

Adams, N. M., & Hand, D. J. (1999). Comparing classifiers when the misallocations costs are uncertain. *Pattern Recognition*, 32, 1139-1147.

Aha, D. W. (Ed.). (1997). *Lazy learning.* Kluwer Academic Publishers, Norwell, MA, USA.

Aha, D. W., Kibler, D., & Albert, M. K. (1991). Instance-based learning algorithms. *Machine Learning*, 6, 37-66.

Aggarwal, C., & Yu, P. (2008). *Privacy-preserving Data Mining: Models and Algorithms.* Springer, USA.

Aral, S., Muchnik, L., & Sundararajan, A. (2009). Distinguishing influence-based contagion from homophily-driven diffusion in dynamic networks. *Proceedings of the National Academy of Sciences, 106*(51), 21544-21549.

Arthur, D., & Vassilvitskii, S. (2007). K-means++: the advantages of careful seeding. Em *Proceedings of the Eighteenth Annual ACM-SIAM Symposium on Discrete Algorithms*, pp. 1027-1035.

Attenberg, J., Ipeirotis, P., & Provost, F. (2011). Beat the machine: Challenging workers to find the unknown unknowns. Em *Workshops at the Twenty-Fifth AAAI Conference on Artificial Intelligence.*

Attenberg, J., & Provost, F. (2010). Why label when you can search?: Alternatives to active learning for applying human resources to build classification models under extreme class imbalance. Em *Proceedings of the 16th ACM SIGKDD International Conference on Knowledge Discovery and Data Mining*, pp. 423-432. ACM.

Bache, K. & Lichman, M. (2013). UCI Machine Learning Repository. *http://archive.ics.uci.edu/ml* — conteúdo em inglês. Irvine, CA: University of California, School of Information and Computer Science.

Bolton, R., & Hand, D. (2002). Statistical Fraud Detection: A Review. *Statistical Science*, 17(3), 235-255.

Breiman, L., Friedman, J., Olshen, R., & Stone, C. (1984). *Classification and regression trees*. Wadsworth International Group, Belmont, CA.

Brooks, D. (2013). What Data Can't Do. *New York Times*, Feb. 18.

Brown, L., Gans, N., Mandelbaum, A., Sakov, A., Shen, H., Zeltyn, S., & Zhao, L. (2005). Statistical analysis of a telephone call center: A queueing-science perspective. *Journal of the American Statistical Association*, 100(469), 36-50.

Brynjolfsson, E., & Smith, M. (2000). Frictionless commerce? A comparison of internet and conventional retailers. *Management Science*, 46, 563-585.

Brynjolfsson, E., Hitt, L. M., & Kim, H. H. (2011). Strength in numbers: How does data-driven decision making affect firm performance? Tech. rep., disponível em SSRN: *http://ssrn.com/abstract=1819486* ou *http://dx.doi.org/10.2139/ssrn.1819486* — conteúdo em inglês.

Business Insider (2012). The Digital 100: The world's most valuable private tech companies. *http://www.businessinsider.com/2012-digital-100* — conteúdo em inglês.

Ciccarelli, F. D., Doerks, T., Von Mering, C., Creevey, C. J., Snel, B., & Bork, P. (2006). Toward automatic reconstruction of a highly resolved tree of life. *Science*, *311* (5765), 1283-1287.

Clearwater, S., & Stern, E. (1991). A rule-learning program in high energy physics event classification. *Comp Physics Comm*, 67, 159-182.

Clemons, E., & Thatcher, M. (1998). Capital One: Exploiting and Information-based Strategy. Em *Proceedings of the 31st Hawaii International Conference on System Sciences*.

Cohen, L., Diether, K., & Malloy, C. (2012). Legislating Stock Prices. Harvard Business School Working Paper, No. 13-010.

Cover, T., & Hart, P. (1967). Nearest neighbor pattern classification. *Information Theory, IEEE Transactions on*, 13(1), 21-27.

Crandall, D., Backstrom, L., Cosley, D., Suri, S., Huttenlocher, D., & Kleinberg, J. (2010). Inferring social ties from geographic coincidences. *Proceedings of the National Academy of Sciences*, 107(52), 22436-22441.

Deza, E., & Deza, M. (2006). *Dictionary of distances*. Elsevier Science.

Dietterich, T. G. (1998). Approximate statistical tests for comparing supervised classification learning algorithms. *Neural Computation*, 10, 1895-1923.

Dietterich, T. G. (1998). Approximate statistical tests for comparing supervised classification learning algorithms. *Neural Computation*, 10, 1895-1923.

Dietterich, T. G. (2000). Ensemble methods in machine learning. *Multiple Classifier Systems*, 1-15.

Duhigg, C. (2012). How Companies Learn Your Secrets. *New York Times*, Feb. 19.

Elmagarmid, A., Ipeirotis, P. & Verykios, V. (2007). Duplicate record detection: *A survey. Knowledge and Data Engineering, IEEE Transactions on, 19*(1), 1-16.

Evans, R., & Fisher, D. (2002). Using decision tree induction to minimize process delays in the printing industry. Em Klosgen, W. & Zytkow, J. (Eds.), *Handbook of Data Mining and Knowledge Discovery*, pp. 874-881. Oxford University Press.

Ezawa, K., Singh, M., & Norton, S. (1996). Learning goal oriented Bayesian networks for telecommunications risk management. Em Saitta, L. (Ed.), *Proceedings of the Thirteenth International Conference on Machine Learning*, pp. 139-147. São Francisco, CA. Morgan Kaufmann.

Fawcett, T. (2006). An introduction to ROC analysis. *Pattern Recognition Letters, 27*(8), 861-874.

Fawcett, T. & Provost, F. (1996). Combining data mining and machine learning for effective user profiling. Em Simoudis, Han & Fayyad (Eds.), *Proceedings of the Second International Conference on Knowledge Discovery and Data Mining*, pp. 8-13. Menlo Park, CA. AAAI Press.

Fawcett, T., & Provost, F. (1997). Adaptive fraud detection. *Data Mining and Knowledge Discovery, 1* (3), 291-316.

Fayyad, U., Piatetsky-shapiro, G., & Smyth, P. (1996). From data mining to knowledge discovery in databases. *AI Magazine, 17*, 37-54.

Frank, A., & Asuncion, A. (2010). UCI machine learning repository.

Friedman, J. (1997). On bias, variance, 0/1-loss, and the curse-of-dimensionality. *Data Mining and Knowledge Discovery*, 1(1), 55-77.

Gandy, O. H. (2009). *Coming to Terms with Chance: Engaging Rational Discrimination and Cumulative Disadvantage*. Ashgate Publishing Company.

Goldfarb, A. & Tucker, C. (2011). Online advertising, behavioral targeting, and privacy. *Communications of the ACM 54*(5), 25-27.

Haimowitz, I., & Schwartz, H. (1997). Clustering and prediction for credit line optimization. Em Fawcett, Haimowitz, Provost, & Stolfo (Eds.), *AI Approaches to Fraud Detection and Risk Management*, pp. 29-33. AAAI Press. Available as Technical Report WS-97-07.

Hall, M., Frank, E., Holmes, G., Pfahringer, B., Reutemann, P. & Witten, I. (2009). The WEKA data mining software: An update. *SIGKDD Explorations*, 11 (1).

Hand, D. J. (2008). *Statistics: A Very Short Introduction*. Oxford University Press.

Hastie, T., Tibshirani, R., & Friedman, J. (2009). *The Elements of Statistical Learning: Data Mining, Inference, and Prediction* (Second Edition edition). Springer.

Hays, C. L. (2004). What they know about you. *The New York Times*.

Hernández, M. A., & Stolfo, S. J. (1995). The merge/purge problem for large databases. *SIGMOD Rec., 24*, 127-138.

Hill, S., Provost, F., & Volinsky, C. (2006). Network-based marketing: Identifying likely adopters via consumer networks. *Statistical Science, 21* (2), 256-276.

Holte, R. C. (1993). Very simple classification rules perform well on most commonly used datasets. *Machine Learning, 11,* 63-91.

Ipeirotis, P., Provost, F. & Wang, J. (2010). Quality management on Amazon Mechanical Turk. Em *Proceedings of the 2010 ACM SIGKDD Workshop on Human Computation,* pp. 64-67. ACM.

Jackson, M. (1989). *Michael Jackson's Malt Whisky Companion: a Connoisseur's Guide to the Malt Whiskies of Scotland.* Dorling Kindersley, London.

Japkowicz, N., & Stephen, S. (2002). The class imbalance problem: A systematic study. *Intelligent Data Analysis,* 6 (5), 429-450.

Japkowicz, N., & Shah, M. (2011). *Evaluating Learning Algorithms: A Classification Perspective.* Cambridge University Press.

Jensen, D. D. & Cohen, P. R. (2000). Multiple comparisons in induction algorithms. *Machine Learning,* 38(3), 309-338.

Junqué de Fortuny, E., Materns, D. & Provost F. (2013). Predictive Modeling with Big Data: Is Bigger Really Better? *Big Data,* publicação online de outubro de 2013: http://online.liebertpub.com/doi/abs/10.1089/big.2013.0037 — conteúdo em inglês.

Kass, G. V. (1980). An exploratory technique for investigating large quantities of categorical data. *Applied Statistics,* 29(2), 119-127.

Kaufman, S., Rosset, S., Perlich, C. & Stitelman, O. (2012). Leakage in data mining: Formulation, detection, and avoidance. *ACM Transactions on Knowledge Discovery from Data* (TKDD), 6(4), 15.

Kohavi, R., Brodley, C., Frasca, B., Mason, L. & Zheng, Z. (2000). KDD-cup 2000 organizers' report: Peeling the onion. *ACM SIGKDD Explorations.* 2(2).

Kohavi, R., Deng, A., Frasca, B., Longbotham, R., Walker, T. & Xu, Y. (2012). Trustworthy online controlled experiments: Five puzzling outcomes explained. Em *Proceedings of the 18th ACM SIGKDD International Conference on Knowledge Discovery and Data Mining,* pp. 786-794. ACM.

Kohavi, R., & Longbotham, R. (2007). Online experiments: Lessons learned. *Computer,* 40 (9), 103-105.

Kohavi, R., Longbotham, R., Sommerfield, D. & Henne, R. (2009). Controlled experiments on the web: Survey and practical guide. *Data Mining and Knowledge Discovery,* 18(1), 140-181.

Kohavi, R., & Parekh, R. (2003). Ten supplementary analyses to improve e-commerce web sites. Em *Proceedings of the Fifth WEBKDD workshop.*

Kohavi, R., & Provost, F. (1998). Glossary of terms. *Machine Learning,* 30(2-3), 271-274.

Kolodner, J. (1993). *Case-Based Reasoning*. Morgan Kaufmann, San Mateo.

Koren, Y., Bell, R. & Volinsky, C. (2009). Matrix factorization techniques for recommender systems. *Computer*, 42 (8), 30-37.

Kosinski, M., Stillwell, D. & Graepel, T. (2013). Private traits and attributes are predictable from digital records of human behavior. *Proceedings of the National Academy of Sciences*, doi: *10.1073/pnas.1218772110*.

Lapointe, F.-J. & Legendre, P. (1994). A classification of pure malt Scotch whiskies. *Applied Statistics*, 43 (1), 237-257.

Leigh, D. (1995). Neural networks for credit scoring. Em Goonatilake, S. & Treleaven, P. (Eds.), *Intelligent Systems for Finance and Business*, pp. 61-69. John Wiley and Sons Ltd., West Sussex, England.

Letunic & Bork (2006). Interactive tree of life (iTOL): an online tool for phylogenetic tree display and annotation. *Bioinformatics*, 23 (1).

Lin, J.-H. & Vitter, J. S. (1994). A theory for memory-based learning. *Machine Learning*, 17, 143-167.

Lloyd, S. P. (1982). Least square quantization in PCM. *IEEE Transactions on Information Theory*, 28 (2), 129-137.

MacKay, D. (2003). *Information Theory, Inference and Learning Algorithms*, Capítulo 20. An Example Inference Task: Clustering. Cambridge University Press.

MacQueen, J. B. (1967). Some methods for classification and analysis of multivariate observations. Em *Proceedings of 5th Berkeley Symposium on Mathematical Statistics and Probability*, pp. 281-297. University of California Press.

Malin, B. & Sweeney, L. (2004). How (not) to protect genomic data privacy in a distributed network: Using trail re-identification to evaluate and design anonymity protection systems. *Journal of Biomedical Informatics*, 37(3), 179-192.

Martens, D. & Provost, F. (2011). Pseudo-social network targeting from consumer transaction data. Working paper CeDER-11-05, Universidade de Nova York — Stern School of Business.

McCallum, A. & Nigam, K. (1988). A comparison of event models for Naïve Bayes text classification. Em *AAAI Workshop on Learning for Text Categorization*.

McDowell, G. (2008). *Cracking the Coding Interview: 150 Programming Questions and Solutions*. CareerCup LLC.

McNamee, M. (2001). Credit Card Revolutionary. *Stanford Business* 69 (3).

McPherson, M., Smith-Lovin, L. & Cook, J. M. (2001). Birds of a feather: Homophily in social networks. *Annual Review of Sociology*, 27:415-444.

Mittermayer, M. & Knolmayer, G. (2006). Text mining systems for market response to news: A survey. Working Paper No.184, Institute of Information Systems, Universidade de Bern.

Muoio, A. (1997). They have a better idea ... do you? *Fast Company, 10.*

Nissenbaum, H. (2010). *Privacy in context.* Stanford University Press.

Papadopoulos, A. N. & Manolopoulos, Y. (2005). *Nearest Neighbor Search: A Database Perspective.* Springer.

Pennisi, E. (2003). A tree of life. Disponível online apenas em: http://www.sciencemag.org/site/feature/data/tol/ — conteúdo em inglês.

Perlich, C., Provost, F., & Simonoff, J. (2003). Tree Induction vs. Logistic Regression: A Learning-Curve Analysis. *Journal of Machine Learning Research, 4,* 211-255.

Perlich, C., Dalessandro, B., Stitelman, O., Raeder, T. & Provost, F. (2013). Machine learning for targeted display advertising: Transfer learning in action. *Machine Learning* (impresso; publicado online: 30 de maio de 2013. DOI 10.1007/ s10994-013-5375-2).

Poundstone, W. (2012). *Are You Smart Enough to Work at Google?: Trick Questions, Zen-like Riddles, Insanely Difficult Puzzles, and Other Devious Interviewing Techniques You Need to Know to Get a Job Anywhere in the New Economy.* Little, Brown and Company.

Provost, F. & Fawcett, T. (1997). Analysis and visualization of classifier performance: Comparison under imprecise class and cost distributions. Em *Proceedings of the Third International Conference on Knowledge Discovery and Data Mining (KDD-97),* pp. 43-48 Menlo Park, CA. AAAI Press.

Provost, F. & Fawcett, T. (2001). Robust classification for imprecise environments. *Machine learning,* 42(3), 203-231.

Provost, F., Fawcett, T. & Kohavi, R. (1998). The case against accuracy estimation for comparing induction algorithms. Em Shavlik, J. (Ed.), *Proceedings of ICML-98,* pp. 445-453 São Francisco, CA. Morgan Kaufmann.

Pyle, D. (1999). Data Preparation for Data Mining. Morgan Kaufmann.

Quine, W.V.O. (1951). Two dogmas of empiricism, *The Philosophical Review* 60: 20-43. Reprinted in his 1953 *From a Logical Point of View.* Harvard University Press.

Quinlan, J. R. (1993). C4.5: *Programs for machine learning.* Morgan Kaufmann.

Quinlan, J. (1986). Induction of decision trees. *Machine Learning,* 1 (1), 81-106.

Raeder, T., Dalessandro, B., Stitelman, O., Perlich, C. & Provost, F. (2012). Design principles of massive, robust prediction systems. Em *Proceedings of the 18th ACM SIGKDD International Conference on Knowledge Discovery and Data Mining.*

Rosset, S. & Zhu, J. (2007). Piecewise linear regularized solution paths. *The Annals of Statistics,* 35(3), 1012-1030.

Schumaker, R., & Chen, H. (2010). A Discrete Stock Price Prediction Engine Based on Financial News Keywords. *IEEE Computer*, *43*(1), 51-56.

Sengupta, S. (2012). Facebook's prospects may rest on trove of data.

Shakhnarovich, G., Darrell, T. & Indyk, P. (Eds., 2005). *Nearest-Neighbor Methods in Learning and Vision*. Neural Information Processing Series. The MIT Press, Cambridge, Massachusetts, USA.

Shannon, C. E. (1948). Teoria Matemática da Comunicação. *Bell System Technical Journal*, 27, 379-423.

Shearer, C. (2000). The CRISP-DM model: The new blueprint for data mining. *Journal of Data Warehousing*, 5(4), 13-22.

Shmueli, G. (2010). To explain or to predict?. *Statistical Science*, 25(3), 289-310.

Silver, N. (2013). *O Sinal e o Ruído*. Intrínseca.

Solove, D. (2006). A taxonomy of privacy. *University of Pennsylvania Law Review*, 154(3), 477-564.

Stein, R. M. (2005). The relationship between default prediction and lending profits: Integrating ROC analysis and loan pricing. *Journal of Banking and Finance*, 29, 1213-1236.

Sugden, A. M., Jasny, B. R., Culotta, E. & Pennisi, E. (2003). Charting the evolutionary history of life. *Science*, *300*(5626).

Swets, J. (1988). Measuring the accuracy of diagnostic systems. *Science*, 240, 1285-1293.

Swets, J. A. (1996). *Signal Detection Theory and ROC Analysis in Psychology and Diagnostics: Collected Papers*. Lawrence Erlbaum Associates, Mahwah, NJ.

Swets, J. A., Dawes, R. M. & Monahan, J. (2000). Better decisions through science. *Scientific American*, 283, 82-87.

Tambe, P. (2013). Big Data Investment, Skills, and Firm Value. Working Paper, NYU Stern. Available: *http://papers.ssrn.com/sol3/papers.cfm?abstract_id=2294077* — conteúdo em inglês.

WEKA (2001). Weka machine learning software. Disponível em: *http://www.cs.waika-to.ac.nz/~ml/index.html* — conteúdo em inglês.

Wikipedia (2012). Determining the number of clusters in a data set. *Wikipedia, the free encyclopedia*. http://en.wikipedia.org/wiki/Determining_the_number_of_clusters_in_a_data_set [Online; acessado em 14 de fevereiro de 2013 — conteúdo em inglês].

Wilcoxon, F. (1945). Individual comparisons by ranking methods. *Biometrics Bulletin*, 1(6), 80-83. Disponível em: *http://sci2s.ugr.es/keel/pdf/algorithm/articulo/wilcox-on1945.pdf* — conteúdo em inglês.

Winterberry Group (2010). Beyond the grey areas: Transparency, brand safety and the future of online advertising. White Paper, Winterberry Group LLC. *http://www.winterberrygroup.com/ourinsights/wp* — conteúdo em inglês.

Wishart, D. (2006). *Whisky Classified: Choosing Single Malts by Flavours*. Pavilion.

Witten, I. & Frank, E. (2000). *Data mining: Practical machine learning tools and techniques with Java implementations*. Morgan Kaufmann, São Francisco. Software disponível em *http://www.cs.waikato.ac.nz/~ml/weka/* — conteúdo em inglês.

Zadrozny, B. (2004). Learning and evaluating classifiers under sample selection bias. Em *Proceedings of the Twenty-first International Conference on Machine Learning*, pp. 903-910.

Zadrozny, B. & Elkan, C. (2001). Learning and making decisions when costs and probabilities are both unknown. Em *Proceedings of the Seventh ACM SIGKDD International Conference on Knowledge Discovery and Data Mining*, pp. 204-213. ACM.

Índice

Símbolos
100 empresas digitais, 12
Distribuições gaussianas 2-D, 301
"e", Operador, 240

A
Aberfeldy uísque puro malte, 179
Aberlour uísque puro malte, 146
abordagem bag of words, 254
aceleração da recuperação de vizinho, 157
ACM SIGKDD, 320, 344
adicionando variáveis às funções, 123
A Estrada (McCarthy), 256
agência, 40
agência de notícias Reuters, 175
aglomerados de exemplos, 119
agrupamento, 21, 163-183, 251
    algoritmo, 170
    aprendizagem supervisionado e, 180-183
    baseado em centroide, 174
    criação, 165
    exemplo de uísque, 164-166
    exemplos de notícias, 175-178
    hierárquico, 165-170
    indicando, 165
    interpretação dos resultados de, 178-180
    perfis e, 299
    preparação de dados para, 175-176
    suave, 303
    vizinhos mais próximos e, 170-175
agrupamento baseado em centroide, 175,
agrupamento hierárquico, 165-170
agrupamentos, 141, 179
agrupamento suave, 303
ajuste, 102, 113-115, 126, 131, 140, 225-226

alarmes, 188
alavancagem, 293-294
algoritmos
    agrupamento, 170
    data mining, 20
    k-médias, 172
    modelagem, 135
algoritmos de data mining, 20
algoritmos de modelagem, 135, 358
Alocação Dirichlet Latente, 267
Amazon, 1, 7, 9, 11, 142
    armazenamento em nuvem, 316
    Fronteiras vs., 318
    serviços de data science oferecidos por, 316
    vantagens históricas de, 319
análise
    contrafactual, 23
    curvas de aprendizado e, 132
análise causal, 286
análises contraditórias, 23
análise de cesta de compras, 295-298
análise de dado, 4, 20
análise de desempenho, para modelagem de rotatividade, 223-231
Angry Birds, 247
A Noviça Rebelde (filme), 307
antecedentes subjetivos, 240
Annie Hall (filme), 307
A Origem (filme), 247
aplicações, 1, 187
Apollo 13 (filme), 325
Apple Computer, 175-178, 270
API de previsão (Google), 316
aprendizado não supervisionada, 24
aprendizagem
    complementar, 243
    computacional, 39-40

parâmetro, 81
não supervisionado, 24
supervisionado, 24, 180-183
aprendizagem complementar, 243
aprendizagem computacional
    métodos, 39
    técnicas analíticas para, 39-40
aprendizagem de parâmetro, 81
área sob as curvas ROC (AUC), 219, 225, 226
armazenamento de dados, 38
Armstrong, Louis, 261
árvores de classificação, 63
    como conjunto de regras, 71-71
    induzir, 67
    métodos do conjunto e, 311
    modelos preditivos e 63
    problema de rotatividade KDD Cup, 224-231
    regressão logística e, 129
    visualizando, 67-69
Árvore da Vida (Sugden et al; Pennisi), 167
árvores de decisão, 63
árvore de indução, 44
    métodos do conjunto e, 311
    curvas de aprendizagem para 131
    limitação, 133
    regressão logística vs., 103-107
    da segmentação supervisionada, 64-67
    sobreajuste e, 116-118, 133-134
    problemas com, 133
árvores de estimativa de probabilidade, 64, 72
árvores de regressão, 64, 311
assimetria, 190
A Taxonomy of Privacy (Solove), 344
avaliação
    in vivo, 32
    proposta, 31
avaliação e classificação de modelo, 190
avaliações de retenção, de sobreajuste 126
avaliando dados de treinamento, 113
avaliando sobreajuste, 113
A Viagem de Chihiro, 247
ativos colaterais intangíveis, 320
atributos, 46
    características variáveis vs., 46
    descoberta, 43
    heterogênea, 156, 157
atributo de seleção, 43, 49-67, 56-62, 334
atributos descritivos, 15
atributos heterogêneos, 156
atributos informativos, encontrar, 44, 62
AT&T, 287

B

bags (multiconjuntos), 254
barra condicionada, 236
Basie, Contagem, 261
Bayes, Thomas, 238
bayesianos, métodos, 238, 248
Beethoven, Ludwig van, 247
benefícios
    e cálculo do lucro subjacente, 214
    em orçamentação, 210
    estimativa, 199
    métodos de vizinhos mais próximos, 157
    tomada de decisões baseada em dados, 5
benefício, cálculo de melhora de, 203
Big Data
    ciência de dados e, 7-8
    evolução de, 8-9
    na Amazon e no Google, 316
big data, tecnologias de, 8
    estado de, 8
    utilizando, 8
bi-gramas, 265
Bing, 252, 253
Black-Sholes, modelo, 44
blog, postagens de 234, 252
Bolsa de Valores de Nova York, 270
Borders (varejista de livros), 318
Brooks, David, 340
Brubeck, Dave, 261
Bruichladdich uísque puro malte, 179
Brynjolfsson, Erik, 5, 8
Bunnahabhain uísque puro malte, 145, 169

C

Caesars Entertainment, 11
camadas de assuntos, 266
camadas de assuntos para representação do texto, 266-268
caminhos de solução, alteração, 29
Caos Pragmático de Bellkors (equipe do desafio Netflix), 303
Capital One, 11, 288
características, 41
caracterização de clientes, 41
cartão de crédito, transações de 29, 298
casos
    avaliação vs. classificação, 209-231
    criação, 32
casos de classificação, avaliação vs., 209-211
casos de classificação, classificando vs., 209-231
cassinos Harrahs, 7, 11
Castelo Animado, 247

causalidade, correlação vs., 178
Census Bureau Economic Survey, 36
centros de agrupamentos, 170
central de atendimento, exemplo de 299-301
centros de distribuição regionais, agrupamento/associações e, 292
centroides, 170-175, 175-178
chances, 98, 99
classes mutuamente exclusivas, 242
classes separadoras, 123
classificadores lineares, 83, 85
    funções discriminantes lineares e, 85-88
    funções objetivas, otimização, 88
    máquinas de vetores de suporte, 92-94
    modelagem paramétrica e, 83
classificação da maioria absoluta (equação), 162
classificação moderada em similaridade (equação), 162
classificadores majoritários, 205
clientes, prevendo rotatividade de, 4
    com validação cruzada, 129-129
    com árvore de indução, 73-78
clientes rentáveis, clientes médios vs., 40
Coleção de Textos de Pesquisa Thomson Reuters (TRC2), 175
combinação por similaridade, 21
comportamento de visitação local de dispositivos móveis, 336
condicional, probabilidade, 236
conjuntos, 254
conjuntos de dados limitados, 126
Conjunto de Dados Sobre Câncer de Mama de Wisconsin, 104
conjuntos de teste, 114
considerações estratégicas, 9
consistência de sinal, na matriz de custo-benefício, 203
conteúdo gerado pelo usuário, 252
construção do modelo, dados de teste e, 134
correlações, 20, 37
    causa vs., 178
    significado de finalidade geral, 37
    significado técnico específico, 37
correlações falsas, 124
Cray Computer Corporation, 272
crenças anteriores, probabilidade baseada em, 240
CRISP-DM, 14, 26
cruzada, validação, 126, 140
    aninhado, 135
    conjuntos de dados e, 126-129
    início, 127
    sobreajuste e, 126-129
cultura empresarial, como ativo intangível, 320

curtidas, Facebook, 234
curvas de aprendizagem, 126, 140
    árvore de indução, 131
    gráficos de ajuste e, 131
    regressão logística, 131
    sobreajuste vs., 130-132
    uso analítico, 132
curso de dimensionalidade, 156
curvas de lift, 219-222, 228-229
curvas de lucro, 212-214, 229-230
curvas de resposta cumulativa, 219-222
custos
    de dados, 29
    e cálculo de lucro subjacente, 214
    estimativa, 199
    no orçamento, 210
custos de erro, 219

D

dados
    como um ativo estratégico, 11
    conversão, 30
    custo, 29
    investimento em, 288
    obtenção, 288
    retenção, 113
    rotulado, 47
    treinamento, 45, 47
    verdade objetiva vs., 341
dados de retenção, 113
    criar, 113
    sobreajuste e, 113-115
dados de teste, construção de modelo e, 134
dados filmográficos, 21
dados não estruturados, 252
dados não estruturados, texto como, 252-253
dados psicométricos, 295
dados rotulados, 47
data mining, 19-42
    aplicação, 40-41, 48
    ciclo de desenvolvimento de software vs., 34-35
    codificação CRISP, 26-34
    como componente estratégico, 12
    conhecimento de domínio e, 156
    correspondendo técnicas analíticas aos problemas, 35-41
    data science e, 2, 14-15
    distinções importantes, 25
    e teorema de Bayes, 240
    estágios iniciais, 25
    estruturando projetos, 19
    etapas, 14

habilidades, 35
ideias fundamentais, 62
implementação de técnicas, 8
métodos supervisionados vs. não supervisionados de, 24-25
processo de, 26-34
resultados de,25-26, 32
sistemas, 33
tarefas, ajustando problemas de negócios para, 19-23, 19
técnicas, 33
data mining supervisionado
    classificação, 25
    condições, 24
    regressão, 25
    sem supervisão vs., 24-25
    subclasses, 25
Data Mining (campo), 40
data mining exploratória vs. problemas definidos, 334
Data Science, 1-17, 315-331, 333-347
    Big Data e, 7-8
    caminho de aprendizagem para, 321
    como ativo estratégico, 9-12
    como ofício, 321
    comportamento de previsões baseadas em ações passadas, 3
    conhecimento humano e, 340-343
    data mining e, 2, 14-15
    data mining sobre indivíduos, 343-344
    desenvolvimento de software vs., 330
    e agregando valor às aplicações, como 187
    engenharia e, 15
    engenharia, 4-7
    engenheiros de data science, 34
    entendimento, 2,7
    estrutura, 39
    estudos de caso, examinando, 325
    exemplo de mineração de dados de dispositivo móvel, 336-339
    exemplo do Furacão Frances, 3
    história, 39
    interação humana e, 340-343
        limites de, 340-343
    métodos base de, 249
    modelagem de classificação para problemas em, 193
    negócios orientados em dados vs., 7
    oportunidades para, 1-3
    pensamento analítico dados em, 12-13
    princípios fundamentais, 2
    princípios, 4, 19
    privacidade e ética, de 343-344

    problema de ajuste para dados disponíveis, 339-340
    processamento de dados vs., 7-8
    processos, 4
    rotatividade de clientes, previsão, 4
    técnicas, 4
    tecnologia vs. teoria de, 15-16
    tomada de decisões com base em dados, 4-7
    trabalho em nuvem e, 345-346
    usos evoluindo para, 8-9
Data Scientists, LLC, 325
Davis, Miles, 259, 261
Deanston uísque puro malte, 178
dedução, indução vs., 47
degradação de desempenho, 124-126
Dell, 175, 317
demanda local, 3
dendrogramas, 165, 167
dendrogramas de recorte, 167
Desafio Netflix, 304-303, 320
descobertas, 6
descoberta de associação, 292-298
    análise de cesta de mercado, 295-298
    entre curtidas do Facebook, 295-298
    exemplo de cerveja e loteria, 294-295
    exemplo eWatch/eBracelet, 292-293
    sistema Magnum Opus para, 296
    surpreendente, 293-294
Descoberta de Conhecimento e Data Mining (KDD), 40
    competição de data mining de 2009, 223-231
    técnicas analíticas para, 39-40
descrições diferenciais, 183
descrição do comportamento, 22
desempenho do modelo, visualização, 209-231
    área sob a curva ROC, 219
    classificação vs. casos de classificação, 209-231
    curvas de lift, 219-222
    curvas de lucro, 212-214
    curvas de resposta cumulativa, 219-222
desempenho, raciocínio de vizinho mais próximo, 157
desenvolvimento de software, 34
desordem, medição, 51
detecção de fraudes, 29, 214, 317
Dicionário de Distâncias (Deza & Deza), 159
Dillman, Linda, 6
dimensionalidade, do raciocínio do vizinho mais próximo, 156-157
discriminantes lineares, 86
    funções para, 85-88
    máquinas de vetor de suporte e, 92-94
    mineração, a partir de dados, 89-94

pontuação/avaliação de exemplos de, 91
dispositivos móveis
    localização de, encontrar, 336
    mineração de dados de 336-339
distância do cosseno, 160, 160
distância de edição, 160, 161
distância de Levenshtein, 161
distância Euclidiana, 144
distância Manhattan (equação), 159
distância, medição, 143
distorção de agrupamento, 173
distribuição
    Gausiana, 96
    Normal, 96
distribuição de log-normal, 301
distribuição de propriedades, 56
distribuição normal, 96, 299
dobras, 127, 129
Doctor Who (programa de TV), 247
documentos (termo), 253
domínios, na descoberta de associação, 298
Dotcom Boom, 276, 319
dupla contagem, 203

E

Einstein, Albert, 333
Ellington, Duke, 259, 261
e-mail, 252
empates, estatística, 102
empates estatísticos, 103
empresas imaturas em dados, 330
engenharia, 15, 28
engenharia analítica, 279-289
    decomposição de valor esperado e, 286-289
    direcionamento das melhores perspectivas com, 280-283
    exemplo de rotatividade, 283-289
    fornecendo estrutura para problemas/soluções de negócios com, 280-282
    incentivos, avaliando a influência de, 285-286
    seleção de problemas, 282-283
engenharia de software, data science vs., 330
entropia, 49-56, 51, 58, 78
    e Frequência de Documento Inverso, 263
    equação para, 51
    gráficos, 58
    mudança em, 52
entropia de conjunto de dados, 58
equações
    distância do cosseno, 160
    entropia, 51
    Distância Euclidiana, 144

modelo linear geral, 86
ganho de informações (GI), 53
distância de Jaccard, 159
norma L2, 158
log-chances de função linear, 100
função logística, 101
função de pontuação majoritária, 162
classificação maioria absoluta, 162
distância Manhattan, 159
classificação moderada em similaridade, 162
regressão moderada em similaridade, 163
pontuação moderada em similaridade, 163
erros
    absoluto, 96
    computação 96
    falso negativo vs. falso positivo, 189
    quadrado, 95
erros absolutos, 96
erros de problemas, métodos de conjunto e, 308-311
erro quadrado da raiz média, 194
estatística
    calcular condicionalmente, 35
    campo de estudo, 36
    resumo, 35
    uso, 35
estimar o desempenho de generalização, 126
estimativa, baseadas em frequência, 72, 73
estimativa de valor, 21
estimativa linear, regressão logística e, 99
estratégia, 34
exemplo de movimento dos preços das ações, 268-277
estratégia de negócios, 315-331
    aceitando ideias criativas, 326
    estudos de caso, examinando, 325
    vantagens competitivas, 317-318, 318-323
    cientistas de dados, avaliando, 320-322
    avaliação de propostas, 326-329
    vantagens históricas e, 319
    ativos colaterais intangíveis e, 320
    propriedade intelectual e, 319
    gestão eficaz de cientistas de dados, 322-323
    maturidade da data science, 329-331
    pensando em dados analiticamente para, 315-317
estrutura, 39
estrutura de avaliação, 32
estrutura de valor esperado, 334
    estruturação de problemas de negócios complicados com, 283-285
    fornecendo estrutura para problema/soluções de negócio com, 280-282
estruturação, 28
estudos-piloto, 355

ética de data mining, 343-344
Euclid, 144
eventos
   cálculo da probabilidade de, 236-236
   independente, 236-237
eventos independentes, probabilidade de, 236-237
exame de agrupamentos, 179
exemplo, 46
   "curtidas" no Facebook, 246-248, 295-298
   agrupamento baseado em centroide, 170-175
   agrupamento de uísque, 164-166
   agrupamento, 163-183
   análise de cesta de mercado, 295-298
   análise de uísque, 145-147
   anúncio direcionado, 233-235, 248, 343
   aprendizado supervisionado para gerar descrições de agrupamento, 180-183
   árvore indução vs. regressão logística, 103-107
   associação cerveja e loteria, 294-295
   associações, 295-298
   avaliação da proposta de data mining, 327-329
   avaliação de propostas, 353-355
   Bayes Simples, 248
   câncer de mama, 103-107
   classificador de e-mails indesejados, 243
   cogumelo, 56-62
   Consultoria Green Giant, 353-355
   coocorrência/associação, 292-293, 294-295
   detecção de fraudes com cartões de crédito, 298
   engenharia analítica, 280-289
   evidência de lift, 246-248
   eWatch/eBracelet, 292-293
   explicações causais orientadas em dados, 311-312
   fraude sem fio, 341
   Furacão Frances, 3
   ganho de informação, seleção de atributo com, 56-62
   marketing direcionado, 280-283
   marketing viral, 311-312
   métricas de call center, 299-301
   mineração de dados dos dispositivos móveis, 336-339
   mineração de discriminantes lineares a partir de dados, 89-110
   movimento dos preços das ações, 268-277
   músicos de jazz, 258-262
   notícias de mineração, 268-277
   notícias de negócios, 175-178
   PEC, 233-235
   perfil, 298, 299-301
   preferências visualização de filmes do consumidor, 304
   proposta Big Red, 327-329

raciocínio do vizinho mais próximo, 145-147
rotatividade celular, 190, 193
rotatividade de clientes, 4, 73-78, 126-129, 331
sobreajuste de funções lineares, 119-123
sobreajuste íris, 88, 119-123
sobreajuste, degradação de desempenho, 124-126
tarefas de representação de texto, 258-262, 268-277
trabalho em nuvem, 345-346
validação cruzada, 126-129
problemas em dados, 341
Whiz-bang widget, 327-329
exemplo da proposta Big Red, 327-329
exemplo de anúncio direcionado, 233-235
   de Naive Bayes, 248
   proteção de privacidade na Europa e, 343
exemplo de câncer de mama, 103-107
exemplo de cerveja e loteria, 294-295
exemplo de classificador de e-mail indesejado, 243
exemplo de cogumelo, 56-62
exemplo de direcionamento de melhores perspectivas, 280-283
exemplo de fraude sem fio, 341
exemplo de marketing direcionado, 280-283
exemplo de marketing viral, 311-312
exemplo dos músicos de jazz, 258-262
exemplo de notícias de negócios, 175-178
exemplo de preferências de visualização de filmes, 304
exemplo de proposta de data mining, 327-329
exemplo de rotatividade de celular
   aulas desequilibradas em, 190
   custos e benefícios desiguais em, 193
exemplo de rotatividade do cliente
   exemplo de engenharia analítica, 283-289
   e maturidade dos dados da empresa, 331
exemplo de uísque
   agrupamento e, 164-166
   para vizinho mais próximo, 145-147
   aprendizado supervisionado para gerar descrições de agrupamento, 180-183
exemplo eWatch/eBracelet, 292-293
exemplo Furacão Frances, 3
exemplo Green Giant Consulting, 353-355
exemplo íris
   para sobreajuste de funções lineares, 119-123
   exploração de discriminantes lineares a partir dos dados, 89-110
exemplos, 46
   aglomerado, 119
   comparação, com lift de evidência, 246
   para direcionamento dos consumidores on-line, 234

exemplo Whiz-bang, 327-329
exibição de publicidade, 233
explicação causal, 311
explicações causais orientadas em dados, 311-312
exploração de dados, 183-185
extração de conhecimento, 335
extração de entidade nomeada, 266-266
extração de frase, 266
extração de padrões, 14

F

Facebook, 11, 252, 317
    direcionamento de consumidor online por, 234
    exemplo de "curtidas", 246-248
Fairbanks, Richard, 9
falsos negativos, 189, 190, 193, 200
falsos positivos, 189, 190, 193, 200
fatoração da matriz, 308
Federer, Roger, 247
Feitiço da Lua (filme), 307
ferramentas analíticas, 113
ferramentas de busca, 252
Fettercairn uísque puro malte, 179
fontes de dados, 206
força de trabalho, restrição da, 214
força na mineração de associação, 293, 295
frequência, 256
frequência de documento inverso (IDF), 256-275
    e entropia, 263-277
    em TFIDF, 258
    frequência do termo, combinada com, 258
frequência do termo (TF), 254-256
    definido, 254
    em TFIDF, 258
    frequência de documento inversa, combinando com, 258
    valores para, 260
funções
    acrescentando variáveis para, 123
    classificação, 86
    combinação, 147
    complexo, 118, 123
    kernel, 108
    ligação, 167
    log-chances, 100
    logística, 101
    objetivo, 110
    perda, 95-96
função de classificação, 86
função de pontuação majoritária (equação), 162
função de Similaridade do Cosseno, 161
função kernel, 108

função logística, 101
funções combinantes, 147, 162-163
funções complexas, 118, 123
funções de distância, para raciocínio do vizinho mais próximo, 158-161
funções de perda, 95-96
funções matemáticas, sobreajuste em, 118-119
funções numéricas parametrizadas, 301
funções objetivas, 110
    criação, 88
    desvantagem, 97
    maximização, 136
    otimização, 88
    vantagens, 97

G

ganho de informações (IG), 51, 78, 275
    aplicação, 56-62
    seleção de atributo com, 56-62
    definição, 52
    equação para, 53
    utilização, 57
Gaussiana, distribuição, 96, 299
GE Capital, 185
generalização, 116, 334
    média de, 126, 140
    sobreajuste e, 111-112
    variação de, 126, 140
generalização de desempenho, 113, 126
generalizações, incorretas, 124
generalização média, 126, 140
geração de hipóteses, 37
Gillespie, Dizzie, 261
Glen Albyn uísque puro malte, 181
Glen Grant uísque puro malte, 181
Glen Mhor uísque puro malte, 179
Glen Spey uísque puro malte, 179
Glenfiddich uísque puro malte, 179
Glenglassaugh uísque puro malte, 169
Glengoyne uísque puro malte, 181
Glenlossie uísque puro malte, 181
Glentauchers uísque puro malte, 179
Glenugie uísque puro malte, 179
Goethe, Johann Wolfgang von, 1
Goodman, Benny, 261
Google, 252, 253, 323
    Previsão API, 316
    buscar publicidade em, 233
Google Finance, 270
Google Scholar, 345
Graepel, Thore, 246-246
gráficos

entropia, 58
ajuste, 126, 140
gráficos de Características do Receptor de Operação (ROC), 214-219
  área sob a curva ROC (AUC), 219
  em problema de rotatividade da KDD Cup, 227-227
grupo controle, avaliando modelos de dados com, 328
GUI, 37
Guia de Campo da Sociedade Audubon para Cogumelos Norte-americanos, 57

H

habilidades analíticas, habilidades de software vs., 35
habilidades de software, habilidades analíticas, vs., 35
Haimowitz, Ira, 185
hash, métodos de,157
Hewlett-Packard, 141, 175, 266
Hilton, Perez, 272
hiperplanos, 69, 86
hipóteses, calculando a probabilidade de, 238
história, 39
homógrafos, 253
How I Met Your Mother (programa de TV), 247

I

IBM, 141, 179, 323, 324
ideias fundamentais, 62
impressões de anúncios, 234
impurezas, 50
incondicional, probabilidade
  de hipóteses e evidências, 238
  probabilidade prévia baseada em, 240
  contexto único, das decisões estratégicas, 342
independência
  e lift de evidência, 246
  em probabilidade, 236-237
  incondicional vs. condicional, 241
independência condicional
  e a teorema de Bayes, 238
  vs. incondicional, 241
independência incondicional, condicional vs., 241
Indexação Semântica Latente, 267
índices, 174
indução, dedução vs., 47
inferir valores ausentes, 30
influência, 23
informações
  julgar, 48
  mensurar, 52

informações latentes, 304-308
  exemplo de preferências de visualização de filmes do consumidor, 304
  pontuação ponderada, 307
Início da validação cruzada, 127
Instituto de Tecnologia de Massachusetts (MIT), 5, 343
inteligibilidade, 181
inteligibilidade do modelo, 155
interação humana e data science, 340-343
interface gráfica do usuário (GUI), 37
Internet, 252
interpretação geométrica, raciocínio de vizinho mais próximo e, 151-153
iTunes, 22, 178
investimentos em dados, avaliação, 204-207
iPhone, 177, 287
IQ, lifts de evidência, 247-248
inteligentes, métodos, 44
significado informativo, 43

J

Jaccard, distância de (equação), 159
Jackson, Michael, 145
Jobs, Steve, 176, 343
julgamentos, 142
julgando informação, 48
justificativa de decisões, 155

K

KDD Cup, 320
kernels, polinomial, 108
Kerouac, Jack, 256
k-means, algoritmo, 170, 172
Kosinski, Michal, 246-246

L

laboratórios de modelagem, 127
Ladyburn uísque puro malte, 179
Laphroaig uísque puro malte, 179
Lapointe, François-Joseph, 145, 169, 179
Legendre, Pierre, 145, 169, 179
Lie to Me (programa de TV), 246
lift, 244, 293-294, 335
lift de evidência
  exemplo de "curtidas" do Facebook, 246-248
  modelagem, com Bayes Simples, 244-246
ligação, função de, 167
ligação, previsão de, 22, 303-304
limiares
  e classificadores, 210-211

e curvas de desempenho, 212
limites de decisão, 69, 83
limites de maximização de margem, 93
limites lineares, 122
linear, padrão de regressão, 96
lineares, modelos, 82
Linguagem Estruturada de Questionamento (SQL), 37
linguística, estrutura, 252
Linkwood uísque puro malte, 181
localizações centroides, 173
log-chances, 99
log-chances de função linear, 100
Lost (série de TV), 247
lucro esperado, 212-214
    e níveis relativos de custos e benefícios, 214
    cálculo de, 198
    para classificadores, 193
    incerteza de, 215
lucro negativo, 212

M

McCarthy, Cormac, 256
McKinsey and Company, 13
Magnum Opus, 296
maioria absoluta, 150
Malt Whisky Companion de Michael Jackson (Jackson), 145
máquinas de vetores de suporte, 88, 119
    discriminantes lineares e, 92-94, 92
    não lineares, 92, 107
    função objetiva, 92
    modelagem paramétrica e, 107-110
máquinas de vetores de suporte não lineares, 92, 107
margens, 92
maximização da margem, 93
maximização das funções objetivas, 136
matriz de confusão
    e pontos no espaço ROC, 217
    avaliação de modelos, com 189-190
    valor esperado correspondentes a, 212
    produzida por classificadores, 210-211
    taxas de verdadeiro positivo e falso negativo para 215
matriz de custos, 212
matriz de custos de custo-benefício, 199, 200, 203
maturidade de data science, de empresas, 329-331
Mechanical Turk, 345
Medicare, detecção de fraude do, 29
medida de Mann-Whitney-Wilcoxon, 219
membros de classe, estimativa de probabilidade de, 235

mercado de ações, 268
mercados financeiros, 268
metas, 88
método base, de data science, 249
métodos de conjunto, 308-311
métodos de modelagem discriminativa, generativa vs., 248
métodos de modelagem generativa vs. discriminativa, 248
métodos de vizinho mais próximo
    análise de uísque, 145-147
    atributos heterogêneos e, 157
    benefícios de, 157
    cálculo da pontuação de vizinhos, 161-163
    classificação, 147-148
    conhecimento de domínio, 156-157
    controle de complexidade e, 151-153
    desempenho de, 157
    determinação do tamanho da amostra, 149
    dimensionalidade de, 156-157
    eficiência computacional de, 157
    estimativa de probabilidade, 148
    funções combinantes, 162-163
    funções de distância para, 158-161
    influência de vizinhos, determinando, 150-151
    inteligibilidade de, 155-156
    interpretação geométrica e, 151-153
    no problema de rotatividade da KDD Cup, 224-231
    para modelagem preditiva, 147
    raciocínio do vizinho mais próximo, 144-163
    regressão, 149
    sobreajuste e, 151-153
métodos não supervisionados de data mining, supervisionados vs., 24-25
métodos preditivos de aprendizagem, 181
métrica de precisão, 204
métrica de revocação, 204
microterceirização, 345
Microsoft, 255, 323
Mingus, Charles, 259
modeladores, 118
modelagem casual, 23
modelagem de classificação, 193
modelagem descritiva, 46
modelagem de regressão, 194
modelagem paramétrica, 81
    classificadores lineares, 83
    estimativa de probabilidade de classe, 97-107
    funções não lineares para, 107-110
    máquinas de vetores de suporte e, 107-110
    redes neurais e, 107-110
    regressão linear e, 95-97

regressão logística, 97-107
modelagem preditiva, 43-44, 81
   árvores de classificação e, 67-71
   conceitos básicos, 78
   estimativa de probabilidade e, 71-73
   explicações causais e, 311
   foco, 48
   indução e, 44-48
   métodos alternativos, 81
   modelagem paramétrica e, 81
   previsão de ligação, 303-304
   raciocínio do vizinho mais próximo para, 147
   recomendações sociais e, 303-304
   rotatividade de clientes, prevendo com árvore de indução, 73-78
   segmentação supervisionada, 48-79
modelos
   compreensibilidade, 31
   criação, 47
   primeira camada, 108
   ajuste aos dados, 82, 334
   linear, 82
   parametrização, 81
   parâmetros, 81
   problemas, 72
   produção, 127
   segunda camada, 108
   estrutura, 81
   tabela, 112
   compreendendo os tipos de, 67
   piorando 124
modelos de agravamento, 124
modelos de avaliação, 187-208
   desempenho da linha base e, 204-207
   matriz de confusão, 189-190
   métodos de generalização para, 193-194
   precisão de classificação, 189-194
   procedimento, 329
   valores esperados, 194-204
Modelo de Capacidade de Maturidade, 288
modelo de indução, 47
modelo de informação latente, 268
modelo de merecimento de crédito, como exemplo de problemas de seleção, 282
Modelo de Mistura Gaussiana (GMM), 302
modelo de probabilidade máxima, 299
modelos estruturados em árvore de decisão, 63
   classificação, 63
   criação, 64
   decisão, 63
   estimativa de probabilidade, 64, 72
   metas, 64
   para segmentação supervisionada, 62-64

poda, 134
regressão, 64
restrição, 118
modelos de primeira camada, 108
modelos de segunda camada, 108
modelos de tabela, 112, 114
Modelos de Tópicos Probabilísticos, 267
modelos parametrizados, 81
modificadores (de palavras), 276
Monk, Thelonius, 261
Morris, Nigel, 9
multiconjuntos, 254

N

Na Estrada (Kerouac), 256
Naive Bayes, 243-244
   desempenho de, 243
   exemplo de anúncio direcionado, 248
   independência condicional e, 241-246
   ingênuo, 243-244
   modelagem de lift de evidência com, 244-246
   no problema de rotatividade da KDD Cup, 224-231
   vantagens/desvantagens de, 241-246
Não spam (classe alvo), 235
NASDAQ, 270
National Public Radio (NPR), 247
negativos, 188
negócios orientados em dados
   data science vs., 7
   compreensão, 7
Netflix, 7, 142, 305
Nissenbaum, Helen, 344
norma L2 (equação), 158
normalização, 255
North Port uísque puro malte, 181
nós de decisão, 63
notação de probabilidade, 235-236
números, 255

O

Oakland Raiders, 266
objetivos, 88
oDesk, 345
One Manga, 247
O Poderoso Chefão, 247
Orange (empresa francesa de telecomunicação), 223
orçamento, 210
orçamentárias, restrições 213
O Mágico de Oz (filme), 307
O Senhor dos Anéis, 247

O Sinal e o Ruído (Silver), 205

P

padrões
  achados, 25
  extrato, 14
páginas da web, pessoal, 252
paisagem de dados, 167
palavras
  extensão de, 252
  modificadores de, 276
  sequências de, 265
parábola, 105, 123
Parker, Charlie, 259, 261
Pasteur, Louis, 316
patentes, como propriedade intelectual, 319
peças de conteúdo, direcionamento de consumidor online com base em, 234
penalidades, 137
pensamento analítico de dados, 12-13
  e classes desequilibradas, 190
  para estratégias de negócios, 315-317
pensamento estruturado, 14
perda de dobradiça (hinge loss), 94, 95
perfil, 22, 298-303
  exemplo de preferências de visualização de filmes dos consumidores, 304
  quando a distribuição não é simétrica, 300
perguntas generativas, 240
pesquisa de radicais, 255, 259
Pesquisa Elder, 324
pico (preços das ações), 269
planilhas, 47
planilha, implementação de Naive Bayes com, 248
pontuação, 21
pontuação de exemplo, 188
pontuação de teste de QI, 247-248
pontuação moderada em semelhança (equação), 163
pontuações TFIDF (valores TFIDF), 175
  aplicado a localizações, 338
  tarefa de representação de texto e, 258
positivos, 188
Pouco provável de respondedor, 195
precisão (termo), 189
precisão da classificação
  aulas desequilibradas, 190-192
  avaliação, com valores esperados, 196-198
  custos desiguais/razões de benefícios, 193-193
  matriz de confusão, 189-190
  mensurabilidade de, 189
precisão do modelo, 114
precisão na amostra, 114

preços estáveis das ações, 269
preparação, 30
preparação de dados, 30, 251
previsão, 6, 45
previsão de rotatividade, 317
previsão do tempo, 205
previsões numéricas, 25
pré-processamento de dados, 273-273
princípios, 4, 23
princípios fundamentais, 2
privacidade e data mining
Privacy in Context (Nissenbaum), 344
probabilidade, 102-103
  condicional, 236
  conjunta, 236-237
  construção de modelos para estimativa, 28
  de erros, 198
  de eventos independentes, 236-237
  de provas, 239
  incondicional, 238-240
  posterior, 239-240
  prévio, 239
  raciocínio do vizinho mais próximo, 148
  regra básica de, 201
probabilidade, cálculo, 102
probabilidade conjunta, 236-237
probabilidade de classe, 2, 21, 97-107, 308
probabilidade posterior, 239-240
probabilidade prévia, classe, 239
problemas de engenharia, problemas de negócios vs., 291
problemas de negócios
  avaliação de uma proposta, 326
  contexto único de, 342
  data mining exploratório vs., 334
  estrutura de valor esperado, estruturação com, 283-285
  exploração de dados vs., 183-185
  mudança de definição de, para ajustar dados disponíveis, 339-340
  problemas de engenharia vs., 291
  usando valores esperados para fornecer estrutura para, 280-282
problemas não supervisionados, 185
Processamento Analítico Online (OLAP), 38
processamento de dados, data science vs., 7-8
processamento online, 38
Processo Padrão de Indústria para Data Mining (CRISP), 14, 26-34, 26
  avaliação, 31-32
  ciclo de desenvolvimento de software vs., 34-35
  compreensão do negócio, 28-28
  compreensão dos dados, 28-29

implantação, 32-34
modelagem, 31
preparação dos dados, 30-30
processos, 4
prognosticadores, 47
propostas, avaliação, 326-329, 353-355
propriedade intelectual, 319
propriedades da web, como peças de conteúdo, 234
proteção da privacidade, 343
prova
    cálculo de probabilidade de, 238,239
    determinando força de, 235
    fortemente dependente, 243
    probabilidade de, 240
provas fortemente dependentes, 243
ponderada, pontuação, 150, 307
ponderada, votação, 150
publicações, 324
publicidade, 233
pureza, 49-56

Q

quadrado, erro, 95
queda (preços de ações), 269
Quero ser John Malkovich (filme), 307
questionamento, 37
    ferramentas, 38
    formulação, 37
    habilidades, 38
questionando, 37
Quine, W.V.O., 341

R

Ra, Sun, 261
raciocínio, 141
Raciocínio baseado em casos, 151
raio causal, 269
recomendações, 142
recomendações sociais, 303-304
recuperação, 141
Recuperação de Informação (RI), 253
recuperação de vizinhos, 149
recuperação de vizinho, acelerando, 147
Reddit, 252
redes neurais, 107, 108
    modelagem paramétrica e, 107-110
    usando, 109
redução de dados 22-23, 304-308
regiões homogêneas, 83
regressão, 20, 21, 141
    classificação e, 21

construção de modelos, 28
cume, 138
data mining supervisionado e, 25
logístico, 119
métodos de conjunto e, 308
mínimo quadrado, 96
segmentação supervisionada e, 56
regressão de mínimo quadrado, 96, 97
regressão em crista, 138
regressão logística, 88, 97-107, 119
    árvore indução vs., 103-107
    árvores de classificação e, 129
    compreensão, 98
    curvas de aprendizagem para, 131
    estimativa linear e, 99
    exemplo de câncer de mama, 103-107
    matemática de, 100-103
    problema de rotatividade na KDD Cup, 224-231
regressão moderada em similaridade (equação), 163
regularização, 136, 140
removendo valores ausentes, 30
rentabilidade, 40
repetição, 6
Repositório de Conjunto de Dados UCI, 89-94
requisitos, 30
requisitos de dados, 30
responder, provável vs. improvável, 195
restrições
    orçamentárias, 213
    força de trabalho, 214
resultados de precisão, 128
resumo de estatísticas, 35, 36
retenção de cliente, 4
rotatividade, 4, 14, 191
    e valor esperado, 198
    encontrando variáveis, 15
    análise de desempenho para a modelagem, 223-231
rotatividade prévia, 14
rótulos, 24
rótulos de classe, 102-103
rótulos substitutos, 288

S

Saint Magdalene uísque puro malte, 181
Scapa uísque puro malte, 179
Schwartz, Henry, 185
segmentação
    criar o melhor, 56
    não supervisionada, 184
    supervisionada, 163
segmentação supervisionada, 43-44, 48-67, 163

criação, 62
desempenho, 44
entropia, 49-56
indução de árvore de decisão, 64-67
indução, 64
modelos estruturados em árvore de decisão para, 62-64
problemas de regressão e, 56
pureza de conjuntos de dados, 49-56
seleção de atributos, 49-62
segredos comerciais, 319
seleção
    atributos, 43
    variáveis informativas, 49
    variáveis, 43
seleção sequencial crescente (SFS), 135
seleção sequencial decrescente, 135
sequências n-gramas, 265
séries temporais (dados), 270
serviços Web gratuitos, 233
Shannon, Claude, 51
Sheldon Cooper (personagem da TV), 247
Signet Bank, 9, 288
Silver Lake, 255
Silver, Nate, 205
Skype Global, 255
similaridade, 141-183
    agrupamento, 163-178
    aplicação, 146
    atributos heterogêneos e, 157
    cálculo, 334
    cosseno, 160
    distância e, 142-144
    exploração de dados vs. problemas de negócios e, 183-185
    medição, 143
    raciocínio do vizinho mais próximo, 144-163
    recomendação de ligação e, 303
similaridade do cosseno, 160
similaridade semântica, sintática vs., 178
similaridade sintática, semântica vs., 178
Simone, Nina, 261
sinônimos, 253
sistemas de detecção de spam, 235
sistemas de reconhecimento de voz, 317
sobreajuste, 15, 73, 111-139, 334
    avaliação, 113
    avaliações de retenção de, 126
    controle de complexidade, 133-138
    curvas de aprendizagem vs., 130-132
    dados de retenção e, 113-115
    degradação de desempenho e, 124-126
    e árvore de indução, 116-118, 133

em funções matemáticas, 118-119
evitando, 113, 119, 133-138
exemplo de validação cruzada, 126-129
funções lineares, 119-123
generalização e, 111-112
gráficos de ajuste e, 113-115
método de conjunto e, 310
metodologia geral para evitar, 134-136
otimização de parâmetros e, 136-138
raciocínio do vizinho mais próximo e, 151-153
técnicas para evitar, 126
Solove, Daniel, 344
soluções analíticas, 14
spam (classe alvo), 235
SQL, 37
Starbucks, 338
Star Trek, 247
Stillwell, David, 246
Stoker (filme), 256
stop words, 255, 256
suavização, 73
subtarefas, 20
Summit Technology, Inc., 271
Sun Ra, 261
superfícies de decisão, 69
supervisionada, aprendizagem
    descrições gerais de agrupamento com, 180-183
    métodos de, 181
    termo, 24
supervisionados, dados, 43-44, 78
suporte na mineração de associação, 295
surpresa, 293-294

T

tabelas, 47
tabelas de banco de dados, 47
Tambe, Prasanna, 8
Tamdhu uísque puro malte, 181
Target, 6
tarefas comuns, 19-23, 19
tarefas de classificação, 21
tarefa de representação de texto, 253-258
    abordagem de bag of words para, 254
    abordagem de sequência n-gram para, 265
    definição, 268-270
    exemplo de mineração de notícias, 268-277
    exemplo de movimento de preço das ações, 268, 277
    exemplo de músicos de jazz, 258-262
    extração de entidade nomeada, 266-266
    frequência do termo, 254-256
    frequência inversa de documento, 256-257

medida de prevalência em, 254-256
medindo dispersão em, 256-257
mineração de localização como, 338
modelos de tópico para, 266-268
pré-processamento de dados, 270-272
preparação de dados, 270-272
resultados, interpretação, 273-277
valor TFIDF e, 258
tarefas/técnicas, 4, 291-313
   análise de cesta de mercado, 295-298
   associações, 292-298
   classificação, 21
   coocorrência, 292-298
   explicações causais orientadas em dados, 311-312
   informações latentes, 304-308
   método de conjunto, 308-311
   perfil, 298-303
   previsão de link, 303-304
   princípios subjacentes, 23
   recomendações sociais, 303-304
   redução de dados, 304-308
   sobreposição em, 39
   variância, 308-311
   problemas, 308-311
Tatum, Art, 261
taxa de acerto, 216, 220
taxa de alarme falso, 216, 217
taxa de base, 98, 115, 190
taxa de Bayes, 309
taxa de erro, 189, 198
taxa de falso negativo, 203
taxa de falso positivo, 203, 216-219
taxa de verdadeiro negativo, 203
taxa de verdadeiro positivo, 203, 216-217, 221
técnicas analíticas, 35-41, 187-208
   análise de regressão, 39-40
   aplicando às questões de negócios, 40-41
   aprendizado computacional e, 39-40
   armazenamento de dados, 38
   consultas de bancos de dados, 37-38
   desempenho base e, 204-207
   estatísticas, 35-37
   matriz de confusão, 189-190
   métodos de generalização para, 193-194
   OLAP, 38
   precisão da classificação, 189-194
   valores esperados, 194-204
tecnologia
   analítica, 30
   aplicação, 35
   big data, 8
   teoria em data science vs., 15-16
tecnologias analíticas, 30

tecnologias de processamento de dados, 7
teorema de Bayes, 237-246
Teorema de Pitágoras, 143
teoria da probabilidade, 235-237
termos
   em documentos, 253
   aprendizagem supervisionada, 24
   aprendizagem não supervisionada, 24
   ponderação de, 267
Terry, Clark, 261
teste de hipóteses, 133
teste de retenção, 126
texto, 251
   como dados não estruturados, 252-253
   dados, 251
   campos, número variado de palavras, 252
   importância de, 252
   exemplo de músicos de jazz, 258-262
   sujeira relativa de, 252
   processamento de texto, 251
The Big Bang Theory, 247
The Colbert Report, 247
The Daily Show, 247
The New York Times, 3, 340
The Onion, 247
The Stoker (comédia), 256
tipos de modelo, 44
   descritivo, 46
   opção de preço Black-Sholes, 44
   preditivo, 45
trabalho na nuvem, 346
transferências sobre o muro, 34
treinamento, conjunto de, 114
treinamento, dados de 45, 47, 113
   avaliação, 113, 328
   limites em, 310
   usando, 126, 131, 140
triagem de informação, 276
tri-gramas, 265
Tron, 247
Tobermory uísque puro malte, 179
tocos de decisão, 206
tokens, 253
tomada de decisão automática, 7
tomada de decisões baseada em dados, 4-7
   benefícios, 5
   descobertas, 6
   repetição, 6
Tullibardine uísque puro malte, 169
Tumblr, direcionamento de consumidor online, 234
Twitter, 252
Two Dogmas of Empiricism (Quine), 341

U

Universidade da Califórnia em Irvine, 57, 104
Universidade de Montreal, 145
Universidade de Nova York (NYU), 8
Universidade de Toronto, 343
uso de serviço, 21

V

validação cruzada aninhada, 135
validação de conhecimento de domínio, 298
valor, acrescentando, aos aplicativos, 187
valor alvo especificado, 26
valor de classe especificada, 26
valor esperado
    cálculo de, 265
    em agregado, 197
    forma geral, 194
    negativo, 210
valores atípicos, 167
valores ausentes, 30
valores esperados, 194-204
    matriz de custo-benefício e, 199-204
    decomposição de, movendo-se para solução de data science com, 286-289
    taxas de erro e, 198
    estruturando a avaliação do classificador com, 196-198
    estruturando o uso do classificador com, 195-196
variância, 56
    erros, métodos de conjunto e, 308-311
    generalização, 126, 140
variáveis
    dependente, 47
    explicativa, 47
    descoberta, 15, 43
    independentes, 47
    informativa, 49
    numérica, 56
    classificação, 48
    relação entre, 46
    selecionar, 43
    alvo, 47, 56, 149
variáveis alvo, 47, 149
    estimativa de valor, 56
    avaliação, 328
variáveis de classificação, 48
variáveis dependentes, 47
variáveis explicativas, 47
variáveis independentes, 47
variáveis informativas, seleção, 49
variáveis numéricas, 56
variáveis numéricas discretas, 56

verdadeiros negativos, 200
verdadeiros positivos, 200
vetores de característica, 46
problemas de seleção, 282-283
visualizações, cálculos vs., 209
vizinhos
    classificação e, 147
    recuperação, 149
    usando, 149
vizinhos mais próximos
    centroides e, 170-175
    agrupamento e, 170-175
    métodos de conjunto como, 308
Volinsky, Chris, 306
voz do consumidor, 9

W

Wal-Mart, 1, 3, 6
Waller, Fats, 261
Wang, Wally, 247, 296
Washington Square Park, 338
Web 2.0, 252
Weeds (série de TV), 247
What Data Can't Do (Brooks), 340
WikiLeaks, 247

Sobre os autores

Foster Provost é Professor e NEC Faculty Fellow na Stern School of Business da NYU, onde leciona sobre Análise de Negócios, Data Science e programas de MBA. Sua premiada pesquisa é amplamente lida e citada. Antes de ingressar na NYU, trabalhou como cientista de dados de pesquisa, durante cinco anos, para a empresa que agora é conhecida como Verizon. Durante a última década, o Professor Provost é cofundador de diversas empresas bem-sucedidas orientadas em data science.

Tom Fawcett é Ph.D. em aprendizagem computacional e trabalhou na indústria R&D por mais de duas décadas (GTE Laboratories, NYNEX/Verizon Labs, HP Labs etc.). Sua obra publicada tornou-se leitura padrão de data science, tanto na metodologia (por exemplo, avaliação de resultados de mineração de dados), quanto nas aplicações (por exemplo, detecção de fraude e filtro de spam).

Colophon

A fonte da capa é Adobe ITC Garamond. A fonte do texto é Adobe Minion Pro e a fonte dos títulos é Adobe Myriad Condensed.